Stem Cells in Reproductive Tissues and Organs

From Fertility to Cancer

生殖组织和器官中的干细胞

从生殖到癌症

著 ◎ [斯洛文]伊尔玛 · 维兰特-克伦（Irma Virant-Klun）

主译 ◎ 吴雪清　李修身　张卫文　陈　洪

科学技术文献出版社
SCIENTIFIC AND TECHNICAL DOCUMENTATION PRESS
·北京·

图书在版编目（CIP）数据

生殖组织和器官中的干细胞：从生殖到癌症 /（斯洛文）伊尔马·维兰特 - 克伦著；吴雪清等主译 . — 北京：科学技术文献出版社，2025.5

书名原文：Stem Cells in Reproductive Tissues and Organs：From Fertility to Cancer

ISBN 978-7-5235-1413-9

Ⅰ . ①生… Ⅱ . ①伊… ②吴… Ⅲ . ①干细胞—研究 Ⅳ . ① Q24

中国国家版本馆 CIP 数据核字（2024）第 110636 号

著作权合同登记号 图字：01-2024-2199

Irma Virant-Klun
Stem Cells in Reproductive Tissues and Organs：From Fertility to Cancer
ISBN 978-3-030-90110-3

First published in [English] under the title
Stem Cells in Reproductive Tissues and Organs: From Fertility to Cancer
Edited by Irma Virant-Klun, edition: 1

生殖组织和器官中的干细胞：从生殖到癌症

策划编辑：袁婴婴　　责任编辑：袁婴婴　　责任校对：王瑞瑞　　责任出版：张志平

出 版 者　科学技术文献出版社
地　　址　北京市复兴路15号　邮编 100038
编 务 部　（010）58882938，58882087（传真）
发 行 部　（010）58882868，58882870（传真）
邮 购 部　（010）58882873
官方网址　www.stdp.com.cn
发 行 者　科学技术文献出版社发行　全国各地新华书店经销
印 刷 者　北京地大彩印有限公司
版　　次　2025 年 5 月第 1 版　2025 年 5 月第 1 次印刷
开　　本　787 × 1092　1/16
字　　数　408千
印　　张　19.75
书　　号　ISBN 978-7-5235-1413-9
定　　价　168.00元

译者名单

主　　译　吴雪清（深圳大学总医院）

李修身（江西省妇幼保健院）

张卫文（深圳大学总医院）

陈　洪（三门县人民医院）

译　　者（按姓氏笔画排序）

马敬信（深圳大学）

王瑞淇（深圳大学）

方琼芳（深圳市妇幼保健院）

朱古力（深圳大学总医院）

杨小露（深圳大学）

吴文浩（深圳大学）

汪　雁（深圳大学总医院）

张　齐（深圳大学总医院）

张　琦（深圳大学）

陈　璨（深圳大学）

范丽君（深圳大学）

林赛玲（深圳大学）

董晨乐（华中科技大学同济医学院）

主译简介

吴雪清

医学博士，哲学博士（英国国王学院），教授，主任医师，博士研究生导师，深圳大学总医院妇产科主任，深圳市实用型临床医学Ⅰ类人才，深圳市海外高层次人才（孔雀B类），浙江省高校中青年学科带头人。

主持国家自然科学基金项目2项、省部级等课题20余项，以第一或通讯作者在*Cell*、*Advanced Science*、*AJOG*、*Reproduction*、《中华妇产科杂志》《中华医学杂志》等期刊发表论文70余篇，获省级和市级科技进步奖2项。从事妇产科学临床、教学、科研工作30年，已指导硕士、博士研究生40名。《生殖医学杂志》编委。擅长妇产科常见疾病和疑难重症的诊治，如腹腔镜宫颈癌根治术、腹腔镜子宫内膜癌根治术、卵巢肿瘤细胞减灭术等恶性生殖道肿瘤的综合诊治，以及盆腔脏器脱垂如子宫脱垂、尿失禁等的规范诊治及妇科良性疾病如宫腔粘连的精准诊治等。现任中国优生优育协会临床药学专业委员会常务委员、国家妇幼研究会更年期保健专业委员会常务委员、中国抗癌协会肿瘤内分泌专业委员会委员、中国康复医学会生殖健康专业委员会委员、中国妇幼保健协会生育保健专业委员会委员、中国优生优育协会生育力保护与修复专业委员会委员、广东省基层医药学会生殖妇科专业委员会副主委、深圳市医学会妇产科专业委员会副主任委员、深圳市医师协会妇产科分会副会长、深圳市保健科学会阴道镜与宫腔病理学专业委员会副主任委员、深圳市中西医结合学会妇产科专业委员会副主任委员。

主译简介

李修身

医学博士，博士后，江西省妇幼保健院助理研究员。

主持及参与多项省部级课题，在*Experimental Hematology & Oncology*、*Phytomedicine*、*FASEB Journal*、*International Immunopharmacology*、*Aging and Disease*、*Genes and Diseases*、*Journal of Medical Virology*、*BMC Cancer*等期刊发表论文20余篇。担任*Molecular Medicine*、*BMC Cancer*、*Apoptosis*、*Cancer Cell International*、*International Journal of Molecular Medicine*、*BMC Complementary Medicine and Therapies*等期刊审稿人。

主译简介

张卫文

主任护师，深圳大学总医院产房护士长，深圳大学教师。

持有高等学校教师资格证、心理疏导师证、美国家庭医师学会（AAFP）高级产科生命支持教程（ALSO）教员资格证等。曾参与编写《实用急救教程》。拥有34年妇产科工作经验，熟练掌握妇产科常见病的护理和抢救，能够及早识别孕产妇的异常状况并快速组织团队完成危、急、重症患者的救治。目前已在*Cell*、*Pharmacological Research*、*Frontiers in Pharmacology*、*Cancers*、*Frontiers in VeterinaryScience*等期刊发表论文10余篇。现任广东省护士协会第二届理事会助产士分会常务委员、广东省健康教育协会妇幼健康专业委员会常务委员、广东省妇幼保健协会脐带血应用专业委员会第二届委员会委员、深圳市护理学会妇产科护理专业委员会委员、深圳市健康管理协会第一届妇幼健康管理分会委员、中国妇幼保健协会双胎助产护理学组组员、广东省护理学会妇产科护理专业委员会专家库成员等。

主译简介

陈　洪

妇产科硕士，副主任医师，浙江大学医学院附属第一医院三门湾分院（三门县人民医院）产科后备学科带头人，院感科科长助理。

担任浙江省产科培训导师、中国老年医学学会妇科分会委员、台州市医学会计划生育与生殖医学分会绝经学组委员。从事妇产科临床工作18年，在产科危急重症抢救、母体医学、妇科生殖、内分泌等方面的规范诊治有着丰富的临床经验，擅长各种难产的处理、更年期的管理，以及月经失调、宫腔粘连的诊疗等。

原著编者名单

Mehdi Amirian Medical Faculty，Institute for Anatomy and Cell Biology，University of Heidelberg，Heidelberg，Germany

Hossein Azizi Faculty of Biotechnology，Amol University of Special Modern Technologies，Amol，Iran

Surinder K. Batra Department of Biochemistry and Molecular Biology，University of Nebraska Medical Center，Omaha，NE，USA

Jure Bedenk Department of Obstetrics and Gynecology，University Medical Center Ljubljana，Ljubljana，Slovenia

Deepa Bhartiya Stem Cell Biology Department，ICMR-National Institute for Research in Reproductive Health，Mumbai，India

Benedetta Bussolati Department of Molecular Biotechnology and Health Sciences，University of Torino，Torino，Italy

Stefano Canosa Obstetrics and Gynecology 1U，Physiopathology of Reproduction and IVF Unit，Department of Surgical Sciences，S. Anna Hospital，University of Torino，Torino，Italy

Andrea Roberto Carosso Obstetrics and Gynecology 1U，Physiopathology of Reproduction and IVF Unit，Department of Surgical Sciences，S. Anna Hospital，University of Torino，Torino，Italy

Irene Cervelló Fundación Instituto Valenciano de Infertilidad（FIVI），La Fe Health Research Institute，La Fe University Hospital，Valencia，Spain

Sabine Conrad Tübingen，Germany

Cristina Eguizabal Cell Therapy，Stem Cells and Tissues Group，Biocruces Bizkaia Health Research Institute，Barakaldo，Spain；Research Unit，Basque Center for Blood Transfusion and Human Tissues，Osakidetza，Galdakao，Spain

Branka Golubić-Ćepulić Department for Transfusion Medicine and Transplantation Biology，University of Zagreb，University Hospital "Zagreb"，Zagreb，Croatia

Maryam Hatami Medical Faculty，Institute for Anatomy and Cell Biology，University of Heidelberg，Heidelberg，Germany

Davor Ježek Department for Transfusion Medicine and Transplantation Biology, University of Zagreb, University Hospital "Zagreb", Zagreb, Croatia; Department of Histology and Embryology, School of Medicine, University of Zagreb, Zagreb, Croatia

Sham S. Kakar Department of Physiology and Brown Cancer Center, University of Louisville, Louisville, KY, USA

Ankita Kaushik Stem Cell Biology Department, ICMR-National Institute for Research in Reproductive Health, Mumbai, India

Kazuhiro Kawamura Advanced Reproduction Research Center, Department of Obstetrics and Gynecology, International University of Health and Welfare Graduate School of Medicine, Narita Chiba, Japan

Mateja Erdani Kreft Institute of Cell Biology, Faculty of Medicine, University of Ljubljana, Ljubljana, Slovenia

Magda Kucia Stem Cell Institute at James Graham Brown Cancer Center, University of Louisville, Louisville, KY, USA; Department of Regenerative Medicine, Center for Preclinical Research and Technology, Medical University of Warsaw, Warszawa, Poland

Antonio Simone Laganà Department of Obstetrics and Gynecology, "Filippo Del Ponte" Hospital, University of Insubria, Varese, Italy

Myriam Martin-Inaraja Cell Therapy, Stem Cells and Tissues Group, Biocruces Bizkaia Health Research Institute, Barakaldo, Spain

Lucía de Miguel Gómez Fundación Instituto Valenciano de Infertilidad (FIVI), La Fe Health Research Institute, La Fe University Hospital, Valencia, Spain; University of Valencia, Valencia, Spain

Antoine Naem Faculty of Medicine, Damascus University, Damascus, Syria

Seema C. Parte Department of Biochemistry and Molecular Biology, University of Nebraska Medical Center, Omaha, NE, USA

Antonio Pellicer University of Valencia, Valencia, Spain; IVIRMA Rome, Rome, Italy

Martina Perše Medical Faculty, Medical Experimental Center, University of Ljubljana, Ljubljana, Slovenia

Moorthy P. Ponnusamy Department of Biochemistry and Molecular Biology, University of Nebraska Medical Center, Omaha, NE, USA

Taja Železnik Ramuta Institute of Cell Biology, Faculty of Medicine, University of Ljubljana, Ljubljana, Slovenia

Mariusz Z. Ratajczak Stem Cell Institute at James Graham Brown Cancer Center, University of Louisville, Louisville, KY, USA; Department of Regenerative Medicine, Center for Preclinical Research and Technology, Medical University of Warsaw, Warszawa, Poland

Janina Ratajczak Stem Cell Institute at James Graham Brown Cancer Center, University of Louisville, Louisville, KY, USA; Department of Regenerative Medicine, Center for Preclinical Research and Technology, Medical University of Warsaw, Warszawa, Poland

Alberto Revelli Obstetrics and Gynecology 1U, Physiopathology of Reproduction and IVF Unit, Department of Surgical Sciences, S. Anna Hospital, University of Torino, Torino, Italy

Marta Sestero Obstetrics and Gynecology 1U, Physiopathology of Reproduction and IVF Unit, Department of Surgical Sciences, S. Anna Hospital, University of Torino, Torino, Italy

Diksha Sharma Stem Cell Biology Department, ICMR-National Institute for Research in Reproductive Health, Mumbai, India

Pushpa Singh Stem Cell Biology Department, ICMR-National Institute for Research in Reproductive Health, Mumbai, India

Thomas Skutella Medical Faculty, Institute for Anatomy and Cell Biology, University of Heidelberg, Heidelberg, Germany

Nataša Kenda Šuster Department of Obstetrics and Gynecology, University Medical Center Ljubljana, Ljubljana, Slovenia

Larisa Tratnjek Institute of Cell Biology, Faculty of Medicine, University of Ljubljana, Ljubljana, Slovenia

Željka Večerić-Haler Department of Nephrology, University Medical Center Ljubljana, Ljubljana, Slovenia

Marija Vilaj Department for Transfusion Medicine and Transplantation Biology, University of Zagreb, University Hospital "Zagreb", Zagreb, Croatia

Irma Virant-Klun Clinical Research Center, University Medical Center Ljubljana, Ljubljana, Slovenia

Tuyen Kim Cat Vo Advanced Reproduction Research Center, Department of Obstetrics and Gynecology, International University of Health and Welfare Graduate School of Medicine, Narita Chiba, Japan

原著前言

干细胞的研究极其有趣，目前其研究进展非常迅速，并且，在再生医学领域已成功研发出各种治疗退行性疾病的细胞疗法。干细胞及其在生殖医学中的应用还鲜为人知，但本书中的章节介绍了干细胞令人难以置信的潜能，以便于更好地了解和治疗不孕不育症，并为精准治疗和晚期癌症治疗提供了更为有效的策略。本书在充满挑战的新型冠状病毒疫情防控期间撰写，它证明了尽管困难重重，生活、思想及科学依旧在继续前进。我衷心感谢所有为本书撰写章节的作者，正是凭借他们的努力，这项研究成果才得以呈现在大家面前，彰显出生殖医学领域研究的重要价值。在这条既充满挑战又蕴含机遇的道路上，第一批细胞疗法已在生殖医学领域成功开创，我期待各位作者能够持之以恒，继续勇毅前行。我也希望本书能引起读者的兴趣，并在这一领域开辟一些新的思路和研究道路。

Irma Virant-Klun
Ljubljana
Slovenia

目录

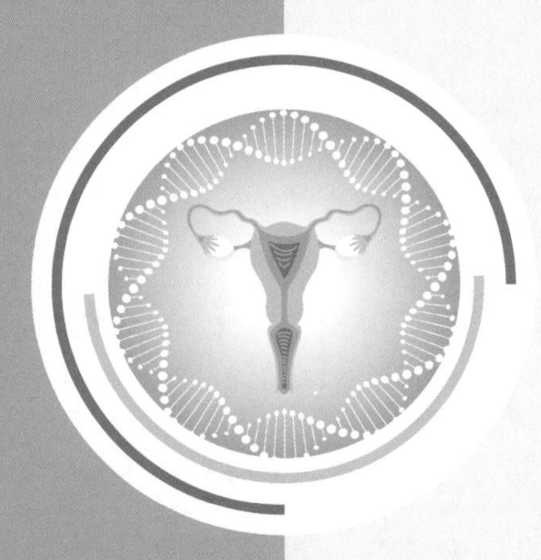

第1章

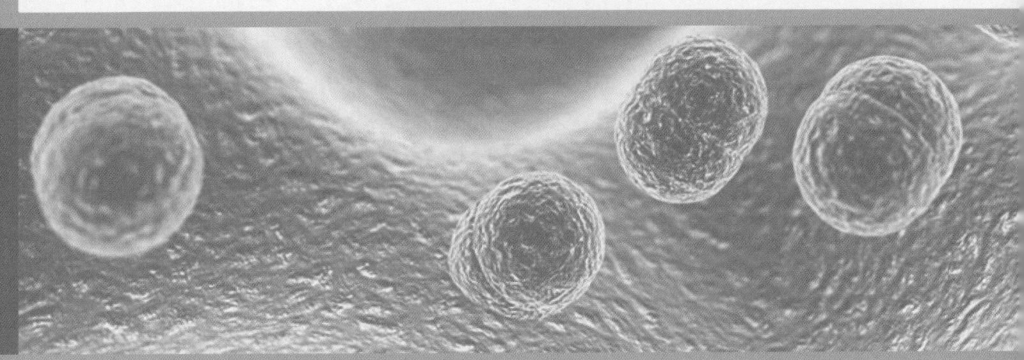

生殖医学中干细胞治疗不孕症的挑战

Myriam Martin-Inaraja, Cristina Eguizabal

摘要

导言：干细胞，特别是间充质干细胞（MSCs），通过动物基础研究和人类临床试验显示出了治疗不孕不育的巨大潜力和实用价值，特别是同种异体胎盘和脐带血来源的干细胞、自体骨髓和造血来源的干细胞，以及脂肪源性间充质干细胞。它们不仅容易获得，还能避免移植后的排斥反应。

方法：对生殖医学领域运用干细胞治疗不孕症的研究进行综述。

结果：近年来，多项临床试验在治疗男性和女性不孕症方面取得了可喜的进展。然而，成体干细胞治疗不孕症的一些问题仍有待研究：①大多数研究以小动物为实验对象，在更能模拟不孕症患者卵巢或睾丸病理生理的大型动物模型上，有价值的研究非常有限。此外，还需要随机对照试验以进一步证实间充质干细胞在生殖医学中的治疗效果。②间充质干细胞治疗生殖器官功能障碍的机制尚不清楚，可能涉及促血管生成、细胞分化和旁分泌机制。然而，发挥作用的旁分泌因子尚未明确，且多种机制可能存在协同效应。③尽管间充质干细胞治疗前景广阔，但这些细胞在生物材料中的存活时间有限，植入问题也尚未解决。

结论：要优化这一治疗方法需开展更多研究。许多基于干细胞的前沿实验方法正在开发中，旨在提高男性及女性的生育能力，如恢复睾丸受损男孩的生殖细胞功能、促进女性子宫内膜再生，以及改善原发性卵巢功能不全女性的卵巢功能。

关键词：细胞治疗、不孕症、生殖医学、干细胞

专业术语中英文对照

英文缩写	英文全称	中　文
AR	Acrosome reaction	顶体反应
ART	Assisted reproductive technology	辅助生殖技术
BM	Bone marrow	骨髓
CD	Cluster of differentiation	分化群
CFTR	Transmembrane conductance regulator	跨膜转运调节物
CUA	Congenital uterine abnormalities	先天性子宫发育异常
ESC	Embryonic stem cell	胚胎干细胞
FGF	Fibroblast growth factor	成纤维细胞生长因子
FSH	Follicle stimulating hormone	促卵泡激素
GnRH	Gonadotropin-releasing hormone	促性腺激素释放激素
HLA	Human leukocyte antigen	人类白细胞抗原
HSC	Hematopoietic stem cell	造血干细胞
ICSI	Intracytoplasmic sperm injection	卵胞浆内单精子显微注射
iPSC	Induced pluripotent stem cell	诱导多能干细胞
IUA	Intrauterine adhesion	宫腔粘连
IUI	Intrauterine insemination	宫腔内人工授精
IVF	In vitro Fertilization	体外受精
KAL	Kallmann syndrome	Kallmann综合征
LH	Luteinizing hormone	促黄体生成素

续表

英文缩写	英文全称	中　文
MNC	Mononuclear cells	单核细胞
MSC	Mesenchymal stem cell	间充质干细胞
OCT4	Octamer-binding transcription factor 4	八聚体结合转录因子4
OSC	Oogonial stem cell	卵原干细胞
PCOS	Polycystic ovary syndrome	多囊卵巢综合征
PID	Pelvic inflammatory disease	盆腔炎
POF	Premature ovarian failure	卵巢早衰
POI	Primary ovarian insufficiency	早发性卵巢功能不全
PROK	Prokineticin	前动力蛋白
PSC	Pluripotent stem cell	诱导多能干细胞
R	Receptor	受体
SSC	Spermatogonial stem cell	精原干细胞
UCB	Umbilical cord blood	脐带血
WHO	World Health Organization	世界卫生组织

一、导言

根据世界卫生组织的定义，不孕症是一种生殖系统疾病，其特征是同居未采取避孕措施而12个月未能实现临床妊娠。原发性不孕症是指一对夫妇从未有过孩子，继发性不孕症是指前一次怀孕后未再怀孕。

25%的不育病例是由男性因素引起的，主要是与精子有关的疾病，包括青春期成熟、先天性疾病、睾丸结构问题，如生殖器损伤或损伤导致精子功能障碍或任何心理和环境因素。在女性中，不孕症是由子宫内膜炎、排卵功能障碍、输卵管或子宫异常、盆腔粘连、原发性卵巢功能不全等因素所致。目前不孕症的治疗方案存在显著差异，从药物治疗到辅助生殖技术（ART）不等，具体选择取决于患者个体情况及病因来源。男性不育的治疗包括行为改变、手术、药物、补充剂和精子重塑；女性不孕症的主要治疗方法是激素治疗、补充剂、手术或ART程序，包括体外受精–胚胎移植、宫腔内人工授精和卵胞浆内单精子注射。

近年来，干细胞在不孕症领域的研究越来越多。干细胞的来源和潜力是不可预估的，在整个生命周期中，干细胞可以分裂和分化成多种细胞类型，目的是发育、修复和再生组织和器官。实验模型研究表明，以干细胞为基础的治疗不孕症正在促进认知。一些使用不同来源的干细胞的女性不孕症研究才刚开始。性行为相关的不孕疾病的临床前研究为不孕症的治疗提供了新的研究途径。一些实验模型的研究报告了干细胞治疗不孕症的能力，并证实了这些结果。在本章中，我们将概述目前关于干细胞的使用和在生殖医学中治疗不孕症相关疾病的临床试验。

二、干细胞综述：细胞类型及其在生殖医学中的治疗应用

干细胞是尚未分化的细胞，具有广泛增殖和分化为不同特异性细胞的能力。有5种主

要的干细胞类型，包括从低分化/高潜能的干细胞到高分化/低潜能的干细胞，如胚胎干细胞、诱导多能干细胞、间充质干细胞、造血干细胞和精原干细胞/卵原干细胞。各干细胞类型见图1.1和表1.1。

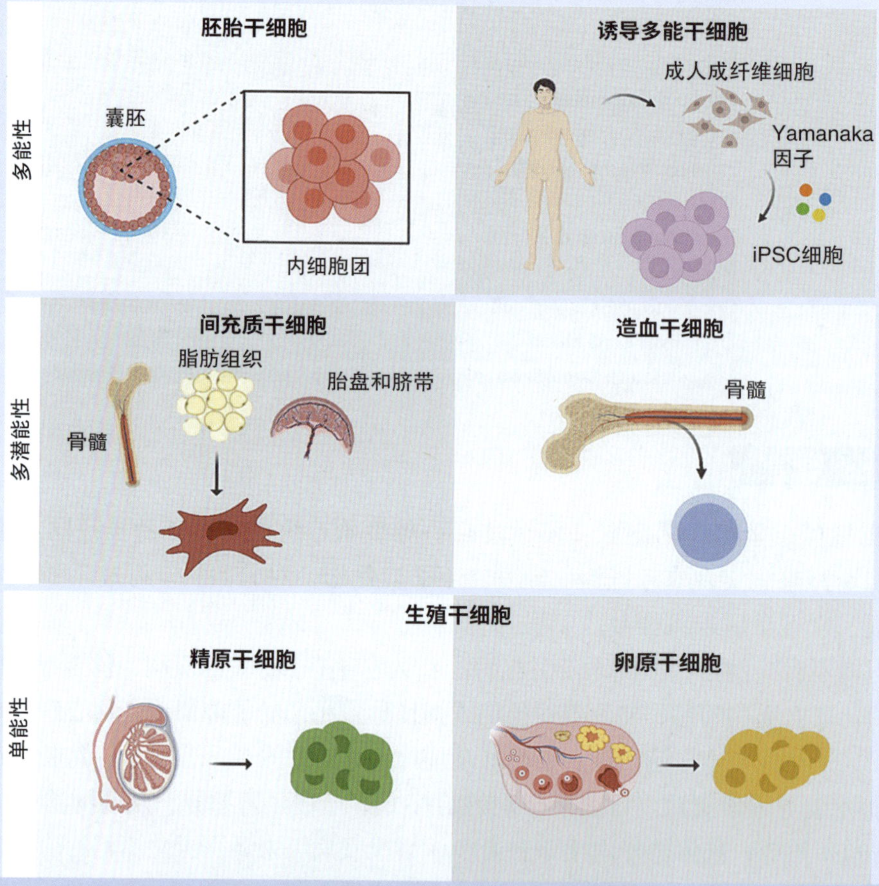

图 1.1 可能用于生殖医学的干细胞类型

表 1.1 用于不孕不育相关疾病治疗的干细胞类型及特征

	胚胎干细胞	诱导多能干细胞	间充质干细胞	造血干细胞	生殖干细胞
细胞来源和起源	来源于囊胚内细胞团	来源于人体细胞	来源于骨髓、胎盘、脐带血、脂肪组织	来源于骨髓	来源于睾丸和卵巢组织
效力和分化能力	多能性：分化为3个胚层细胞和生殖细胞	多能性：分化为3个胚层细胞和生殖细胞	多能性：分化为中胚层细胞	多能性：分化为中胚层细胞	单能性：分化成雄性和雌性配子
临床应用	少数临床试验（不包括不孕症）	少数临床试验（不包括不孕症）	广泛应用	广泛应用	至今无
免疫原性	有	有/无	无	无（自体）	无
伦理问题	有	无	无	无	无

1.胚胎干细胞

胚胎干细胞来源于囊胚内细胞群的多能细胞。胚胎干细胞的主要特征包括自我更新能力，在未分化状态下延长增殖，并能分化为3个胚层（内胚层、中胚层和外胚层）和生殖细胞。Shinya Y amanaka教授通过使用4种转录因子（OCT4、SOX2、KLF4和c-MYC）对体细胞进行重编程，以获得诱导多能干细胞系。这些细胞具有胚胎干细胞的典型特征。尽管二者具有相同的生物学特性，但胚胎干细胞涉及伦理争议，而诱导多能干细胞（iPSCs）则无此伦理困境。目前，利用多能干细胞分化细胞治疗多种疾病的临床试验超过33项，还没有一种治疗不孕相关问题的药物。从多能干细胞（ESCs和iPSCs）中体外创造“人工”配子在人类中仍然是一个遥远的前景。从多能干细胞中获得原始生殖细胞（PGCs）是第一个向减数分裂后卵母细胞和精子分化的点，同时还可以创建睾丸或卵巢生态位，并通过正确的减数分裂进程正确地表达表观遗传和生殖系基因，从而在体外获得功能性配子。

成熟配子的体外分化已被证明具有挑战性，尽管在分化方案方面已经做出了许多尝试，但需要进一步研究从多能干细胞中获得功能性的雄性和雌性配子，以供未来应用。

2.间充质干细胞

间充质干细胞（MSCs）最初来源于中胚层，具有有限的自我更新和分化能力。间充质干细胞是成体多能干细胞，可以从各种成体组织中分离出来，如脂肪组织、骨髓、胎盘、外周血和脐带血。它们的主要优势是能够有效地从成人组织中分离出来，绕过伦理问题。尽管MSCs被广泛用于治疗不同的疾病，但其在培养中的长期维持却很难管理。为了解决这些多能干细胞的使用问题，国际细胞治疗学会间充质和组织干细胞委员会提出了指定人间充质干细胞的基本原则。首先，在常规培养条件下，间充质干细胞必须黏附到塑料表面。其次，MSCs必须表达CD73、CD90和CD105，而不表达CD34、CD45、CD11b或CD14、CD19或CD79a及HLA-DR表面抗原。最后，MSCs必须在体外分化为脂肪细胞、成骨细胞和成软骨细胞。临床前研究和临床试验目前正在利用间充质干细胞进行广泛的疾病应用，并有望应用于不孕相关疾病，如子宫内膜疾病、卵巢功能障碍和勃起功能障碍。主要是利用间充质干细胞治疗一些与女性和男性不育症相关疾病的方法让人振奋。更值得注意的是，这些方法可能支持一个有吸引力的实验模型，用于解码使用间充质干细胞治疗女性和男性不育问题的基本机制。这为未来的研究和临床应用MSCs治疗不孕症提供了理论基础。

3.造血干细胞

另一种中胚层来源的多能细胞是造血干细胞。造血干细胞是可以分化成任何血细胞的成体干细胞，这种发育过程被称为造血过程。这种进展发生在位于大多数骨骼内的骨髓中，脐带血和骨髓造血干细胞同时表达CD34和CD133表面标志物。这些多能干细胞也具有这种再生特性，特别是来自骨髓的$CD133^+$细胞，被认为是非常不成熟的造血干细胞。近年来，使用$CD133^+$细胞治疗子宫内膜疾病的临床试验表明，子宫内膜中存在细胞增殖和新生血管生成。

4.生殖干细胞

生殖干细胞包括精原干细胞和卵原干细胞，是位于睾丸和卵巢组织中的种系干细胞。精原干细胞和卵原干细胞是单能干细胞，可以产生完全分化的配子（精子和卵母细胞）。尽管这些干细胞是治疗不孕相关疾病很好的方法，但与其他干细胞类型（iPSC或ESCs、MSCs）相比，这两种生殖器官中精原干细胞和卵原干细胞的数量都很低，不容易在体外维持和生长。精子的发生是一个严格的组织分化程序，发生在睾丸的精小管内。这一过程始于精原干细胞，它们要么自我更新以完美地维持干细胞池，要么分化以确保生命中定期产生单倍体精子细胞。人类精原干细胞的治疗尚未在临床中实施，但睾丸活检低温保存目前已在世界各地的几家生育诊所提出。在向临床提供基于精原干细胞的治疗之前，对特定干细胞治疗特征的转化研究仍然是强制性的。

卵原干细胞被认为是一种固有的成体干细胞群体，位于卵巢中。与精原干细胞一样，这些细胞都是能够自我更新、增殖和再生卵巢中卵母细胞群的单能干细胞。尽管商业公司正在大力研究使用假定的卵原干细胞治疗不孕症问题的可行性，但目前对它们的存在、起源和功能还没有共识。需要更多的调查，以讨论与卵原干细胞存在相关的问题。

在现有的几种干细胞类型中，如患者特异性iPSCs、ESCs、MSCs、HSCs、SSCs或OSCs，可用于不孕相关疾病的干细胞治疗（图1.1和表1.1）。在下一节中，我们将介绍干细胞的使用和目前用于治疗女性和男性不育相关疾病的临床试验。

三、女性生殖器官不孕相关疾病

世界卫生组织（WHO）进行了一项广泛的国际研究，以确定不孕症的性别分类和病因。在37%的不孕夫妇中，女性不孕是由女性因素引起的，如排卵功能障碍（25%）、子宫内膜异位症（15%）、盆腔粘连（12%）、输卵管阻塞（11%）、其他子宫/输卵管异常（11%）、高催乳素血症（7%）。所有女性不孕症病因如图1.2所示。

1.排卵障碍

排卵功能障碍包括无排卵或少排卵两种排卵障碍，是由于每个月缺乏卵母细胞释放，因此没有受精和妊娠的机会。为了鼓励治疗和分类，世界卫生组织将排卵障碍分为四种类型：促性腺激素正常－雌激素正常性无排卵［如多囊卵巢综合征（PCOS）］；低促性腺激素－低雌激素性无排卵（如下丘脑性闭经）；高促性腺激素－低雌激素性无排卵（如卵巢早衰、卵巢功能不全及特纳综合征）；高泌乳素血症性无排卵（如垂体腺瘤）。

2.子宫内膜异位症

子宫内膜异位症是指子宫内膜组织异位生长至子宫腔外的疾病。病灶最常见于盆腔，但可广泛累及整个腹腔。10%～15%的育龄期女性可罹患此病，其中40%～50%的患者会并发不孕症。子宫内膜异位症的分期分为四个阶段，从轻度（I期）到重度（IV期）。

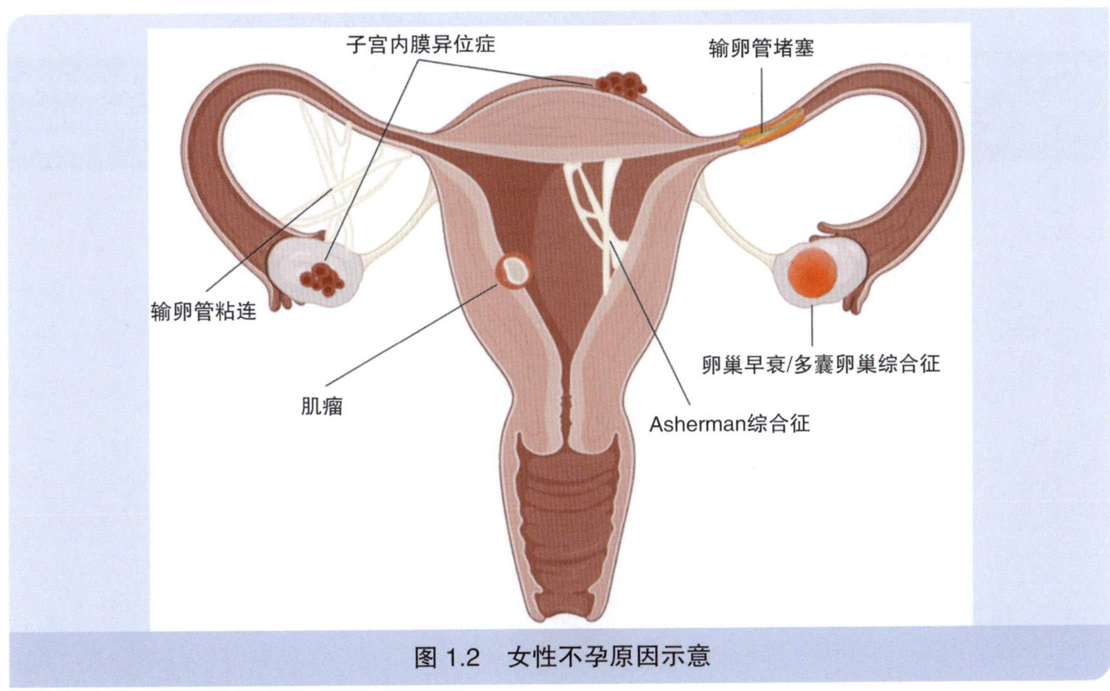

图 1.2 女性不孕原因示意

3.输卵管或盆腔粘连

输卵管及盆腔粘连，连同输卵管与子宫结构异常，是导致女性不孕症的重要病因。其中，盆腔/输卵管粘连的主要诱因在于腹腔内感染性病变——以盆腔炎性疾病最为常见，该病症对女性生育能力可造成显著损害。通常，盆腔炎是由一种名为沙眼衣原体的微生物引起的。由急性和慢性炎症引起的输卵管异常，称为输卵管积水，可破坏输卵管的完整性。

4.子宫因素

子宫的不孕因素与子宫内膜容受性降低或占位性病变有关。例如，先天性子宫发育异常（CUA）和子宫平滑肌瘤（肌瘤），虽然罕见，但也与不孕症有关。此外，Asherman综合征是一种获得性疾病，指的是子宫或子宫颈（子宫的开口）有瘢痕组织。这个瘢痕组织诱导这些器官的壁粘黏在一起，缩小子宫的体积。Asherman综合征也被认为是宫腔粘连或子宫粘连。Asherman综合征又称宫腔粘连（IUA）。

四、目前不孕女性的干细胞治疗方法

干细胞的研究已经显示出治疗多种疾病的潜在价值。2010年，首个利用hESCs细胞治疗脊髓损伤患者的临床试验启动，首次报道了利用人胚胎干细胞治疗视网膜色素上皮患者的重大改善，几年后，日本开展了首个利用iPSCs治疗黄斑变性的临床试验。这表明该技术可以应用于世界各地的多个临床试验，但尚未应用于不孕相关的疾病。如表1.2所示，有许多干细胞疗法正用于治疗女性不孕症，本节中我们将对其进行讨论。

表 1.2 使用干细胞疗法治疗女性生殖功能障碍的临床试验

疾病	干细胞治疗	临床试验题目	临床试验编号	状态	国家	与临床试验结果相关的出版物
卵巢早衰	自体骨髓移植	自体骨髓移植治疗早发性卵巢功能不全	NCT02779374	不详	埃及	
	自体骨髓间充质干细胞	自体骨髓源性干细胞移植在卵巢早衰患者中的应用	NCT03069209	积极	约旦	
	卵巢内注射脂肪源性基质细胞	自体脂肪源性间充质细胞移植治疗卵巢早衰	NCT02603744	不详	伊朗	
	骨髓源性干细胞	用干细胞治疗卵巢早衰	NCT02696889	积极	美国	[24]
	脐带间充质干细胞	可注射胶原支架移植hUC-MSCs治疗POF	NCT02644447	完整	中国	[21]
	自体骨髓间充质干细胞	自体间充质干细胞移植治疗卵巢早衰	NCT02062931	不详	埃及	[22]
	骨髓移植	骨髓移植促进卵巢储备不足的卵泡再生	NCT02240342	不详	西班牙	[23，29]
宫腔粘连，子宫内膜发育不良	脐带间充质干细胞	脐带源性间充质干细胞胶原支架治疗不孕症	NCT02313415	完整	中国	[25]
	自体骨髓干细胞	载自体骨髓干细胞的胶原支架治疗不孕症	NCT02204358	不详	中国	
	骨髓间充质干细胞和激素替代疗法	自体骨髓间充质干细胞治疗反复IVF失败患者的萎缩性子宫内膜	NCT03166189	完整	俄罗斯	
Asherman综合征	自体骨髓单核细胞	自体骨髓单核细胞胶原支架治疗严重Asherman综合征	NCT02680366	不详	中国	
	骨髓源性的CD133^{+}干细胞	骨髓干细胞治疗Asherman综合征和子宫内膜萎缩	NCT02144987	完整	西班牙	[14，30]
子宫源性不孕	骨髓源性单核细胞	子宫内膜原位再生的临床研究	NCT04233892	招募	中国	
子宫内膜薄或瘢痕形成	脐带间充质干细胞	载脐带间充质干细胞的胶原支架治疗子宫内膜薄或瘢痕形成的不孕症女性的疗效和安全性	NCT03592849	获邀报名	中国	
子宫瘢痕	脐带间充质干细胞	脐带间充质干细胞局部肌内注射治疗子宫瘢痕的安全性和有效性	NCT02968459	招募	中国	[28]

为了了解人类生殖细胞的发育，具有良好特征的hESC细胞系可作为女性不孕症的治疗工具。对于未来女性不孕的原因，可以从多能干细胞中产生人工配子着手，但实际上该治疗方式还没有成熟。这些研究已经从人类iPSCs细胞诱导成原始生殖细胞样细胞（hPGCLCs），并更多地分化为卵原细胞；然而，尚未获得进一步的成熟卵母细胞体外分化。从人类多能性干细胞（PSCs）中获得功能性的雌性配子，以用于未来的应用，还需要更多的研究。

针对间充质干细胞与造血干细胞开展的临床试验表明，这类细胞在女性不孕症治疗中具备潜在应用价值。一些临床试验使用来自骨髓和脂肪组织的自体间充质干细胞，以及使用脐带间充质干细胞治疗原发性卵巢早衰（POF）患者，在挽救卵巢整体功能方面显示出令人鼓舞的结果，试验证明卵巢体积增加，月经和子宫内膜改变，雌二醇浓度升高，卵泡发育改善，窦卵泡数量增加。此外，有报道称骨间充质干细胞植入过程耐受良好，没有任何不良事件报道。

最近，一项针对宫腔粘连（IUA）或子宫内膜发育不良患者的研究显示，在复发性IUA患者中进行粘连松解手术后，将临床级UC-MSCs添加到可降解胶原支架上移植到子宫腔的有效性和安全性方面取得了满意的结果。通过将干细胞聚集在一起，保持其活力，并获得与子宫内膜受损部位的接触长度，使用支架可大大提高子宫内膜的增殖和分化能力。

卵巢内注射间充质干细胞可增加POF患者雌激素的产生，减轻绝经期症状。间充质干细胞可以在卵巢内迁移，并通过多种因素刺激卵巢恢复。此外，卵巢特异性干细胞OSCs已被提出作为未来的临床治疗方法。对于早发性卵巢功能不全（POI），重要的是表征卵巢中存在的OSCs，以便将其作为治疗工具。

在干细胞疗法治疗Asherman综合征的临床试验中，主要结果显示自体$CD133^+$细胞具有明确有益效果——部分患者接受治疗后实现自然妊娠，且其子宫内成熟血管密度及子宫内膜厚度均显著增加。

子宫壁被描述为一个三角形无回声复合体，在既往剖宫产形成子宫肌层瘢痕的地方。近年的一项试验表明，UC-MSCs作为一种有前景的瘢痕重建治疗方案具有更高的疗效和安全性。

这些临床试验的结果非常有希望改善女性生育治疗效果，并在未来应用于所有这些患者。

五、男性生殖器官不育相关疾病

男性不育的原因按病因分类有：2%～5%为内分泌失调（如性腺功能减退）、5%为精子运输障碍（如输精管切除术）、65%～80%为原发性睾丸缺陷（如精子参数异常）、10%～20%为特发性（如精子和精液参数正常）。特定病因的概述如图1.3所示。

（1）内分泌原因：Prader Willi综合征、Laurense-mon-beidl综合征、Kallmann综合征、铁超载综合征、家族性小脑共济失调、颅内放疗、催乳素瘤、睾酮补充或甲状腺功能亢进。

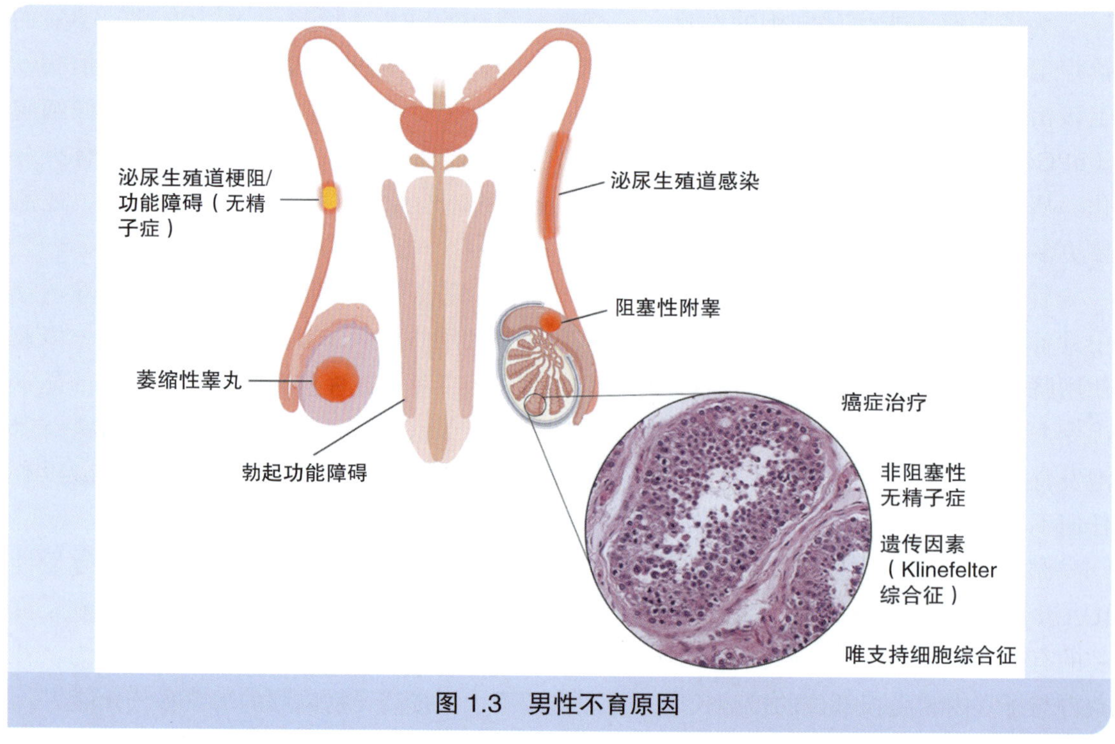

图 1.3　男性不育原因

（2）特发性原因：10% ~ 20%的特发性男性不育症患者精液参数正常，但男性继续不育。

（3）遗传因素：CFTR、Kal-1、Kal-2、FSH、LH、FGFS、GnRH1/GNRHR、PROK2/PROK2R、AR和Klinefelter综合征、Kallman综合征、Young综合征、Sertoli细胞综合征、原发性纤毛运动障碍、染色体异常、Y染色体微缺失、gr/gr缺失等基因的特异性突变。

（4）先天性泌尿生殖异常：附睾功能障碍、梗阻或缺失、输精管先天性异常、射精管障碍（如囊肿）、原始睾丸功能障碍、隐睾和睾丸萎缩。

（5）后天性泌尿生殖异常：双侧梗阻或输精管结扎、精索静脉曲张、附睾炎、双侧睾丸切除术、逆行射精。

（6）免疫原因：含铁血黄素沉着症、淋巴细胞性垂体炎、血色素沉着症、组织细胞增多症、结节病、真菌感染、肺结核。

（7）泌尿生殖道感染：梅毒、衣原体、淋球菌、周期性泌尿生殖道感染、前列腺炎、病毒性腮腺炎、睾丸炎和常见的前列腺小囊炎。

（8）性功能障碍：早泄和勃起功能障碍。

（9）恶性肿瘤：癌症（睾丸肿瘤或肾上腺肿瘤），一般采用化疗和放射治疗。

（10）药物、毒物或环境毒素：一般来说有可引起性激素抑制的药物（大麻素、阿片类药物、精神药物）、用于前列腺癌的GnRH类似物和拮抗剂、雄激素类固醇补充剂、糖皮质激素、烷基化剂、西咪替丁、酮康唑、抗雄激素、吸烟、过量饮酒等。

六、目前男性不育症的干细胞治疗

在世界范围内，8%～12%的夫妇受到不孕症的影响。近1/3的不孕症是由男性因素引起的，干细胞研究已经显示出治疗男性不育症的潜力。有许多正在进行的使用干细胞治疗男性不育症的临床试验见表1.3，我们将在本节中讨论。

表 1.3　干细胞疗法治疗男性生殖功能障碍的临床试验

疾病	干细胞	题目	临床试验编号	状态	国家	出版
非阻塞性无精子症	自体骨髓来源的$CD34^+$、$CD133^+$造血干细胞和间充质干细胞	自体干细胞睾丸内移植治疗非阻塞性无精子症男性不育症	NCT02641769	招募	约旦	
	骨髓源性间充质干细胞	睾丸动脉内注射骨髓干细胞治疗无精子症	NCT02008799	不详	埃及	
	骨髓源性间充质干细胞	自体骨髓源性干细胞睾丸注射	NCT02041910	不详	埃及	
	脂肪源性成人间质血管细胞	男性不育症患者自体脂肪源性成人间质血管细胞的应用	NCT03762967	通过邀请登记	俄罗斯	
	骨髓间充质干细胞	骨髓间充质干细胞治疗无精子症患者	NCT02025270	不详	埃及	
无精子症	骨髓间充质干细胞	间充质干细胞注射后Klinefelter综合征患者的精子生成	NCT02414295	完整	埃及	
年轻的男性、癌症、自身免疫性疾病	精原干细胞	SSC移植和睾丸组织移植	NCT04452305	招募	美国	
	睾丸组织冷冻保存	睾丸组织低温保存生育能力	NCT02972801	招募	美国	
勃起功能障碍、Peyronie病	自体脂肪MSCs	脂肪组织干细胞治疗Peyronie病	NCT02414308	不详	埃及	
	胎盘基质间充质干细胞	评估阴茎内注射PMD-MSC（PMD-MSC-PD-01）治疗PD症状的安全性和可行性	NCT02395029	完整	美国	[46]
	自体脂肪源性间质血管分数	安全性和临床结果研究：SVF用于骨科、神经系统、泌尿系统和心肺疾病	NCT01953523	完整	美国	[40，41]
	胎盘基质间充质干细胞	评估阴茎内注射PMD-MSC治疗轻中度ED（PMD-MSC-ED-01）的安全性和可行性	NCT02398370	完整	美国	[45]

续表

疾病	干细胞	题目	临床试验编号	状态	国家	出版
勃起功能障碍、Peyronie病	骨髓源性单核细胞	海绵体内骨髓干细胞注射治疗前列腺切除术后勃起功能障碍	NCT01089387	完整	法国	[39，40，47]
	脂肪源性干细胞	脂肪源性干细胞是否可用于前列腺切除术后勃起功能障碍的治疗	NCT02240823	不详	丹麦	[40，42]
	骨髓间充质干细胞	骨髓间充质干细胞在勃起功能障碍中的作用	NCT02945462	完整	约旦	[38]
	脂肪源性间充质干细胞	脂肪源性间充质干细胞和血小板裂解液治疗勃起功能障碍：单中心试点研究	N/A		希腊	[43]
	脐带间充质干细胞	脐血干细胞海绵体内移植治疗糖尿病性阳痿7例初报	N/A		韩国	[44]

胚胎干细胞（ESC）和诱导多能干细胞（iPSC）是研究最多的干细胞来源。hESC细胞系可用于治疗无精子症和少精子症患者，人类诱导多能干细胞（hiPSC）也可用于治疗Klinefelter综合征和伴有Y染色体无精子症因子（AZF）的无精子症患者。到目前为止，已经有几种从hiPSC细胞中体外生成雄性单倍体样细胞的方案，但体外生成的细胞还在功能上还没有准备好。需要更多的研究从人类多能干细胞中获得功能性雄性配子，以供未来应用。

一些研究已经确定骨髓间充质干细胞是男性不育症的细胞治疗候选者。使用睾丸内移植自体造血和间充质干细胞治疗非阻塞性无精症、无精症、少精症和Klinefelter综合征患者的临床试验见表1.3。在无法储存精子的患者中，基于精子干细胞的方法是治疗男性不育的一种选择。接着对SSC的特性和增殖进行了适当的研究。癌症是儿童和青少年的主要死亡原因。由于治疗方面的重要改进，儿童和青少年时期的癌症死亡率已经明显下降。结果表明，欧洲和美国儿童和青少年存活率为80%。不幸的是，应用于癌症的治疗，如化疗和放疗，由于其风险、剂量和性腺毒性反应，可以损伤患者睾丸中的干细胞群，引起多数患者的永久性不育。除了这些恶性疾病外，还有一些遗传综合征，如Klinefelter综合征，它可导致青春期前男孩睾丸中生殖干细胞的早期损伤。

现已采取了多种措施来保护年轻患者的生育能力。精子冻存作为一种首选的生育低温保存方法，在青少年患者中逐渐实现。对于青春期前的男性和一些青少年，这种治疗选择是不可行的。对于这两种类型的患者，睾丸组织低温保存是保护他们生育力的唯一选择。一旦睾丸组织被保存下来，如果患者预计在未来几年出现生育问题，那么按照目前所述方法来恢复他们的生育能力应该是合适的。

目前，科学界认为有3种恢复生育能力的策略：①体外自体造血干细胞扩增和随后的睾丸自体移植；②整个睾丸活检的自体移植；③体外精子发生。所有策略均如图1.4所示。在上述几种生育恢复实验性方法中仍然存在问题，需要在不久的将来通过基础研究与临床工作的优化组合加以解决。根据我们的经验，自2016年以来，青少年和儿童的生育保护项目逐渐受到关注。西班牙巴斯克输血和人体组织中心（Basque Center for Blood Transfusion and Human Tissues）的Osakidetza（巴斯克公共卫生服务机构）生育力保存计划主要针对患有癌症和Klinefelter综合征的青春期前男孩，以及其他病症的患者。但遗憾的是，仍有医院或中心没有知晓这些生育力保存计划的存在，因此正确地宣传和生成指导方针对未来患者的利益是至关重要的。在已发表的9项临床试验中，性功能障碍（勃起功能障碍）患者接受了干细胞治疗。结果显示阴茎血流动力学明显改善，勃起功能评分提高，无重大不良反应，显示了这种疗法的疗效。在这些临床试验中，多种剂量的干细胞有多种细胞来源，包括自体骨髓、脂肪组织、间充质干细胞和来自脐带血的异基因间充质干细胞和胎盘。但这些临床研究尚未评估干细胞治疗性功能障碍的具体机制，还需要进行更多研究来阐明这种益处背后的机制。

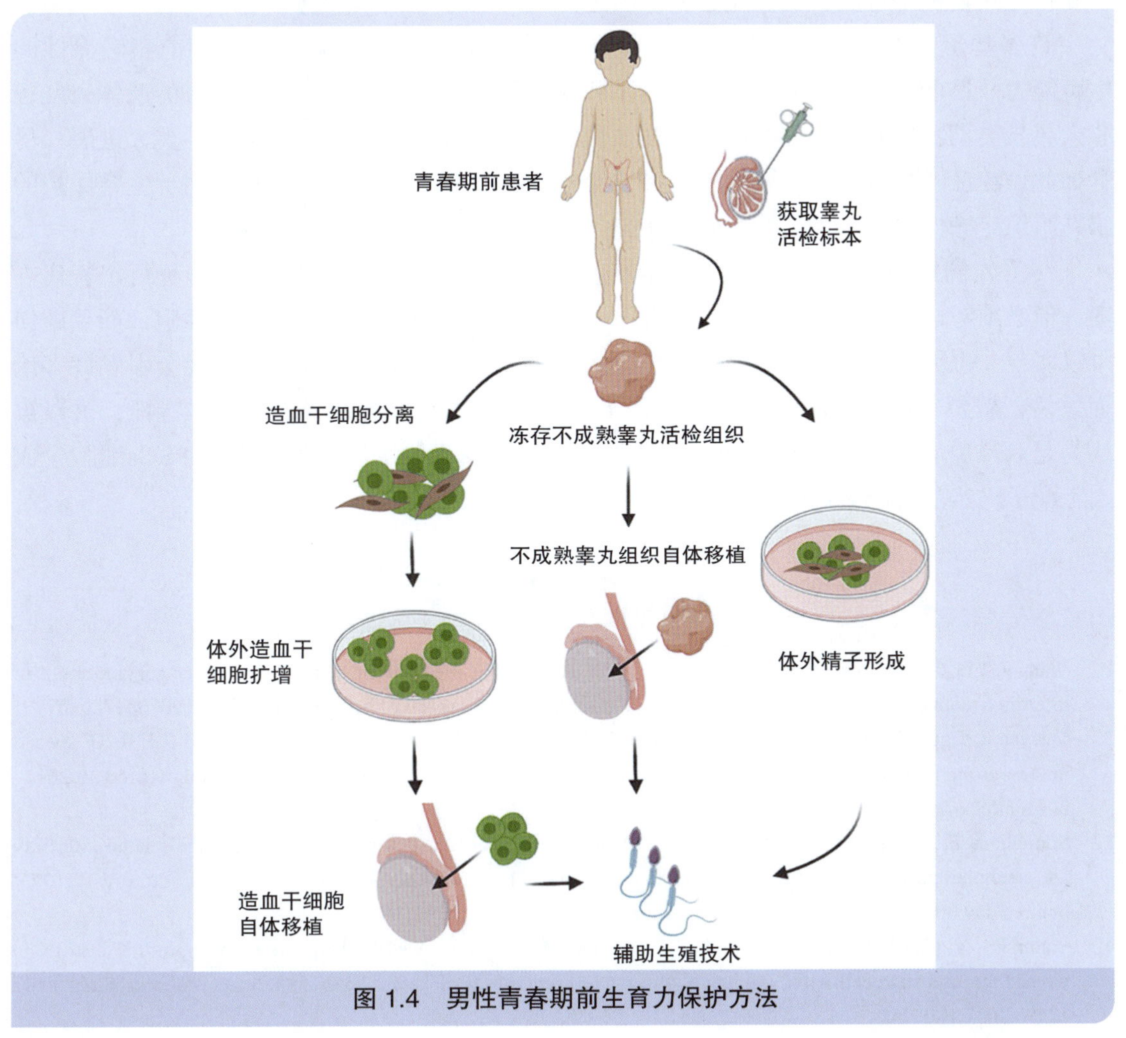

图 1.4　男性青春期前生育力保护方法

七、结论与未来展望

干细胞，尤其是间充质干细胞，在临床应用前和临床试验的动物和人体研究中分别显示出治疗不孕症的巨大潜力和可用性。异基因胎盘和脐带血提取的干细胞、自体骨髓和造血提取的干细胞，以及脂肪提取的间充质干细胞尤其有益，因为它们不仅容易获得，而且还能避免移植后的排斥反应。近年来，在治疗男性和女性患者的不孕相关疾病方面，已经进行了几项临床试验，并取得了良好的效果。但与成人干细胞疗法治疗不孕症相关的几个问题仍有待研究：①由于大多数研究都是在小动物身上进行的，因此在更接近人类卵巢或睾丸不孕相关疾病的大型动物模型的基础研究领域，仍缺乏足够的实验数据。此外，应开展更多随机对照临床试验，以验证间充质干细胞对不孕不育相关疾病的益处和治疗效果。②间充质干细胞治疗生殖器官疾病的机制仍未确定。有几种解释，如旁分泌机制、诱导血管生成或分化为功能细胞。有益的旁分泌因子的作用机制仍未得到解释，可能有几种机制可以协同作用。③虽然间充质干细胞疗法前景广阔，但这些细胞与生物材料的明确存活和移植问题仍未解决，要优化这种方法还需要开展补充工作。

许多基于干细胞的初步程序正在取得令人鼓舞的进展，以恢复青春期前年轻男性的生育能力。目前，这一研究领域已取得了相关成果：干细胞移植已应用于人类遗体睾丸；非人灵长类动物睾丸组织移植已获得初步数据；体外精子发生研究也取得了重大进展。尽管如此，在证实生育能力恢复有效性和安全性的临床试验取得成功之前，用于生育保护的睾丸组织冷冻保存技术仍需持续开展研究。

尽管人们经常建议将利用hPSCs体外生成生殖细胞作为不孕症治疗的一种暂定替代方案，但必须考虑到，目前的体外方案并不支持分化出完全成熟的精子或卵细胞，而且即使可以实现，也无法确认其功能。体外产生的精子使卵母细胞受精并孕育后代会引发许多伦理争议，需要非常谨慎地讨论。iPSCs建模方法研究生殖细胞特异性的基本特征，可以被认为是获得更多关于分化方法和生殖细胞发育知识的重要手段。利用人类iPSCs细胞生成人工配子仍然是一个遥远的设想。

参考文献

1. Wang J, Liu C, Fujino M, Tong G, Zhang Q, Li X-K, Yan H (2019) Stem cells as a resource for treatment of infertility-related diseases. Curr Mol Med 19:539–546. https://doi.org/10.2174/ 1566524019666190709172636
2. Vassena R, Eguizabal C, Heindryckx B, Sermon K, Simon C, van Pelt AMM, Veiga A, Zambelli F, ESHRE special interest group Stem Cells (2015) Stem cells in reproductive medicine: ready for the patient? Hum Reprod 30:2014–2021. https://doi.org/10.1093/humrep/dev181
3. Somigliana E, Paffoni A, Busnelli A, Filippi F, Pagliardini L, Vigano P, Vercellini P (2016) Age-related infertility and unexplained infertility: an intricate clinical dilemma. Hum Reprod 31:1390–1396. https://doi.org/10.1093/humrep/dew066
4. Vanni VS, Viganò P, Papaleo E, Mangili G, Candiani M, Giorgione V (2017) Advances in improving fertility in women through stem cell-based clinical platforms. Expert Opin Biol Ther 17:585–593. https://doi.org/10.1080/14712598.2017.1305352

5. Brunauer R, Alavez S, Kennedy BK (2017) Stem cell models: a guide to understand and mitigate aging? Gerontology 63:84–90. https://doi.org/10.1159/000449501
6. Volarevic V, Bojic S, Nurkovic J, Volarevic A, Ljujic B, Arsenijevic N, Lako M, Stojkovic M (2014) Stem cells as new agents for the treatment of infertility: current and future perspectives and challenges. BioMed Res Int 2014:507234. https://doi.org/10.1155/2014/507234
7. Eguizabal C, Aran B, Chuva de Sousa Lopes SM, Geens M, Heindryckx B, Panula S, Popovic M, Vassena R, Veiga A (2019) Two decades of embryonic stem cells: a historical overview. Hum Reprod 2019:hoy024. https://doi.org/10.1093/hropen/hoy024
8. Thomson JA, Itskovitz-Eldor J, Shapiro SS, Waknitz MA, Swiergiel JJ, Marshall VS, Jones JM (1998) Embryonic stem cell lines derived from human blastocysts. Science 282:1145–1147. https://doi.org/10.1126/science.282.5391.1145
9. Takahashi K, Yamanaka S (2006) Induction of pluripotent stem cells from mouse embryonic and adult fibroblast cultures by defined factors. Cell 126:663–676. https://doi.org/10.1016/j. cell.2006.07.024
10. Takahashi K, Tanabe K, Ohnuki M, Narita M, Ichisaka T, Tomoda K, Yamanaka S (2007) Induction of pluripotent stem cells from adult human fibroblasts by defined factors. Cell 131:861–872. https://doi.org/10.1016/j.cell.2007.11.019
11. He M, von Schwarz ER (2020) Stem-cell therapy for erectile dysfunction: a review of clinical outcomes. Int J Impot Res 1–7. https://doi.org/10.1038/s41443-020-0279-8
12. Zhao Y, Chen S, Su P, Huang F, Shi Y, Shi Q, Lin S (2019) Using mesenchymal stem cells to treat female infertility: an update on female reproductive diseases. Stem Cells Int 2019:9071720. https://doi.org/10.1155/2019/9071720
13. Dominici M, Le Blanc K, Mueller I, Slaper-Cortenbach I, Marini F, Krause D, Deans R, Keating A, Prockop D, Horwitz E (2006) Minimal criteria for defining multipotent mesenchymal stromal cells. the international society for cellular therapy position statement. Cytotherapy 8:315–317. https://doi.org/10.1080/14653240600855905
14. Santamaria X, Cabanillas S, Cervelló I, Arbona C, Raga F, Ferro J, Palmero J, Remohí J, Pellicer A, Simón C (2016) Autologous cell therapy with CD133+ bone marrow-derived stem cells for refractory Asherman's syndrome and endometrial atrophy: a pilot cohort study. Hum Reprod 31:1087–1096. https://doi.org/10.1093/humrep/dew042
15. Ilic D, Telfer EE, Ogilvie C, Kolundzic N, Khalaf Y (2019) What can stem cell technology offer to IVF patients? BJOG Int J Obstet Gynaecol 126:824–827. https://doi.org/10.1111/1471- 0528.15638
16. Walker MH, Tobler KJ (2020) Female infertility. In: StatPearls. StatPearls Publishing, Treasure Island (FL)
17. Schwartz SD, Hubschman J-P, Heilwell G, Franco-Cardenas V, Pan CK, Ostrick RM, Mickunas E, Gay R, Klimanskaya I, Lanza R (2012) Embryonic stem cell trials for macular degeneration: a preliminary report. Lancet 379:713–720. https://doi.org/10.1016/S0140-6736(12)60028-2
18. Pickering SJ, Braude PR, Patel M, Burns CJ, Trussler J, Bolton V, Minger S (2003) Preimplantation genetic diagnosis as a novel source of embryos for stem cell research. Reprod Biomed Online 7:353–364. https://doi.org/10.1016/s1472-6483(10)61877-9
19. Yamashiro C, Sasaki K, Yabuta Y, Kojima Y, Nakamura T, Okamoto I, Yokobayashi S, Murase Y, Ishikura Y, Shirane K, Sasaki H, Yamamoto T, Saitou M (2018) Generation of human oogonia from induced pluripotent stem cells in vitro. Science 362:356–360. https://doi.org/10.1126/sci ence.aat1674
20. Yamashiro C, Sasaki K, Yokobayashi S, Kojima Y, Saitou M (2020) Generation of human oogonia from induced pluripotent stem cells in culture. Nat Protoc 15:1560–1583. https://doi. org/10.1038/s41596-020-0297-5
21. Xie Y, Liu W, Liu S, Wang L, Mu D, Cui Y, Cui Y, Wang B (2020) The quality evaluation system establishment of mesenchymal stromal cells for cell-based therapy products. Stem Cell Res Ther 11:176. https://doi.org/10.1186/s13287-020-01696-6
22. Edessy M, Hosni H, Wafa Y, Bakry S, Shady Y, Kamel M (2014) Stem cells transplantation in premature ovarian failure. World J Med Sci 10:12–16. https://doi.org/10.5829/idosi.wjms. 2014.10.1.1137
23. Herraiz S, Buigues A, Díaz-García C, Romeu M, Martínez S, Gómez-Seguí I, Simón C, Hsueh AJ, Pellicer A (2018) Fertility rescue and ovarian follicle growth promotion by bone marrow stem cell infusion. Fertil Steril 109:908-918.

e2. https://doi.org/10.1016/j.fertnstert. 2018.01.004

24. Igboeli P, El Andaloussi A, Sheikh U, Takala H, ElSharoud A, McHugh A, Gavrilova-Jordan L, Levy S, Al-Hendy A (2020) Intraovarian injection of autologous human mesenchymal stem cells increases estrogen production and reduces menopausal symptoms in women with premature ovarian failure: two case reports and a review of the literature. J Med Case Reports 14:108. https://doi.org/10.1186/s13256-020-02426-5
25. Cao Y, Sun H, Zhu H, Zhu X, Tang X, Yan G, Wang J, Bai D, Wang J, Wang L, Zhou Q, Wang H, Dai C, Ding L, Xu B, Zhou Y, Hao J, Dai J, Hu Y (2018) Allogeneic cell therapy using umbilical cord MSCs on collagen scaffolds for patients with recurrent uterine adhesion: a phase I clinical trial. Stem Cell Res Ther 9:192. https://doi.org/10.1186/s13287-018-0904-3
26. Radhakrishnan G (2017) Stem cells—The new agents in infertility treatment: The light at the end of the tunnel? Fertil Sci Res 4:70. https://doi.org/10.4103/fsr.fsr_16_18
27. van Kasteren YM, Schoemaker J (1999) Premature ovarian failure: a systematic review on therapeutic interventions to restore ovarian function and achieve pregnancy. Hum Reprod Update 5:483–492. https://doi.org/10.1093/humupd/5.5.483
28. Fan D, Wu S, Ye S, Wang W, Guo X, Liu Z (2017) Umbilical cord mesenchyme stem cell local intramuscular injection for treatment of uterine niche: Protocol for a prospective, randomized, double-blinded, placebo-controlled clinical trial. Medicine 96:e8480. https://doi.org/10.1097/ MD.0000000000008480
29. Herraiz S, Romeu M, Buigues A, Martínez S, Díaz-García C, Gómez-Seguí I, Martínez J, Pellicer N, Pellicer A (2018) Autologous stem cell ovarian transplantation to increase reproductive potential in patients who are poor responders. Fertil Steril 110:496-505.e1. https://doi. org/10.1016/j.fertnstert.2018.04.025
30. Cervelló I, Gil-Sanchis C, Santamaría X, Cabanillas S, Díaz A, Faus A, Pellicer A, Simón C (2015) Human CD133(+) bone marrow-derived stem cells promote endometrial proliferation in a murine model of Asherman syndrome. Fertil Steril 104(1552–1560):e1-3. https://doi.org/ 10.1016/j.fertnstert.2015.08.032
31. Leslie SW, Siref LE, Khan MA (2020) Male infertility. In: StatPearls. StatPearls Publishing, Treasure Island (FL)
32. Shimizu T, Shiohara M, Tai T, Nagao K, Nakajima K, Kobayashi H (2015) Derivation of integration-free iPSCs from a Klinefelter syndrome patient. Reprod Med Biol 15:35–43. https:// doi.org/10.1007/s12522-015-0213-9
33. Ramathal C, Durruthy-Durruthy J, Sukhwani M, Arakaki JE, Turek PJ, Orwig KE, Reijo Pera RA (2014) Fate of iPSCs derived from Azoospermic and fertile men following xenotransplan- tation to murine seminiferous tubules. Cell Rep 7:1284–1297. https://doi.org/10.1016/j.celrep. 2014.03.067
34. Eguizabal C, Montserrat N, Vassena R, Barragan M, Garreta E, Garcia-Quevedo L, Vidal F, Giorgetti A, Veiga A, Izpisua Belmonte JC (2011) Complete meiosis from human induced pluripotent stem cells. Stem Cells 29:1186–1195. https://doi.org/10.1002/stem.672
35. Kurek M, Albalushi H, Hovatta O, Stukenborg J-B (2020) Human pluripotent stem cells in reproductive science-a comparison of protocols used to generate and define male germ cells from pluripotent stem cells. Int J Mol Sci 21:1028. https://doi.org/10.3390/ijms21031028
36. Gauthier-Fisher A, Kauffman A, Librach CL (2020) Potential use of stem cells for fertility preservation. Andrology 8:862–878. https://doi.org/10.1111/andr.12713
37. Goossens E, Jahnukainen K, Mitchell R, van Pelt A, Pennings G, Rives N, Poels J, Wyns C, Lane S, Rodriguez-Wallberg K, Rives A, Valli-Pulaski H, Steimer S, Kliesch S, Braye A, Andres M, Medrano J, Ramos L, Kristensen S, Andersen C, Bjarnason R, Orwig K, Neuhaus N, Stukenborg J (2020) Fertility preservation in boys: recent developments and new insights. Hum Reprod 2020:hoaa016. https://doi.org/10.1093/hropen/hoaa016
38. Al Demour S, Jafar H, Adwan S, AlSharif A, Alhawari H, Alrabadi A, Zayed A, Jaradat A, Awidi A (2018) Safety and potential therapeutic effect of two intracavernous autologous bone marrow derived mesenchymal stem cells injections in diabetic patients with erectile dysfunction: an open label phase I clinical trial. Urol Int 101:358–365. https://doi.org/10.1159/000492120
39. Yiou R, Hamidou L, Birebent B, Bitari D, Le Corvoisier P, Contremoulins I, Rodriguez A-M, Augustin D, Roudot-Thoraval F, de la Taille A, Rouard H (2017) Intracavernous injections of bone marrow mononucleated cells for

postradical prostatectomy erectile dysfunction: final results of the INSTIN clinical trial. Eur Urol Focus 3:643–645. https://doi.org/10.1016/j.euf. 2017.06.009

40. Khera M, Albersen M, Mulhall JP (2015) Mesenchymal stem cell therapy for the treatment of erectile dysfunction. J Sex Med 12:1105–1106. https://doi.org/10.1111/jsm.12871
41. Lander EB, Berman MH, See JR (2016) Stromal vascular fraction combined with shock wave for the treatment of Peyronie's disease. Plast Reconstr Surg Glob Open 4:e631. https://doi.org/ 10.1097/GOX.0000000000000622
42. Haahr MK, Jensen CH, Toyserkani NM, Andersen DC, Damkier P, Sørensen JA, Lund L, Sheikh SP (2016) Safety and potential effect of a single intracavernous injection of autologous adiposederived regenerative cells in patients with erectile dysfunction following radical prostatectomy: an open-label phase I clinical trial. EBioMedicine 5:204–210. https://doi.org/10.1016/j.ebiom. 2016.01.024
43. Protogerou V, Michalopoulos E, Mallis P, Gontika I, Dimou Z, Liakouras C, Stavropoulos- Giokas C, Kostakopoulos N, Chrisofos M, Deliveliotis C (2019) Administration of adipose derived mesenchymal stem cells and platelet lysate in erectile dysfunction: a single center pilot study. Bioengineering 6:21. https://doi.org/10.3390/bioengineering6010021
44. Bahk JY, Jung JH, Han H, Min SK, Lee YS (2010) Treatment of diabetic impotence with umbilical cord blood stem cell intracavernosal transplant: preliminary report of 7 cases. Exp Clin Transplant Off J Middle East Soc Organ Transplant 8:150–160
45. Levy JA, Marchand M, Iorio L, Cassini W, Zahalsky MP (2016) Determining the feasibility of managing erectile dysfunction in humans with placental-derived stem cells. J Am Osteopath Assoc 116:e1-5. https://doi.org/10.7556/jaoa.2016.007
46. Levy JA, Marchand M, Iorio L, Zribi G, Zahalsky MP (2015) Effects of stem cell treatment in human patients with peyronie disease. J Am Osteopath Assoc 115:e8-13. https://doi.org/10. 7556/jaoa.2015.124
47. Yiou R, Hamidou L, Birebent B, Bitari D, Lecorvoisier P, Contremoulins I, Khodari M, Rodriguez A-M, Augustin D, Roudot-Thoraval F, de la Taille A, Rouard H (2016) Safety of intracavernous bone marrow-mononuclear cells for postradical prostatectomy erectile dysfunction: an open dose-escalation pilot study. Eur Urol 69:988–991. https://doi.org/10.1016/j.eur uro.2015.09.026

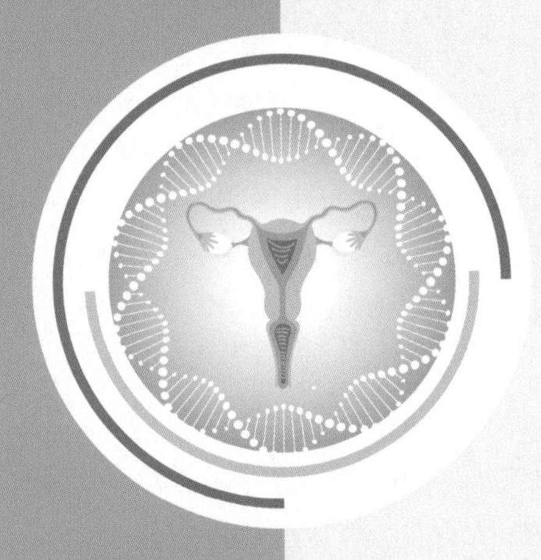

第2章

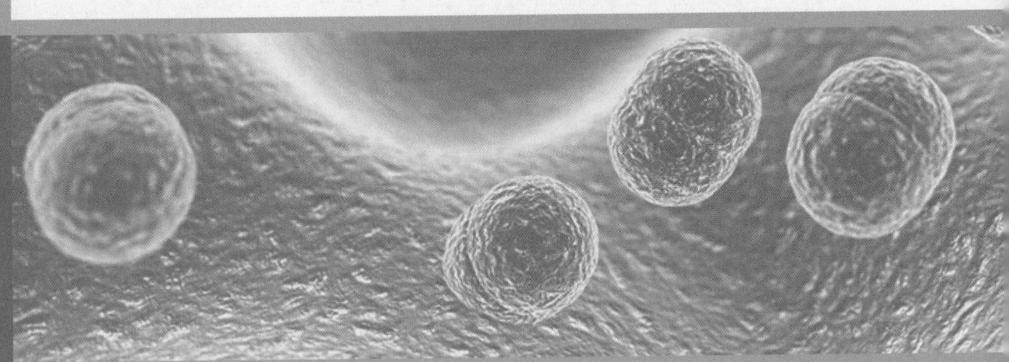

间充质干细胞移植：让卵巢再生成为可能

Irma Virant-Klun

摘要

导言：女性生殖健康与卵巢功能密切相关，卵巢功能减退可导致不孕。早发性卵巢功能不全（卵巢早衰）是卵巢功能减退的一种表现，它可能是由各种因素（遗传、自身免疫、病毒、环境影响等）引起的生理变化，也可能是由肿瘤治疗（化疗和放疗）引起。

方法：研究间充质干细胞移植实现人类卵巢再生的可能性。

结果：大量动物模型研究表明，通过移植不同来源的人间充质干细胞，可以实现无功能卵巢的再生。此外，首次在人体进行的间充质干细胞研究结果也相当乐观。

结论：根据现有结果，我们认为通过干细胞移植实现无功能卵巢再生值得进一步研究，因为它可能会成为现实，并且在人类中首次成功应用。

关键词：人类、不孕症、间充质干细胞、卵巢、早发性卵巢功能不全、再生、移植

专业术语中英文对照

英文缩写	英文全称	中　文
AD-MSC	Amnion-derived mesenchymal stem cell	羊膜源性间充质干细胞
AEC	Amniotic epithelial cell	羊膜上皮细胞
AFC	Antral follicle count	窦状卵泡计数
AFC	Amniotic fluid cell	羊水细胞
AMH	Anti-Müllerian hormone	抗米勒管激素
AMPK	5’ Adenosine monophosphate-activated protein kinase	5’腺苷酸激活的蛋白激酶
AMSC	Amniotic mesenchymal stem cell	羊膜间充质干细胞
BAX	Bcl-2 Associated X，Apoptosis Regulator	Bcl-2相关X，凋亡调节器
Bcl-2	Bcl-2 apoptosis regulator	Bcl-2细胞凋亡调节器
BM-MSC	Bone marrow mesenchymal stem cell	骨髓间充质干细胞
BMD-MSC	Bone marrow-derived mesenchymal stem cell	骨髓源性间充质干细胞
BrdU	Bromodeoxyuridine	溴脱氧尿苷
CD	Cluster of differentiation	分化群
CDDP	Cisplatin	顺铂
CFA	Freund’s adjuvant	弗氏完全佐剂
CK	Cytokeratin	角蛋白
CP-MSC	Chorionic plate-derived mesenchymal stem cell	绒毛膜板来源的间充质干细胞
CTX	Cyclophosphamide	环磷酰胺
DDX4	DEAD-box helicase 4（VASA）	DEAD盒解旋酶4（VASA）
Dil	1，1’-Dioctadecyl-3，3，3’，3’-tetramethylindocarbocyanine perchlorate	1，1’-二十八烷基-3，3，3’，3’-四甲基吲哚碳酰胺菁氯化物
E_2	Estradiol	雌二醇
EGF	Epidermal growth factor	表皮生长因子
eMSC	Endometrial mesenchymal stem cell	子宫内膜间充质干细胞

续表

英文缩写	英文全称	中　文
EnSC	Endometrial mesenchymal stem cell from menstrual blood	经血源性子宫内膜间充质干细胞
ES-MSC	Human embryonic stem cell-derived mesenchymal stem cell	人类胚胎干细胞源性的间充质干细胞
Ex	Exosome	外泌体
FGF	Fibroblast growth factor	成纤维细胞生长因子
FIA	Freund's incomplete adjuvant	弗氏不完全佐剂
fMSC	Fetal liver mesenchymal stem cell	胎儿肝间充质干细胞
FORKO	Follitropin receptor knockout（mouse）	促卵泡激素受体敲除（小鼠）
FOXO1	Forkhead box O1	叉头箱O1
FOXO3	Forkhead box O3	叉头箱O3
FSH	Follicle-stimulating hormone	促卵泡激素
FSHR	FSH receptor	FSH受体
GADD45β	Growth arrest and DNA damage inducible beta	生长抑制和DNA损伤诱导型β
GC	Granulosa cell	颗粒细胞
GFP	Green fluorescent protein	绿色荧光蛋白
GSC	Germline stem cell	生殖干细胞
H	Human	人类
HCB-MSC	Human umbilical cord blood mesenchymal stem cell	人脐带血间充质干细胞
hESC	Human embryonic stem cell	人胚胎干细胞
HGF	Hepatocyte growth factor	肝细胞生长因子
HIV	Human immunodeficiency virus	人类免疫缺陷病毒
HOVEC	Human primary ovarian endothelial cells	人原始卵巢内皮细胞
HPLC	High-performance liquid chromatography	高效液相色谱
HuAFC	Human amniotic fluid stem cell	人羊水干细胞
hUC-MSC	Human umbilical cord mesenchymal stem cell	人脐带间充质干细胞
hUCV-MSC	Human umbilical cord vein mesenchymal stem cell	人脐静脉间充质干细胞
HuMenSC	Human menstrual blood stem cell	人经血干细胞
IGF-1	Insulin-like growth factor 1	胰岛素样生长因子1
IL-2	Interleukin-2	白介素-2
IFN-γ	Interferon gamma	干扰素-γ
IRE1α	Serine/threonine-protein kinase/endoribonuclease inositol-requiring enzyme 1 α	丝氨酸/苏氨酸蛋白激酶/内切核糖核酸酶肌醇要求酶1α
IU	International unit	国际单位
IVF	In vitro fertilization	体外受精
JNK1	Mitogen-activated protein kinase 8（MAPK8）	丝裂原活化蛋白激酶8
LIPUS	Low-intensity pulsed ultrasound	低强度脉冲超声
MⅡ	Metaphase Ⅱ	第二次减数分裂期
MenSC	Menstrual blood-derived stromal cell	经血源性基质细胞
mRNA	Messenger ribonucleic acid	信使核糖核酸

续表

英文缩写	英文全称	中　文
microRNA	Micro-ribonucleic acid（miRNA）	微核糖核酸（miRNA）
MSC	Mesenchymal stem cell	间充质干细胞
MT1	Metallothionein-1	金属硫蛋白-1
mTOR	Mammalian/mechanistic target of rapamycin	雷帕霉素的哺乳动物/机制靶点
Mvh	Mouse Vasa homologue	小鼠Vasa同源物
NGF	Nerve growth factor	神经生长因子
NOA	Natural ovarian aging	自然卵巢衰老
OSSC	Ovarian stroma stem cell	卵巢基质干细胞
PARP	Poly（ADP-Ribose）polymerase	多（ADP-核糖）聚合酶
PCNA	Proliferating cell nuclear antigen	增殖细胞核抗原
PD-MSC	Placenta-derived mesenchymal stem cell	胎盘源性间充质干细胞
PMSC	Placenta mesenchymal stem cell	胎盘间充质干细胞
PI3K	Phosphoinositide 3-kinase	磷脂酰肌醇3-激酶
P	Progesterone	孕酮
PKH26	Red fluorescent cell linker kit for general cell membrane	红色荧光细胞连接试剂盒
POI	Premature ovarian insufficiency	早发性卵巢功能不全
POF	Premature ovarian failure	卵巢早衰
RFP	Red fluorescent protein	红色荧光蛋白
SCID	Severe combined immune deficiency	严重联合免疫缺陷
siRNA	Small interfering RNA	小干扰RNA
SMAD3	SMAD family member 3	SMAD家族成员3
Tc17	IL-17-expressing/secreting $CD8^+$ T cells	表达/分泌IL-17的$CD8^+$ T细胞
TGF-β	Transforming growth factor beta	转化生长因子-β
Th1	T helper type 1 cell	1型辅助T细胞
Th2	T helper type 2 cell	2型辅助T细胞
Th17	T helper 17 cell	17型辅助T细胞
TIE2	TEK receptor tyrosine kinase（Tek）	TEK受体酪氨酸激酶
Treg	Regulatory T cell	调节性T细胞
TrkA	Tropomyosin receptor kinase A	神经生长因子受体
TUNEL	Terminal deoxynucleotidyl transferase dUTP nick-end labeling	末端脱氧核苷酸转移酶介导的dUTP末端标记
TVUS	Transvaginal ultrasound	经阴道超声
uNK	Uterine natural killer cells	子宫自然杀伤细胞
VASA	DEAD-box helicase 4（DDX4）	DEAD盒解旋酶4（DDX4）
VEGF	Vascular endothelial growth factor	血管内皮生长因子
VEGF-R2	Vascular endothelial growth factor receptor 2	血管内皮生长因子受体2
VSEL	Very small embryonic-like stem cell	极小胚胎样干细胞
ZP2	Zona pellucida glycoprotein 2	透明带糖蛋白2
ZP3	Zona pellucida glycoprotein 3	透明带糖蛋白3

一、导言

现代最大的问题之一是不孕不育，其中也包括女性不孕症。女性不孕症的原因多种多样，治疗方法也不尽相同。尽管在治疗不孕症方面，包括体外受精（IVF）在内的技术得到了长足发展，但某些类型的不孕症，特别是卵巢性不孕，仍然治疗效果不佳或无法治愈。本章的目的是回顾文献和当前的研究成果，以确定卵巢不孕症是否可通过一种新的方式——基于间充质干细胞（MSCs）移植的细胞疗法进行治疗。

二、卵巢性不孕

通过干细胞移植进行卵巢再生对于各种形式的卵巢性不孕患者来说意义非凡，特别是早发性卵巢功能不全及其他形式的卵巢性不孕患者。

1.早发性卵巢功能不全

早发性卵巢功能不全（POI）是卵巢性不孕中最严重的一种，女性在40岁之前出现闭经或月经不规律、促性腺激素尤其是促卵泡激素（FSH）浓度升高和血清中雌二醇（E_2）浓度下降的症状。全球POI的患病率估计为1%～3.7%。大多数患有POI的女性没有成熟的卵泡及适合受精、胚胎发育和妊娠的卵母细胞，因此无法生育。POI可由多种原因引起，如出生时非最佳出生特征（小于胎龄、早产或低出生体重）、遗传异常（如脆性X前变异）、盆腔手术、自身免疫、各种病毒感染（如HIV）和疫苗接种，以及暴露于各种化学物质（包括内分泌干扰物和空气污染物），但在目前其原因仍然是未知的。

POI也可以由肿瘤的放化疗引起，虽然治疗成功，但可能导致患者卵巢功能降低或发生POI。初次诊断乳腺癌后第5年，接受蒽环类和紫杉类药物辅助化疗的患者中有49%进入了绝经后期和围绝经期，而接受他莫昔芬治疗的患者中有11%发生这种情况。乳腺癌治疗后，超过1/3的患者出现卵巢卵泡储备减少，导致永久性不孕。幼年时患有白血病的女性幸存者中，26.7%在癌症治疗后经历了POI并面临不孕。这种情况与其他癌症相似，25%的POI女性是癌症治疗引起的。据估计，约有1/3的癌症患者在完成癌症治疗和治愈后出现POI并面临不孕。

激素（雌激素和孕激素）替代疗法是改善POI患者健康和生活质量的可行疗法之一，可确保第二性征发育、获得峰值骨量，以及促进子宫生长和成熟。鉴于卵母细胞耗竭或功能障碍的程度不一，激素替代疗法后有可能发生自发排卵并随后怀孕，但怀孕的概率非常低。对于有残余卵泡的女性，可通过一些新的策略治疗不孕症，如体外非化学或化学激活卵泡，而在没有残余卵泡的女性中，只能通过捐赠的卵子受精并将所得胚胎移植至宫内进行治疗。然而，接受捐献的卵子并怀孕很难被大多数女性接受，可行性低。此外，可用于该类POI患者使用的捐赠卵子也很短缺。

2.卵巢储备功能减退

卵巢储备功能减退的原因多种多样，其他原因有卵巢子宫内膜异位症的手术治疗可导致卵巢储备减退，且血清抗米勒管激素（AMH）水平降低。此类女性的生育能力可能显著下降，原因被认为是休眠的原始卵泡过度激活。此外，许多在IVF项目中接受治疗的患者卵巢储备功能减退的原因尚不明确。她们的卵巢对激素刺激反应不佳，导致获得的卵子数量少且质量差，在IVF项目中成功的概率低。值得注意的是，对于那些决定在40岁或更晚时怀孕的女性而言，卵巢储备功能、卵母细胞质量和怀孕概率会随着年龄的增长而降低。

三、在动物模型中移植人干细胞实现卵巢再生：潜在来源、移植及改进

由于治愈POI的可能性较低，干细胞疗法正展现出巨大的潜力和前景。各种类型的人类间充质干细胞（hMSCs）已经在不同的动物模型上进行了非功能性卵巢的再生试验。此外，还有大量研究关注体外卵子发育或从各种多能干细胞（包括生殖干细胞）诱导生成卵子的体外试验，显然，通过干细胞移植进行卵巢再生不仅更具现实性，而且在临床应用中也更容易被接受。

1.间充质干细胞

文献中大量研究发现，在动物（哺乳动物）模型中使用不同来源的hMSCs能够重建因POI而失去活性的卵巢。不同动物模型、hMSC来源、移植及干细胞种植方式如表2.1所示。在这些研究中，较常见的POI造模方法包括联合和单独使用化疗药物，如环磷酰胺（CTX）联合白消安，单独使用顺铂（CDDP）、环磷酰胺、紫杉醇或白消安。较少见的POI造模方法包括卵巢自然衰老、用卵巢抗原——透明带糖蛋白3（ZP3）肽段乳化在弗氏完全佐剂（CFA）中进行免疫、卵巢切除术（摘除术）、过氧化氢处理或使用FSHR（−/−）小鼠模型，该模型的促卵泡刺激素受体基因被敲除，导致FSH水平升高、雌激素水平降低，且无卵泡生成，子宫变薄，卵巢小且无功能，最终导致不孕。研究MSCs进行卵巢再生最常见的动物模型是小鼠（如ICR、BALB/c、C57BL/6、SCID-NOD）和大鼠（如Wistar Albino、Sprague-Dawley），鼠龄为6～12周。

表 2.1 通过 MSC 移植在动物模型中模拟卵巢早衰再生

参考文献	动物	人干细胞类型	卵巢早衰的模拟	干细胞的应用
Bahrehbar等人，2010	小鼠	人胚胎干细胞源性间充质干细胞	环磷酰胺和白消安	尾静脉注射
Yoon等人，2020	小鼠	人胚胎干细胞源性间充质干细胞	顺铂	尾静脉注射
Besikcioglu等人，2019	大鼠（Wistar Albino）	人卵巢基质干细胞和来自胎儿组织（第16天）的骨髓间充质干细胞	环磷酰胺	腹腔注射
Lu等人，2020	大鼠（Wistar鼠，6周龄）	人脐带间充质干细胞	顺铂	尾静脉注射
Cui等人	大鼠（Wistar鼠，7周龄）	人脐带间充质干细胞	顺铂	尾静脉注射

续表

参考文献	动物	人干细胞类型	卵巢早衰的模拟	干细胞的应用
Zhao等，2020	小鼠（ICR，6周龄）	人脐带间充质干细胞	环磷酰胺和白消安	尾静脉注射
Wang等，2020	大鼠（无特定病原体级的Sprague-Dawley鼠，8周龄）	人脐带间充质干细胞	自身免疫因子，通过皮下注射卵巢抗原诱导共3次，每10天1次	尾静脉注射
Shen等人，2020	小鼠（BALB/c鼠，7～8周龄）	人脐带间充质干细胞	环磷酰胺	尾静脉注射
Lu等人，2019	小鼠	人脐带间充质干细胞	弗氏不完全佐剂（FIA）中透明带糖蛋白3肽诱导的自身免疫	尾静脉注射
Zheng et al.，2019；Zheng等人，2019	Rat 大鼠	人脐带间充质干细胞	环磷酰胺	尾静脉注射
Yang et al.，2019；Yang等人，2019	Mouse 小鼠	胶原蛋白支架上人脐带间充质干细胞	环磷酰胺	胶原支架装载人脐带间充质干细胞并移植（注射）到卵巢核心
Jalalie et al.，2019；Jalalie等人，2019	Mouse 小鼠	CM-DiL标记的人脐带静脉	环磷酰胺	尾静脉外侧注射
Elfayomy et al.，2016；Elfayomy等人，2016	Rat 大鼠	人脐带血间充质干细胞	紫杉醇	尾静脉注射
Song等人，2016	大鼠	人脐带间充质干细胞	环磷酰胺	尾静脉注射
Seok等人，2020	大鼠	人胎盘源性间充质干细胞	卵巢切除术	尾静脉注射
Li等人，2019	小鼠	人胎盘源性间充质干细胞	ZP3肽诱导的自身免疫	皮下注射
Yin等人，2018	小鼠	人胎盘源性间充质干细胞	ZP3肽在完全弗氏佐剂中乳化诱导的自身免疫	腹腔注射
Zhang等人，2018	小鼠	人胎盘源性间充质干细胞	通过自动肽合成仪合成的ZP3肽诱导的自身免疫；通过HPLC分析测定肽纯度；通过氨基酸分析检查了氨基酸的组成	尾静脉注射

续表

参考文献	动物	人干细胞类型	卵巢早衰的模拟	干细胞的应用
Yin等人，2018	小鼠	人胎盘源性间充质干细胞	ZP3肽处理诱导的自身免疫	尾静脉注射
Huang等人，2019	小鼠	人胎儿肝脏源性间充质干细胞（前3个月）	环磷酰胺	尾静脉注射
Feng等人，2020	大鼠	人羊膜源性间充质干细胞	环磷酰胺和白消安	尾静脉或卵巢注射
Liu等人	小鼠	人羊膜间充质干细胞	过氧化氢	腹腔注射
Ding等人，2018	Mouse 小鼠	人羊膜间充质干细胞	自然老化	·将hAMSCs注射到小鼠体内 ·NOA患者和对照组（输卵管阻塞）的人类颗粒细胞与hAMSCs的共培养
Ding等人，2017	小鼠	人羊膜间充质干细胞和人羊膜上皮细胞	环磷酰胺	·尾静脉注射Dil标记的细胞（用活体成像系统USA）进行筛选，以表征、量化和可视化生物体中的Dil标记细胞）
Ling等人，2019	大鼠	人羊膜源性间充质干细胞	环磷酰胺	尾静脉注射（PKH26标记的hAD-MSCs）
Ling等人，2017	大鼠	人羊膜源性间充质干细胞	环磷酰胺	尾静脉注射
Lai等人，2013	小鼠	人羊水细胞	环磷酰胺和白消安	双侧卵巢注射
Liu等人，2012	小鼠	$CD44^+/CD105^+$人羊水细胞	环磷酰胺	卵巢注射（红色荧光蛋白转导的$CD44^+/CD105^+$ HuAFCs）
Li等人，2018	小鼠	人绒毛膜板来源的间充质干细胞	环磷酰胺	尾静脉注射
Feng等人，2019	小鼠	人经血源性基质细胞	环磷酰胺	尾静脉注射
Reig等人，2019	小鼠	人经血源性子宫内膜间充质干细胞	环磷酰胺和白消安	眶后注射
Noory等人，2019	大鼠	人经血干细胞	白消安	尾静脉注射
Manshadi等人，2019	大鼠	人经血干细胞	白消安	尾静脉注射
Lai等人，2015	Mouse 小鼠	宫内膜干细胞	环磷酰胺和白消安	尾静脉注射（通过实时成像和免疫荧光方法测量GFP标记的EnSC）

续表

参考文献	动物	人干细胞类型	卵巢早衰的模拟	干细胞的应用
Liu等人，2014	小鼠	人经血干细胞	环磷酰胺	
Mohamed等人	小鼠	人骨髓间充质干细胞	环磷酰胺	卵巢内注射（剖腹手术）
Herraiz等人，2018	小鼠	人骨髓源性间充质干细胞	环磷酰胺和白消安	尾静脉注射
Liu等人，2014	大鼠	人骨髓间充质干细胞	顺铂	尾静脉注射
Ghadami等人，2012	小鼠	人骨髓间充质干细胞	FSHR（−/−）小鼠的表型为促卵泡刺激素受体（FSHR）敲除小鼠（FORKO），是研究人类卵巢功能衰竭的合适模型。雌性FORKO小鼠FSH升高，雌激素水平降低，由于缺乏卵泡生成而不育，子宫薄，卵巢小而无功能	尾静脉注射

不同来源的hMSCs，如人胚胎干细胞（hESC）衍生的MSCs、卵巢基质细胞、脐带、胎盘、胎儿（即胎儿肝脏）、羊膜/羊水、绒毛膜板、月经血（子宫内膜）、骨髓等，这些已用于POI动物模型中的卵巢再生研究。在这些研究中，最常用的干细胞来源是人类脐带血（图2.1）。所有这些来源的MSCs都具有潜在的临床应用价值，尤其是那些允许自体移植的干细胞（如骨髓、月经血/子宫内膜）。在动物模型（如小鼠、大鼠）中，hMSCs通常通过尾静脉注射给药，较少通过腹腔内或直接注入卵巢给药。将人类干细胞移植到动物胶原支架上的研究很少。在一些研究中，hMSCs通过不同标记物进行标记，如1，1’二十八烷基-3，3，3’，3’-四甲基吲哚碳氰化物高氯酸盐、PKH26、红色荧光蛋白（RFP）和绿色荧光蛋白（GFP），并通过活体成像对移植后的细胞进行监测，这是一种了解移植后细胞情况的绝佳方法。这些研究表明，GFP标记的细胞在干细胞移植后48小时内无法检测到，但随后可在卵巢基质中被检测到。研究还发现，干细胞移植后能在体内存活较长时间。移植的干细胞可在小鼠卵巢内存活至少14天。BrdUrd掺入试验和免疫荧光染色表明，$CD44^{+}/CD105^{+}$人羊水干细胞（HuAFCs）在卵巢组织中经历了正常的细胞增殖和自我更新周期。移植的MSCs在卵巢组织的不同区域分布不均，主要集中在髓质区域，皮质和生殖上皮区域的分布较少。在一些研究中，骨髓干细胞能够均匀地重新填充生长的卵泡，而在其他研究中，移植后卵巢卵泡和黄体中未发现骨髓干细胞。同样，羊膜来源的MSCs仅存在于卵巢的间质中，而非卵泡中。间充质干细胞移植后约1个月，可观察到前卵泡数量增加的积极效果。

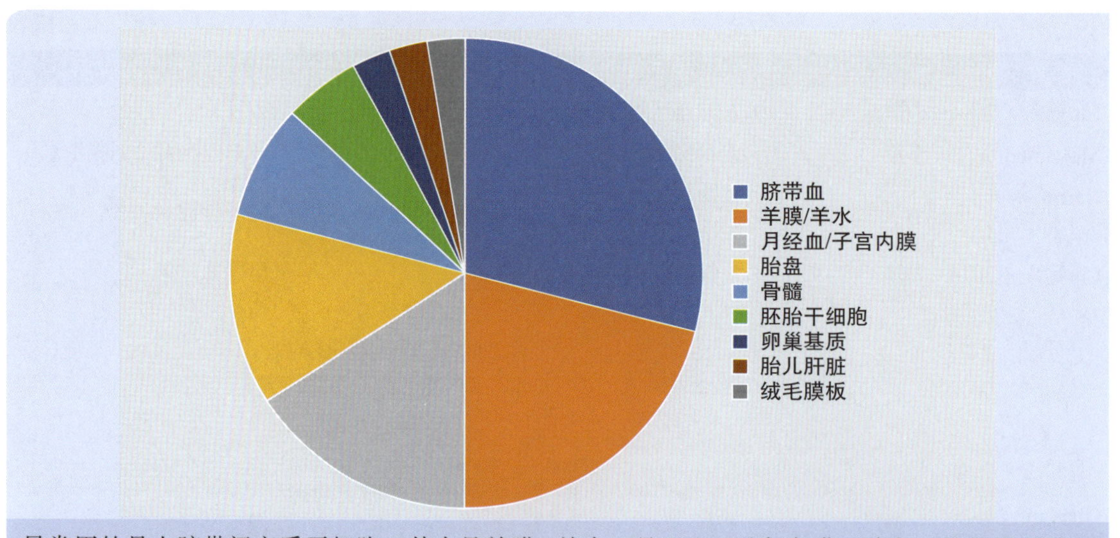

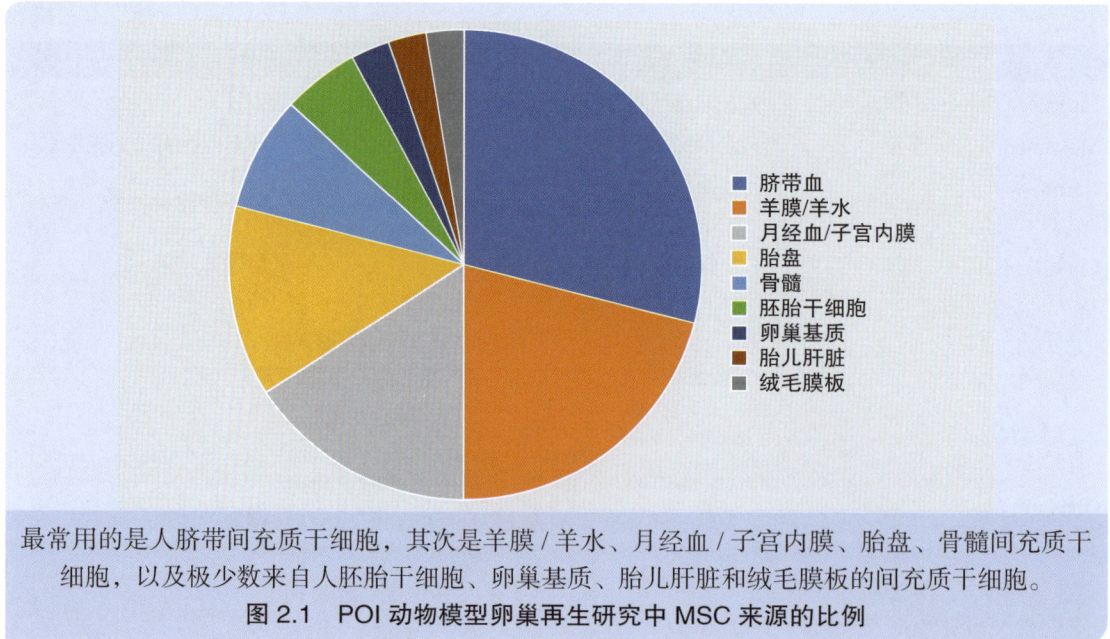

最常用的是人脐带间充质干细胞，其次是羊膜 / 羊水、月经血 / 子宫内膜、胎盘、骨髓间充质干细胞，以及极少数来自人胚胎干细胞、卵巢基质、胎儿肝脏和绒毛膜板的间充质干细胞。

图 2.1 POI 动物模型卵巢再生研究中 MSC 来源的比例

几乎所有这些动物模型的研究均表明，移植hMSCs对POI动物模型的卵巢功能具有积极影响。表2.2列出了MSC移植对卵巢功能的多种积极影响。与对照组相比，hMSC移植后，最常见的积极作用包括血清中生殖激素的水平改善——AMH、E_2、P的水平升高，而FSH水平的降低；卵巢原始卵泡、初级卵泡和窦卵泡计数增加；卵泡闭锁减少；卵泡颗粒细胞凋亡减少（基因Bcl-2上调、基因Bax及Caspase-3下调、Bcl-2/Bax比率增加）和增殖增加（Ki67表达增加）；卵巢炎症（IFN-γ和IL-2）减少；卵巢重量和体积增加；卵巢形态改善、病变减少；促进卵巢血管生成（CD31表达增加）；稳定卵巢表面上皮的形态，以及氧化应激减少。在MSC移植后约30天，可观察到窦卵泡数量增加显著。间充质干细胞移植不仅使卵巢功能得到改善，子宫内膜的容受性也得到了改善。因此，动物的正常发情周期、排卵和生育能力得到了重建，导致卵母细胞透明带残留减少，成熟（M Ⅱ期）卵母细胞数量增加，排出的卵子能形成囊胚的概率得到恢复，胚胎数量和健康幼崽的出生数量得到增加。正常的后代小鼠也具有生育能力。

在研究中，未检测到卵母细胞或幼崽中含有GFP，这表明移植的干细胞对卵母细胞池没有影响。用抗人类抗原特异性抗体进行免疫染色表明，移植的hAFCs存活并分化成颗粒细胞，这些颗粒细胞促进小鼠模型中的卵母细胞成熟。干细胞移植还减少了化疗引起的生殖干细胞（GSCs）库的耗竭。一般认为，移植的MSCs可分化成颗粒细胞，从而促进现有卵母细胞的发育和成熟，或从GSCs发育而来。MSC移植后卵巢功能的改善归因于多种分子机制，包括通过AMPK/mTOR信号通路抑制卵巢间质细胞的自噬；激活PI3K通路和ECM依赖的FAK/Akt信号通路；改善卵巢代谢组；间充质干细胞通过释放不同的生长因子，如神经生长因子（NGF）、神经生长因子受体（TrkA）、表皮生长因子（EGF）、肝细胞生长因子（HGF）、成纤维细胞生长因子2（FGF2）、胰岛素样生长因子-1（IGF-1）

和血管内皮生长因子（VEGF）等，发挥旁分泌活性；调节Treg细胞和相关细胞因子的产生；恢复血清中TGF-β和IFN-γ的水平及端粒酶活性；多能标志物和细胞因子、细胞角蛋白（CK18/8）、胶原蛋白和PCNA的表达水平。研究发现，TGF-β1/Smad3信号通路参与卵巢组织纤维化的抑制，帮助恢复移植后卵巢功能。PI3K/Akt信号通路通过改变Th17/Tc17和Th17/Treg细胞的比例，参与卵巢功能的恢复。内质网应激IRE1α信号通路诱导颗粒细胞凋亡。最后，子宫内膜的Th1/Th2细胞因子平衡和uNK细胞的表达调节了子宫内膜容受性的恢复。

表 2.2　hMSC 移植对动物模型卵巢功能的积极影响

参考文献	动物	人间充质干细胞的类型	间充质干细胞移植对生殖 / 卵巢功能的积极影响
Bahrehbar等人，2010	小鼠	人胚胎干细胞源性间充质干细胞	· 恢复激素分泌和生殖功能 · 减少卵泡细胞凋亡 · 新的子代
Yoon等人，2020	小鼠	人胚胎干细胞源性间充质干细胞	· 提高初级卵泡和原始卵泡的平均数量 · 减少卵母细胞透明带残留和卵泡凋亡迹象 · 恢复排卵 · 恢复排卵卵母细胞的囊胚形成率 · 恢复出生率
Besikcioglu等人，2019	大鼠	人卵巢基质干细胞和来自胎儿组织（第16天）的骨髓间充质干细胞	· 与BM-MSC相比，OSSC对卵泡成熟和原始卵泡数量的保护作用更强
Lu等人，2020	大鼠	人脐带间充质干细胞	· 通过调节自噬信号通路AMPK/mTOR保护卵巢功能 · 通过AMPK/mTOR信号通路抑制子宫内膜细胞的自噬作用恢复卵巢功能
Cui等人，2020	大鼠	人脐带间充质干细胞	· 参与抑制卵巢组织纤维化的TGF-β1/Smad3信号通路，有助于移植后卵巢功能的恢复
Zhao等人，2020	小鼠	人脐带间充质干细胞	· 通过激活PI3K通路和改善卵巢代谢组恢复卵巢功能 · 显著改善体重、性激素水平和发情周期 · 提高生殖能力，增加子代数量
Wang等人，2020	大鼠	人脐带间充质干细胞	· 发情周期恢复正常 · 卵泡发育得到改善 · 提高血清中17-E_2、P和抗AMH的浓度 · 减少颗粒细胞凋亡，促进颗粒细胞增殖；上调Bcl-2、AMH和FSHR基因的表达，下调Caspase-3基因的表达
Shen等人，2020	Mouse 小鼠	人脐带间充质干细胞	· 恢复正常发情周期 · 卵巢重量增加 · E_2增加，FSH减少 · 卵巢病变程度得到改善

续表

参考文献	动物	人间充质干细胞的类型	间充质干细胞移植对生殖 / 卵巢功能的积极影响
Lu等人，2019	Mouse 小鼠	人脐带间充质干细胞	· 血清中E_2、P和IL-4水平升高 · 降低血清中FSH、IFN-γ和IL-2的水平 · 健康卵泡总数增加，闭锁卵泡数量减少 · 子宫内膜容受性的恢复受Th1/Th2细胞因子平衡及子宫内膜中uNK细胞表达的调控
Zheng等人，2019	大鼠	人脐带间充质干细胞	· 恢复激素分泌 · 恢复卵泡生成 · NGF和TrkA水平升高 · 降低FSHR和Caspase-3的水平 · 提高自然条件下的怀孕率
Yang等人，2019	小鼠	胶原蛋白支架上人脐带间充质干细胞	· 改善卵巢功能 · 提高E_2和AMH水平 · 增加卵巢容积 · 窦卵泡数量增加 · 促进颗粒细胞增殖（Ki67表达增加） · 促进卵巢血管生成（CD31表达增加）
Jalalie等人，2019	Mouse 小鼠	CM-DiL标记的人脐带静脉	· 移植的MSCs在卵巢组织不同区域的分布不均；髓质中的MSCs多于皮质和生殖上皮中的MSCs
Elfayomy等人，2016	大鼠	人脐带血间充质干细胞	· FSH水平降低，E_2水平升高 · 表面上皮形态稳定 · 窦卵泡数量增加 · CK 8/18、TGF-β和PCNA表达增加 · CASP-3表达减少
Song等人，2016	大鼠	人脐带间充质干细胞	· 使紊乱的激素分泌恢复 · 卵泡生成恢复 · 减少卵巢细胞凋亡 · 移植细胞在卵巢组织中长期存活，无明显增殖
Seok等人，2020	大鼠	人胎盘源性间充质干细胞	· 抗氧化活性 · 减少氧化应激
Li等人，2019	小鼠	人胎盘源性间充质干细胞	· 改善卵巢的结构和功能 · 抑制由内质网应激IRE1α信号通路诱导的颗粒细胞凋亡
Yin等人，2018	小鼠	人胎盘源性间充质干细胞	· PI3K/Akt信号通路通过改变Th17/Tc17和Th17/Treg细胞的比例参与卵巢功能的恢复
Zhang等人，2018	小鼠	人胎盘源性间充质干细胞	· 提高卵巢中AMH和FSHR的血清水平 · 促进卵泡发育 · 抑制卵泡过度闭锁 · 抑制颗粒细胞凋亡 · 提高卵巢储备能力

续表

参考文献	动物	人间充质干细胞的类型	间充质干细胞移植对生殖/卵巢功能的积极影响
Yin等人，2018	小鼠	人胎盘源性间充质干细胞	·改善卵巢功能 ·减少颗粒细胞凋亡 ·pZP3治疗抑制了Treg细胞数量的增加 ·pZP3治疗导致的血清中TGF-β的减少和IFN-γ的增加已被逆转 ·移植后通过调节Treg细胞和相关细胞因子的产生恢复卵巢功能
Huang等人，2019	小鼠	人胎儿肝脏源性间充质干细胞（前3个月）	·抑制卵泡的减少 ·恢复血清E_2、AMH和FSH水平
Feng等人，2020	大鼠	人羊膜源性间充质干细胞	·hAD-MSC（尾静脉）和hAD-MSC（卵巢原位）移植均可修复卵巢损伤并改善卵巢功能 ·改善AMH水平和卵泡数量 ·hAD-MSCs在卵巢微环境中的旁分泌蛋白组可以减少细胞凋亡，促进血管生成、细胞增殖和基因表达，从而抵御化疗引起的损伤，进而保护卵巢
Liu等人	小鼠	人羊膜源性间充质干细胞	·恢复发情周期 ·提高雌激素水平，降低FSH水平 ·提高卵巢指数 ·提高受孕率 ·不同阶段的卵泡数量增加 ·新生小鼠无畸形，生长发育正常 ·正常子代小鼠也具有生育能力
Ding等人，2018	小鼠	人羊膜源性间充质干细胞	·改善小鼠卵巢功能 ·增加卵泡数量 ·将E_2水平（95%）和AMH水平（92%）恢复到正常水平 ·促进卵巢颗粒细胞增殖标志物的表达 ·EGF和HGF从hAMSCs（离心后的上清液）中的分泌水平高于其他生长因子 ·与hGCs共同培养后，生长因子组合（HGF与EGF）能更有效地提高增殖率和抑制凋亡率 ·向卵巢注射生长因子组合后，总卵泡数和激素水平升至正常水平
Ding等人，2017	小鼠	人羊膜源性间充质干细胞和人羊膜源性上皮细胞	·是一种比hAECs更有效的改善卵巢功能的细胞类型，这归功于端粒酶活性等细胞生物学特性、多能标志物表达水平、细胞因子和胶原蛋白分泌等细胞生物学特性优于hAECs，但免疫排斥反应除外

续表

参考文献	动物	人间充质干细胞的类型	间充质干细胞移植对生殖/卵巢功能的积极影响
Ling等人，2019	大鼠	人羊膜源性间充质干细胞	·PKH26标记的人羊膜来源的间充质干细胞 ·移植后主要归巢于卵巢；它们只位于卵巢间质中而不是卵泡中 ·通过旁分泌机制可减少卵巢损伤和改善卵巢功能；存在一种旁分泌机制可解释hAD-MSC介导的卵巢功能恢复，而这归因于hAD-MSC分泌的生长因子 ·hAD-MSC分泌的生长因子恢复了卵巢功能 ·hAD-MSC-CM注射改善了卵巢的局部微环境，导致卵巢细胞中Bax表达降低以及Bcl-2和内源性VEGF表达增加，这抑制了化疗引起的颗粒细胞凋亡，促进了血管生成并调节了卵泡发育，从而部分减轻了卵巢损伤并改善了卵巢功能
Ling等人，2017	大鼠	人羊膜源性间充质干细胞	·增加身体和生殖器官重量 ·改善卵巢功能 ·减少生殖器官损伤 ·提高Bcl-2/Bax比率 ·减少颗粒细胞凋亡和卵巢炎症
Lai等人，2013	小鼠	人羊水细胞	·恢复卵巢形态 ·恢复的卵巢在各个发育阶段都显示出许多卵泡闭锁的卵母细胞 ·GFP标记细胞的鉴定 ·用抗人抗原特异性抗体进行免疫染色表明，移植的hAFCs存活下来并分化为颗粒细胞，引导卵母细胞成熟 ·移植后抗米勒管激素高表达
Liu等人，2012	小鼠	$CD44^+/CD105^+$人羊水细胞	·注射后3周内通过荧光显微镜进行干细胞检测 ·BrdUrd参与的试验和免疫荧光染色表明，$CD44^+/CD105^+$ HuAFCs在卵巢组织中经历了正常的细胞增殖和自我更新周期。在卵巢组织中进行正常的细胞增殖和自我更新
Li等人，2018	小鼠	人绒毛膜板源性间充质干细胞	·恢复血清激素水平和卵巢功能 ·小鼠超排卵
Feng等人，2019	小鼠	人经血源性基质细胞	·通过调节卵泡的正常发育和发情周期，恢复卵巢功能 ·减少卵巢凋亡，维持微环境的平衡，将血清性激素调节到相对正常的状态 ·激活卵巢中的转录表达ECM依赖的FAK/Akt信号通路，从而在一定程度上恢复卵巢功能
Reig等人，2019	小鼠	人经血源性子宫内膜间充质干细胞	·6周后，卵母细胞产量和血清AMH浓度显著增加，以及UC（子宫细胞）处理的小鼠体重提高了19% ·经UCs处理的小鼠所生幼崽数量增加 ·没有一个卵母细胞或幼崽含有GFP，这表明这些干细胞对卵母细胞库没有作用

续表

参考文献	动物	人间充质干细胞的类型	间充质干细胞移植对生殖/卵巢功能的积极影响
Noory等人，2019	大鼠	人经血干细胞	·分化为颗粒细胞 ·TUNEL阳性（凋亡）细胞减少 ·Bax基因表达水平降低
Manshadi等人，2019	大鼠	人经血干细胞	·对卵泡形成有积极影响 ·对排卵有积极影响
Lai等人，2015	小鼠	宫内膜干细胞	·细胞移植48小时后检测不到GFP标记的细胞，但随后被检测到并定位在卵巢基质中 ·小鼠卵巢中免疫组化检测到5'溴脱氧尿苷（BrdU）和小鼠VASA同源物（Mvh）蛋白双阳性细胞 ·干细胞移植减少了化疗引起的GSCs库耗竭
Liu等人，2014	小鼠	人经血干细胞	·移植的干细胞可在小鼠卵巢内存活至少14天 ·卵巢标志物（AMH、抑制素α/β、卵泡刺激素受体）和增殖标志物（Ki67）表达量增加 ·卵巢重量增加 ·血浆E_2水平增加 ·正常卵泡数量增加 ·与移植前相比，刺激宿主卵巢后，卵巢细胞中的基因（mRNA）表达模式越来越类似于在人卵巢组织中观察到的表达模式
Mohamed等人	小鼠	人骨髓间充质干细胞	·平均卵泡数更高 ·FSH水平较低，AMH血清水平较高 ·生长卵泡中AMH、FSH受体、抑制素A和抑制素B的表达更高 ·人类BM-MSCs生长中的卵泡中分布均匀 ·繁殖数据显示怀孕数量明显增加
Herraiz等人，2018	小鼠	人骨髓源性间充质干细胞	·模拟卵巢功能不全小鼠的生育恢复和自然妊娠 ·增加排卵前卵泡、分裂期Ⅱ卵母细胞、细胞胚胎和健康幼崽的数量 ·促进卵巢血管形成和细胞增殖 ·减少卵泡细胞凋亡
Liu等人，2014	大鼠	人骨髓间充质干细胞	·卵巢轴和髓质中的BM-MSCs数量多于皮质，但卵泡和黄体中未发现BM-MSCs ·窦卵泡数量和E_2水平在30天后增加 ·静脉注射的BM-MSCs可进入卵巢并恢复其结构和功能
Ghadami等人，2012	小鼠	人骨髓间充质干细胞	·增加身体和生殖器官的总重量 ·卵泡的成熟度和总数均有所增加 ·治疗动物血清中的FSH下降40%～50%，雌激素增加4～5.5倍 ·在治疗动物的卵巢中检测到FSHR mRNA

2.人间充质干细胞的胞外囊泡

最近的研究表明，hMSCs来源的胞外囊泡对卵巢具有积极作用。研究表明，hUC-MSC来源的细胞外囊泡对顺铂损伤的大鼠（3周龄雌性Sprague-Dawley大鼠）颗粒细胞具有保护作用。与未经处理的对照组相比，顺铂损伤的颗粒细胞经hUC-MSCs细胞外囊泡处理后，存活细胞的比例更高，凋亡细胞的比例更低。hUC-MSC来源的细胞外囊泡可以结合到顺铂损伤的颗粒细胞中，从而在抵抗顺铂引起的颗粒细胞凋亡、恢复颗粒细胞中类固醇激素的合成和分泌方面发挥重要作用。这可能为使用MSC衍生的细胞外囊泡代替MSC作为化疗药物诱导的POI患者的更安全和无细胞的治疗策略提供理论和实验基础。同样，有研究证明，经hUC-MSC来源的微囊泡移植后，POI小鼠卵巢中的总Akt、p-Akt和促血管生成细胞因子（包括VEGF、IGF和血管生成素）的表达水平显著上调，这表明hUC-MSC来源的细胞外囊泡移植可能通过PI3K/Akt信号通路诱导血管生成，从而恢复卵巢功能。

3.来自间充质干细胞的外泌体

外泌体是一类由真核细胞持续释放的膜性囊泡，直径为30～200 nm，通过转移microRNA和蛋白质介导局部细胞间的通信。一项研究探索了来自人脂肪间充质干细胞的外泌体（hADSC-Exos）是否具有恢复卵巢功能的能力，以及分析hADSC-Exos如何参与这一过程。发现来自人脂肪干细胞的微囊泡移植到POI小鼠卵巢中，通过作用于SMAD信号通路和降低与凋亡相关的基因表达，可改善卵巢功能。同样，离心后的hUC-MSCs来源的外泌体（上清液）被有效吸收到顺铂预处理的大鼠颗粒细胞中，并在体外增加了活细胞的数量。Bcl-2和Caspase-3的表达上调，而Bax、Caspase-3和PARP的表达下调，从而保护了颗粒细胞。这些结果表明，hMSCs来源的外泌体可用来预防和治疗化疗引起的卵巢颗粒细胞凋亡，但仍需进一步研究。

4.来自间充质干细胞的分泌物

用BM-MSCs的分泌物处理人原始卵巢内皮细胞（HOVECs），用FACS检测血管生成标志物（如Endoglin、Tie2和VEGF）的表达，并用3D Matrigel管腔形成试验检测血管的形成。研究发现，与对照组相比，用MSC分泌物处理的HOVEC细胞中增殖标志物Ki67的表达显著增加。MSC分泌物处理HOVECs还能增加细胞中多种血管生成标志物（VEGFR2、Tie2/Tek、VE-Cadherin、Endoglin、VEGF）的表达。此外，在小管生成实验中，MSC的分泌物能显著增加细胞中分支点的数量。据推测，MSC的分泌物含有一些生物活性因子，可以促进卵巢血管的生成。对这些因子进行进一步的鉴定，可为POI患者和其他原因导致的卵巢性不孕的女性提供新的治疗方法。

5.来自间充质干细胞的生长因子

hAMSCs在体外与自然卵巢衰老患者（NOA；年龄＞40岁，窦卵泡计数＜5个或AMH＜1.1 ng/mL，以及FSH≥10 mIU/mL）的颗粒细胞共同培养时，可增加颗粒细胞的增殖率并减少其凋亡。经离心处理hAMSCs并分析其上清液后发现，hAMSCs上清液中分泌的HGF和EGF较其他生长因子显著增多。进一步研究发现，用这两种生长因子处理颗粒细胞，同样能够增加体外颗粒细胞的增殖并减少其凋亡。此外，将HGF和EGF注射到POI小鼠模型的卵巢后，卵泡计数明显增加，并且激素水平得到改善（E_2和AMH水平上升，FSH水平下降）。综上所述，hAMSCs通过分泌HGF和EGF可有效改善自然衰老的卵巢功能。

6.影响间充质干细胞移植成功率的因素

移植经低强度脉冲超声（LIPUS）预处理的hAD-MSCs比未经预处理的干细胞更能有效改善化疗后大鼠POI的炎症、微环境和颗粒细胞凋亡。

四、通过间充质干细胞移植在人体内实现卵巢再生

动物模型中的良好结果促使研究人员首次将MSC移植到POI患者的卵巢中（表2.3）。

1.在体外研究中，MSCs对颗粒细胞的影响

MSCs对卵巢的积极影响已在体外和体内得到证实。在一项研究中，从POI女性卵泡液中分离出颗粒细胞，并按照以下方式进行处理：第一组为未经任何处理的对照组颗粒细胞；第二组为转染MT1 siRNA的颗粒细胞（hGCs-MT1KD）；第三组为用人胎儿肝间充质干细胞（fMSCs）处理过的颗粒细胞c-MT1KD。结果发现，fMSCs显著减少了颗粒细胞中的氧化损伤、增加了抗氧化保护、改善了抗凋亡作用并抑制了凋亡基因在颗粒细胞中的表达。褪黑激素受体1（MT1）敲除或拮抗剂处理颗粒细胞后，蛋白质JNK1、PCNA和AMPK的表达及颗粒细胞增殖均受到影响，这表明MT1可能作为治疗POI的调节因子。研究发现，fMSCs可能通过靶向MT1来刺激POI患者颗粒细胞的活性以发挥关键作用。Yan等人的研究探讨了从BM-MSCs分离的MSCs对表柔比星引起的人卵巢颗粒细胞损伤及其潜在机制的影响。表柔比星抑制了E_2、P、AMH、抑制素A和抑制素B的分泌，并损害了颗粒细胞的增殖。人BM-MSCs修复了表柔比星对颗粒细胞造成的损伤，这可能与颗粒细胞中Gadd45b蛋白表达被抑制有关。此外，hAMSCs与POI患者的hGCs共培养时，显示出显著的增殖改善效果，这种效果比与人类羊膜上皮细胞共培养后的效果更明显。将POI患者的外周血单核细胞（PBMCs）与hAD-MSCs结合雌激素共培养，结果表明，这种治疗方法通过促进调节性T细胞（Tregs）分化和增殖，发挥了免疫调节作用，从而有可能改善这些患者受损的卵巢功能。

2.临床研究：将MSCs移植到不孕女性的卵巢中

实现人卵巢再生的原理主要依赖于MSCs，大多数采用的是腹腔镜注射方式（图2.2）。如表2.3所示，2016年一位POI女性在接受自体骨髓MSC移植后成功分娩了第一个孩子。在Edessy等人的研究中，从髂骨提取的自体骨髓MSCs通过腹腔镜注入10名POI女性的卵巢中。之后，两名女性恢复了正常月经，其中一名女性怀孕并分娩了一名健康足月的婴儿。随后，Gabr等人进行的研究中，30名POI患者的卵巢中被注入了自体骨髓MSCs。移植后，87%的患者血清中的FSH水平降低，AMH水平上升，60%的患者恢复了排卵；其中一名患者怀孕，之后还能怀二胎。

表 2.3　在 POI 患者中通过干细胞移植实现卵巢再生

参考文献	患者	干细胞类型	干预措施	积极影响
Edessy等人，2016 通过自体骨髓干细胞治疗特发性卵巢早衰的首例婴儿	卵巢早衰（n=10）（初潮后女性，年龄小于40岁，FSH≥20 IU/L，核型正常；卵巢癌和乳腺癌患者除外）	来自髂嵴的人骨髓干细胞	通过腹腔镜将药物注入卵巢	·2名患者（20%）在3个月后恢复月经 ·其中1人（10%）在11个月后怀孕，并产下1个健康的足月婴儿 ·这两例月经来潮的患者出现了萎缩的子宫内膜局灶性分泌改变
Gaber等人，2016	卵巢早衰（n=30）（18～40岁，促性腺激素水平高，核型正常 18～40岁，促性腺激素水平高，核型正常排除标准：继发性卵巢功能衰竭（如下丘脑原因）、自身免疫性疾病、重大疾病（如恶性肿瘤、肝炎等）和核型异常（如特纳综合征患者）、以及核型异常（如特纳综合征的患者）	从髂后脊抽取人骨髓，而MSCs在良好生产规范（GMP）下分离	在一个卵巢中注射干细胞：通过腹腔镜在卵巢组织中注射300万～500万个干细胞，通过卵巢动脉在卵巢中注射300万～500万个干细胞 通过腹腔镜将300万～500万个干细胞注入卵巢组织，通过导管将300万～500万个干细胞注入卵巢动脉	·注射4周后，30名患者中有26人（86.7%）的FSH水平下降，雌激素和AMH水平上升。同时，注射4周后，FSH水平下降，雌激素和AMH水平上升；这种变化在48周的随访期间保持不变 ·18名患者（60%）出现排卵，卵泡大小为12～20 mm ·1名患者自然怀孕，3名患者接受了IVF
Herraiz等人，2018	对卵巢激素刺激反应差，预后极差（n=17人）	自体骨髓干细胞	移植到卵巢（输液）	·治疗2周后AFC有所改善 ·81.3%的患者卵巢功能得到改善 ·刺激卵巢后获得更多卵母细胞（5次怀孕：2次IVF，3次自然受孕）

续表

参考文献	患者	干细胞类型	干预措施	积极影响
Ding等人，2018	卵巢早衰（n= 14名）（年龄在18～39岁，闭经时间超过1年，FSH≥40 mIU/mL，两次检查时间相隔4～6周。且男性伴侣在3个不同场合的精子分析均结果正常）	胶原支架上的人脐带间充质干细胞	卵巢移植（经阴道超声波）引导下	· 通过FOXO3a和FOXO1磷酸化激活体外原始卵泡 · 恢复整体卵巢功能 · E_2浓度升高 · 改善卵泡发育，增加窦卵泡数量 · 3名患者的卵母细胞成熟：2名患者成功临床妊娠（其中1人正在妊娠）
Yan等人，2020	卵巢早衰（n = 61）	人脐带间充质干细胞	在阴道超声引导下，将干细胞正位注射到卵巢中	· 改善卵泡发育 · 15名患者的卵母细胞体外受精和胚胎移植 · 4名婴儿健康出生 · 无不良反应
Igboeli等人，2020	卵巢早衰（n=2）	自体骨髓干细胞	向右侧卵巢注射干细胞	· 卵巢体积增大 · 血清中雌激素水平升高 · 月经来潮 · 改善更年期症状
Pellicer De Castellvi等人，2020	卵巢早衰（n=6）	自体骨髓干细胞	向卵巢注射干细胞	· 4名患者的窦卵泡数量增加 · 1名患者处于妊娠状态

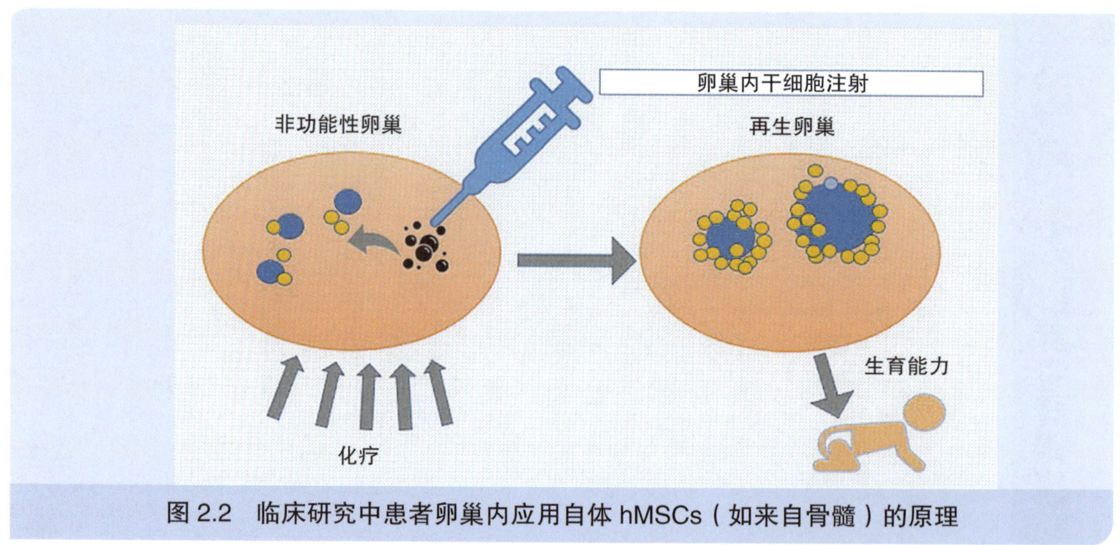

图 2.2 临床研究中患者卵巢内应用自体 hMSCs（如来自骨髓）的原理

为更好地了解hMSCs的效果，研究人员对免疫缺陷SCID/NOD雌性小鼠进行了卵巢切除，并移植了反应不良患者的卵巢皮层，这些患者在移植前接受了BMD-MSCs预处理。在这些卵巢组织中，BMD-MSCs及其CD133$^+$部分的注入导致移植物在卵泡附近聚集，从而促进卵泡生长，增加E_2的分泌，并增强卵巢组织的局部血管形成。随后对纳入IVF的17名反应差、卵子获取和妊娠预后极差的患者进行了自体骨髓MSCs的卵巢移植。骨髓MSCs移植后2周，这些患者的AFCs明显增加。以AFCs增加3个或以上卵泡和（或）AMH水平持续增加作为成功标准，81.3%的患者卵巢功能得到了改善。干细胞移植的这些积极效果可能与FGF2和血小板黏附蛋白的存在有关。在可控的卵巢刺激过程中，干细胞移植增加了激活的卵泡和卵子数量，但IVF来源的胚胎的优质率较低（16.1%）。干细胞移植后，共有5例妊娠：2例是在体外受精后进行胚胎移植，3例是自然受孕。得出的结论是这一实验程序是安全和有效的，可用于临床实践。同一研究小组建议对POI患者也进行卵巢MSCs移植。

在Ding等人的研究中，将来源于人类脐带的MSCs植入胶原支架上，并在经阴道超声引导下移植到14名POI患者的卵巢中。移植后这些患者的卵巢功能得到了改善，除了卵泡数量增加外，还观察到E_2浓度升高。有3名患者的卵母细胞发育成熟，其中2例成功怀孕（1例可继续妊娠）。

在Yan等人的研究中，根据欧洲人类生殖与胚胎学会（European Society for Human Reproduction and Embryology，ESHRE）的POI诊断标准（至少4个月的少/闭经，2次间隔超过4周的FSH水平>25 IU/L），61名POI患者接受了UC-MSCs治疗。这些UC-MSCs是从新生儿脐带（4个健康足月的人类胎盘样本）中大约1 mm的碎片里分离出来的，并按照GMP标准在添加了5% KOSR、5 ng/mL bFGF和1X NEAA的α-MEM培养基中培养，放置在37℃、5% CO_2的培养箱中，直到80%融合，然后进行传代。UC-MSCs高表达典型的间充质干细胞（MSC）标志物，如CD73、CD90和CD105，而内皮和造血系统标志物（如CD34、CD45、CD14、CD19）呈低表达或不表达，并且不表达MHCⅡ类分子HLA-DR。

因此，根据国际细胞治疗学会（the International Society for Cellular Therapies，ISCT）提出的标准，这些UC-MSCs可进行人体移植。第5代的干细胞在阴道超声引导下可正位注射移植到患者的卵巢中。每个卵巢在3个点进行注射，每个位点注射35 μL的干细胞。在干细胞治疗期间，所有患者都接受了标准的E_2激素替代方案，最多注射3次干细胞：61名患者注射1次，50名患者注射2次，30名患者注射3次。在单侧卵巢注射时，使用0.5×10^7个间充质干细胞，细胞悬液中含有100 μL含5%AB型血浆的生理盐水；注射双侧卵巢时，则加入1×10^7个干细胞。所有患者在干细胞移植后进行了为期6个月的随访。随访期间监测副作用、生命体征，以及临床反应和血液和影像学参数的变化。注射干细胞后，所有患者的临床表现均正常，没有出现与治疗相关的严重副作用或并发症。移植UC-MSCs后，POI患者的卵巢功能得到了恢复，表现为卵泡发育和卵母细胞质量得到了改善。此外，经历较短闭经期（<1年）的患者在干细胞治疗后更容易获得成熟卵泡，而卵巢状况较好的患者（包括术前有窦卵泡），往往能通过UCMSC注射获得更好的治疗效果。在UC-MSC移植后，这些患者中有4例成功分娩，所有婴儿都发育正常且健康。在另一项研究中，Igboeli及同事报告了2名POI患者在其卵巢注射自体骨髓来源的MSCs，7个月后，这两名患者恢复了卵巢雌激素分泌功能和正常的月经周期。这些BMD-MSCs是从每位患者各自的髂骨中获取的。骨髓干细胞经浓缩后，通过腹腔镜注入每位患者的右侧卵巢。经卵巢内干细胞注射治疗后，受治疗侧卵巢体积较对照侧（左侧）卵巢增加约50%，且该效应在为期1年的研究观察期内持续存在。同时，血清E_2水平比注射前增加了150%。2名POI患者都经历了月经期，并报告了更年期症状得到了显著改善，这种改善也一直持续到研究结束。这2位患者都很好地耐受了卵巢内干细胞注射，证明这种治疗是安全且无不良反应的。在2020年ESHRE年会上，同一研究小组在6名POI患者中首次报告了自体骨髓MSCs移植到单侧卵巢的初步结果，其中4名患者窦卵泡计数增加，1名患者在IVF后怀孕。

来自脐带、骨髓和其他来源的MSCs可能是卵巢功能受损患者（如卵巢反应不良者或被诊断为POI的女性）卵巢再生和卵泡发育的一种相关替代疗法。然而，还需要进一步的研究来恰当评估背后的机制，确定最佳的细胞来源，并开发创伤较小的输注技术。

根据以往的研究，在MSCs移植后考虑激素支持也是有意义的。对于癌症治疗后接受MSC移植的女性，雌激素－孕激素疗法（E_2和地屈孕酮的周期性序贯组合）能显著改善一些患者与雌激素缺乏相关的血管运动性、泌尿生殖性和心理症状。

3.冷冻卵巢皮质移植在癌症患者中的应用

移植低温保存的卵巢组织是恢复内分泌功能和生育能力的一项重要技术，特别是对于癌症患者。一些研究结果表明，与MSCs共同移植可能改善该技术的治疗效果，尤其是在血管生成方面，而血管生成通常是导致卵泡丢失的关键因素。

Xia等人的研究结果表明，人骨髓MSCs可提高VEGF、FGF2，尤其是血管生成素的表达水平，可显著刺激血管新生，并增加移植卵巢的血液灌注。有进一步的研究表明，MSCs能够显著降低原始卵泡的凋亡率并减少移植卵巢组织中的卵泡丢失。研究还发现，血管生成素在异种移植的人卵巢组织中对血管生成和卵泡存活起着关键的调节作用，同时，人卵巢组织异种移植到严重联合免疫缺陷（SCID）、去卵巢的雌性小鼠后，骨髓MSCs来源的血管生成素促进原始卵泡的存活和血管生成。移植至卵巢切除且严重合并免疫缺陷的雌性小鼠体内后，可促进人卵巢组织中原始卵泡的存活和血管生成。最近发表的一项研究表明，将人卵巢组织移植到裸鼠体内后，源自人脂肪组织的干细胞通过调节PI3K/Akt通路维持原始卵泡的静止状态，从而保护原始卵泡池免受卵泡直接死亡和异常活动的影响。

4.成人卵巢来源的自体MSCs和VSELs的移植

本章主要阐述通过移植不同来源的hMSCs（如骨髓、脐带血、胎盘、羊膜和羊水、绒毛膜板）来实现卵巢再生，因为这已被证明是可以实现且有一定临床效果。对于通过移植进行卵巢再生来说，还有一些其他类型的干细胞也是值得关注的。

5.卵巢间充质干细胞

从成人卵巢组织中已经分离出具有MSC特性的干细胞。人类卵泡细胞（包括颗粒细胞与卵泡膜细胞）中的特定亚群展现了MSC的特性，包括分化成其他细胞类型的能力。人类卵泡膜干细胞甚至在体外可分化成类卵母细胞。

将这些干细胞分离、增殖并移植回卵巢，可实现自体细胞移植。在超声引导下从卵巢卵泡中抽取卵母细胞用于IVF时，从卵泡液中可分离出具有MSCs特性的干细胞。在IVF中，可获得大量的卵泡液，这些卵泡液在卵母细胞取出后被丢弃，但可用于MSCs的分离及获取。各种研究表明，卵泡颗粒细胞和卵泡膜细胞含有MSCs亚群，并且IVF中抽取的卵泡液里也存在。卵泡液中的MSCs可以用于POI患者卵巢移植和再生，且年轻患者卵泡液中的MSCs或许可用于卵巢衰老的老年女性的卵巢移植和再生。

6.极小胚胎样干细胞

更多的研究表明，成人卵巢中也存在VSELs，这些细胞被认为从胚胎时期就一直存在。这是一类直径达5 μm的小圆细胞，可表达特定模式的多能性和生殖标记，在实验室条件下可发育成类卵母细胞。这些类卵母细胞表达生殖标志物，通过释放一个类似于表达*ZP2*基因的透明带结构，对人类精子的存在做出反应。在POI患者的卵巢组织中也发现了VSELs，并且在实验室条件下也发育成了类卵母细胞。因此，除了对卵巢进行适当的激素刺激外，还可以从POI患者的卵巢中分离出这些细胞，以避免卵巢中的免疫阻断，促进其增殖并转化为类卵母细胞，最终将其移植回卵巢。

在上述研究中，VSELs被认为是卵原细胞和卵母细胞的发育前体，因此这种方式实际上模拟了生理过程。尽管这一可能性非常有趣，但仍需特别关注，以防其发展成恶性肿瘤。换句话说，已经证明VSELs像ESC一样，由于其多能性，非常可能参与恶性肿瘤的发展，尤其是卵巢癌。这些微小干细胞（图2.3）对进一步的卵巢再生研究具有重要意义，但当前的研究证明MSCs更切合实际，更适合用于POI患者的临床治疗。

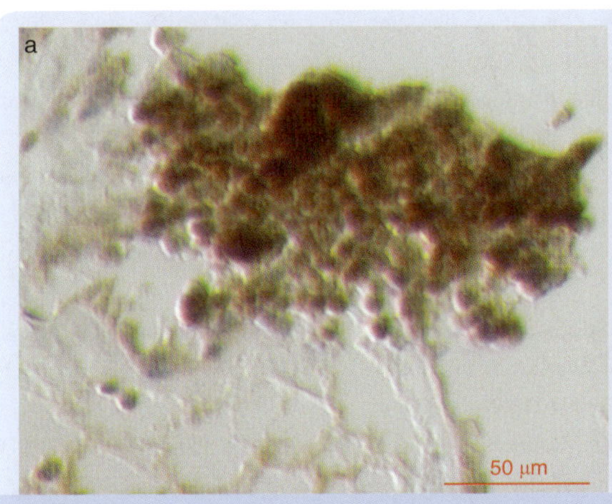

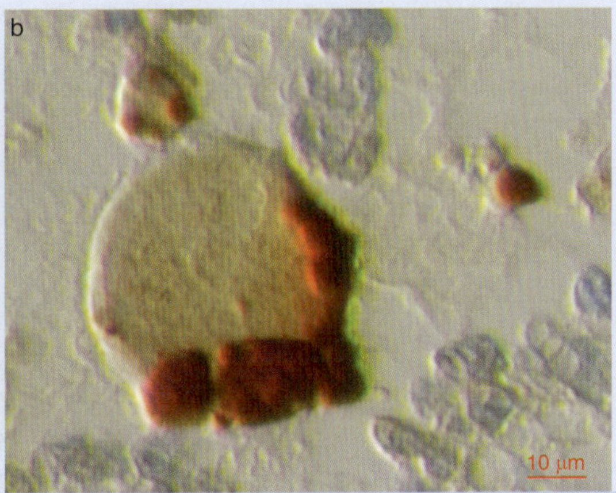

a. NANOG（棕色）阳性染色的 VSEL 形成细胞团；b. 卵母细胞。

图 2.3　成人卵巢组织切片（原位）

五、MSCs移植的安全性

在动物和人体研究中，目前没有文献提示MSCs移植会产生负面影响。然而，一些研究表明MSCs，特别是来源于脂肪的MSCs，可能促进卵巢癌的发生和化疗耐药性，因此在使用时需谨慎。此外，一些研究也发现，人子宫内膜MSCs对上皮性卵巢癌具有抗肿瘤活性。在MSCs移植用于卵巢再生的临床试验中，对患者进行长期随访至关重要。利用间充质干细胞的胞外囊泡、外泌体、分泌物和生长因子可治疗卵巢以改善卵巢功能，同时降低患癌风险，因此该技术在人类生殖医学领域展现出极具前景且切实可行的应用潜力。

六、结论

大量动物模型研究表明，来自不同来源的hMSCs移植对卵巢具有多种积极影响，表现为卵泡生成改善、颗粒细胞凋亡减少、成熟卵母细胞发育，以及POI模型动物的子代增加。首批人体临床试验也在进行中，部分POI或卵巢反应差的患者在自体MSCs移植后生下了健康的孩子。考虑到安全性问题，细胞疗法在卵巢再生中的应用是不孕治疗和生殖医学领域中最大的挑战之一。

参考文献

1. De Vos M, Devroey P, Fauser BC (2010) Primary ovarian insufficiency. Lancet 376:911–921. https://doi.org/10.1016/S0140-6736(10)60355-8
2. Golezar S, Ramezani Tehrani F, Khazaei S, Ebadi A, Keshavarz Z (2019) The global prevalence of primary ovarian insufficiency and early menopause: a meta-analysis. Climacteric 22:403–411. https://doi.org/10.1080/13697137.2019.1574738
3. Sydsjö G, Bladh M, Rindeborn K, Hammar M, Rodriguez-Martinez H, Nedstrand E (2020) Being born preterm or

with low weight implies a risk of infertility and premature loss of ovarian function; a national register study. Ups J Med Sci 125:235–239. https://doi.org/10. 1080/03009734.2020.1770380

4. Akande RO, Ibrahim Y (2020) Genetics of primary ovarian insufficiency. Clin Obstet Gynecol 63:687–705. https://doi.org/10.1097/GRF.0000000000000575
5. Wang H, Chen H, Qin Y, Shi Z, Zhao X, Xu J, Ma B, Chen ZJ (2015) Risks associated with premature ovarian failure in Han Chinese women. Reprod Biomed Online 30:401–407. https://doi.org/10.1016/j.rbmo.2014.12.013
6. Oftedal BE, Wolff ASB (2020) New era of therapy for endocrine autoimmune disorders. Scand J Immunol 92:e12961. https://doi.org/10.1111/sji.12961
7. Beitl K, Rosta K, Poetsch N, Seifried M, Mayrhofer D, Soliman B, Marculescu R, Ott J (2021) Autoimmunological serum parameters and bone mass density in premature ovarian insufficiency: a retrospective cohort study. Arch Gynecol Obstet 303:1109–1115. https://doi. org/10.1007/s00404-020-05860-4
8. Dutta D, Sharma LK, Sharma N, Gadpayle AK, Anand A, Gaurav K, Gupta A, Poondla Y, Kulshreshtha B (2017) Occurrence, patterns & predictors of hypogonadism in patients with HIV infection in India. Indian J Med Res 145:804–814. https://doi.org/10.4103/ijmr.IJMR_1 926_15
9. Gruber N, Shoenfeld Y (2015) A link between human papilloma virus vaccination and primary ovarian insufficiency: current analysis. Curr Opin Obstet Gynecol 27:265–270. https://doi.org/ 10.1097/GCO.0000000000000183
10. Colafrancesco S, Perricone C, Tomljenovic L, Shoenfeld Y (2013) Human papilloma virus vaccine and primary ovarian failure: another facet of the autoimmune/inflammatory syndrome induced by adjuvants. Am J Reprod Immunol 70:309–316. https://doi.org/10.1111/aji.12151
11. Ohl J, Partisani M, Demangeat C, Binder-Foucard F, Nisand I, Lang JM (2010) Alterations of ovarian reserve tests in Human Immunodeficiency Virus (HIV)-infected women]. Gynecol Obstet Fertil 38:313–317. https://doi.org/10.1016/j.gyobfe.2009.07.019
12. Cejtin HE, Kalinowski A, Bacchetti P, Taylor RN, Watts DH, Kim S, Massad LS, Preston-Martin S, Anastos K, Moxley M, Minkoff HL (2006) Effects of human immunodeficiency virus on protracted amenorrhea and ovarian dysfunction. Obstet Gynecol 108:1423–1431. https://doi.org/10.1097/01.AOG.0000245442.29969.5c
13. Singh G, Misra R, Aggarwal A (2016) Ovarian insufficiency is major short-term toxicity in systemic lupus erythematosus patients treated with cyclophosphamide. J Assoc Physicians India 64:28–31
14. Monteiro CS, Xavier EBS, Caetano JPJ, Marinho RM (2020) A critical analysis of the impact of endocrine disruptors as a possible etiology of primary ovarian insufficiency. JBRA Assist Reprod 24:324–331. https://doi.org/10.5935/1518-0557.20200005
15. Pan W, Ye X, Yin S, Ma X, Li C, Zhou J, Liu W, Liu J (2019) Selected persistent organic pollutants associated with the risk of primary ovarian insufficiency in women. Environ Int 129:51–58. https://doi.org/10.1016/j.envint.2019.05.023
16. Yeo W, Pang E, Liem GS, Suen JJS, Ng RYW, Yip CCH, Li L, Yip CHW, Mo FKF (2020) Menopausal symptoms in relationship to breast cancer-specific quality of life after adjuvant cytotoxic treatment in young breast cancer survivors. Health Qual Life Outcomes 18:24. https://doi.org/10.1186/s12955-020-1283-x
17. Silvestris E, Dellino M, Cafforio P, Paradiso AV, Cormio G, D'Oronzo S (2020) Breast cancer: an update on treatment-related infertility. J Cancer Res Clin Oncol 146:647–657. https://doi. org/10.1007/s00432-020-03136-7
18. Felicetti F, Castiglione A, Biasin E, Fortunati N, Dionisi-Vici M, Matarazzo P, Ciccone G, Fagioli F, Brignardello E (2020) Effects of treatments on gonadal function in longterm survivors of pediatric hematologic malignancies: a cohort study. Pediatr Blood Cancer 2020:e28709. https://doi.org/10.1002/pbc.28709
19. Yeganeh L, Boyle JA, Gibson-Helm M, Teede H, Vincent AJ (2020) Women's perspectives of early menopause: development of a word cloud. Climacteric 23:417–420. https://doi.org/ 10.1080/13697137.2020.1730318
20. Collins G, Patel B, Thakore S, Liu J (2017) Primary ovarian insufficiency: current concepts. South Med J 110:147–153. https://doi.org/10.14423/SMJ.0000000000000611
21. Kawamura K, Ishizuka B, Hsueh AJW (2020) Drug-free in-vitro activation of follicles for infertility treatment in poor ovarian response patients with decreased ovarian reserve. Reprod Biomed Online 40:245–253. https://doi.

org/10.1016/j.rbmo.2019.09.007

22. Kawamura K, Cheng Y, Suzuki N, Deguchi M, Sato Y, Takae S, Ho CH, Kawamura N, Tamura M, Hashimoto S, Sugishita Y, Morimoto Y, Hosoi Y, Yoshioka N, Ishizuka B, Hsueh AJ (2013) Hippo signaling disruption and Akt stimulation of ovarian follicles for infertility treatment. Proc Natl Acad Sci U S A. 110:17474–17479. https://doi.org/10.1073/pnas.1312830110
23. Matsuzaki S, Pankhurst MW (2020) Hyperactivation of dormant primordial follicles in ovarian endometrioma patients. Reproduction 160:R145–R153. https://doi.org/10.1530/REP- 20-0265
24. Zhao F, Lan Y, Chen T, Xin Z, Liang Y, Li Y, Wang S, Zhang J, Yang X (2020) Live birth rate comparison of three controlled ovarian stimulation protocols for in vitro fertilization- embryo transfer in patients with diminished ovarian reserve after endometrioma cystectomy: a retrospective study. J Ovarian Res 13:23. https://doi.org/10.1186/s13048-020-00622-x
25. Hanson BM, Tao X, Zhan Y, Jenkins TG, Morin SJ, Scott RT, Seli EU (2020) Young women with poor ovarian response exhibit epigenetic age acceleration based on evaluation of white blood cells using a DNA methylation-derived age prediction model. Hum Reprod 35:2579– 2588. https://doi.org/10.1093/humrep/deaa206
26. Stimpfel M, Vrtačnik-Bokal E, Pozlep B, Kmecl J, Virant-Klun I (2016) Gonadotrophin- releasing hormone agonist protocol of controlled ovarian hyperstimulation as an efficient treatment in Bologna-defined poor ovarian responders. Syst Biol Reprod Med. 62:290–296. https://doi.org/10.3109/19396368.2016.1170229
27. Ferraretti AP, Gianaroli L, Magli MC, Bafaro G, Colacurci N (2000) Female poor responders. Mol Cell Endocrinol 161:59–66. https://doi.org/10.1016/s0303-7207(99)00225-7
28. Sun YF, Zhang J, Xu YM, Luo ZY, Sun Y, Hao GM, Gao BL (2020) Effects of age on pregnancy outcomes in patients with simple tubal factor infertility receiving frozen-thawed embryo transfer. Sci Rep 10:18121. https://doi.org/10.1038/s41598-020-75124-3
29. Zhou SJ, Zhao MJ, Li C, Su X (2020) The comparison of evaluative effectiveness between antral follicle count/age ratio and ovarian response prediction index for the ovarian reserve and response functions in infertile women. Medicine (Baltimore) 99:e21979. https://doi.org/ 10.1097/MD.0000000000021979
30. Bahrehbar K, Rezazadeh Valojerdi M, Esfandiari F, Fathi R, Hassani SN, Baharvand H (2020) Human embryonic stem cell-derived mesenchymal stem cells improved premature ovarian failure. World J Stem Cells 12:857–878. https://doi.org/10.4252/wjsc.v12.i8.857
31. Yoon SY, Yoon JA, Park M, Shin EY, Jung S, Lee JE, Eum JH, Song H, Lee DR, Lee WS, Lyu SW (2020) Recovery of ovarian function by human embryonic stem cell-derived mesenchymal stem cells in cisplatin-induced premature ovarian failure in mice. Stem Cell Res Ther 11:255. https://doi.org/10.1016/j.tjog.2018.11.010
32. Besikcioglu HE, Sarıbas GS, Ozogul C, Tiryaki M, Kilic S, Pınarlı FA, Gulbahar O (2019) Determination of the effects of bone marrow derived mesenchymal stem cells and ovarian stromal stem cells on follicular maturation in cyclophosphamide induced ovarian failure in rats. Taiwan J Obstet Gynecol 58:53–59. https://doi.org/10.1016/j.tjog.2018.11.010
33. Lu X, Bao H, Cui L, Zhu W, Zhang L, Xu Z, Man X, Chu Y, Fu Q, Zhang H (2020) hUMSC transplantation restores ovarian function in POI rats by inhibiting autophagy of theca-interstitial cells via the AMPK/mTOR signaling pathway. Stem Cell Res Ther 11:268. https://doi.org/10.1186/s13287-020-01784-7
34. Cui L, Bao H, Liu Z, Man X, Liu H, Hou Y, Luo Q, Wang S, Fu Q, Zhang H (2020) hUMSCs regulate the differentiation of ovarian stromal cells via TGF-beta(1)/Smad3 signaling pathway to inhibit ovarian fibrosis to repair ovarian function in POI rats. Stem Cell Res Ther 11:386. https://doi.org/10.1186/s13287-020-01904-3
35. Zhao Y, Ma J, Yi P, Wu J, Zhao F, Tu W, Liu W, Li T, Deng Y, Hao J, Wang H, Yan L (2020) Human umbilical cord mesenchymal stem cells restore the ovarian metabolome and rescue premature ovarian insufficiency in mice. Stem Cell Res Ther 11:466. https://doi.org/10.1186/ s13287-020-01972-5
36. Wang Z, Wei Q, Wang H, Han L, Dai H, Qian X, Yu H, Yin M, Shi F, Qi N (2020) Mesenchymal stem cell therapy using human umbilical cord in a rat model of autoimmune-induced premature ovarian failure. Stem Cells Int 2020:3249495. https://doi.org/10.1155/2020/3249495

37. Shen J, Cao D, Sun JL (2020) Ability of human umbilical cord mesenchymal stem cells to repair chemotherapy-induced premature ovarian failure. World J Stem Cells 12:277–287. https://doi.org/10.4252/wjsc.v12.i4.277
38. Lu X, Cui J, Cui L, Luo Q, Cao Q, Yuan W, Zhang H (2019) The effects of human umbilical cord-derived mesenchymal stem cell transplantation on endometrial receptivity are associated with Th1/Th2 balance change and uNK cell expression of uterine in autoimmune premature ovarian failure mice. Stem Cell Res Ther 10:214. https://doi.org/10.1186/s13287-019-1313-y
39. Zheng Q, Fu X, Jiang J, Zhang N, Zou L, Wang W, Ding M, Chen H (2019) Umbilical cord mesenchymal stem cell transplantation prevents chemotherapy-induced ovarian failure via the NGF/TrkA pathway in rats. Biomed Res Int 2019:6539294. https://doi.org/10.1155/2019/ 6539294
40. Yang Y, Lei L, Wang S, Sheng X, Yan G, Xu L, Liu J, Liu M, Zhen X, Ding L, Sun H (2019) Transplantation of umbilical cord-derived mesenchymal stem cells on a collagen scaffold improves ovarian function in a premature ovarian failure model of mice. In Vitro Cell Dev Biol Anim 55:302–311. https://doi.org/10.1007/s11626-019-00337-4
41. Jalalie L, Rezaie MJ, Jalili A, Rezaee MA, Vahabzadeh Z, Rahmani MR, Karimipoor M, Hakhamaneshi MS (2019) Distribution of the CM-Dil-labeled human umbilical cord vein mesenchymal stem cells migrated to the cyclophosphamide-injured ovaries in C57BL/6 mice. Iran Biomed J 23:200–208. https://doi.org/10.29252/.23.3.200
42. Elfayomy AK, Almasry SM, El-Tarhouny SA, Eldomiaty MA (2016) Human umbilical cord blood-mesenchymal stem cells transplantation renovates the ovarian surface epithelium in a rat model of premature ovarian failure: Possible direct and indirect effects. Tissue Cell 48:370–382. https://doi.org/10.1016/j.tice.2016.05.001
43. Song D, Zhong Y, Qian C, Zou Q, Ou J, Shi Y, Gao L, Wang G, Liu Z, Li H, Ding H, Wu H, Wang F, Wang J, Li H (2016) Human umbilical cord mesenchymal stem cells therapy in cyclophosphamide-induced premature ovarian failure rat model. Biomed Res Int 2016:2517514. https://doi.org/10.1155/2016/2517514
44. Seok J, Park H, Choi JH, Lim JY, Kim KG, Kim GJ (2020) Placenta-derived mesenchymal stem cells restore the ovary function in an ovariectomized rat model via an antioxidant effect. Antioxidants (Basel) 9:591. https://doi.org/10.3390/antiox9070591
45. Li H, Zhao W, Wang L, Luo Q, Yin N, Lu X, Hou Y, Cui J, Zhang H (2019) Human placentaderived mesenchymal stem cells inhibit apoptosis of granulosa cells induced by IRE1alpha pathway in autoimmune POF mice. Cell Biol Int 43:899–909. https://doi.org/10.1002/cbin. 11165
46. Yin N, Wang Y, Lu X, Liu R, Zhang L, Zhao W, Yuan W, Luo Q, Wu H, Luan X, Zhang H (2018) hPMSC transplantation restoring ovarian function in premature ovarian failure mice is associated with change of Th17/Tc17 and Th17/Treg cell ratios through the PI3K/Akt signal pathway. Stem Cell Res Ther 9:37. https://doi.org/10.1186/s13287-018-0772-x
47. Zhang H, Luo Q, Lu X, Yin N, Zhou D, Zhang L, Zhao W, Wang D, Du P, Hou Y, Zhang Y, Yuan W (2018) Effects of hPMSCs on granulosa cell apoptosis and AMH expression and their role in the restoration of ovary function in premature ovarian failure mice. Stem Cell Res Ther 9:20. https://doi.org/10.1186/s13287-017-0745-5
48. Yin N, Zhao W, Luo Q, Yuan W, Luan X, Zhang H (2018) Restoring ovarian function with human placenta-derived mesenchymal stem cells in autoimmune-induced premature ovarian failure mice mediated by treg cells and associated cytokines. Reprod Sci 25:1073–1082. https://doi.org/10.1177/1933719117732156
49. Huang B, Qian C, Ding C, Meng Q, Zou Q, Li H (2019) Fetal liver mesenchymal stem cells restore ovarian function in premature ovarian insufficiency by targeting MT1. Stem Cell Res Ther 10:362. https://doi.org/10.1186/s13287-019-1490-8
50. Feng X, Ling L, Zhang W, Liu X, Wang Y, Luo Y, Xiong Z (2020) Effects of human amnionderived mesenchymal stem cell (hAD-MSC) transplantation in situ on primary ovarian insufficiency in SD rats. Reprod Sci 27:1502–1512. https://doi.org/10.1007/s43032-020-001 47-0
51. Liu R, Zhang X, Fan Z, Wang Y, Yao G, Wan X, Liu Z, Yang B, Yu L (2019) Human amniotic mesenchymal stem cells improve the follicular microenvironment to recover ovarian function in premature ovarian failure mice. Stem Cell Res Ther 10:299. https://doi.org/10.1186/s13 287-019-1315-9

52. Ding C, Zou Q, Wang F, Wu H, Chen R, Lv J, Ling M, Sun J, Wang W, Li H, Huang B (2018) Human amniotic mesenchymal stem cells improve ovarian function in natural aging through secreting hepatocyte growth factor and epidermal growth factor. Stem Cell Res Ther 9:55. https://doi.org/10.1186/s13287-018-0781-9
53. Ding C, Li H, Wang Y, Wang F, Wu H, Chen R, Lv J, Wang W, Huang B (2017) Different therapeutic effects of cells derived from human amniotic membrane on premature ovarian aging depend on distinct cellular biological characteristics. Stem Cell Res Ther 8:173. https:// doi.org/10.1186/s13287-017-0613-3
54. Ling L, Feng X, Wei T, Wang Y, Wang Y, Wang Z, Tang D, Luo Y, Xiong Z (2019) Human amnion-derived mesenchymal stem cell (hAD-MSC) transplantation improves ovarian function in rats with premature ovarian insufficiency (POI) at least partly through a paracrine mechanism. Stem Cell Res Ther 10:46. https://doi.org/10.1186/s13287-019-1136-x
55. Ling L, Feng X, Wei T, Wang Y, Wang Y, Zhang W, He L, Wang Z, Zeng Q, Xiong Z (2017) Effects of low-intensity pulsed ultrasound (LIPUS)-pretreated human amnion-derived mesenchymal stem cell (hAD-MSC) transplantation on primary ovarian insufficiency in rats. Stem Cell Res Ther 8:283. https://doi.org/10.1186/s13287-017-0739-3
56. Lai D, Wang F, Chen Y, Wang L, Wang Y, Cheng W (2013) Human amniotic fluid stem cells have a potential to recover ovarian function in mice with chemotherapy-induced sterility. BMC Dev Biol 13:34. https://doi.org/10.1186/1471-213X-13-34
57. Liu T, Huang Y, Guo L, Cheng W, Zou G (2012) CD44+/CD105+ human amniotic fluid mesenchymal stem cells survive and proliferate in the ovary long-term in a mouse model of chemotherapy-induced premature ovarian failure. Int J Med Sci 9:592–602. https://doi.org/ 10.7150/ijms.4841
58. Li J, Yu Q, Huang H, Deng W, Cao X, Adu-Frimpong M, Yu J, Xu X (2018) Human chori- onic plate-derived mesenchymal stem cells transplantation restores ovarian function in a chemotherapy-induced mouse model of premature ovarian failure. Stem Cell Res Ther 9:81. https://doi.org/10.1186/s13287-018-0819-z
59. Feng P, Li P, Tan J (2019) Human menstrual blood-derived stromal cells promote recovery of premature ovarian insufficiency via regulating the ECM-dependent FAK/AKT signaling. Stem Cell Rev Rep 15:241–255. https://doi.org/10.1007/s12015-018-9867-0
60. Reig A, Mamillapalli R, Coolidge A, Johnson J, Taylor HS (2019) Uterine cells improved ovarian function in a murine model of ovarian insufficiency. Reprod Sci 26:1633–1639. https:// doi.org/10.1177/1933719119875818
61. Noory P, Navid S, Zanganeh BM, Talebi A, Borhani-Haghighi M, Gholami K, Manshadi MD, Abbasi M (2019) Human menstrual blood stem cell-derived granulosa cells participate in ovarian follicle formation in a rat model of premature ovarian failure in vivo. Cell Reprogram 21:249–259. https://doi.org/10.1089/cell.2019.002
62. Manshadi MD, Navid S, Hoshino Y, Daneshi E, Noory P, Abbasi M (2019) The effects of human menstrual blood stem cells-derived granulosa cells on ovarian follicle formation in a rat model of premature ovarian failure. Microsc Res Tech 82:635–642. https://doi.org/10. 1002/jemt.23120
63. Lai D, Wang F, Yao X, Zhang Q, Wu X, Xiang C (2015) Human endometrial mesenchymal stem cells restore ovarian function through improving the renewal of germline stem cells in a mouse model of premature ovarian failure. J Transl Med 13:155. https://doi.org/10.1186/s12 967-015-0516-y
64. Liu T, Huang Y, Zhang J, Qin W, Chi H, Chen J, Yu Z, Chen C (2014) Transplantation of human menstrual blood stem cells to treat premature ovarian failure in mouse model. Stem Cells Dev 23:1548–1557. https://doi.org/10.1089/scd.2013.0371
65. Mohamed SA, Shalaby SM, Abdelaziz M, Brakta S, Hill WD, Ismail N, Al-Hendy A (2018) Human mesenchymal stem cells partially reverse infertility in chemotherapy-induced ovarian failure. Reprod Sci 25:51–63. https://doi.org/10.1177/1933719117699705
66. Herraiz S, Buigues A, Díaz-García C, Romeu M, Martínez S, Gómez-Seguí I, Simón C, Hsueh AJ, Pellicer A (2018) Fertility rescue and ovarian follicle growth promotion by bone marrow stem cell infusion. Fertil Steril 109:908–918. https://doi.org/10.1016/j.fertnstert.2018.01.004
67. Liu J, Zhang H, Zhang Y, Li N, Wen Y, Cao F, Ai H, Xue X (2014) Homing and restorative effects of bone marrow-derived mesenchymal stem cells on cisplatin injured ovaries in rats. Mol Cells 37:865–872. https://doi.

org/10.14348/molcells.2014.0145

68. Ghadami M, El-Demerdash E, Zhang D, Salama SA, Binhazim AA, Archibong AE, Chen X, Ballard BR, Sairam MR, Al-Hendy A (2012) Bone marrow transplantation restores follicular maturation and steroid hormones production in a mouse model for primary ovarian failure. PLoS ONE 7:e32462. https://doi.org/10.1371/journal.pone.0032462
69. Zhang J, Yin H, Jiang H, Du X, Yang Z (2020) The protective effects of human umbilical cord mesenchymal stem cell-derived extracellular vesicles on cisplatin-damaged granulosa cells. Taiwan J Obstet Gynecol 59:527–533. https://doi.org/10.1016/j.tjog.2020.05.010
70. Yang Z, Du X, Wang C, Zhang J, Liu C, Li Y, Jiang H (2019) Therapeutic effects of human umbilical cord mesenchymal stem cell-derived microvesicles on premature ovarian insufficiency in mice. Stem Cell Res Ther 10:250. https://doi.org/10.1186/s13287-019-1327-5
71. Huang B, Lu J, Ding C, Zou Q, Wang W, Li H (2018) Exosomes derived from human adipose mesenchymal stem cells improve ovary function of premature ovarian insufficiency by targeting SMAD. Stem Cell Res Ther 9:216. https://doi.org/10.1186/s13287-018-0953-7
72. Sun L, Li D, Song K, Wei J, Yao S, Li Z, Su X, Ju X, Chao L, Deng X, Kong B, Li L (2017) Exosomes derived from human umbilical cord mesenchymal stem cells protect against cisplatin-induced ovarian granulosa cell stress and apoptosis in vitro. Sci Rep 7:2552. https:// doi.org/10.1038/s41598-017-02786-x
73. Park HS, Ashour D, Elsharoud A, Chugh RM, Ismail N, El Andaloussi A, Al-Hendy A (2019) Towards cell free therapy of premature ovarian insufficiency: human bone marrow mesenchymal stem cells secretome enhances angiogenesis in human ovarian microvascular endothelial cells. HSOA J Stem Cells Res Dev Ther 5:019. https://doi.org/10.24966/srdt- 2060/100019
74. Yan Z, Guo F, Yuan Q, Shao Y, Zhang Y, Wang H, Hao S, Du X (2019) Endometrial mesenchymal stem cells isolated from menstrual blood repaired epirubicin-induced damage to human ovarian granulosa cells by inhibiting the expression of Gadd45b in cell cycle pathway. Stem Cell Res Ther 10:4. https://doi.org/10.1186/s13287-018-1101-0
75. Song K, Cai H, Zhang D, Huang R, Sun D, He Y (2018) Effects of human adipose-derived mesenchymal stem cells combined with estrogen on regulatory T cells in patients with premature ovarian insufficiency. Int Immunopharmacol 55:257–262
76. Edessy M, Hosni HN, Shady Y, Waf Y, Bakr S, Kamel M (2016) Autologous stem cells therapy, the first baby of idiopathic premature ovarian failure. Acta Medica Int 3:19–23
77. Gabr H, Elkheir WA, El-Gazzar A (2016) Autologous stem cell transplantation in patients with idiopathic premature ovarian failure. J Tissue Sci Eng. https://doi.org/10.4172/2157-7552. C1.030. Proceedings of Global Congress on Tissue Engineering, Regenerative & Precision Medicine, December 1–2, 2016 | San Antonio, USA
78. Herraiz S, Romeu M, Buigues A, Martínez S, Díaz-García C, Gómez-Seguí I, Martínez J, Pellicer N, Pellicer A (2018) Autologous stem cell ovarian transplantation to increase reproductive potential in patients who are poor responders. Fertil Steril 110:496–505. https:// doi.org/10.1016/j.fertnstert.2018.04.025
79. Herraiz S, Pellicer N, Romeu M, Pellicer A (2019) Treatment potential of bone marrow-derived stem cells in women with diminished ovarian reserves and premature ovarian failure. Curr Opin Obstet Gynecol 31:156–162. https://doi.org/10.1097/GCO.0000000000000531
80. Ding L, Yan G, Wang B, Xu L, Gu Y, Ru T, Cui X, Lei L, Liu J, Sheng X, Wang B, Zhang C, Yang Y, Jiang R, Zhou J, Kong N, Lu F, Zhou H, Zhao Y, Chen B, Hu Y, Dai J, Sun H (2018) Transplantation of UC-MSCs on collagen scaffold activates follicles in dormant ovaries of POF patients with long history of infertility. Sci China Life Sci 61:1554–1565. https://doi. org/10.1007/s11427-017-9272-2
81. Yan L, Wu Y, Li L, Wu J, Zhao F, Gao Z, Liu W, Li T, Fan Y, Hao J, Liu J, Wang H (2020) Clinical analysis of human umbilical cord mesenchymal stem cell allotransplantation in patients with premature ovarian insufficiency. Cell Prolif 2020:e12938. https://doi.org/10. 1111/cpr.12938
82. Igboeli P, El Andaloussi A, Sheikh U, Takala H, ElSharoud A, McHugh A, Gavrilova-Jordan L, Levy S, Al-Hendy

A (2020) Intraovarian injection of autologous human mesenchymal stem cells increases estrogen production and reduces menopausal symptoms in women with premature ovarian failure: two case reports and a review of the literature. J Med Case Rep 14:108. https://doi.org/10.1186/s13256-020-02426-5
83. Pellicer De Castellvi N, Herraiz S, Romeu M et al (2020) Bone marrow derived stem cells restore ovarian function and fertility in premature ovarian insufficiency women. Interim report of a randomized trial: mobilization versus ovarian injection. In: Abstracts of the 36th virtual annual meeting of the European Society of Human Reproduction and Embryology, O-088, i38, ESHRE Journals, Virtual meeting, 5–8 July 2020
84. Tauchmanovà L, Selleri C, De Rosa G, Sammartino A, Di Carlo C, Musella T, Martorelli C, Lombardi G, Rotoli B, Nappi C, Colaoet A (2007) Estrogen-progestin therapy in women after stem cell transplant: our experience and literature review. Menopause 14:320–330. https:// doi.org/10.1097/01.gme.0000232032.84788.8c
85. Xia X, Yin T, Yan J, Yan L, Jin C, Lu C, Wang T, Zhu X, Zhi X, Wang J, Tian L, Liu J, Li R, Qiao J (2015) Mesenchymal stem cells enhance angiogenesis and follicle survival in human cryopreserved ovarian cortex transplantation. Cell Transplant 24:1999–2000. https://doi.org/ 10.3727/096368914X685267
86. Zhang Y, Xia X, Yan J, Yan L, Lu C, Zhu X, Wang T, Yin T, Li R, Chang H-M, Qiao J (2017) Mesenchymal stem cell-derived angiogenin promotes primodial follicle survival and angiogenesis in transplanted human ovarian tissue. Reprod Biol Endocrinol 15:18. https:// doi.org/10.1186/s12958-017-0235-8
87. Cacciottola L, Courtoy GE, Nguyen TYT, Hossay C, Donnez J, Dolmans MM (2021) Adipose tissue-derived stem cells protect the primordial follicle pool from both direct follicle death and abnormal activation after ovarian tissue transplantation. J Assist Reprod Genet 38:151–161. https://doi.org/10.1007/s10815-020-02005-z
88. Stimpfel M, Cerkovnik P, Novakovic S, Maver A, Virant-Klun I (2014) Putative mesenchymal stem cells isolated from adult human ovaries. J Assist Reprod Genet 31:959–974. https://doi. org/10.1007/s10815-014-0254-8
89. Kossowska-Tomaszczuk K, De Geyter C, De Geyter M, Martin I, Holzgreve W, Scherberich A, Zhang H (2009) The multipotency of luteinizing granulosa cells collected from mature ovarian follicles. Stem Cells 27:210–219. https://doi.org/10.1634/stemcells.2008-0233
90. Dalman A, Totonchi M, Valojerdi MR (2018) Establishment and characterization of human theca stem cells and their differentiation into theca progenitor cells. J Cell Biochem 119:9853– 9865. https://doi.org/10.1002/jcb.27306
91. Dalman A, Totonchi M, Rezazadeh Valojerdi M (2019) Human ovarian theca-derived multipotent stem cells have the potential to differentiate into oocyte-like cells in vitro. Cell J 20:527–536. https://doi.org/10.22074/cellj.2019.5651
92. Chandramohan Y, Jeganathan K, Sivanesan S, Koka P, Amritha TMS, Vimalraj S, Dhanasekaran A (2021) Assessment of human ovarian follicular fluid derived mesenchymal stem cells in chitosan/PCL/Zn scaffold for bone tissue regeneration. Life Sci 264:118502. https://doi.org/10.1016/j.lfs.2020.118502
93. Virant-Klun I, Omejec S, Stimpfel M, Skerl P, Novakovic S, Jancar N, Vrtacnik-Bokal E (2019) Female age affects the mesenchymal stem cell characteristics of aspirated follicular cells in the in vitro fertilization programme. Stem Cell Rev Rep 15:543–557. https://doi.org/ 10.1007/s12015-019-09889-0
94. Riva F, Omes C, Bassani R, Nappi RE, Mazzini G, Icaro Cornaglia A, Casasco A (2014) Invitro culture system for mesenchymal progenitor cells derived from waste human ovarian follicular fluid. Reprod Biomed Online 29:457–469. https://doi.org/10.1016/j.rbmo.2014. 06.006
95. Dzafic E, Stimpfel M, Novakovic S, Cerkovnik P, Virant-Klun I (2014) Expression of mesenchymal stem cells-related genes and plasticity of aspirated follicular cells obtained from infertile women. Biomed Res Int 2014:508216. https://doi.org/10.1155/2014/508216
96. Silvestris E, Cafforio P, D'Oronzo S, Felici C, Silvestris F, Loverro G (2018) In vitro differenti-ation of human oocyte-like cells from oogonial stem cells: single-cell isolation and molecular characterization. Hum Reprod 33:464–473. https://doi.org/10.1093/humrep/dex377
97. Parte S, Bhartiya D, Telang J, Daithankar V, Salvi V, Zaveri K, Hinduja I (2011) Detection, characterization, and spontaneous differentiation in vitro of very small embryonic-like putative stem cells in adult mammalian ovary. Stem Cells Dev 20:1451–1464. https://doi.org/10. 1089/scd.2010.0461

98. Virant-Klun I, Zech N, Rozman P, Vogler A, Cvjeticanin B, Klemenc P, Malicev E, Meden-Vrtovec H (2008) Putative stem cells with an embryonic character isolated from the ovarian surface epithelium of women with no naturally present follicles and oocytes. Differentiation 76:843–856. https://doi.org/10.1111/j.1432-0436.2008.00268.x
99. Virant-Klun I, Skutella T, Kubista M, Vogler A, Sinkovec J, Meden-Vrtovec H (2013) Expression of pluripotency and oocyte-related genes in single putative stem cells from human adult ovarian surface epithelium cultured in vitro in the presence of follicular fluid. Biomed Res Int 2013:861460. https://doi.org/10.1155/2013/861460
100. Virant-Klun I (2018) Functional testing of primitive oocyte-like cells developed in ovarian surface epithelium cell culture from small VSEL-like stem cells: can they be fertilized one day? Stem Cell Rev Rep 14:715–721. https://doi.org/10.1007/s12015-018-9832-y
101. Virant-Klun I, Skerl P, Novakovic S, Vrtacnik-Bokal E, Smrkolj S (2019) Similar population of CD133+ and DDX4+ VSEL-like stem cells sorted from human embryonic stem cell, ovarian, and ovarian cancer ascites cell cultures: the real embryonic stem cells? Cells 8:706. https:// doi.org/10.3390/cells8070706
102. Virant-Klun I, Skutella T, Hren M, Gruden K, Cvjeticanin B, Vogler A, Sinkovec J (2013) Isolation of small SSEA-4-positive putative stem cells from the ovarian surface epithelium of adult human ovaries by two different methods. Biomed Res Int 2013:690415. https://doi.org/ 10.1155/2013/690415
103. Virant-Klun I, Stimpfel M (2016) Novel population of small tumour-initiating stem cells in the ovaries of women with borderline ovarian cancer. Sci Rep 6:34730. https://doi.org/10. 1038/srep34730
104. Virant-Klun I, Kenda-Suster N, Smrkolj S (2016) Small putative NANOG, SOX2, and SSEA-4-positive stem cells resembling very small embryonic-like stem cells in sections of ovarian tissue in patients with ovarian cancer. J Ovarian Res 9:12. https://doi.org/10.1186/s13048- 016-0221-3
105. Raghavan S, Snyder CS, Wang A, McLean K, Zamarin D, Buckanovich RJ, Mehta G (2020) Carcinoma-associated mesenchymal stem cells promote chemoresistance in ovarian cancer stem cells via PDGF signaling. Cancers (Basel) 12:2063. https://doi.org/10.3390/cancers12 082063
106 .Chu Y, You M, Zhang J, Gao G, Han R, Luo W, Liu T, Zuo J, Wang F (2019) Adiposederived mesenchymal stem cells enhance ovarian cancer growth and metastasis by increasing thymosin beta 4X-linked expression. Stem Cells Int 2019:9037197. https://doi.org/10.1155/ 2019/9037197
107. Luo X, Huang S, He N, Liu C, Chen Y, Liu Y, Mi X, Li N, Sun P, Li Z, Xiang R, Su W (2018) Inflammatory human umbilical cord-derived mesenchymal stem cells promote stem cell-like characteristics of cancer cells in an IL-1beta-dependent manner. Biomed Res Int 2018:7096707. https://doi.org/10.1155/2018/7096707
108. Zhang Y, Nowicka A, Solley TN, Wei C, Parikh A, Court L, Burks JK, Andreeff M, Woodward WA, Dadbin A, Kolonin MG, Lu KH, Klopp AH (2015) Stromal cells derived from visceral and obese adipose tissue promote growth of ovarian cancers. PLoS ONE 10:e0136361. https:// doi.org/10.1371/journal.pone.0136361
109. Bu S, Wang Q, Zhang Q, Sun J, He B, Xiang C, Liu Z, Lai D (2016) Human endometrial mesenchymal stem cells exhibit intrinsic anti-tumor properties on human epithelial ovarian cancer cells. Sci Rep 6:37019. https://doi.org/10.1038/srep37019

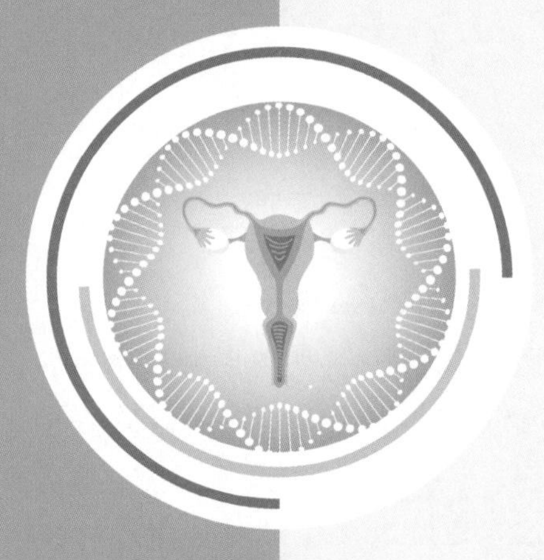

第3章

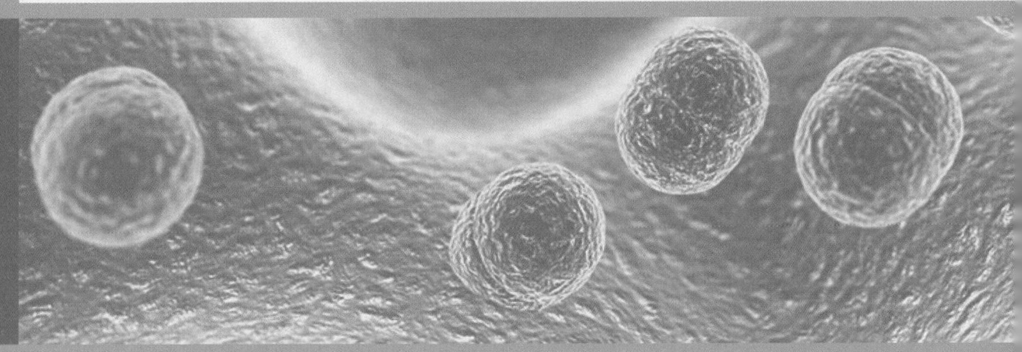

卵泡的体外激活用于治疗卵巢功能障碍

Kazuhiro Kawamura, Tuyen Kim Cat Vo

摘要

导言：由于延迟生育已成为当前的常态，卵巢功能障碍正在女性中迅速出现。早发性卵巢功能不全（POI）表现出不孕症和雌激素缺乏引起的严重的卵巢功能障碍症状。与辅助生殖技术的快速发展形成鲜明对比的是，POI和卵巢储备功能减退（DOR）患者仍难以获得遗传学意义上的后代，目前卵子捐赠仍是实现成功妊娠的唯一成熟方案。本章旨在介绍体外激活（IVA）和无药物体外激活作为卵巢功能障碍患者潜在的不孕症新疗法。

方法：根据在小鼠和人类卵巢中通过刺激Akt信号通路激活休眠原始卵泡的发现，我们的研究小组开发了一种新的不孕症治疗方法——体外激活。IVA疗法包括腹腔镜下卵巢切除，然后用Akt激动剂药物进行卵巢皮质组织培养，再将激活的组织进行自体移植。在开发IVA的过程中，我们还发现卵巢碎裂会破坏Hippo信号通路，从而增加下游生长因子的表达，导致次级卵泡生长。近年来又开发了省略组织培养步骤的无药物IVA，仅通过Hippo信号破坏刺激残留的早期卵泡，就能让DOR患者使用自己的卵子受孕。

结果：结合卵巢破碎和Akt刺激，IVA方法的成功，使POI患者的卵泡生长并获得活产。与IVA方法之前的体外受精治疗结果相比，无药物IVA成功获得了更多的前卵泡数量和更多的取卵卵母细胞，从而成功怀孕和分娩。

结论：采用IVA及其无药物IVA可显著提升卵巢功能障碍患者获得遗传学相关子代的潜力。

关键词：Akt刺激、卵巢储备功能减退、体外激活（IVA）、无药物IVA、Hippo信号、卵巢破碎、卵巢早衰

专业术语中英文对照

英文缩写	英文全称	中　文
AMH	Anti-Müllerian hormone	抗米勒管激素
BIRC	Baculoviral inhibitors of apoptosis repeat containing	含凋亡重复序列的杆状病毒抑制剂
BMP-4	Bone morphogenetic protein-4	骨形态发生蛋白-4
BMP-7	Bone morphogenetic protein-7	骨形态发生蛋白-7
ET	Embryo transfer	胚胎移植
bFGF	Basic fibroblast growth factor	碱性成纤维细胞生长因子
CCN	Cellular communication network factor	蜂窝通信网络因子
c-Kit	Tyrosine kinase receptor	酪氨酸激酶受体
FOXO3	Forkhead box O3	叉头箱O3
FSH	Follicle-stimulating hormone	促卵泡激素
GnRH	Gonadotropin-releasing hormone	促性腺激素释放激素
hCG	Human chorionic gonadotropin	人绒毛膜促性腺激素
ICSI	Intracytoplasmic sperm injection	卵胞浆内单精子显微注射

续表

英文缩写	英文全称	中　文
IVA	In vitro Activation	体外激活
IVF	In vitro Fertilization	体外受精
IVF-ET	In vitro Fertilization and embryo transfer	体外受精和胚胎移植
KGF	Keratinocyte growth factor	角质细胞生长因子
LATS1	Large tumor suppressor kinase 1	大型肿瘤抑制激酶1
LH	Luteinizing hormone	促黄体生成素
LIF	Leukemia inhibitory factor	白血病抑制因子
MST1	Macrophage stimulating 1	巨噬细胞刺激因子1
mTOR	Mammalian target of rapamycin	雷帕霉素哺乳动物靶点
PDK1	Phosphatidylinositol-dependent kinase 1	磷脂酰肌醇依赖性激酶1
PFs	Primordial follicles	原始卵泡
PI3K	Phosphatidylinositol-3-kinase	磷脂酰肌醇3-激酶
PIP2	Phosphatidylinositol（4，5）bisphosphate	磷脂酰肌醇（4，5）双磷酸酯
PIP3	Phosphatidylinositol（3，4，5）triphosphate	磷脂酰肌醇（3，4，5）三磷酸酯
POI	Premature ovarian insufficiency	早发性卵巢功能不全
POR-DOR	Poor ovarian response with diminishing ovarian reserve	卵巢反应不佳，卵巢储备功能减退
PTEN	Phosphatase and tensin homolog	磷酸酶张力蛋白同源物
SAV1	Salvador family WW domain-containing protein 1	萨尔瓦多家族含WW结构域的蛋白1
TAZ	Tafazzin PDZ-binding motif	Tafazzin PDZ结合基序
TEAD	Transcription factors containing the TEA/ATTS DNA binding domain	含有TEA/ATTS DNA结合结构域的转录因子
TSC1	Tuberous sclerosis complex 1	结节性硬化症复合体1
TSC2	Tuberous sclerosis complex 2	结节性硬化症复合体2
VEGF	Vascular endothelial growth factor	血管内皮生长因子
YAP	Yes-associated transcriptional regulator protein	Yes-相关的转录调节蛋白

一、导言

在当今社会，职业追求和追求更好的生活条件促使女性推迟生育，卵巢功能障碍很快成为一种常见的表现。最近的人口调查数据显示，女性生育第一个孩子的平均年龄显著上升，在日本已上升到31岁。生育年龄的上升与卵巢衰老有关，卵细胞数量和质量的下降导致卵巢功能失调。早发性卵巢功能不全（POI）是一种不孕症状态，其特点是40岁以下女性的卵巢卵泡迅速减少，发病率在过去几十年中已从1%上升到2%。虽然辅助生殖技术的最新进展提高了不孕患者的成功怀孕概率，但卵巢功能障碍患者［包括POI和卵巢反应不良伴卵巢储备功能减退（POR-DOR）］的治疗效果有限。对这些患者来说，捐献卵母细胞，然后进行体外受精和胚胎移植（IVF-ET）或收养是唯一可行的生育方法。然而，大多数夫妇都希望拥有与自己基因相同的后代。由于传统的促性腺激素治疗通常对POI和POR-DOR患者的卵泡生长效果有限，因此需要对卵巢储备功能低下的妇女实施新的治疗策略，以生育有遗传关系的后代。

卵巢功能障碍和POI是由自身免疫性卵巢疾病或与X染色体、常染色体相关或某些特定基因的遗传变异引起的。此外，包括卵巢手术、化疗和放疗在内的干预也可能诱发卵巢功能障碍。最近，对于接受性腺毒物治疗后出现POI的癌症患者，在癌症治疗前冷冻保存卵巢组织、成熟卵母细胞或植入前胚胎成为保留其生育能力的潜在选择。对于其他类型的POI患者，最有效的不孕症治疗方法是使用年轻健康女性的供卵进行IVF-ET。尽管对这些患者的治疗很有效，但卵母细胞捐献方法需要考虑多方面问题，其中最主要的是患者不能生育与自己有遗传关系的后代而引发的个人和伦理方面的问题。在一些国家，尤其是伊斯兰教国家，出于宗教原因，他们禁止捐献卵细胞。另外，由于胎儿和母亲之间的免疫不相容，使用捐献卵母细胞后怀孕与高危妊娠有关。最近的一项荟萃分析显示，卵母细胞捐献与子痫前期单胎妊娠风险增加相关。

为了发育出含有成熟卵母细胞的排卵前卵泡，需要定期从原始卵泡池中激活一些小的原始卵泡（PF）以进行卵泡生成。在卵巢生理学中，若残留卵泡数量因衰老或病理生理因素降至1000个以下，则静息PFs无法规律激活，发育卵泡亦不能正常募集，最终导致排卵障碍与闭经。同样，在卵巢功能障碍患者中，如果残余卵泡数量较少，休眠卵泡的自发激活就会变得不规则。随着卵巢卵泡逐渐减少，尽管卵巢中仍有不同数量的剩余休眠PFs，但休眠卵泡的激活最终会停止。虽然这是衰老女性和POI/POR-DOR患者的共性，但在大多数POI/POR-DOR病例中，残余卵泡的减少速度非常快。由于生长的卵泡数量有限，这些患者的卵巢反应较差，因此不太可能用自己的卵子受孕。为了解决卵巢功能障碍患者排卵障碍和对卵巢刺激反应差的问题，我们最近开发了新的不孕症治疗方法，并将其命名为体外激活（IVA）和无药物体外激活，通过人工激活残留的休眠PFs，刺激早期促性腺激素独立期卵泡，使POI和POR-DOR患者能够利用自己的卵子受孕。在本章中，我们将总结这些IVA方法作为一种新的不孕症疗法在POI和POR-DOR患者中的潜在应用。

二、卵泡体外激活

在哺乳动物卵巢中，休眠PFs的激活是一个复杂的过程，有许多卵巢内生长因子参与其中，包括Kit配体、神经营养素、血管内皮生长因子（VEGF）、骨形态发生蛋白-4（BMP-4）、骨形态发生蛋白-7（BMP-7）、白血病抑制因子（LIF）、碱性成纤维细胞生长因子（bFGF）和角质细胞生长因子（KGF）等。尽管目前对PFs激活的确切分子机制还没有完全研究清楚，但涉及这种激活的几个主要细胞内信号系统已被阐明。

在这些信号通路中，转基因动物研究揭示了磷脂酰肌醇3-激酶（PI3K）-Akt-叉头箱O3（FOXO3）通路在PFs激活中的关键作用。与同源酪氨酸激酶受体c-Kit结合后，Kit配体会刺激PI3K，诱导脂质第二信使PIP2的生成。随后，PIP3会调节磷脂酰肌醇依赖性激酶1（PDK1），从而激活Akt。活化的Akt随后转位到细胞核，抑制转录因子FOXO3的活性。磷酸酶张力蛋白同源物（PTEN）通过将PIP3去磷酸化为PIP2抑制该信号通路。

在一项缺失FOXO3的小鼠实验中，所有休眠的PFs在新生儿早期即被自发激活，同时卵巢卵泡在生命早期消耗殆尽，这与POI卵巢的表型相似。在另一项小鼠实验中，卵母细胞特异性PTEN的缺失也导致了类似的表型和卵巢萎缩。此外，在卵母细胞中诱导性缺失PTEN的成年小鼠也表现出Akt磷酸化和FOXO3蛋白核输出增强，从而导致PFs的激活。雷帕霉素哺乳动物靶点（mTOR）是两种结构不同的复合物mTORC1和mTORC2的催化亚基。雷帕霉素反应型mTORC1可促进细胞生长和增殖，而结节性硬化症复合体（TSC）1和2则抑制mTORC1的活性。获得卵母细胞中TSC1或TSC2缺陷的小鼠也表现出休眠PFs的自发激活。据报道，不同的mTOR激活剂（磷脂酸、普萘洛尔和MHY1485）也能激活休眠PFs，并诱导次级卵泡生长。与单突变小鼠相比，TSC1和PTEN的双重缺失在增强PFs激活方面具有协同作用。这些发现支持了PI3K-Akt哺乳动物和mTQR信号通路在调节休眠PFs激活中不可或缺的协同作用。

基于对PI3K-Akt-FOXO3通路在PFs活化过程中作用的深入理解，我们尝试通过操纵PI3K-Akt-FOXO3通路的细胞内信号传导来从药理学上激活PFs。用PTEN抑制剂bpV（Hopic）和PI3K刺激磷酸肽740YP培养新生小鼠卵巢24小时，然后再用740YP培养24小时，可通过提高Akt活性激活或抑制PFs，并导致原始卵泡卵母细胞中FOXO3的核排异。将活化的卵巢移植到卵巢切除的成年宿主小鼠肾囊下，并每天注射促卵泡激素（FSH）后，活化的PFs发育成了排卵前的PFs，并产生了成熟的MⅢ期卵母细胞，这些卵母细胞显示出印记基因的正常表观遗传标记。在使用PTEN抑制剂和PI3K激活剂从卵巢中获得卵母细胞进行IVF-ET后，获得了正常的植入率和活产率，并产下了健康的幼崽。通过长期随访，我们可以确定后代在外观、行为、生殖活动等方面均正常，而且没有慢性疾病，从而确定了体外药理激活休眠的PFs在动物模型中产生成熟卵母细胞的安全性和有效性。在使用人类卵巢样本进行的转化研究中，用PTEN抑制剂培养卵巢皮质片段也能激活休眠的PFs。在对合并严重免疫缺陷小鼠进行为期6个月的异种移植并每隔一天注射FSH后，小鼠在移植后6个月出现了大的窦前卵泡，并能在人绒毛膜促性腺激素（hCG）刺激下获得成熟的人MⅡ期卵母细胞和扩增的卵母细胞。

在POI患者中，由于卵巢卵泡的缺失，自发成功怀孕的情况很少发生。在对照临床试验中，妊娠率低至1.5%。一项对358名确诊为POI的年轻患者［确诊时年龄为（26.6 ± 7.9）岁］进行的广泛研究显示，在13年的观察期间，自然妊娠率为4.4%。捐卵已被普遍用于POI患者的不孕症治疗。尽管已尝试过多种激素治疗和促排卵疗法来治疗POI患者的不孕症，但这些疗法在诱导卵泡生长方面效果有限。因此，人们一直期待建立一种治疗不孕症的新方法，使POI患者能够利用自身的遗传卵母细胞受孕。

为了开发新的不孕症治疗方法，进行了一系列基础和转化研究。在我们的研究中，PTEN抑制剂和PI3K激活剂通过刺激PI3K-Akt-FOXO3信号通路，激活了小鼠和人类休眠的PFs。此外，卵巢皮质组织的碎裂可通过干扰希波信号通路诱导小鼠和人类的次级卵泡生长。这些发现为开发IVA方法提供了基础，IVA方法是一种新的不孕症疗法，它能激活POI患者休眠的原始卵泡并促进受抑制的次级卵泡生长。在我们和其他研究小组证实了IVA的有效性和安全性后，我们在POI患者中进行了该方法的临床试验，随后进行了卵巢刺激和

IVF-ET，并获得了伦理委员会的批准和患者的书面知情同意（图3.1）。由于Akt刺激剂可激活PFs，而卵巢破碎术可促进次级卵泡生长，因此我们将Akt刺激剂治疗与卵巢破碎术相结合，以激活POI患者卵巢中残留的休眠卵泡并刺激早期卵泡的生长。

IVA方法是在腹腔镜下操作的。具体来说，切除一侧或双侧卵巢时要谨慎，避免损伤输卵管。以便日后用作卵巢皮质碎片的移植部位。由于POI卵巢周围和内部的血管较少，在卵巢切除术中很少需要用电凝进行广泛止血。鉴于原始卵泡、初级卵泡及次级卵泡等残留卵泡均分布于卵巢皮质表层2 mm范围内，且POI患者卵巢中无显著窦卵泡存在，本研究直接切除卵巢髓质以制备含残留卵泡的皮质组织。然后，将卵巢皮质组织切成小条［（0.5～1.0）cm×（0.5～1.0）cm，厚度1～2 mm］。制备完成后，卵巢皮质条将被冷冻保存，以用于后续的组织培养和玻璃化自体移植手术。冷冻保存前，从每个皮质条中剥离约10%的皮质并进行组织学检查，以确定是否存在残余卵泡。

在我们之前的研究中，基于这一组织学分析，没有残留卵泡的患者在卵巢皮质组织移植后卵巢刺激下随访1年，期间没有卵泡生长。因此，残留卵泡的组织学评估可有效预测POI患者IVA治疗的成功卵泡生长情况。虽然卵巢皮质组织的冷冻保存步骤在IVA方法中是可选的，但这一过程可带来以下益处：在卵巢功能障碍患者中，卵巢中残余卵泡的数量会随着年龄的增长而不断减少。如果在POR-DOR或POI早期阶段冷冻保存一个卵巢，患者就可以在决定第二次IVA手术（进行卵巢组织移植之前），接受其他创伤较小的不孕症

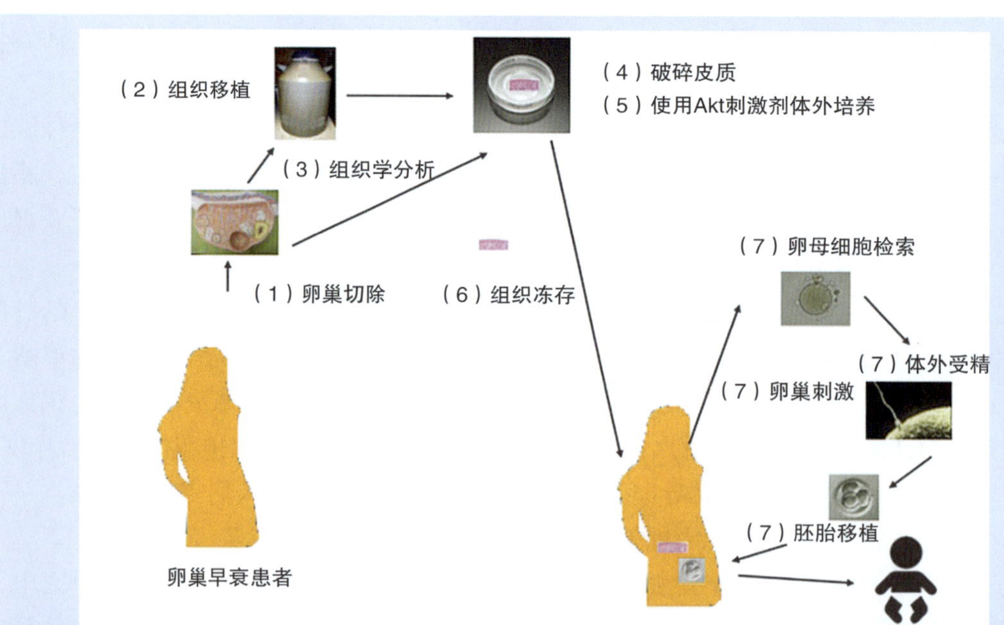

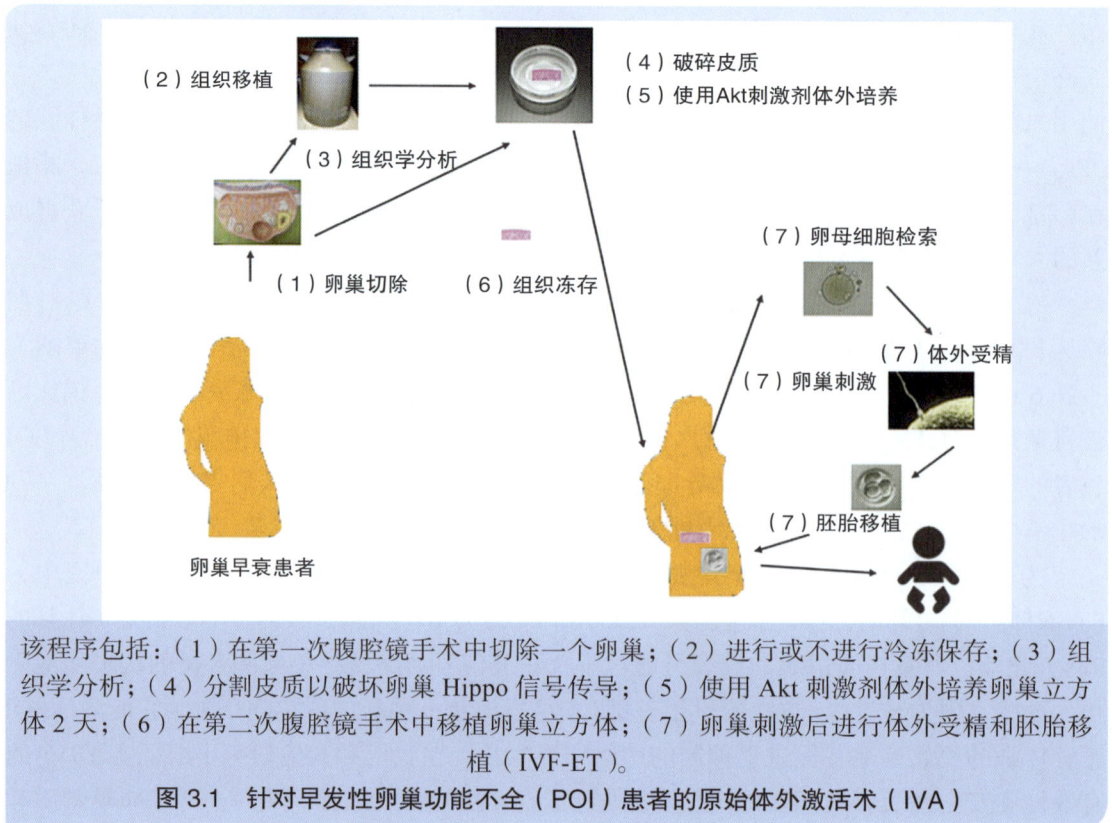

该程序包括：（1）在第一次腹腔镜手术中切除一个卵巢；（2）进行或不进行冷冻保存；（3）组织学分析；（4）分割皮质以破坏卵巢 Hippo 信号传导；（5）使用 Akt 刺激剂体外培养卵巢立方体 2 天；（6）在第二次腹腔镜手术中移植卵巢立方体；（7）卵巢刺激后进行体外受精和胚胎移植（IVF-ET）。

图 3.1 针对早发性卵巢功能不全（POI）患者的原始体外激活术（IVA）

治疗。另外，在决定进行卵巢组织移植之前，冷冻保存过程可为组织学分析留出充足的时间，以完全明确是否存在残余卵泡。

获得组织学分析结果后，将冷冻保存的卵巢皮质条解冻并进一步分割成1～2 mm的小方块。将这些卵巢皮质小方块放在细胞培养插板的膜上，并覆盖含有Akt激活剂的培养基。然后将卵巢皮质立方体培养2天，以激活休眠的PFs。培养后，彻底清洗卵巢组织，以避免Akt刺激药物污染移植卵巢组织，并在腹腔镜手术下（输卵管浆膜下）进行自体移植。先注入生理盐水使输卵管浆膜下的部位膨胀，然后切开浆膜，在浆膜和输卵管之间做一个袋子，将卵巢皮质方块放入。一般来说，我们可以获得约20～80个卵巢立方体，这些立方体被移植到两个输卵管浆膜下的多个部位。随后将这些移植部位缝合或用氧化再生纤维素覆盖，以避免立方体丢失。输卵管是移植的首选部位，因为其血管高度扩张，而且更容易通过经阴道超声进行后期监测和卵母细胞检索。

自体移植手术后，通过测量血清雌激素和促性腺激素水平来监测卵泡的生长情况，并通过经阴道超声波检测生长超过2周的前卵泡。通过雌激素水平的升高和血清雌激素水平进一步升高后的超声图像可确定卵泡是否正在生长。此外，在诱导POI患者卵泡生长的过程中，抑制内源性促性腺激素的升高很重要，这可能是通过恢复残余卵泡对外源性促性腺激素刺激的反应性，以及抑制卵泡生长过程中早期黄体化来实现的。为此，在外源性促性腺激素刺激过程中，患者在接受雌激素治疗的同时也接受GnRH激动剂治疗。通过每天注射重组FSH或尿FSH来刺激卵泡生长。如果GnRH激动剂难以维持较低的LH水平，则使用GnRH拮抗剂来避免LH过早激增。当生长的卵泡达到排卵前期时，注射hCG引发卵母细胞成熟。36小时后，在经阴道超声下取出卵母细胞，随后进行常规体外受精或卵胞浆内单精子显微注射（ICSI）。在POI患者中，约50%的患者在IVA后发现有残余卵泡生长。虽然人类卵泡从原始期发育到排卵前期需要4～6个月的时间，但在一些病例中，移植后几个月内就能检测到排卵前期卵泡，这表明残留的次级卵泡生长是对Hippo信号通路中断的反应。相反，一些排卵前卵泡在6个月后发育，这可能是由于休眠的PFs被激活所致。体外受精后，胚胎在第2天分裂期冷冻保存，然后在激素替代周期下进行ET。

多项临床数据证实了这种治疗方法的有效性和安全性。我们首次宣布了27名POI患者年近40岁长期闭经［（6.8 ± 2.1）年］患者中成功妊娠的案例。第一次腹腔镜手术切除卵巢后，组织学结果显示，27名患者中有13人有残余卵泡。在进行IVA手术和卵巢刺激后（具体操作方法如前所述），13例患者中有8例通过雌激素浓度增加和超声波成像确定了卵泡生长。我们成功地为5名患者提取了成熟卵母细胞，并使用其丈夫的精子进行了卵胞浆内单精子显微注射，结果3名患者在解冻冻存的ET后成功受孕。在本文发表时，1名健康的男婴足月出生，没有出现身体异常，其他患者还累积了一些冷冻保存的胚胎。我们小组还报告了一项后续研究，该研究采用了相同的程序，并增加了10名POI患者（*n*=37）。根据组织学分析，54%的患者（20/37）有残留卵泡。卵巢刺激后，20位POI患者中有9位观察到卵泡生长，6位患者获得了24个卵母细胞。随后，对4名患者进行了体外受精—胚胎移植，结果有3例临床妊娠，1例流产（可能是由于患者年龄较大），2例健康活产。目前，两个婴儿都已超过7岁，没有出现任何发育异常。另外2家医院也成功实现了2次妊娠。中国的一个研究小组对14例POI患者进行了IVA治疗病例系列研究，这些患者的平均末次月经持续时间为3.8年。在14名患者中，有11名患者检测不到AMH水平。在IVA手术干预1年后，14名患者中的6人共获得15个卵泡发育。最终有4名患者获得了6个卵细胞。随后进行了卵母细胞提取和体外受精–胚胎移植，获得了4个处于第2天分裂期的胚胎。一名患者进行新鲜胚胎移植后，产下1名健康男婴。本文发表时，另有3名患者正在等待ET。

这些结果表明，IVA方法能为POI患者带来更好的治疗效果。值得注意的是，本研究纳入的卵巢功能早衰（POI）患者平均年龄为37.6 ± 4.6岁（年龄区间：30 ~ 40岁），部分患者已绝经较长时间。IVA术后短期内（＜1年）的妊娠率接近15.0%（3/20），另有2名患者进行了冷冻胚胎移植。与其他数据相比，这一妊娠率令人鼓舞。此外，据报道在平均年龄为（26.6 ± 7.9）岁的POI患者中，约有4.4%的患者在长达13年的随访中自然怀孕，且在另一份报道中，年轻的POI患者［中位年龄：（30.4 ~ 32.5）岁］在接受或不接受辅助生殖治疗的激素治疗后，怀孕率为3.6% ~ 6.8%。

三、无药物IVA

在IVA手术中，卵巢皮质组织被切成小方块，以便用Akt激活剂进行卵巢组织培养。在多囊卵巢综合征患者的手术方法中，卵巢楔形切除术和腹腔镜卵巢钻孔术已被证明能促进生长停滞的窦卵泡生长。同样，在接受绝育治疗的肿瘤患者中，卵巢皮质破碎术改善了冷冻和移植的结果，从而保留了生育能力，而且移植后卵泡的生长速度也更快。这些手术中都有一个共同的干预措施，即破坏卵巢皮质，这表明通过改变卵巢皮质的机械张力可诱导卵泡生长。为了评估这一假设，将啮齿类动物的卵巢切成3块，然后在肾囊下进行移植。结果发现，由于刺激了次级卵泡的生长，切割后的卵巢与成对的完整卵巢相比重量增加。

众所周知，Hippo信号通路是调节细胞增殖和决定器官大小的主要细胞内信号通路，在所有的脊椎动物中都得到了很好的保存。在Hippo信号系统中，几种负向生长调节因子在丝氨酸/苏氨酸激酶级联中起作用，最终磷酸化并通过核输出使两个关键转录辅激活因子——Yes相关的转录调节蛋白（YAP）和具有PDZ结合基序的转录辅激活因子（TAZ）失活。干扰海马信号传导会降低YAP的磷酸化水平，继而增加YAP的核水平。核YAP与TEAD（含TEA/ATTS DNA结合域的转录因子）转录因子一起促进了多种下游因子的产生，包括CCN生长因子和含凋亡重复序列的杆状病毒抑制剂（BIRC）、凋亡抑制剂。这些因子反过来调节细胞的生长、存活和增殖，参与调控细胞黏附、形状和极性的上游网络。肌动蛋白是一种重要的细胞骨架蛋白，它主要调节Hippo信号通路。作为一种多功能蛋白质，肌动蛋白参与形成维持许多重要细胞过程的微丝。球状肌动蛋白（G-actin）的快速聚合形成纤丝肌动蛋白（F-actin），介导细胞黏附、形状维持和运动。应力纤维中的F-肌动蛋白已被证实会破坏Hippo信号通路，导致核YAP的积累。

在小鼠和人类卵巢不同发育阶段的卵泡中都检测到了关键Hippo信号基因（*YAP*、*TAZ*、*MST1/2*、*SAV1*和*LATS1/2*）的表达。在我们发表的文献中，卵巢碎裂刺激了G-肌动蛋白向F-肌动蛋白聚合的短暂增加。F-肌动蛋白干扰了Hippo信号通路，使磷酸-YAP水平下降，YAP核定位增加，从而导致下游CCN生长因子和BIRC细胞凋亡抑制因子的上调。通过使用CCN2抗体和verteporfin（一种能够抑制YAP和TEAD转录因子之间相互作用的小分子），进一步证实了Hippo信号在诱导卵泡生长过程中的中介作用，从而阻断了卵泡的生长。将解冻的人类卵巢皮质切成小方块，发现卵巢皮质中的CCN生长因子也有所增加，这表明CCN生长因子对卵泡生长有刺激作用。用促进肌动蛋白聚合的环肽Jasplakinolide或已知能促进肌动蛋白聚合的卵泡液成分1-磷酸鞘氨醇处理小鼠卵巢，结果表明G-肌动蛋白向F-肌动蛋白的转化增强，YAP随后发生核转位，下游CCN生长因子的表达增加，最终导致卵泡生长。

在POI和POR-DOR早期患者的卵巢中，PFs可以自发激活。由于残余卵泡数量有限，生长卵泡的数量非常少。单独破坏海马信号传导就能有效刺激早期卵泡的生长，我们简化了IVA的程序，开发了无药物IVA方法来促进早期卵泡的生长，以获得更多的成熟卵泡。在这种方法中，卵巢皮质被分割成小立方体（1～2 mm），以破坏卵巢Hippo信号，然后在不进行组织培养的情况下移植回剩余卵巢和输卵管浆膜下（图3.2）。无药物IVA程序使卵巢功能障碍患者成功怀孕和分娩。

我们小组对11名AMH水平几乎测不到（中位数为0.04 ng/mL，最小至最大值为0～0.8 ng/mL）且前卵泡数极低（中位数为1个，最小至最大值为0～4个）的POR-DOR女性进行了病例系列研究，结果显示，该手术增加了手术干预后FSH刺激下的前卵泡数和每个周期取回的成熟卵母细胞数。受精率和优质胚胎率分别为68.7%和56.9%。结果5名患者成功怀孕，其中1例活产，2例继续妊娠，1例流产。另外，3名患者和1名流产患者还获得了冷

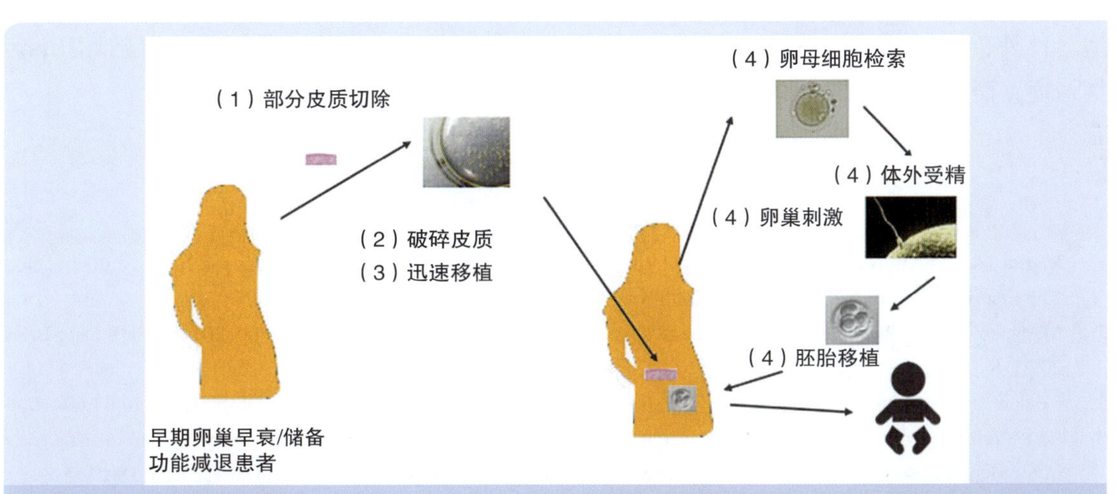

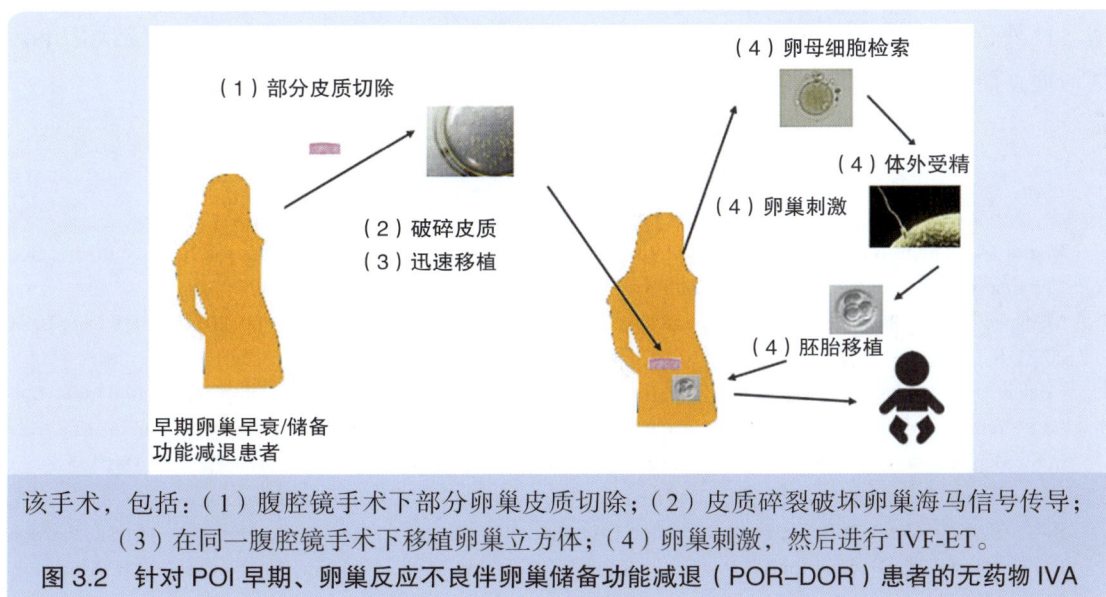

该手术，包括：（1）腹腔镜手术下部分卵巢皮质切除；（2）皮质碎裂破坏卵巢海马信号传导；（3）在同一腹腔镜手术下移植卵巢立方体；（4）卵巢刺激，然后进行IVF-ET。

图 3.2 针对 POI 早期、卵巢反应不良伴卵巢储备功能减退（POR–DOR）患者的无药物 IVA

冻保存的胚胎，可用于未来的移植。我们还报告了一项病例系列研究的临床结果，在之前的无药物IVA研究中增加了4例患者。在15名POR-DOR患者中，有13名患者的前列腺体积较大，4名患者的前列腺体积较小。与无药物IVA治疗前的IVF结果相比，经阴道超声监测仪检测到的卵泡数量增加了，取回的用于IVF的成熟卵母细胞数量也增加了。一次自然妊娠和胚胎移植使4例活产和1例持续妊娠得以实现。另有5名患者和1名流产患者冷冻保存了胚胎，以便将来移植。其他生殖中心也宣布，无药物IVA可成功治疗早期POI患者。一些研究报告了使用无药物IVA方法的成功案例。在一份病例报告中，一位32岁的POI患者检测不到AMH水平（<0.02 ng/mL），但在无药物IVA术后进行了20天的卵巢刺激和IVF-ET后成功怀孕。另一项研究招募了14名POI早期患者，中位年龄为33岁（29～36岁），中位闭经时间为1.5年（1～11年），中位AMH水平为0.02 ng/mL（0.01～0.1 ng/mL）。在无药物IVA过程中，7名患者出现卵泡生长，5名患者成功取卵，结果有6例胚胎移植，随后有4例妊娠。除了无药物IVA外，一个研究小组还报告了通过卵巢活检和搔刮对80名POI女性进行Hippo信号通路破坏的临床结果。13.75%（11/80）的患者在FSH刺激后恢复了卵巢功能或卵泡生长。在10名接受卵母细胞提取和体外受精的女性中，有1名获得了一个健康的婴儿。

四、结论

原始和无药物IVA方法的开发增加了卵巢功能障碍患者（包括POI和POR-DOR）怀上遗传相关子女的机会，从而扩大了现代不孕症治疗的范围。由于已发表的研究只涉及一小部分患者，因此在广泛临床应用IVA疗法之前，有必要进行设计更完善的研究来进一步探讨。然而，要求对照组进行假性体外受精手术在伦理上是不合理的。为了尽量减少IVA方法的创伤性，必须开发一种创伤性较小的方法，以便在手术干预前预测是否存在残余卵泡。此外，还考虑了另一种方法，如经阴道向卵巢注射蛋白聚合增强试剂，以破坏Hippo信号通路而非破坏卵巢。

参考文献

1. Martin JA, Hamilton BE, Osterman MJK, Driscoll AK, Drake P (2018) Births: final data for 2016. Natl Vital Stat Rep Cent Dis Control Prev Natl Cent Health Stat Natl Vital Stat Syst 67:1–55
2. Mathews TJ, Hamilton BE (2016) Mean age of mothers is on the rise: United States, 2000–2014. NCHS Data Brief 232:1–8
3. Coulam CB, Adamson SC, Annegers JF (1986) Incidence of premature ovarian failure. Obstet Gynecol 67:604–606
4. Lagergren K, Hammar M, Nedstrand E, Bladh M, Sydsjö G (2018) The prevalence of primary ovarian insufficiency in Sweden; a national register study. BMC Womens Health 18:175. https:// doi.org/10.1186/s12905-018-0665-2
5. Niederberger C, Pellicer A, Cohen J, Gardner DK, Palermo GD, O'Neill CL, Chow S, Rosen- waks Z, Cobo A, Swain JE, Schoolcraft WB, Frydman R, Bishop LA, Aharon D, Gordon C, New E, Decherney A, Tan SL, Paulson RJ, Goldfarb JM, Brännström M, Donnez J, Silber S, Dolmans M-M, Simpson JL, Handyside AH, Munné S, Eguizabal C, Montserrat N, Izpisua Belmonte JC, Trounson A, Simon C, Tulandi T, Giudice LC, Norman RJ, Hsueh

AJ, Sun Y, Laufer N, Kochman R, Eldar-Geva T, Lunenfeld B, Ezcurra D, D'Hooghe T, Fauser BCJM, Tarlatzis BC, Meldrum DR, Casper RF, Fatemi HM, Devroey P, Galliano D, Wikland M, Sigman M, Schoor RA, Goldstein M, Lipshultz LI, Schlegel PN, Hussein A, Oates RD, Brannigan RE, Ross HE, Pennings G, Klock SC, Brown S, Van Steirteghem A, Rebar RW, LaBarbera AR (2018) Forty years of IVF. Fertil Steril 110:185-324.e5. https://doi.org/10.1016/j.fertnstert. 2018.06.005

6. De Vos M, Devroey P, Fauser BCJM (2010) Primary ovarian insufficiency. Lancet 376:911–921. https://doi.org/10.1016/S0140-6736(10)60355-8
7. Donnez J, Dolmans M-M (2013) Fertility preservation in women. Nat Rev Endocrinol 9:735– 749. https://doi.org/10.1038/nrendo.2013.205
8. Sauer MV, Paulson RJ, Lobo RA (1990) A preliminary report on oocyte donation extending reproductive potential to women over 40. N Engl J Med 323:1157–1160. https://doi.org/10. 1056/NEJM199010253231702
9. van Egmond A, van der Keur C, Swings GMJS, van Beelen E, van Zijl L, Scherjon SA, Claas FHJ (2013) Preservation of human placenta facilitates multicenter studies on the local immune response in normal and aberrant pregnancies. J Reprod Immunol 98:29–38. https://doi.org/10. 1016/j.jri.2013.03.001
10. Stoop D, Baumgarten M, Haentjens P, Polyzos NP, De Vos M, Verheyen G, Camus M, Devroey P (2012) Obstetric outcome in donor oocyte pregnancies: a matched-pair analysis. Reprod Biol Endocrinol RBE 10:42. https://doi.org/10.1186/1477-7827-10-42
11. Schwarze JE, Borda P, Vásquez P, Ortega C, Villa S, Crosby JA, Pommer R (2018) Is the risk of preeclampsia higher in donor oocyte pregnancies? a systematic review and meta-analysis. JBRA Assist Reprod 22:15–19. https://doi.org/10.5935/1518-0557.20180001
12. McGee EA, Hsueh AJ (2000) Initial and cyclic recruitment of ovarian follicles. Endocr Rev 21:200–214. https://doi.org/10.1210/edrv.21.2.0394
13. Hsueh AJW, Kawamura K, Cheng Y, Fauser BCJM (2015) Intraovarian control of early folliculogenesis. Endocr Rev 36:1–24. https://doi.org/10.1210/er.2014-1020
14. Adhikari D, Liu K (2009) Molecular mechanisms underlying the activation of mammalian primordial follicles. Endocr Rev 30:438–464. https://doi.org/10.1210/er.2008-0048
15. Reddy P, Shen L, Ren C, Boman K, Lundin E, Ottander U, Lindgren P, Liu Y-X, Sun Q-Y, Liu K (2005) Activation of Akt (PKB) and suppression of FKHRL1 in mouse and rat oocytes by stem cell factor during follicular activation and development. Dev Biol 281:160–170. https:// doi.org/10.1016/j.ydbio.2005.02.013
16. Castrillon DH, Miao L, Kollipara R, Horner JW, DePinho RA (2003) Suppression of ovarian follicle activation in mice by the transcription factor Foxo3a. Science 301:215–218. https:// doi.org/10.1126/science.1086336
17. Reddy P, Liu L, Adhikari D, Jagarlamudi K, Rajareddy S, Shen Y, Du C, Tang W, Hämäläinen T, Peng SL, Lan Z-J, Cooney AJ, Huhtaniemi I, Liu K (2008) Oocyte-specific deletion of Pten causes premature activation of the primordial follicle pool. Science 319:611–613. https://doi. org/10.1126/science.1152257
18. John GB, Gallardo TD, Shirley LJ, Castrillon DH (2008) Foxo3 is a PI3K-dependent molecular switch controlling the initiation of oocyte growth. Dev Biol 321:197–204. https://doi.org/10. 1016/j.ydbio.2008.06.017
19. Laplante M, Sabatini DM (2009) mTOR signaling at a glance. J Cell Sci 122:3589–3594. https://doi.org/10.1242/jcs.051011
20. Adhikari D, Flohr G, Gorre N, Shen Y, Yang H, Lundin E, Lan Z, Gambello MJ, Liu K (2009) Disruption of Tsc2 in oocytes leads to overactivation of the entire pool of primordial follicles. Mol Hum Reprod 15:765–770. https://doi.org/10.1093/molehr/gap092
21. Adhikari D, Zheng W, Shen Y, Gorre N, Hämäläinen T, Cooney AJ, Huhtaniemi I, Lan Z-J, Liu K (2010) Tsc/mTORC1 signaling in oocytes governs the quiescence and activation of primordial follicles. Hum Mol Genet 19:397–410. https://doi.org/10.1093/hmg/ddp483
22. Sun X, Su Y, He Y, Zhang J, Liu W, Zhang H, Hou Z, Liu J, Li J (2015) New strategy for in vitro activation of primordial follicles with mTOR and PI3K stimulators. Cell Cycle 14:721–731. https://doi.org/10.1080/15384101.2014.995496

23. Cheng Y, Kim J, Li XX, Hsueh AJ (2015) Promotion of ovarian follicle growth following mTOR activation: synergistic effects of AKT stimulators. PLoS ONE 10. https://doi.org/10. 1371/journal.pone.0117769
24. Adhikari D, Liu K (2010) mTOR signaling in the control of activation of primordial follicles. Cell Cycle 9:1673–1674. https://doi.org/10.4161/cc.9.9.11626
25. Li J, Kawamura K, Cheng Y, Liu S, Klein C, Liu S, Duan E-K, Hsueh AJW (2010) Activation of dormant ovarian follicles to generate mature eggs. Proc Natl Acad Sci U S A 107:10280–10284. https://doi.org/10.1073/pnas.1001198107
26. Adhikari D, Gorre N, Risal S, Zhao Z, Zhang H, Shen Y, Liu K (2012) The safe use of a PTEN inhibitor for the activation of dormant mouse primordial follicles and generation of fertilizable eggs. PLoS ONE 7. https://doi.org/10.1371/journal.pone.0039034
27. van Kasteren YM, Schoemaker J (1999) Premature ovarian failure: a systematic review on ther-apeutic interventions to restore ovarian function and achieve pregnancy. Hum Reprod Update 5:483–492. https://doi.org/10.1093/humupd/5.5.483
28. Bidet M, Bachelot A, Bissauge E, Golmard JL, Gricourt S, Dulon J, Coussieu C, Badachi Y, Touraine P (2011) Resumption of ovarian function and pregnancies in 358 patients with premature ovarian failure. J Clin Endocrinol Metab 96:3864–3872. https://doi.org/10.1210/jc. 2011-1038
29. Kawamura K, Cheng Y, Suzuki N, Deguchi M, Sato Y, Takae S, Ho C, Kawamura N, Tamura M, Hashimoto S, Sugishita Y, Morimoto Y, Hosoi Y, Yoshioka N, Ishizuka B, Hsueh AJ (2013) Hippo signaling disruption and Akt stimulation of ovarian follicles for infertility treatment. Proc Natl Acad Sci U S A 110:17474–17479. https://doi.org/10.1073/pnas.1312830110
30. Haino T, Tarumi W, Kawamura K, Harada T, Sugimoto K, Okamoto A, Ikegami M, Suzuki N (2018) Determination of follicular localization in human ovarian cortex for vitrification. J Adolesc Young Adult Oncol 7:46–53. https://doi.org/10.1089/jayao.2017.0028
31. Suzuki N, Yoshioka N, Takae S, Sugishita Y, Tamura M, Hashimoto S, Morimoto Y, Kawamura K (2015) Successful fertility preservation following ovarian tissue vitrification in patients with primary ovarian insufficiency. Hum Reprod 30:608–615. https://doi.org/10.1093/humrep/ deu353
32. Nelson LM (2009) Clinical practice. primary ovarian insufficiency. N Engl J Med 360:606–614. https://doi.org/10.1056/NEJMcp0808697
33. Kawamura K, Cheng Y, Sun Y-P, Zhai J, Diaz-Garcia C, Simon C, Pellicer A, Hsueh AJ (2015) Ovary transplantation: to activate or not to activate. Hum Reprod 30:2457–2460. https://doi. org/10.1093/humrep/dev211
34. Zhai J, Yao G, Dong F, Bu Z, Cheng Y, Sato Y, Hu L, Zhang Y, Wang J, Dai S, Li J, Sun J, Hsueh AJ, Kawamura K, Sun Y (2016) In Vitro Activation of follicles and fresh tissue auto- transplantation in primary ovarian insufficiency patients. J Clin Endocrinol Metab 101:4405– 4412. https://doi.org/10.1210/jc.2016-1589
35. Zhang P, Shi Y, Gao X, Wang S, Wang J, Chen Z-J (2007) Clinical analysis of Chinese infertility women with premature ovarian failure. Neuro Endocrinol Lett 28:580–584
36. Bachelot A, Nicolas C, Bidet M, Dulon J, Leban M, Golmard JL, Polak M, Touraine P (2017) Long-term outcome of ovarian function in women with intermittent premature ovarian insufficiency. Clin Endocrinol (Oxf) 86:223–228. https://doi.org/10.1111/cen.13105
37. Meden-Vrtovec H, Gersak K, Franić D (2011) Distribution of etiological factors of hypergonadotropic amenorrhea. Clin Exp Obstet Gynecol 38:369–372
38. Chen X, Chen S-L, Ye D-S, Liu Y-D, He Y-X, Tian X-L, Xu L-J, Tao T (2016) Retrospective analysis of reproductive outcomes in women with primary ovarian insufficiency showing inter- mittent follicular development. Reprod Biomed Online 32:427–433. https://doi.org/10.1016/j. rbmo.2015.12.011
39. Johnson R, Halder G (2014) The two faces of Hippo: targeting the Hippo pathway for regener- ative medicine and cancer treatment. Nat Rev Drug Discov 13:63–79. https://doi.org/10.1038/ nrd4161
40. Wada K-I, Itoga K, Okano T, Yonemura S, Sasaki H (2011) Hippo pathway regulation by cell morphology and stress fibers. Dev Camb Engl 138:3907–3914. https://doi.org/10.1242/dev. 070987

41. Halder G, Johnson RL (2011) Hippo signaling: growth control and beyond. Development 138:9–22. https://doi.org/10.1242/dev.045500
42. Cheng Y, Feng Y, Jansson L, Sato Y, Deguchi M, Kawamura K, Hsueh AJ (2015) Actin polymerization-enhancing drugs promote ovarian follicle growth mediated by the Hippo signaling effector YAP. FASEB J Off Publ Fed Am Soc Exp Biol 29:2423–2430. https://doi. org/10.1096/fj.14-267856
43. Kawamura K, Ishizuka B, Hsueh AJW (2020) Drug-free in-vitro activation of follicles for infertility treatment in poor ovarian response patients with decreased ovarian reserve. Reprod Biomed Online 40:245–253. https://doi.org/10.1016/j.rbmo.2019.09.007
44. Tanaka Y, Hsueh AJ, Kawamura K (2020) Surgical approaches of drug-free in vitro activation and laparoscopic ovarian incision to treat patients with ovarian infertility. Fertil Steril 114:1355– 1357. https://doi.org/10.1016/j.fertnstert.2020.07.029
45. Fabregues F, Ferreri J, Calafell JM, Moreno V, Borrás A, Manau D, Carmona F (2018) Pregnancy after drug-free in vitro activation of follicles and fresh tissue autotransplantation in primary ovarian insufficiency patient: a case report and literature review. J Ovarian Res 11:76. https://doi.org/10.1186/s13048-018-0447-3
46. Ferreri J, Fàbregues F, Calafell JM, Solernou R, Borrás A, Saco A, Manau D, Carmona F (2020) Drug-free in-vitro activation of follicles and fresh tissue autotransplantation as a therapeutic option in patients with primary ovarian insufficiency. Reprod Biomed Online 40:254–260. https://doi.org/10.1016/j.rbmo.2019.11.009
47. Zhang X, Han T, Yan L, Jiao X, Qin Y, Chen Z-J (2019) Resumption of ovarian function after ovarian biopsy/scratch in patients with premature ovarian insufficiency. Reprod Sci 26:207–213. https://doi.org/10.1177/1933719118818906

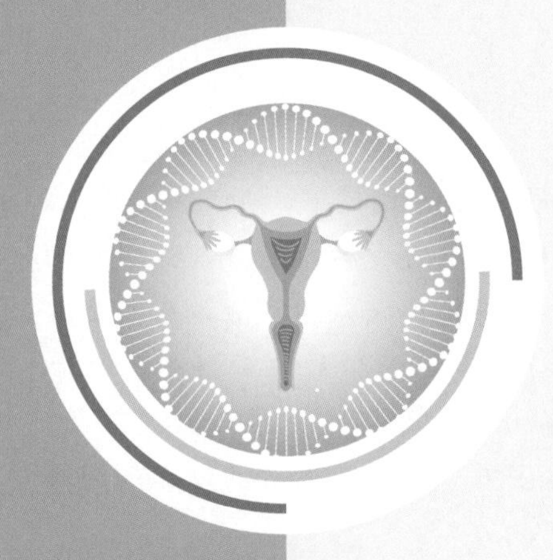

第4章

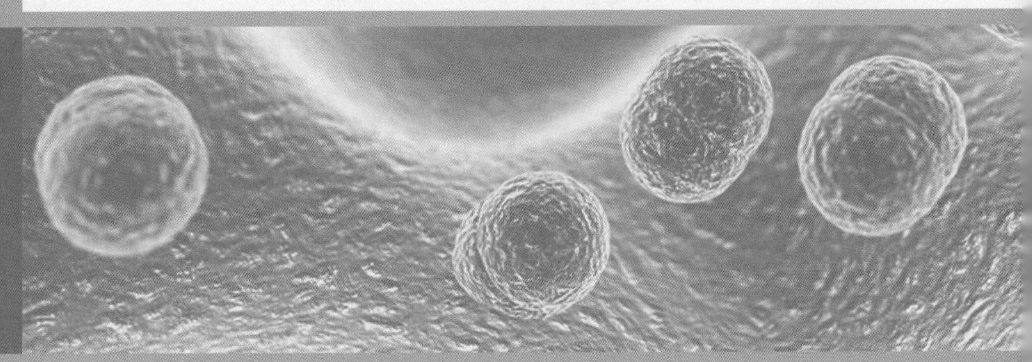

卵巢癌干细胞及其调控机制：潜在的治疗靶点

Seema C. Parte, Moorthy P. Ponnusamy,
Surinder K. Batra, Sham S. Kakar

摘要

导言：卵巢癌是最致命的妇科癌症之一。在癌症治疗的过程中，与干细胞特性和癌症干细胞相关因素、构成肿瘤微环境的其他组分、个体患者治疗方案过程中的动态变化，以及未接受化疗和化疗敏感的患者细胞、分子参数和成分的细微差别，都可能为卵巢癌提供丰富的信息和全新的见解，这对于提高预后评估的准确性具有重大意义。

方法：将卵巢癌干细胞（cancer stem cells，CSCs）及其调控机制作为潜在的治疗靶点进行研究。

结果：阐明卵巢CSCs在原发部位和腹水中的分子机制，以及它们如何驱动癌症向复发和不治之症阶段进展，是当前迫切需要解决的科学问题。

结论：通过针对患者和治疗的特异性探索新的癌基因及其调控机制，并将其与传统的肿瘤治疗方法相结合，我们可能迎来个性化和精准医疗的新纪元，这将有效管理卵巢癌，改善患者的生活质量，并延长无进展生存期和总生存期。

关键词：癌症、癌干细胞、卵巢癌、卵巢、PTTG1、目标、治疗

专业术语中英文对照

英文缩写	英文全称	中　文
ABCG2	ATP Binding Cassette Subfamily G Member 2（Junior Blood Group）	ATP结合盒亚家族G成员2（初级血型）
ABO	Alpha 1-3-N-acetylgalactosaminyltransferase and alpha 1-3-galactosyltransferase	α 1-3-N-乙酰半乳糖氨基转移酶和α 1-3-半乳糖基转移酶
AD	Adherent	黏附型
ALDH1	Aldehyde dehydrogenase 1	醛脱氢酶1
ALDH1A1	Aldehyde dehydrogenase 1 family member A1	醛脱氢酶家族成员A1
BKM120	Buparlisib	布帕尼西
BMI1	BMI1 proto-oncogene，polycomb ringer finger	BMI1原癌基因，多梳环指蛋白
BL	Borderline tumor	交界性肿瘤
BN	Benign tumor	良性肿瘤
BRCA1	BRCA1 DNA repair associated	BRCA1 DNA修复相关
BRCA2	BRCA2 DNA repair associated	BRCA2 DNA修复相关
CA125	Cancer antigen 125，ovarian cancer biomarker	癌抗原125，卵巢癌生物标志物
CAOV3	Human ovarian cancer cell line from adenocarcinoma	来自腺癌的人卵巢癌细胞系
CBS	Cystathionine beta-synthase	胱硫醚β-合成酶
CD	Cluster of differentiation	分化群
CDK4	Cyclin-dependent kinase 4	细胞周期蛋白依赖性激酶4
CHEK2	Checkpoint kinase 2	检查点激酶2
CN	Chemo-naïve	未接受化疗的
CR	Chemo-resistant	化疗耐药

续表

英文缩写	英文全称	中　文
CSC	Cancer stem cell	肿瘤干细胞
DAPI	4’，6-Diamidino-2-phenylindole	4’，6-二脒基-2-苯基吲哚
DDX4	DEAD-box helicase 4（VASA）	DEAD盒解旋酶4（VASA）
DNA	Deoxyribonucleic acid	脱氧核糖核酸
EMC	Epithelial-mesenchymal transition	上皮－间质转化
EOC	Epithelial ovarian cancer	上皮性卵巢癌
EpCAM	Epithelial cell adhesion molecule	上皮细胞黏附分子
GLI	GLI family zinc finger	GLI家族锌指蛋白
GRO	C-X-C motif chemokine ligand 1（CXCL-1）	C-X-C基团趋化因子配体1（CXCL-1）
GSK-3β	Glycogen synthase kinase 3 beta	糖原合成酶激酶-3β
HES1	Hes Family BHLH Transcription Factor 1	Hes家族BHLH转录因子1
HEY1	Hes-related family BHLH transcription factor with YRPW motif 1	与Hes家族相关的BHLH转录因子，含YRPW结构域
HG	High-grade tumor	高级别肿瘤
HIPEC	Hyperthermic intraperitoneal chemotherapy	腹腔热灌注化疗
ICAM1	Intercellular adhesion molecule 1	细胞间黏附分子1
IL	Interleukin	白细胞介素
JAK	Janus kinase	Janus激酶
KLF4	Krüppel like factor 4	Krüppel样因子4
LEF	Lymphoid enhancer binding factor	淋巴细胞增强子结合蛋白
LGR5	Leucine rich repeat-containing G protein-coupled receptor 5	富亮氨酸重复含G蛋白偶联受体5
LGR6	Leucine rich repeat-containing G protein-coupled receptor 6	富亮氨酸重复含G蛋白偶联受体6
LY6A	Lymphocyte antigen 6 family member A	淋巴细胞抗原6家族成员A
MCP-1	C-C motif chemokine ligand 2（CCL2）	C-C结构域趋化因子配体2（CCL2）
MIF	Macrophage migration inhibitory factor	巨噬细胞迁移抑制因子
MMP-9	Matrix metallopeptidase 9	基质金属蛋白酶9
mTOR	Mammalian target of rapamyci	雷帕霉素哺乳动物靶点
MYC	MYC proto-oncogene，BHLH transcription factor	MYC原癌基因，BHLH转录因子
NAD	Non-adherent	非黏附型
NANOG	Nanog homeobox	NANOG同源染色体
NAP2	Nucleosome assembly protein 2	核小体组装蛋白2
NEK2	NIMA related kinase 2	NIMA相关激酶2
NOTCH-1	Notch receptor 1	NOTCH受体1
OC	Ovarian cancer	卵巢癌
OCT4	Octamer-binding transcription factor 4	八聚体结合转录因子4
OPG	TNF receptor superfamily member 11b（TRANSF11B）	TNF受体超家族成员11b（TRANSF11B）
OSE	Ovarian surface epithelium	卵巢表面上皮
PFI	Platinum-free interval	无铂间期

续表

英文缩写	英文全称	中　文
PI3K	Phosphoinositide 3-kinase	磷脂酰肌醇3-激酶
PTCH1	Patched 1	Hh典型受体1
PTCH2	Patched 2	Hh典型受体2
PTEN	Phosphatase and tensin homolog	磷酸酶张力蛋白同源物
PTTG1	Regulator of sister chromatid separation，securin	垂体肿瘤转化蛋白1
RAD51	RAD51 recombinase	RAD51重组酶
RANTES	C-C motif chemokine ligand 5（CCL5）	C-C结构域趋化因子配体5（CCL5）
RNA	Ribonucleic acid	核糖核酸
mRNA	Messenger ribonucleic acid	信使核糖核酸
RT-PCR	Reverse transcription polymerase chain reaction	逆转录聚合酶链式反应
SHH	Sonic hedgehog signaling molecule	声波刺猬信号分子
SLUG	snail family transcriptional repressor 2（SNAI2）	蜗牛家族转录抑制因子2（SNAI2）
SMO	Smoothened，frizzled class receptor	平滑受体
SNAIL	Snail family transcriptional repressor 1	蜗牛家族转录抑制因子1（SNAI1）
Sox2	SRY-box transcription factor 2	SRY-盒转录因子2
SSEA-4	Stage-specific embryonic antigen-4	阶段特异性胚胎抗原-4
STAT3	Signal transducer and activator of transcription 3	信号转导和转录激活因子3
SUFU	SUFU negative regulator of hedgehog signaling	刺猬信号负调控因子
TCF4	Transcription factor 4	转录因子4
TGF-β	Transforming growth factor beta	转化生长因子-β
TERT	Telomerase reverse transcriptase	端粒酶逆转录酶
TIMP2	TIMP metallopeptidase inhibitor 2	TIMP金属肽酶抑制剂2
TNF	Tumor Necrosis Factor（TNF-alpha）	肿瘤坏死因子（TNF-α）
TNM	Tumor，node，and metastasis	肿瘤、淋巴结和转移
Wnt4	Wnt family member 4	WNT家族成员4
ZEB1	Zinc finger E-box binding homeobox 1	锌指E-box结合同源框1

一、导言

卵巢癌是最致命的妇科癌症之一，流行病学数据显示，2020年美国新诊断出的卵巢癌病例约为21 750例，其中13 940名妇女死于该病。大多数病例为上皮性卵巢癌，其中卵巢高级别浆液性癌的预后最差。虽然发病率和死亡率呈逐年下降趋势，分别为1.6%和2.3%，但其风险和易感因素（遗传背景、家族史、年龄、健康状况、吸烟和饮酒）导致美国每100名妇女就有38人会被诊断患有卵巢癌。全球约有240 000名妇女被诊断出患有卵巢癌，其中150 000人最终因卵巢癌死亡。卵巢癌是女性第七大常见癌症，在癌症相关死亡原因中排名第八位。此外，因为晚期和早期检测的5年生存率分别为29%和92%，因此早期筛查和检测的重要性不言而喻。

二、卵巢癌筛查、诊断和治疗

目前进行的随机试验正努力建立有效的系统性多模态年度筛查策略，包括使用血清癌抗原，如CA125进行年度筛查、经阴道超声筛查，以及结合其他生物标志物，如由女性生殖道腺上皮分泌的糖蛋白——人附睾蛋白4。但目前这些策略在降低死亡率方面收效甚微。因此，基于基因组的筛查被视为下一个有前景的策略。卵巢癌特别是上皮性卵巢癌（EOC）（占卵巢癌病例的90%）是一种集合了组织病理学和病理生理学症状及其他复杂因素（基于不同的前体病变和细胞来源）的疾病，表现为一种非常难以琢磨的疾病，其相关症状多样且随机，如腹胀、早饱、恶心、排便功能改变、泌尿系统症状、背痛、疲劳和体重减轻。根据组织学特征分类，EOC还包括其他亚型，如卵巢低级别浆液性癌、透明细胞卵巢癌、子宫内膜样卵巢癌和黏液性卵巢癌。EOC的分期遵循国际妇产科联盟（Federation of Gynecology and Obstetrics，FIGO）的卵巢癌分期或美国癌症联合委员会提供的肿瘤、结节和转移（TNM）分类。卵巢癌可通过手术切除肿瘤组织进行治疗，包括全子宫切除术、双侧卵巢输卵管切除术、大网膜切除术和腹膜检查，并借助活检和可疑区域切除术、主动脉旁淋巴结清扫术和盆腔淋巴结清扫术，以及最终的化疗。已经进行或正在进行的临床试验引入了间隔性肿瘤切除术、新辅助化疗、腹腔热灌注化疗（HIPEC）等疗法，因此强调需要筛选FIGO标准下处于ⅢC和Ⅳ分期的患者，以测试治疗方案的适配组合。

有研究表明，使用口服避孕药和输卵管结扎显著降低了罹患卵巢癌的风险。目前已发现几种因素可能增加卵巢癌的风险：卵巢癌或乳腺癌家族史（带有*BRCA1*、*BRCA2*、*RAD51*，以及*CHEK2*、*WNT4*、*TERT*、*ABO*等基因的突变）、更高的绝经年龄、激素治疗、肥胖、子宫内膜异位症和吸烟。只有找出致病因素和病因后，才能控制卵巢癌或癌症本身。因此，进行基于风险预测的有效筛查，可为干预和缓解病情提供机会，从而降低发生率和（或）复发率。

尽管考虑了上述因素，依据患者的肿瘤状态（组织学、分期、疾病复杂程度）积极开展试验，为患者量身定制了合适的治疗方案，且改善了早期患者的预后，但在晚期（Ⅲ和Ⅳ期）伴有腹水积聚的情况下，仍观察到高达75%的复发率。患者最初对化疗方案有反应，但由于无铂间期（PFI）较短（6个月）而产生的化疗耐药性，随后会表现出难治性，称为“铂耐药”。PFI超过6个月的患者对铂敏感或部分铂敏感，因此需要接受多轮基于铂类药物的化疗，即通过静脉给予卡铂和紫杉醇，这又会导致患者产生耐药性，从而形成恶性循环。肿瘤治疗耐药性被认为是导致卵巢癌患者生存率低的一个主要因素，因此需要开展研究，以更深入地了解患者产生化疗耐药性的潜在机制，并根据患者对化疗的次级反应建立精准医疗/个性化治疗方案。

总而言之，一种特殊类型的癌细胞组成部分被称为肿瘤干细胞（CSCs），它以极小的比例（0.1%～3%）出现，但具有静止状态的特殊细胞特性，其特点是细胞缓慢循环、自我更新，具有与干性相关的细胞表面标记和在体内维持肿瘤的能力，是导致化疗耐药性，肿瘤发生、发展、转移和最终复发的根本原因。

Bapat等人首次通过患者腹水中获得的具有典型干细胞特征的转化克隆，即CSCs克隆，并发现它们能够在体外分化成悬浮的细胞球状克隆。这些具有肿瘤形成能力的克隆在连续移植后能够发展成肿瘤，这一研究结果为卵巢干/祖细胞转化为CSCs的概念奠定了基础。现在，我们进一步讨论腹水来源的CSCs。基于小鼠模型和人类临床标本的关于卵巢干细胞和CSCs的研究提出了有趣的发现，即表面上皮细胞层在正常生理修复中的可塑性，以及这些卵巢表面上皮（OSE）细胞的假定致瘤性转化，这揭示了干细胞/CSCs起源的可能性。正常干细胞和CSCs之间基本特性相似，都具有再生和生长的功能，且干细胞和CSCs的共同起源部位是OSE层。这一区域已经在卵巢癌和CSCs的背景下进行了探讨，但仍有待进一步探究。最近，Wang等人发现具有不同细胞系示踪作用的$Procr^{+}$细胞和$Lgr5^{+}$细胞被认为在排卵破裂和修复过程中维持OSE稳态，突显了成体干细胞在组织损伤情况下的动态变化。

三、干细胞向CSCs的癌变转化

有趣的是，对于癌症生物学家和肿瘤学家而言，CSCs的起源和调控都仍是未解之谜，并最终成为彻底根除癌症和防止复发的重要瓶颈。CSCs似乎处于核心地位，具有特殊的细胞特性，包括细胞重编程，如休眠、在适当的微环境影响下自我更新、增殖和分化，以及发育过程中的高度可塑性，是肿瘤的发生、发展和转移的罪魁祸首。同时，CSCs作为细胞亚群存在，在代谢、机制、功能和层次上具有异质性。最近的研究表明，CSC标志物（CD133、CD24、CD44、EpCAM/ESA）的糖基化修饰在肿瘤细胞黏附、生存、侵袭、转移、多能性、干性、耐药性和凋亡等CSC的特有功能中起着重要作用。正常干细胞、CSCs和非CSCs的糖蛋白特征及其在肿瘤治疗中的独特性/动态性，可能开启一种新的治疗途径，即传统的细胞毒性药物与经改良的糖蛋白或糖肽疫苗相结合来针对癌细胞和CSCs。

几种致癌程序调控着CSC的行为，而它们反过来又与肿瘤细胞和肿瘤微环境周围的元素相互作用，从而驱动肿瘤的发生和发展。在小肠、结肠，以及眼、脑、毛囊、乳腺、胃和生殖器官等其他组织中已发现少量的$Lgr5^{+}$成体干细胞。据此推测，在各种癌症中的恶性$Lgr5^{+}$细胞可能是这些干细胞的转化残余物。同样地，由于OSE是重复排卵的部位，因此有人认为它可能由于异常的破裂－修复过程而发生恶变。此外，长期培养的OSE细胞会在体外自发进行转化，具有体外致瘤的潜能。通过转染SV40、人类乳头瘤病毒E6/E7、Ras、hTERT、cyclin D1、CDK4或hTERT，缺失p53并随后过表达c-MYC和k-Ras或β-hCG，原始人源性OSE细胞能转化为癌症和永生状态。这可能与细胞增殖、代谢和细胞骨架重组基因的遗传组成发生明显变化有关。上述所有事件可能导致OSE层与驻留干细胞的表型转化，因此也在CSCs本身的发展中起到了作用。除了卵巢CSCs，恶性腹水也显示了具有转移潜能的异质性肿瘤细胞群。

四、腹水源性癌细胞转移和CSCs

一般来说，约1/3的卵巢癌病例和绝大部分复发患者都会出现腹水，卵巢癌对周围内脏器官的直接转移性扩散和腹膜播散，成为导致患者发病和死亡的主要因素。这反过来又因其促炎和有利于肿瘤生长的环境导致化疗抵抗，且还与不良预后相关。充分了解腹水中的CSCs及其与肿瘤微环境其他成分的相互作用，可以加速发现针对CSCs、肿瘤微环境中相关细胞，以及细胞间复杂相互作用的靶向治疗方法，最终旨在延长无进展生存期和总生存期。腹水中含有许多肿瘤细胞和非肿瘤细胞，如成纤维细胞、脂肪细胞、间皮细胞、内皮细胞和炎症细胞、游离DNA，众多控制细胞行为的信号分子和促进肿瘤的细胞因子、趋化因子、生长因子、蛋白酶和细胞外基质组分，这些都有助于细胞生长、肿瘤侵袭和抵抗肿瘤坏死因子相关凋亡诱导配体。对EOC患者的腹水衍生的细胞因子进行多重分析发现，多种因子的表达增强，包括血管生成素、GRO、ICAM-1、IL-6、IL-6R、IL-8、IL-10、瘦素、MCP-1、MIF、NAP-2、骨保护素、RANTES、TIMP-2和尿激酶纤溶酶原激活受体（uPAR）。原发性卵巢肿瘤的肿瘤细胞通过在腹膜腔内脱落，借助增殖和上皮－间质转化（EMT）的帮助迁移到远处，随后通过间质－上皮转化（MET）过程迁移到间皮细胞外基质上，形成单个细胞或多细胞球状聚集结构。这一过程有助于继发性病变的发展和向远处器官的转移。

五、潜在的卵巢干细胞与CSCs的联系

根据卵巢生物学的中心法则，卵巢只容纳数量有限的生殖细胞/卵泡，这些细胞/卵泡从不更新，最终会因衰老而耗竭，进而导致绝经。Johnson等人的研究对这一理论提出了质疑，他们首次证明了卵巢生殖系干细胞的存在。随后，其他研究人员也明确小鼠体内多能和（或）全能标记表达或标记保留细胞、大鼠和人类，以及其他哺乳动物卵巢中生殖干细胞的存在。Virant-Klun等人通过研究几种基于干细胞的标志物（NANOG、SOX2、SSEA4），揭示了卵巢干细胞样细胞在卵巢癌病理生理学中的潜在联系，并展示了正常和卵巢肿瘤的OSE层中出现的EMT转化现象。研究表明，卵巢干细胞的致癌/肿瘤转化可能导致小鼠高级别浆液性腺癌的发生。

六、卵巢CSCs

潜在的CSCs群通过多种方法分离，包括克隆选择、荧光激活细胞分选（FACS）技术的细胞表面标志物（ALDH1/2、EpCAM、CD24、CD34、CD44、CD133、CD117、LGR5、LY6A），以及其他不依赖于标志物的方法，如使用Hoechst染料33342的排除法和自动荧光法进行侧群分析。通常情况下，CSCs表达干细胞特异性标志物，如OCT4、NANOG、BMI1、ABCG2，并通过体内外功能研究表明它们具有自我更新能力（细胞不对称分裂）及分化潜能，从而产生分化细胞后代，导致肿瘤体细胞的异质性。分化后的肿瘤细胞在基因、表型和表观遗传组成方面可能存在差异，导致异质性。大量文献资料表明，考虑到遗

传和表观遗传的变异情况，卵巢癌中CSCs群体内部发生了极其复杂的动态变化。值得注意的是，复发和晚期的EOC与早期肿瘤相比，干性标志物的表达量更高。因此，针对CSCs的靶向治疗主要聚焦于两种关键细胞群体：一是肿瘤内天然存在的干细胞样细胞亚群，二是治疗后通过动态演化产生异质性的耐药细胞亚群。这两类细胞的调控机制将直接影响患者的临床预后。最近，根据肿瘤克隆的转移状态、部位和肿瘤克隆的遗传/表观遗传特征，在卵巢癌患者中找到了线性和并行两种克隆进化形式，并涉及肿瘤内部的异质性，这给临床带来了一个严峻的挑战。此外，围绕卵巢癌起源的模糊性可以通过并行进化理论加以解释，该理论认为特定克隆/群体在早期阶段会迁移和归巢，然后进一步分化，进而导致卵巢癌从输卵管上皮到OSE多个远处部位的复杂转移过程。然而，在这方面尚无共识。此外，CSCs理论提出了肿瘤起始细胞的概念，即CSCs是癌症的起源。

目前采用多种标志物的组合已被用于分离/识别卵巢CSCs，包括$CD133^+$、$CD133^+$/$ALDH^+$、$CD44^+$/$MYD88^+$、$CD44^+$/$CD117^+$、$CD44^+$/$CD24^+$。除卵巢肿瘤外，还报告了其他实体肿瘤中的干细胞亚群，如ALDHhi/CD44hi/CD24low（乳腺癌）、CD133hi/CD44hi/Nestinhi（胶质母细胞瘤）、CD44hi/Lgr5hi/CD133hi（结肠癌）等。随后，其他研究人员发现了具有不同细胞属性和形态（如上皮型、间充质型）的卵巢CSCs。由Virant-Klun领导的研究团队广泛研究了交界性卵巢癌和浆液性卵巢癌中的各种干细胞特异性（NANOG、SSEA-4和SOX2）和EMT（波形蛋白）特异性标志物，并提出位于OSE层的驻留卵巢干细胞可能是起源细胞的假设。Virant-Klun和Stimpfel报告了存在表达干细胞特征和生殖系的小型干细胞样细胞，这些细胞能在体外发育成卵母细胞样结构。基因表达谱分析揭示了正常卵巢中表达的不同基因，并首次报告了交界性卵巢肿瘤中的新型肿瘤起始细胞群。该课题组在最近的另一项研究中提出，在人类卵巢、卵巢癌患者腹水和人类胚胎干细胞中存在小型胚胎样干细胞，并且还发现了存在于胚胎阶段的干细胞群体，其在成人的卵巢中负责肿瘤的形成。Parte等人通过免疫组化、共聚焦显微镜和逆转录聚合酶链式反应（RT-PCR）分析，专门研究了不同阶段的肿瘤和正常卵巢中OSE和皮质部分及良性、交界性和高级别转移性卵巢肿瘤中的各种CSCs群。在高级别肿瘤中，显示了OCT4、SSEA-4、ALDH1/2、CD44和LGR5共表达增殖标志物（Ki67），揭示了双阳性增殖的干细胞和CSCs，少数非增殖的干细胞/CSCs（$SSEA\text{-}4^+$/$Ki67^-$和$ALDH1/2^+$/$Ki67^-$），以及仅在皮质中的$Ki67^+$细胞。他们发现，在不同肿瘤阶段存在着不同大小的细胞群，即较小的球形（≤5 μm）和较大的纺锤形/椭圆形（约10 μm）细胞群体，这些细胞具有高核质比，且在不同的肿瘤阶段中均有报告。同样，该组发现与良性、交界性和高级别卵巢肿瘤相比，在正常卵巢的OSE层和皮质区域的不同细胞群中发现了独有的生殖系干细胞标记VASA/DDX4与多能干细胞标记（OCT4、NANOG、SOX2、SSEA-1、SSEA-4）和CSC（CD44、LGR5）标记的共同表达。不同维度的细胞［较小、球形（≤5 μm）和较大的纺锤形/椭圆形（约10 μm）］及标质物的组合在疾病发生和发展过程中发挥着不同的作用。Zuber等人最近发表的一篇综述文章总结了与肿瘤起始有关的各种CSC特异性标志物，并解释了每种标志物的可能作用，其中大多数标志物都是在卵巢CSCs的背景下进行描述的。

七、调控卵巢癌和腹水来源的CSCs新型癌基因PTTG1

腹水的积累极大地削弱了患者的体质，因此消除腹水及其相关的不良症状可帮助患者获得更好的生活质量。除了传统治疗方法外，目前还没有针对性的治疗手段。卡妥索单抗是一种被批准用于治疗Epcam$^+$卵巢癌患者腹腔内恶性腹水的药物。对化疗耐药和化疗敏感的卵巢癌患者腹水来源的CSCs进行广泛的分型和鉴定是必需的。Kakar及其团队对腹水来源的CSCs进行了广泛地研究，他们最初对不同阶段的卵巢肿瘤（良性肿瘤、交界性肿瘤和高级别肿瘤）（图4.1）和腹水来源的CSCs（图4.2）（单个和球形结构）进行了表征，并与正常卵巢就CSC特异性标志物（ALDH1、CD34、CD44、LGR5、NANOG、OCT3/4、SSEA-4）的表达进行了比较。这些标记与他们和其他研究人员先前广泛研究并与卵巢癌有关联的一种肿瘤标志物（Securin/PTTG1）共定位。该研究强调了PTTG1作为卵巢和卵巢癌中的新型干细胞和CSC调控因子的重要性，它可以通过自我更新（Wnt1、NOTCH-1、Shh）和EMT特异性途径（图4.2）将上皮癌和CSCs的起源联系起来。该研究

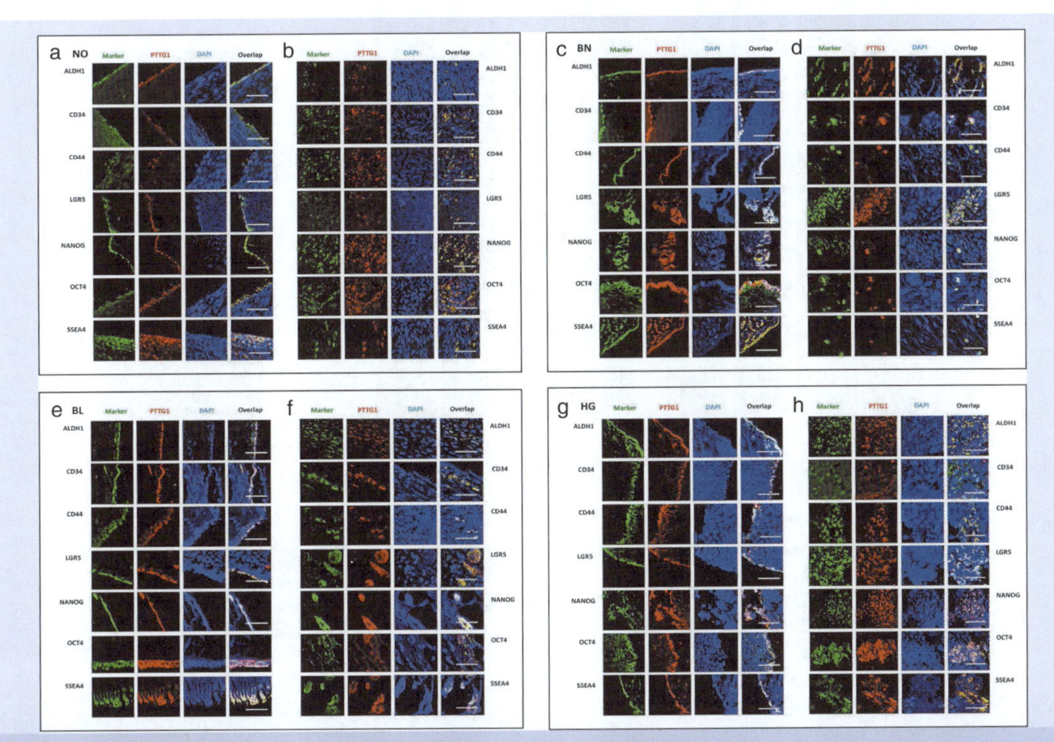

使用特异性 ALDH1、CD34、CD44、LGR5、NANOG、OCT4 和 SSEA-4 抗体（绿色）与 PTTG1（红色）在正常卵巢和肿瘤组织切片的卵巢表面上皮（OSE）和皮质中共定位。切片用核特异性染料 DAPI（蓝色）进行对照染色。绿色、红色和蓝色的重叠部分代表合并图像。采用 Alexafluor 标记的二抗（抗兔或抗鼠）进行检测。标尺 =50 μm。a 和 b 为正常卵巢，c 和 d 为良性肿瘤，e 和 f 为交界性肿瘤，g 和 h 为高级别肿瘤，a、c、e 和 g 为卵巢表面上皮，b、d、f 和 h 为卵巢皮质。

图 4.1 正常卵巢（NO）、良性肿瘤（BN）、交界性肿瘤（BL）和高级别肿瘤（HG）中 PTTG1/Securin 与干细胞 /CSC 标志物的共定位情况

不仅观察到多个肿瘤阶段特异性的多种CSC和生殖干细胞标志物的表达，而且研究了独特的生殖干细胞标志物（DDX4/VASA、IFITM3/FRAGILIS）在卵巢癌细胞系A2780中与PTTG1的下调和上调的关系，从而提供了卵巢干细胞在卵巢癌（肿瘤和腹水）病因学中的独特联系。

从根本上说，PTTG1在细胞生理学和肿瘤生物学中具有多种功能，如在有丝分裂中期促进姐妹染色单体的分离；在精子发生中（生殖细胞的分化和存活）发挥关键作用；在癌前病变和肿瘤血管生成中表达。PTTG1的过度表达与诱导非整倍体相关，因此它与肿瘤细胞的浸润、迁移、侵袭、肿瘤的侵袭性及转移发病有关。最近的研究报告了PTTG1与KLF4、OCT4的共同表达可标记睾丸精原细胞瘤中的亚群细胞（肿瘤中具有干细胞特性的细胞）。PTTG1可能作为CSC治疗的一个极佳潜在靶点，关于其临床情景的信息，即基于治疗和患者反应动态的机制调控，值得进一步探讨。

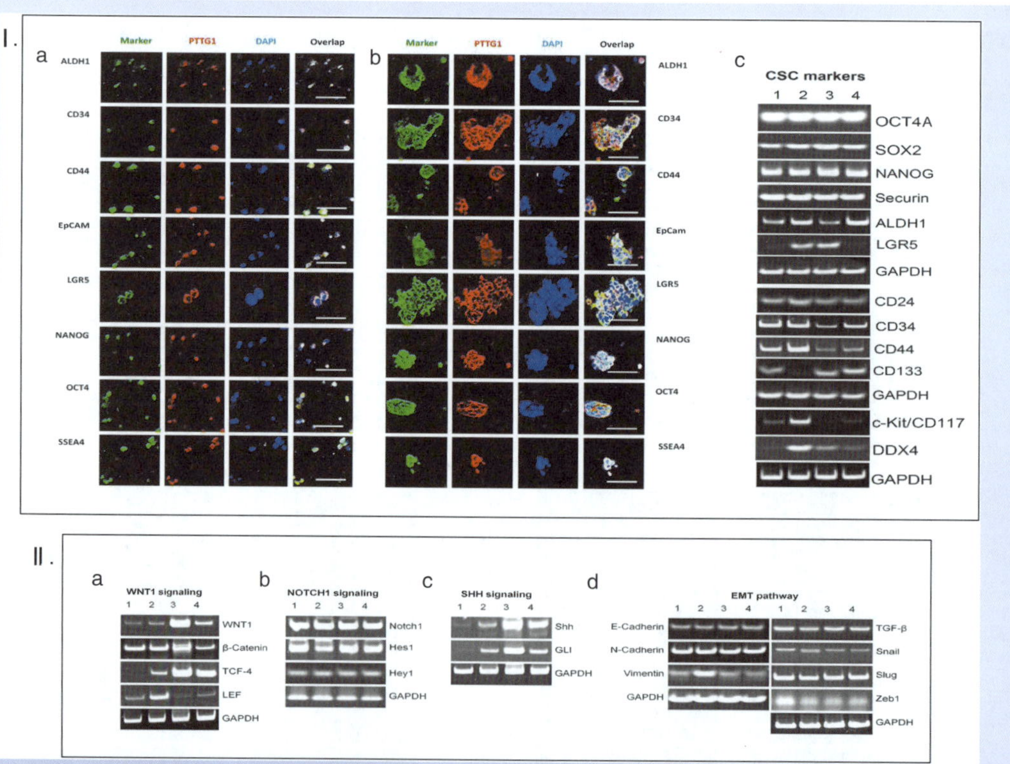

这些腹水标本取自卵巢癌患者手术时的腹水。使用针对 PTTG1 和 CSC 标志物的特异性抗体进行双重免疫荧光染色。Ⅰ.（a）和（b）PTTG1/Securin 与大多数 CSCs 在单个细胞和细胞簇中共定位。（c）CSC 特异性 mRNA 转录本的 RT-PCR 扩增。患者腹水显示出 CSCs 中 mRNA 的不同表达水平。Ⅱ. 腹水来源 CSCs 扩增的各种自我更新机制和 EMT 特异性途径相关基因，包括：a.Wnt1（β-Catenin、TCF-4、LEF）；b.NOTCH-1（NOTCH-1、Hes1、Hey1）；c.SHH（Shh、Gli）；d. 上皮-间质转化（E- 钙黏蛋白、N- 钙黏蛋白、Vimentin、TGF-β、Snail、Slug、Zeb1）。GAPDH 被用作内参基因。

图 4.2 腹水中 PTTG1/Securin 与 CSC 标志物的共定位情况

（摘自 Parte 等人的研究）

与卵巢肿瘤不同进展阶段中被识别的Ki67$^+$CSCs群相似，研究发现，来自腹水的CSCs能够产生乳酸脱氢酶，这表明有一组肿瘤细胞群具有CSC特性，能快速增殖并具有恶性潜能。在向腹膜层扩散的卵巢癌球体中的E-Cadherin$^+$细胞显示低增殖，故受针对高增殖细胞的化疗影响最小，同时药物渗透提供物理屏障，因此表现为复发。Latifi等人广泛分离并提出了在化疗前（CN）和化疗耐药（CR）患者腹水中存在具有间充质特性的贴壁细胞和具有间叶样特性的黏附型（AD）和具有上皮样特性的非黏附型（NAD）细胞类型的异质细胞群，并将它们归类为上皮性致瘤细胞群和间充质非致瘤细胞群。同时也观察到腹水来源的CSCs中单个细胞和球状团簇中存在显著的异质性。CR患者样本中的AD细胞表达OCT4、CD44、MMP-9，而NAD细胞对应型则显示出在腹水中表达E-Cadherin、EpCAM、STAT3、OCT4的细胞。具有间叶样特性的AD和具有上皮样特性的NAD细胞类型的异质对CR患者样本中腹水肿瘤细胞（CA125$^+$EpCAM$^+$/STAT3$^+$）和基质细胞（CD44$^+$/OCT4$^+$）的进一步分类表明，正如Kandala和Srivastava在小鼠异种移植模型中证实的那样，它们容易受到STAT3信号靶向的影响，从而增强顺铂的效果。

八、在卵巢癌中涉及的信号转导途径

遗传的不稳定性会导致多个信号传导通路的错误操作，进而导致异常蛋白－蛋白相互作用异常，这些相互作用伴随着细胞功能的损害，从而展现出癌症表型。正常成体干细胞的两种主要细胞功能——自我更新和休眠受到影响，可能转化为CSCs，并独立于转录因子介导的信号通路且进行高速增殖，而不受外部刺激（如生长因子等）的影响。以下信号级联途径涉及卵巢癌的病理生理学和病因学，且其中一些与干细胞有关（图4.3）。

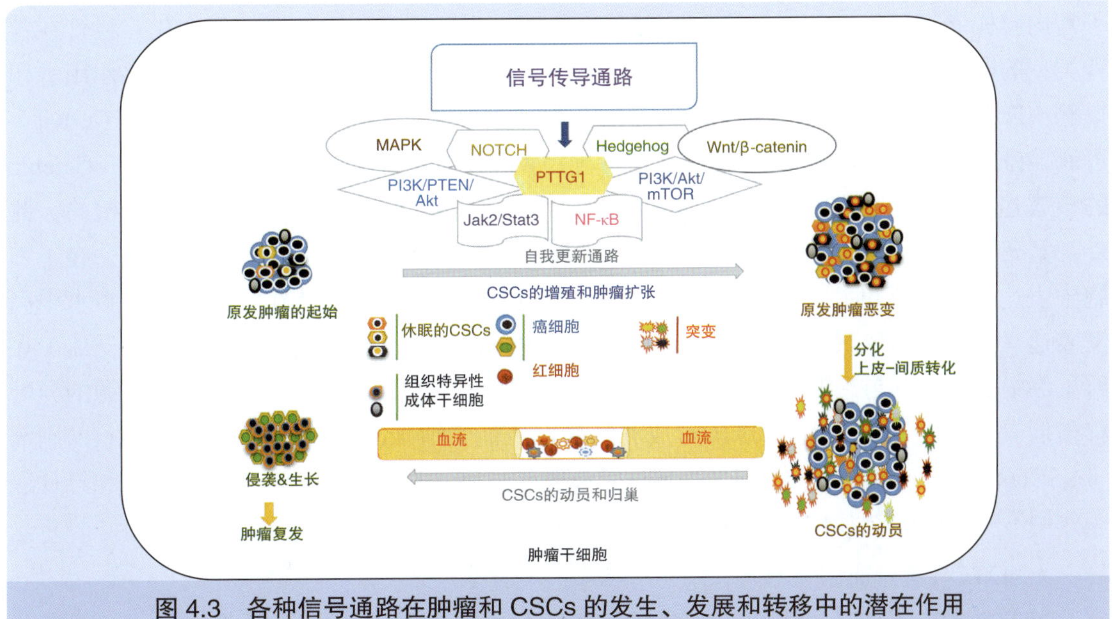

图 4.3　各种信号通路在肿瘤和 CSCs 的发生、发展和转移中的潜在作用

（摘自 Zuber 等人的研究）

1.PI3K/Akt/mTOR信号通路

PI3K/Akt/mTOR信号通路负责细胞增殖，卵巢癌细胞突变导致这些通路成分失调，从而导致肿瘤发生、进展和化疗耐药性。位于细胞膜中的受体酪氨酸激酶（RTK）与细胞外信号（如生长因子）相互作用，引起受体酪氨酸激酶磷酸化和PI3K/Akt/mTOR通路的激活。用PI3K抑制剂LY294002处理SKOV3卵巢CSCs后，干细胞标志物的表达受到抑制，而抑制干细胞信号分子可能增加对化疗药物的敏感性，从而表明PI3K/Akt/mTOR在CSC形成、赋予CSCs药物耐药性及其维持中的作用。目前，PI3K/PTEN/Akt抑制剂，如BKM120、依维莫司和哌立福新被用于治疗癌症。未来需要对患者进行分类，以区分从PI3K/PTEN/Akt抑制剂中受益的患者，从而提高该疗法在卵巢癌患者中的疗效。

2.MAPK通路

MAPK通路参与了正常细胞生理学过程中细胞增殖、存活和凋亡。ERK1/ERK2通过Ras/RAF通路的磷酸化而被激活，然而在卵巢癌细胞中的*Ras*基因突变会导致MAPK组成性激活，从而引发癌症。与此相反，在化疗期间，细胞生长的抑制或凋亡是由JNK和p38 MAPK级联反应控制的，因此这些分子的抑制/活性减少与化疗耐药性有关。研究人员尝试通过Akt抑制剂NV-128靶向化疗耐药的原发性卵巢CD44$^+$/MyD88$^+$CSCs，观察到ROS依赖的ERK激活可以引发细胞中线粒体介导的凋亡，这意味着ERK在抑制药物诱导的卵巢CSCs凋亡中发挥作用。

3.Wnt/β–Catenin通路

Wnt/β-Catenin通路通过Frizzled（Fzd）受体调控细胞增殖、凋亡和EMT，关系到卵巢和输卵管干细胞正常发育过程中的胚胎发生和细胞命运，以及卵巢癌的发生和发展。EMT和干细胞特性的获得是相互关联的，因此会产生耐药性，并介导癌细胞的扩散和转移。卵巢子宫内膜样癌显示出β-Catenin突变，而其他组织分型显示了该通路调控的变化。尽管在各种类型的卵巢癌中这一通路本身并无突变，但它在肿瘤发生的过程中发挥着重要作用。卵巢癌中Fzd受体的增高导致Wnt信号通路的上调，并与患者生存率低相关。CD117（c-Kit）可调控PI3K-Akt和JAK/STAT通路，并且可改变Wnt通路（通过GSK-3β的磷酸化和β-Catenin的核表达），导致癌细胞获得干细胞特性，并与肿瘤起始细胞中的化疗耐药性相关。此外，富亮氨酸重复含G蛋白偶联受体（LGR5和LGR6）在Wnt通路中占据重要地位，在干细胞中表达，并在卵巢肿瘤中被涉及并上调。非典型Wnt通路Wnt5A在卵巢肿瘤和腹水中高度表达。另外，酪氨酸激酶受体样孤儿受体1（ROR1）（一种假激酶和Wnt5A的受体）在卵巢癌中表达，并与患者无进展生存期和总生存期的不良预后相关。ROR$^+$患者来源的异种移植瘤表现出ALDH$^+$CSCs、球体形成和肿瘤形成能力增加。靶向Disheveled的Wnt抑制剂（NSC668036和FJ9）、Frizzled受体抗体、噻唑烷二酮（针对β-Catenin逆向运输）和舒林酸（作用不明，但可能影响β-Catenin的蛋白酶体降解）正在接受临床应用的审查。

4.NOTCH信号通路

NOTCH信号通路与体细胞的存活、增殖和维持有关，因此该通路的任何紊乱都与

CSCs的属性有关。在超过20%的高级别浆液性腺癌中，NOTCH3的过表达与癌症的侵袭性、不良预后，以及干性标志物OCT4、NANOG、SOX2等的表达相关。NOTCH3在祖细胞的维持、分化、增殖、交流和凋亡中发挥关键作用，因此ABCG1的表达增高导致对铂类和卡铂化疗耐药。NOTCH信号传导是借助NOTCH配体（Jagged和Delta）与NOTCH受体进行结合，并通过γ-分泌酶的一系列蛋白水解裂解来进行的。在间皮细胞中NOTCH3配体Jagged1的表达提示了NOTCH通路还参与了细胞黏附和肿瘤增殖。此外，复发的高级别肿瘤显示出高NOTCH3表达，因此可作为复发疾病的预后指标。目前，靶向CSCs群的实验性γ-分泌酶抑制剂、γ-分泌酶调节剂、可溶性NOTCH诱饵和负调控区单克隆抗体已经在研发中，旨在治疗卵巢癌。

5.Hedgedog信号通路

Hedgedog信号通路直接涉及组织极性和模式化，以及干细胞的发育、维持，并调控CSC的自我更新、分化、肿瘤起始。配体如Sonic hedgehog（Shh）和Hh受体如Patched（PTCH1、PTCH2）、Smoothened（SMO）及Gli转录因子1、2、3或其他成员，如SUFU，通过组成型表达或突变而失调。细胞内Gli的表达与CSCs球状体形成的增加相关，并通过直接结合到启动子区域，在ABC转运蛋白ABCG1、ABCG2的表达中发挥作用，从而在卵巢癌球状体中建立对顺铂和紫杉醇的耐药性。与正常卵巢组织相比，交界性和恶性卵巢肿瘤中SMO和Gli的表达增加，表明它们在卵巢癌进展中发挥重要作用。在卵巢癌患者中，Gli和（或）PTCH的过表达与生存率低相关，因此这一通路被认为是肿瘤细胞干性、增殖和耐药性的主要调节因素，进而被重点关注。目前，Gli1拮抗剂（HPI 1-4）、靶向PTCH的药物可能有益于活化的Hh患者。环巴胺通过直接影响干性Gli的表达，在靶向成球细胞上显示出显著疗效，而经过抗Gli-shRNA处理的卵巢癌细胞在顺铂治疗后展现出DNA损伤反应受损，从而凸显了这一通路在耐药状态下消灭肿瘤的关键作用。

6.JAK/STAT信号通路

JAK/STAT信号通路是一个细胞内信号转导通路，参与细胞增殖、分化、凋亡和免疫调节，特别是干细胞和CSCs。在卵巢癌中，特别是高级别（HG）肿瘤中，JAK/STAT通路处于持续活跃状态，缺乏任何抑制/调节。在信号激活过程中，JAK和STAT分子组装成同源二聚体、异源二聚体和多聚体。JAK/STAT通路的激活涉及肿瘤生物学的各个方面，如肿瘤发生、转移、CSCs的转化、化疗耐药性和EMT。在小鼠中注射$CD24^+$卵巢CSCs，然后仅给予顺铂和顺铂+TG101209（JAK2抑制剂）治疗，后一组在小鼠中表现出更好的生存率且几乎没有转移，从而阐明了JAK在CSCs维持中的重要性。在紫杉醇治疗中，甚至来自腹水的癌细胞和HEY A8细胞也显示出JAK2/STAT3通路的激活和干性基因的表达增加，因此证明了CSCs在治疗反应中发生富集从而导致耐药和复发的临床情景。

7.NF-κB信号通路

NF-κB信号通路在正常细胞生理学（如细胞存活、增殖和细胞死亡）中扮演着关键角色。在癌症中，这一通路与转移、侵袭和化疗耐药相关。来自患者腹水的$CD44^+$CSCs和

SKOV3细胞表现出NF-κB通路（成员RelA、RelB、IKKα）的持续性激活/过表达，且有证据表明其具有体外肿瘤球形成能力和体内肿瘤形成能力，这表明典型和非典型NF-κB通路都与卵巢癌的细胞干性、化疗耐药和CSCs维持有关。经TNF-α处理的$CD44^+$CSCs显示出对TNF-α诱导细胞死亡的抵抗性和NF-κB通路活性的增强，从而突显了其在肿瘤治疗期间CSCs存活和卵巢癌患者难治性中的作用。NF-κB的抑制剂毛萼乙素能够诱导卵巢CSCs凋亡，从而增加CSCs对治疗的敏感性，这反映出它在处理复发病例方面的巨大潜力。在卵巢癌细胞系模型对卡铂治疗的反应中，观察到卵巢CSCs群（如CD44、ALDH和CD133）中的RelB过表达。在细胞系和异种移植模型中抑制RelB的表达会减少CSCs数量，增加卡铂的敏感性，减少干性标志物本身，并在体外和体内降低肿瘤形成的潜能，从而为RelB在干性和化疗耐药中的作用提供了证据。NF-κB通路可能是基于干细胞疗法治疗卵巢癌的关键靶点。

九、CSCs的靶向治疗：近期进展

近期的一篇文章介绍了一种新的方法，即通过使用患者的活检肿瘤组织或恶性体液抽吸物，分离肿瘤体细胞和CSCs，预测化疗药物或联合用药的效果。该文章提供了关于一种新型的靶向CSCs高细胞杀伤性化疗（细胞毒性试验/Chemo ID）的信息，这种化疗能提高患者的反应率。同时在CSCs被清除后，患者的总生存期和无进展生存期得到了延长。这是一种开创性的个性化治疗方法，它基于体外进行的CSCs药物反应检测，根据铂类复发患者的反应性/难治性预测替代治疗方案。Uddin等人的另一项报告讨论了卵巢癌中顺铂耐药性的问题，同时探究了卵巢癌细胞系A2780、顺铂耐药型A2780-Cp和超级耐药SKOV3-Cp在顺铂治疗下的CSCs/祖细胞联系。耐药和超耐药细胞在顺铂治疗后都表现出自我更新能力增强、抗凋亡能力显著增强，以及亚G_1期停滞的特征。ALDEFLUOR试验和SP分析表明，与亲本细胞相比，耐药细胞系中的活性增强、细胞群丰富。ALDH1A1和KLF4在耐药/超级耐药细胞中显著过表达。抑制ALDH1A1会减少干细胞数量，增加耐药细胞对顺铂的敏感性，并降低下游靶点NEK2的mRNA转录和蛋白表达水平。抑制ALDH1A1/NEK-2会导致ABC转运体的表达下调，而NEK-2过度表达时，ABC转运体的表达增加。总而言之，目前的研究描述了ALDH1A1基因通过在卵巢癌中过度表达NEK-2进而参与调节肿瘤对顺铂耐药性。Zhang等人的另一项研究讨论了通过调节小核仁RNA（snoRNAs）来靶向卵巢癌干性特征的新疗法。snoRNAs过表达后可调控具有卵巢CSCs特征的OVCAR-3肿瘤球体和CAOV-3肿瘤球体的自我更新能力和迁移潜能，并上调干性标志物NANOG、OCT4和CD133，以及NOTCH-1和c-MYC的mRNA转录和蛋白表达。抑制小核仁RNA逆转了上述所有与干性相关标志物的表达情况，这证实了他们的发现。

十、结论性意见

在癌症治疗进程中，以下多维生物学特征的整合分析对提升临床预后评估精度具有重要价值：①CSCs及其干性特征相关的分子组分；②肿瘤微环境的多组分互作网络；③个体化治疗进程中呈现的动态演化特征；④化疗敏感型细胞在治疗前基线状态与治疗后应答差异所揭示的分子级联反应；⑤基因组突变特征及其负荷水平的动态监测。因此，全面了解在原发部位和腹水中卵巢CSCs及支配其恶性潜能从而驱动卵巢癌进展至复发和不可治愈阶段的分子机制是当前迫切需要解决的科学问题。通过针对患者和治疗特异性的方式探索新的癌基因及其调控机制，并将这些新发现与传统的肿瘤治疗方法相结合，我们可能迎来个性化和精准医疗的新纪元，这将有效管理卵巢癌，提高患者的生活质量，并延长缓解后的无进展生存期和总生存期。

参考文献

1. Siegel RL, Miller KD, Jemal A (2020) Cancer statistics, 2020. CA Cancer J Clin 70:7–30. https://doi.org/10.3322/caac.21590
2. American Cancer Society (2018) Cancer facts & figures 2018. American Cancer Society, Atlanta
3. Webb PM, Jordan SJ (2017) Epidemiology of epithelial ovarian cancer. Best Pract Res Clin Obstet Gynaecol 41:3–14. https://doi.org/10.1016/j.bpobgyn.2016.08.006
4. Lheureux S, Gourley C, Vergote I, Oza AM (2019) Epithelial ovarian cancer. Lancet 393:1240– 1253. https://doi.org/10.1016/S0140-6736(18)32552-2
5. Ottevanger PB (2017) Ovarian cancer stem cells more questions than answers. Semin Cancer Biol 44:67–71. https://doi.org/10.1016/j.semcancer.2017.04.009
6. Pieterse Z, Amaya-Padilla MA, Singomat T, Binju M, Madjid BD, Yu Y, Kaur P (2019) Ovarian cancer stem cells and their role in drug resistance. Int J Biochem Cell Biol 106:117–126. https:// doi.org/10.1016/j.biocel.2018.11.012
7. Ponnusamy MP, Batra SK (2008) Ovarian cancer: emerging concept on cancer stem cells. J Ovarian Res 1:4. https://doi.org/10.1186/1757-2215-1-4
8. Nimmakayala RK, Batra SK, Ponnusamy MP (2019) Unraveling the journey of cancer stem cells from origin to metastasis. Biochim Biophys Acta Rev Cancer 1871:50–63. https://doi. org/10.1016/j.bbcan.2018.10.006
9. Bapat SA, Mali AM, Koppikar CB, Kurrey NK (2005) Stem and progenitor-like cells contribute to the aggressive behavior of human epithelial ovarian cancer. Cancer Res 65:3025–3029. https://doi.org/10.1158/0008-5472.CAN-04-3931
10. Johnson J, Canning J, Kaneko T, Pru JK, Tilly JL (2004) Germline stem cells and follicular renewal in the postnatal mammalian ovary. Nature 428:145–150. https://doi.org/10.1038/nat ure02316
11. Szotek PP, Chang HL, Brennand K, Fujino A, Pieretti-Vanmarcke R, Lo Celso C, Dombkowski D, Preffer F, Cohen KS, Teixeira J, Donahoe PK (2008) Normal ovarian surface epithelial label- retaining cells exhibit stem/progenitor cell characteristics. Proc Natl Acad Sci USA 105:12469– 12473. https://doi.org/10.1073/pnas.0805012105
12. Flesken-Nikitin A, Hwang C-I, Cheng C-Y, Michurina TV, Enikolopov G, Nikitin AY (2013) Ovarian surface epithelium at the junction area contains a cancer-prone stem cell niche. Nature 495:241–245. https://doi.org/10.1038/nature11979
13. Virant-Klun I, Zech N, Rozman P, Vogler A, Cvjeticanin B, Klemenc P, Malicev E, Meden-Vrtovec H (2008) Putative stem cells with an embryonic character isolated from the ovarian surface epithelium of women with no naturally present follicles and oocytes. Differ Res Biol Divers 76:843–856. https://doi.org/10.1111/j.1432-

0436.2008.00268.x

14. Virant-Klun I, Rozman P, Cvjeticanin B, Vrtacnik-Bokal E, Novakovic S, Rülicke T, Dovc P, Meden-Vrtovec H (2009) Parthenogenetic embryo-like structures in the human ovarian surface epithelium cell culture in postmenopausal women with no naturally present follicles and oocytes. Stem Cells Dev 18:137–149. https://doi.org/10.1089/scd.2007.0238
15. Parte S, Bhartiya D, Telang J, Daithankar V, Salvi V, Zaveri K, Hinduja I (2011) Detection, characterization, and spontaneous differentiation in vitro of very small embryonic-like putative stem cells in adult mammalian ovary. Stem Cells Dev 20:1451–1464. https://doi.org/10.1089/ scd.2010.0461
16. Ng A, Barker N (2015) Ovary and fimbrial stem cells: biology, niche and cancer origins. Nat Rev Mol Cell Biol 16:625–638. https://doi.org/10.1038/nrm4056
17. Virant-Klun I, Kenda-Suster N, Smrkolj S (2016) Small putative NANOG, SOX2, and SSEA- 4-positive stem cells resembling very small embryonic-like stem cells in sections of ovarian tissue in patients with ovarian cancer. J Ovarian Res 9:12. https://doi.org/10.1186/s13048-016- 0221-3
18. Wang J, Wang D, Chu K, Li W, Zeng YA (2019) Procr-expressing progenitor cells are respon- sible for murine ovulatory rupture repair of ovarian surface epithelium. Nat Commun 10:4966. https://doi.org/10.1038/s41467-019-12935-7
19. Barkeer S, Chugh S, Batra SK, Ponnusamy MP (2018) Glycosylation of cancer stem cells: function in stemness, tumorigenesis, and metastasis. Neoplasia 20:813–825. https://doi.org/ 10.1016/j.neo.2018.06.001
20. Barker N, van Es JH, Kuipers J, Kujala P, van den Born M, Cozijnsen M, Haegebarth A, Korving J, Begthel H, Peters PJ, Clevers H (2007) Identification of stem cells in small intestine and colon by marker gene Lgr5. Nature 449:1003–1007. https://doi.org/10.1038/nature06196
21. Barker N et al (2008) Lgr5-positive cells might be adult stem cells that become cancer stem cells in tumors. Nat Clin Pract Gastroenterol Hepatol 5:63–64. https://doi.org/10.1038/ncpgas thep1015
22. Urzúa U, Ampuero S, Roby KF, Owens GA, Munroe DJ (2016) Dysregulation of mitotic machinery genes precedes genome instability during spontaneous pre-malignant transforma- tion of mouse ovarian surface epithelial cells. BMC Genomics 17:728. https://doi.org/10.1186/ s12864-016-3068-5
23. Sasaki R, Narisawa-Saito M, Yugawa T, Fujita M, Tashiro H, Katabuchi H, Kiyono T (2009) Oncogenic transformation of human ovarian surface epithelial cells with defined cellular oncogenes. Carcinogenesis 30:423–431. https://doi.org/10.1093/carcin/bgp007
24. Roberts PC, Schmelz EM (2013) In vitro model of spontaneous mouse OSE transformation. Methods Mol Biol Clifton NJ 1049:393–408. https://doi.org/10.1007/978-1-62703-547-7_30
25. Ahmed N, Stenvers KL (2013) Getting to know ovarian cancer ascites: opportunities for targeted therapy-based translational research. Front Oncol 3:256. https://doi.org/10.3389/fonc.2013. 00256
26. Ford CE, Werner B, Hacker NF, Warton K (2020) The untapped potential of ascites in ovarian cancer research and treatment. Br J Cancer 123:9–16. https://doi.org/10.1038/s41416-020- 0875-x
27. Matte I, Lane D, Laplante C, Rancourt C, Piché A (2012) Profiling of cytokines in human epithelial ovarian cancer ascites. Am J Cancer Res 2:566–580
28. Silvestris E, Cafforio P, D'Oronzo S, Felici C, Silvestris F, Loverro G (2018) In vitro differen- tiation of human oocyte-like cells from oogonial stem cells: single-cell isolation and molecular characterization. Hum Reprod Oxf Engl 33:464–473. https://doi.org/10.1093/humrep/dex377
29. Virant-Klun I, Stimpfel M (2016) Novel population of small tumour-initiating stem cells in the ovaries of women with borderline ovarian cancer. Sci Rep 6:34730. https://doi.org/10.1038/sre p34730
30. Kenda Suster N, Smrkolj S, Virant-Klun I (2017) Putative stem cells and epithelialmesenchymal transition revealed in sections of ovarian tumor in patients with serous ovarian carcinoma using immunohistochemistry for vimentin and pluripotency-related markers. J Ovarian Res 10:11. https://doi.org/10.1186/s13048-017-0306-7
31. Garson K, Vanderhyden BC (2015) Epithelial ovarian cancer stem cells: underlying complexity of a simple paradigm. Reprod 149:R59-70. https://doi.org/10.1530/REP-14-0234

32. Miranda-Lorenzo I, Dorado J, Lonardo E, Alcala S, Serrano AG, Clausell-Tormos J, Cioffi M, Megias D, Zagorac S, Balic A, Hidalgo M, Erkan M, Kleeff J, Scarpa A, Sainz B, Heeschen C (2014) Intracellular autofluorescence: a biomarker for epithelial cancer stem cells. Nat Methods 11:1161–1169. https://doi.org/10.1038/nmeth.3112
33. Vaz AP, Ponnusamy MP, Seshacharyulu P, Batra SK (2014) A concise review on the current understanding of pancreatic cancer stem cells. J Cancer Stem Cell Res 2:e1004. https://doi. org/10.14343/jcscr.2014.2e1004
34. Kreso A, Dick JE (2014) Evolution of the cancer stem cell model. Cell Stem Cell 14:275–291. https://doi.org/10.1016/j.stem.2014.02.006
35. Roberts CM, Cardenas C, Tedja R (2019) The role of intra-tumoral heterogeneity and its clinical relevance in epithelial ovarian cancer recurrence and metastasis. Cancers 11:1083. https://doi. org/10.3390/cancers11081083
36. Roy L, Cowden Dahl KD (2018) Can Stemness and chemoresistance Be therapeutically targeted via signaling pathways in ovarian cancer? Cancers 10:241. https://doi.org/10.3390/cancers10 080241
37. Agliano A, Calvo A, Box C (2017) The challenge of targeting cancer stem cells to halt metastasis. Semin Cancer Biol 44:25–42. https://doi.org/10.1016/j.semcancer.2017.03.003
38. Alvero AB, Chen R, Fu H-H, Montagna M, Schwartz PE, Rutherford T, Silasi D-A, Steffensen KD, Waldstrom M, Visintin I, Mor G (2009) Molecular phenotyping of human ovarian cancer stem cells unravels the mechanisms for repair and chemoresistance. Cell Cycle 8:158–166. https://doi.org/10.4161/cc.8.1.7533
39. Ho MM, Ng AV, Lam S, Hung JY (2007) Side population in human lung cancer cell lines and tumors is enriched with stem-like cancer cells. Cancer Res 67:4827–4833. https://doi.org/10. 1158/0008-5472.CAN-06-3557
40. Virant-Klun I, Skerl P, Novakovic S, Vrtacnik-Bokal E, Smrkolj S (2019) Similar population of CD133+ and DDX4+ VSEL-like stem cells sorted from human embryonic stem cell, ovarian, and ovarian cancer ascites cell cultures: the real embryonic stem cells? Cells 8:706. https://doi. org/10.3390/cells8070706
41. Parte SC, Batra SK, Kakar SS (2018) Characterization of stem cell and cancer stem cell populations in ovary and ovarian tumors. J Ovarian Res 11:69. https://doi.org/10.1186/s13048- 018-0439-3
42. Parte SC, Smolenkov A, Batra SK, Ratajczak MZ, Kakar SS (2017) Ovarian cancer stem cells: unraveling a germline connection. Stem Cells Dev 26:1781–1803. https://doi.org/10.1089/scd. 2017.0153
43. Zuber E, Schweitzer D, Allen D, Parte S, Kakar SS (2020) Stem cells in ovarian cancer and potential therapies. Proc Stem Cell Res Oncog 8:e1001
44. Cerne K, Kobal B (2017) Ascites in advanced ovarian cancer. In: Devaja O, Papadopoulos A (eds) Ovarian cancer: from pathogenesis to treatment. IntechOpen
45. Parte S, Virant-Klun I, Patankar M, Batra SK, Straughn A, Kakar SS (2019) PTTG1: a unique regulator of stem/cancer stem cells in the ovary and ovarian cancer. Stem Cell Rev Rep 15:866– 879. https://doi.org/10.1007/s12015-019-09911-5
46. Kakar SS, Jennes L (1999) Molecular cloning and characterization of the tumor transforming gene (TUTR1): a novel gene in human tumorigenesis. Cytogenet Cell Genet 84:211–216. https://doi.org/10.1159/000015261
47. Pei L, Melmed S (1997) Isolation and characterization of a pituitary tumor-transforming gene (PTTG). Mol Endocrinol Baltim Md 11:433–441. https://doi.org/10.1210/mend.11.4.9911
48. Domínguez A, Ramos-Morales F, Romero F, Rios RM, Dreyfus F, Tortolero M, Pintor-Toro JA (1998) hpttg, a human homologue of rat pttg, is overexpressed in hematopoietic neoplasms. Evidence for a transcriptional activation function of hPTTG. Oncogene 17:2187–2193. https:// doi.org/10.1038/sj.onc.1202140
49. Puri R, Tousson A, Chen L, Kakar SS (2001) Molecular cloning of pituitary tumor transforming gene 1 from ovarian tumors and its expression in tumors. Cancer Lett 163:131–139. https:// doi.org/10.1016/s0304-3835(00)00688-1
50. Zou H, McGarry TJ, Bernal T, Kirschner MW (1999) Identification of a vertebrate sister- chromatid separation inhibitor involved in transformation and tumorigenesis. Science 285:418–422. https://doi.org/10.1126/science.285.5426.418
51. Hamid T, Malik MT, Kakar SS (2005) Ectopic expression of PTTG1/securin promotes tumorigenesis in human embryonic kidney cells. Mol Cancer 4:3. https://doi.org/10.1186/1476-459 8-4-3

52. Grande G, Milardi D, Martini M, Cenci T, Gulino G, Mancini F, Bianchi A, Pontecorvi A, Pierconti F (2019) Protein expression of PTTG-1, OCT-4, and KLF-4 in seminoma: a pilot study. Front Endocrinol 10:619. https://doi.org/10.3389/fendo.2019.00619
53. Latifi A, Luwor RB, Bilandzic M, Nazaretian S, Stenvers K, Pyman J, Zhu H, Thompson EW, Quinn MA, Findlay JK, Ahmed N (2012) Isolation and characterization of tumor cells from the ascites of ovarian cancer patients: molecular phenotype of chemoresistant ovarian tumors. PLoS ONE 7:e46858. https://doi.org/10.1371/journal.pone.0046858
54. Kandala PK, Srivastava SK (2012) Diindolylmethane suppresses ovarian cancer growth and potentiates the effect of cisplatin in tumor mouse model by targeting signal transducer and activator of transcription 3 (STAT3). BMC Med 10:9. https://doi.org/10.1186/1741-7015-10-9
55. Takebe N, Miele L, Harris PJ, Jeong W, Bando H, Kahn M, Yang SX, Ivy SP (2015) Targeting Notch, Hedgehog, and Wnt pathways in cancer stem cells: clinical update. Nat Rev Clin Oncol 12:445–464. https://doi.org/10.1038/nrclinonc.2015.61
56. Ip CKM, Li S-S, Tang MYH, Sy SKH, Ren Y, Shum HC, Wong AST (2016) Stemness and chemoresistance in epithelial ovarian carcinoma cells under shear stress. Sci Rep 6:26788. https://doi.org/10.1038/srep26788
57. Roberts PJ, Der CJ (2007) Targeting the Raf-MEK-ERK mitogen-activated protein kinase cascade for the treatment of cancer. Oncogene 26:3291–3310. https://doi.org/10.1038/sj.onc. 1210422
58. Alvero AB, Montagna MK, Holmberg JC, Craveiro V, Brown D, Mor G (2011) Targeting the mitochondria activates two independent cell death pathways in ovarian cancer stem cells. Mol Cancer Ther 10:1385–1393. https://doi.org/10.1158/1535-7163.MCT-11-0023
59. Deng J, Wang L, Chen H, Hao J, Ni J, Chang L, Duan W, Graham P, Li Y (2016) Targeting epithelial-mesenchymal transition and cancer stem cells for chemoresistant ovarian cancer. Oncotarget 7:55771–55788. https://doi.org/10.18632/oncotarget.9908
60. Badiglian Filho L, Oshima CTF, De Oliveira LF, De Oliveira CH, De Sousa DR, Gomes TS, Gonçalves WJ (2009) Canonical and noncanonical Wnt pathway: a comparison among normal ovary, benign ovarian tumor and ovarian cancer. Oncol Rep 21:313–320
61. McClanahan T, Koseoglu S, Smith K, Grein J, Gustafson E, Black S, Kirschmeier P, Samatar AA (2006) Identification of overexpression of orphan G protein-coupled receptor GPR49 in human colon and ovarian primary tumors. Cancer Biol Ther 5:419–426. https://doi.org/10. 4161/cbt.5.4.2521
62. Hu W, Liu T, Ivan C, Sun Y, Huang J, Mangala LS, Miyake T, Dalton HJ, Pradeep S, Rupaimoole R, Previs RA, Han HD, Bottsford-Miller J, Zand B, Kang Y, Pecot CV, Nick AM, Wu SY, Lee J-S, Sehgal V, Ram P, Liu J, Tucker SL, Lopez-Berestein G, Baggerly KA, Coleman RL, Sood AK (2014) Notch3 pathway alterations in ovarian cancer. Cancer Res 74:3282–3293. https:// doi.org/10.1158/0008-5472.CAN-13-2066
63. Hoarau-Véchot J, Touboul C, Halabi N, Blot-Dupin M, Lis R, Abi Khalil C, Rafii S, Rafii A, Pasquier J (2019) Akt-activated endothelium promotes ovarian cancer proliferation through notch activation. J Transl Med 17:194. https://doi.org/10.1186/s12967-019-1942-z
64. Motohara T, Katabuchi H (2019) Ovarian cancer stemness: biological and clinical implications for metastasis and chemotherapy resistance. Cancers 11:907. https://doi.org/10.3390/cancer s11070907
65. Zong X, Nephew KP (2019) Ovarian cancer stem cells: role in metastasis and opportunity for therapeutic targeting. Cancers 11:934. https://doi.org/10.3390/cancers11070934
66. Zhu Q, Shen Y, Chen X, He J, Liu J, Zu X (2020) Self-renewal signalling pathway inhibitors: perspectives on therapeutic approaches for cancer stem cells. OncoTargets Ther 13:525–540. https://doi.org/10.2147/OTT.S224465
67. Chen Y, Bieber MM, Teng NNH (2014) Hedgehog signaling regulates drug sensitivity by targeting ABC transporters ABCB1 and ABCG2 in epithelial ovarian cancer. Mol Carcinog 53:625–634. https://doi.org/10.1002/mc.22015
68. Zeng C, Chen T, Zhang Y, Chen Q (2017) Hedgehog signaling pathway regulates ovarian cancer invasion and migration via adhesion molecule CD24. J Cancer 8:786–792. https://doi. org/10.7150/jca.17712

69. Liao X, Siu MKY, Au CWH, Wong ESY, Chan HY, Ip PPC, Ngan HYS, Cheung ANY (2009) Aberrant activation of hedgehog signaling pathway in ovarian cancers: effect on prognosis, cell invasion and differentiation. Carcinogenesis 30:131–140. https://doi.org/10.1093/carcin/ bgn230

70. Chen X, Horiuchi A, Kikuchi N, Osada R, Yoshida J, Shiozawa T, Konishi I (2007) Hedgehog signal pathway is activated in ovarian carcinomas, correlating with cell proliferation: it's inhibition leads to growth suppression and apoptosis. Cancer Sci 98:68–76. https://doi.org/10.1111/ j.1349-7006.2006.00353.x

71. Ruan Z, Yang X, Cheng W (2018) OCT4 accelerates tumorigenesis through activating JAK/STAT signaling in ovarian cancer side population cells. Cancer Manag Res 11:389–399. https://doi.org/10.2147/CMAR.S180418

72. Muller R (2019) JAK inhibitors in 2019, synthetic review in 10 points. Eur J Intern Med 66:9–17. https://doi.org/10.1016/j.ejim.2019.05.022

73. Jin W (2020) Role of JAK/STAT3 signaling in the regulation of metastasis, the transition of cancer stem cells, and chemoresistance of cancer by epithelial-mesenchymal transition. Cells 9:217. https://doi.org/10.3390/cells9010217

74. Rinkenbaugh AL, Baldwin AS (2016) The NF-κB pathway and cancer stem cells. Cells 5:16. https://doi.org/10.3390/cells5020016

75. Leizer AL, Alvero AB, Fu HH, Holmberg JC, Cheng Y-C, Silasi D-A, Rutherford T, Mor G (2011) Regulation of inflammation by the NF-κB pathway in ovarian cancer stem cells. Am J Reprod Immunol 65:438–447. https://doi.org/10.1111/j.1600-0897.2010.00914.x

76. House CD, Jordan E, Hernandez L, Ozaki M, James JM, Kim M, Kruhlak MJ, Batchelor E, Elloumi F, Cam MC, Annunziata CM (2017) NFκB promotes ovarian tumorigenesis via classical pathways that support proliferative cancer cells and alternative pathways that support ALDH+ cancer stem-like cells. Cancer Res 77:6927–6940. https://doi.org/10.1158/0008-5472. CAN-17-0366

77. Howard CM, Zgheib NB, Bush S, DeEulis T, Cortese A, Mollo A, Lirette ST, Denning K, Valluri J, Claudio PP (2020) Clinical relevance of cancer stem cell chemotherapeutic assay for recurrent ovarian cancer. Transl Oncol 13:100860. https://doi.org/10.1016/j.tranon.2020. 100860

78. Uddin MH, Kim B, Cho U, Azmi AS, Song YS (2020) Association of ALDH1A1-NEK-2 axis in cisplatin resistance in ovarian cancer cells. Heliyon 6:e05442. https://doi.org/10.1016/j.hel iyon.2020.e05442

79. Zhang L, Ma R, Gao M, Zhao Y, Lv X, Zhu W, Han L, Su P, Fan Y, Yan Y, Zhao L, Ma H, Wei M, He M (2020) SNORA72 activates the Notch1/c-Myc pathway to promote stemness transformation of ovarian cancer cells. Front Cell Dev Biol 8:583087. https://doi.org/10.3389/ fcell.2020.583087

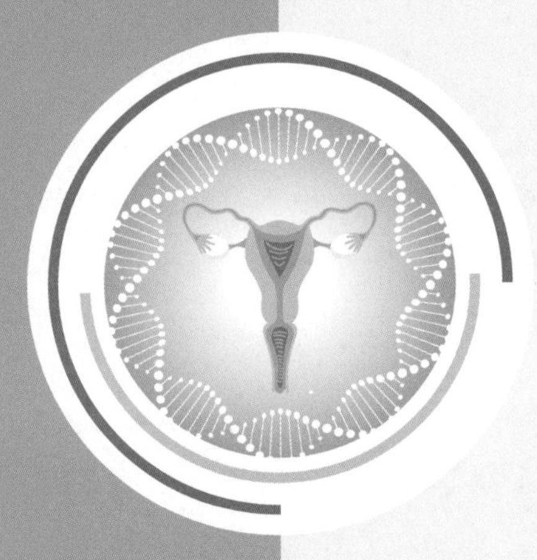

第5章

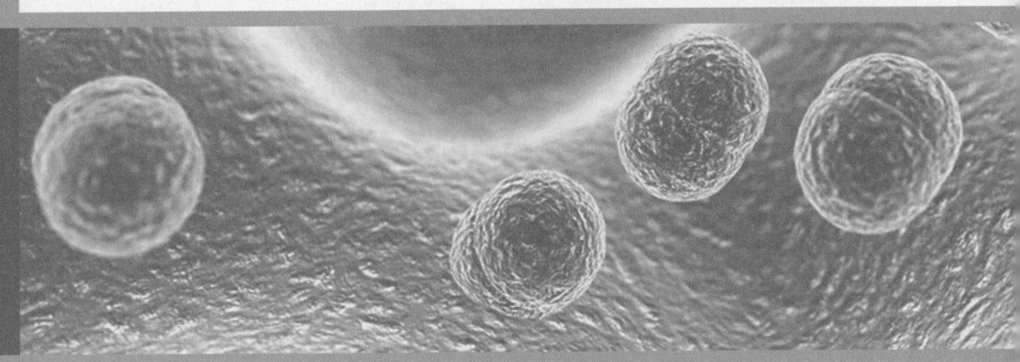

卵巢癌干细胞：个体化医疗方法

Nataša Kenda Šuster

摘要

导言：自1994年在白血病中首次发现肿瘤干细胞以来，它们一直被视为癌症治疗的潜在治疗靶标。有人提出，卵巢癌（OC）的治疗成功与否取决于卵巢干细胞（OCSCs）的根除。

方法：从个体化医疗的角度研究卵巢干细胞。

结果：OCSCs具有自我更新的能力和分化潜能，是OC异质性、侵袭性、转移性、多药耐药性和复发性等恶性肿瘤的诱因。癌症干细胞（CSCs）的生物活性受多种多能转录因子、细胞内信号通路和细胞外因子的调控。针对其中的一个或多个靶点的药物可有效清除OCSCs，从而治愈OC。

结论：根据这些理论知识，开发针对CSCs的分子、疫苗和抗体是实现个体化医疗的关键因素。

关键词：卵巢癌、肿瘤干细胞、个性化医疗

专业术语中英文对照

英文缩写	英文全称	中　文
A2780	Human ovarian cancer cell line established from tumour tissue of an untreated patient	来自未治疗患者肿瘤组织建立的人OC细胞系
ABCB1	ATP binding cassette subfamily B member 1	ATP结合盒亚家族B成员1
ABCG2	ATP binding cassette subfamily G member 2	ATP结合盒亚家族G成员2
ALDH1	Aldehyde dehydrogenase 1	醛脱氢酶1
ATP	Adenosine triphosphate	三磷酸腺苷
CD	Cluster of differentiation	分化群
CSC	Cancer stem cell	肿瘤干细胞
DNA	Deoxyribonucleic acid	脱氧核糖核酸
EMT	Epithelial-mesenchymal transition	上皮-间质转化
EpCAM	Epithelial cell adhesion molecule	上皮细胞黏附分子
NANOG	Nanog homeobox	NANOG同源染色体
OC	Ovarian cancer	卵巢癌
OCSC	Ovarian cancer stem cell	卵巢癌干细胞
OCT4	Octamer-binding transcription factor 4	八聚体结合转录因子4
OVCAR3	A high grade serous ovarian cancer stem cell line from adenocarcinoma	来自高级别浆液性OC腺癌干细胞系
ROR1	Receptor tyrosine kinase-like orphan receptor 1	酪氨酸激酶受体样孤儿受体1
SKOV3	An ovarian cancer cell line derived from the ascites of a 64-year-old Caucasian female with an ovarian serous cystadenocarcinoma	来自一位患有卵巢浆液性囊腺癌的64岁白人女性腹水的OC细胞系
SOX2	SRY-box transcription factor 2	SRY-盒转录因子2
VSEL	Very small embryonic-like stem cell	极小胚胎样干细胞

一、卵巢癌

卵巢癌（OC）是女性最常见的癌症类型之一。它是妇科肿瘤中最主要的癌症死因，影响着全球众多女性。根据OC统计数据，在2018年，美国大约有22 240例新确诊的OC病例和14 070例OC死亡病例。

有90%～95%的卵巢恶性肿瘤起源于上皮细胞。根据组织病理学、免疫组织化学和分子遗传学分析，OC主要分为5种类型：高级别浆液性癌约占70%，低级别浆液性癌占5%，子宫内膜样癌约占10%，透明细胞癌约占10%，黏液性癌约占3%。不同的上皮恶性肿瘤有不同的起源，因此有不同的形态和生物学功能。

OC的5年生存率为30%～92%，其主要取决于确诊时疾病的病程。由于OC的症状是非特异性的，如腹部不适和腹胀，所以70%的OC患者被确诊时已是晚期。OC转移部位广泛分布在腹膜腔、腹膜后，甚至远端器官。

在疾病进展到晚期时进行治疗是极具挑战性的，通常也难以治愈。治疗目标是彻底清除肿瘤的宏观和微观病变。癌细胞扩散的患者接受根治性肿瘤细胞减灭术，并结合应用新辅助和（或）辅助性的铂类药物与紫杉醇联合化疗。大多数OC患者最初对联合治疗反应良好，然而，超过70%的肿瘤病例最终会复发，出现化疗耐药性和致命性结果。癌症治疗失败的主要原因是手术切除后仍残留微观水平上的肿瘤，以及传统化疗的局限性。目前认为，手术和化疗后留下的那些微小残留物是由对传统癌症治疗具有耐药性的少量肿瘤干细胞（CSCs）组成的。因此，迫切需要有效的靶向疗法以彻底消灭CSCs。

二、OC干细胞及其生物标志物

有研究提出，OC的发生、肿瘤生长及扩散是由具有自我更新能力的未分化癌细胞驱动的，这些所谓的CSCs与正常干细胞具有一些相同的生物学特征，如自我更新、对诱导凋亡的抵抗性，以及通过不对称细胞分裂进行分化的能力。此外，CSCs可以生成一个具有异质细胞分层组织结构的肿瘤，其中只有一小部分细胞保留了CSCs的特征。

首个卵巢CSCs是从OC患者腹水中的细胞鉴定出来的，这些细胞在小鼠体内经过几代繁殖后产生肿瘤。在OC中，CSCs通过不同细胞表面标志物［CD117、CD133、上皮细胞黏附分子（EpCAM）、CD44、CD24、ROR1等］、非表面标志物（醛脱氢酶）、转录因子（NANOG、SOX2、OCT4）和侧群细胞进行鉴定。CD117是首个被发现对卵巢CSCs具有重要意义的细胞表面标志物，其表达与肿瘤形成、化疗耐药性及疾病的不良预后相关。CD133是最常见的卵巢癌CSCs表面标志物之一，它与多种干细胞特性相关，如肿瘤形成、进展、化疗耐药和不良预后。CD133也被作为癌症靶向治疗的靶点进行研究。其他常用的CSCs表面标志物包括CD24、CD44、EpCAM和ROR1。表面标志物可单独用于卵巢CSCs的鉴定，也可与其他卵巢CSCs标志物联合使用。醛脱氢酶1（ALDH1）也是识别卵巢癌CSCs的常用标志物。多项研究发现，ALDH1的表达与细胞增殖、迁移、化疗耐药性和生存率低有关。ALDH1的单独表达或与细胞表面干细胞标志物联合使用经常用于鉴定卵巢CSCs。NANOG、OCT4和SOX2是在未分化胚胎干细胞的多能性和自我更新维持中起关键作用的转录因子。这些转录因子也常在卵巢CSCs中表达，它们在卵巢CSCs中的表达与不良预后和化疗耐药性相关。CSCs具有外排DNA结合染料的能力。在流式细胞仪中使用时，这一特性导致细胞群的偏移。CSCs表达MDR1/ABCB1和ABCG2等ATP结合盒转运蛋白，这些转运蛋白能外排化疗药物，从而导致化疗耐药。

卵巢CSCs群的确切表型及其分子状态仍未得到明确定义。众所周知，不同类型的癌症，甚至同一组织学类型的肿瘤，其CSC表型并不一致。一般认为，CSCs包括不同类型的干细胞，其形成是一个复杂的分层组织过程。肿瘤内细胞的异质性可能会影响疾病的进展，并最终影响其对治疗的耐药性。因此确定CSCs的分子状态及其确切表型对于规划针对每个患者个体化的治疗方案非常重要。

三、OC干细胞在OC发病机制中的作用

正常卵巢细胞转变为OC侵袭性细胞的确切机制尚不清楚。关于CSCs祖细胞有两种假说。第一种假说认为CSCs是正常成体组织干细胞的恶性对应细胞（图5.1）。有研究解释了CSCs从健康成人卵巢的干细胞到卵巢肿瘤中CSCs的演化过程。与其他成人组织和器官相似，在成年人卵巢中也发现了极小胚胎样（VSEL）干细胞。这些细胞后来在体外被进一步表征和区分。VSEL干细胞可能起源于胚胎的外胚层，很可能从生命早期就在成人组织和器官中处于休眠状态。关于CSCs起源的第二种假说认为，成熟细胞去分化为更加多能的状态可能是具有干细胞样特征的癌症细胞发育的潜在机制。由于干细胞与其分化的后代相比在组织中存活的时间更长，干细胞似乎更容易获得导致癌变的多种突变。

CSCs的关键特性在于它们具有产生不同分化率的分级组织细胞肿瘤的潜力。由于CSCs具有自我更新、不对称分裂、分化和上皮–间质转化（EMT）等生物学特性，因此可以实现后续肿瘤的生长、侵袭和扩散。EMT是一种生理性细胞过程，活跃于胚胎发育过程中的组织重塑和受伤情况下的成体组织再生过程。许多研究表明，EMT在OC的发生

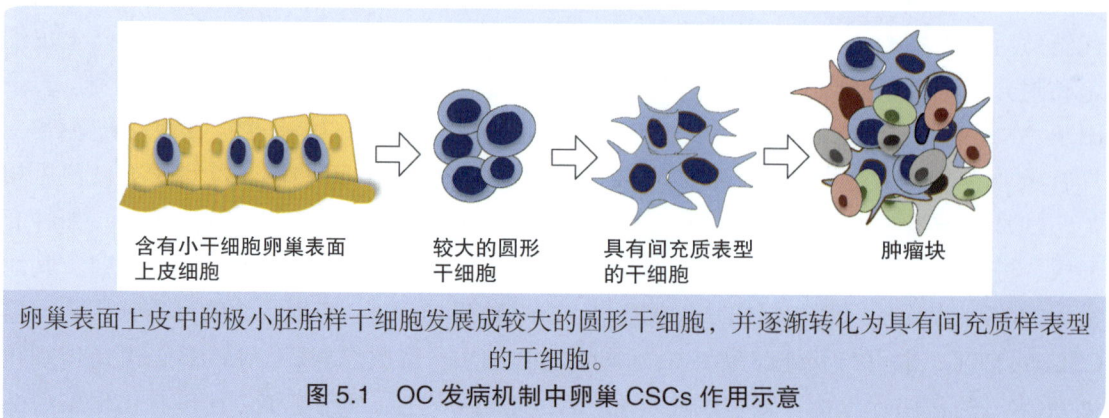

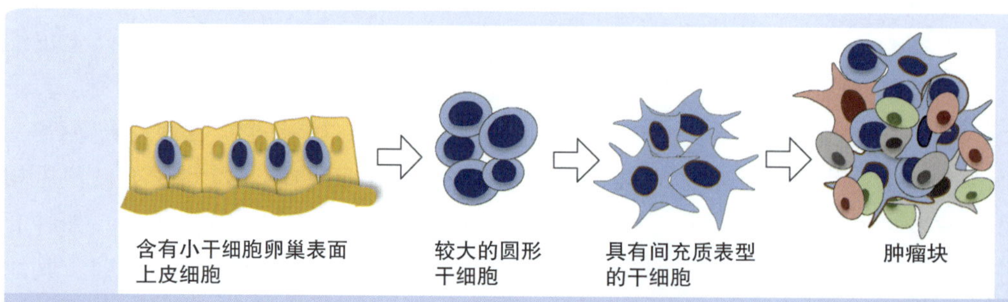

卵巢表面上皮中的极小胚胎样干细胞发展成较大的圆形干细胞，并逐渐转化为具有间充质样表型的干细胞。

图 5.1 OC 发病机制中卵巢 CSCs 作用示意

中也扮演着重要角色（图5.2）。所谓的EMT程序被认为是由肿瘤微环境的不同信号触发的。经过EMT转化后的细胞发展出间充质细胞的特性，如失去上皮细胞的极性和细胞内黏附性，则会丧失特定的细胞表面标志物，并缺失上皮细胞的特征。通过这些变化，肿瘤细胞变得更具有移动性，从而促进了肿瘤进展。EMT也被认为是CSCs转移的关键步骤。获得的间充质特性会促进癌细胞侵入细胞外基质并进一步扩散。转移后的肿瘤细胞扩散到整个机体，成为癌细胞群的储备库。除了转移之外，间充质细胞的主要细胞骨架成分波形蛋白也与化疗原发性耐药相关。经历EMT的肿瘤细胞获得了逃避患者肿瘤防御机制、避免诱导的细胞凋亡和抵抗标准抗癌药物的能力。

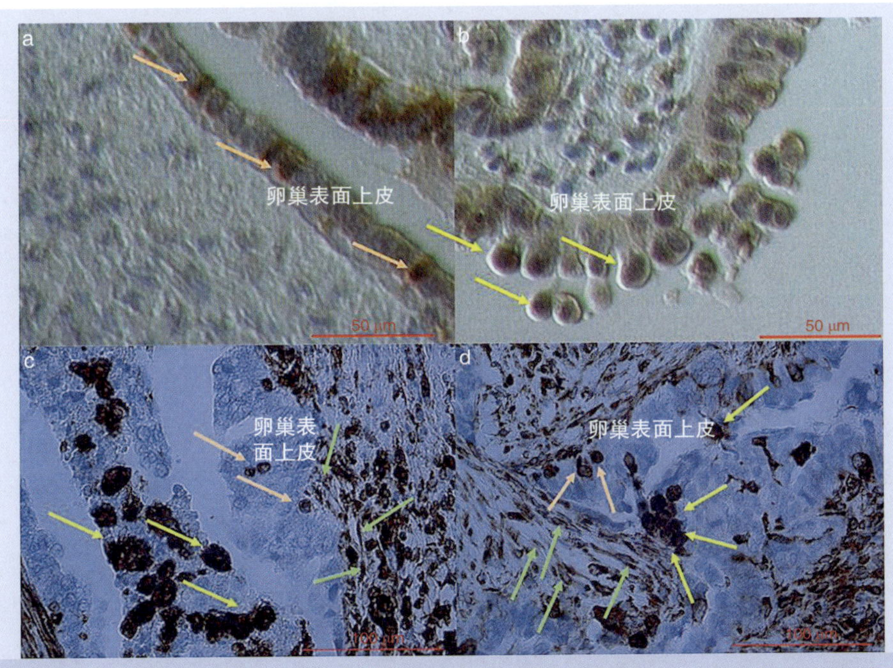

位于卵巢表面上皮（OSE）中的波形蛋白阳性的小干细胞（橙色箭头）正在发展成较大的圆形干细胞（黄色箭头）和具有间充质表型的干细胞（绿色箭头）。棕色代表波形蛋白阳性。红色标尺（a）、（b）50 μm；（c）、（d）100 μm。

图 5.2　显示 OC 干细胞组织切片，并对波形蛋白进行免疫组化染色

未来的一个重要任务是确定参与OC起始的祖细胞群，并进一步研究EMT，这对于OC的进展和对标准治疗的耐药性研究有着重要意义。CSCs的祖细胞和EMT都可能成为癌症靶向治疗的关键靶点，这种个体化治疗有望提高OC患者的生存率。

四、OC干细胞的临床意义

根据生物学特性和疾病进程，OC是一个典型的由CSCs驱动的疾病。这是一种侵袭性极强的癌症，会在局部侵袭邻近组织和器官，并通过腹腔迅速扩散，引起恶性腹水，随后发生远处转移。恶性腹水富含具有干细胞特性的肿瘤细胞，是CSCs的重要来源。肿瘤细胞球不仅能在恶性腹水中存活和迁移，还能在其中增殖。这一特性是CSCs的基本特性之一，也是在体外评估细胞干性时常用的一种方法，即在悬浮培养中形成细胞球体。

尽管对OC进行了积极的标准治疗，包括肿瘤细胞减灭术和细胞抑制性化疗，70%以上的OC病例仍会复发。这是因为标准治疗只消除了由不同分化阶段的肿瘤细胞组成的肿瘤块，从而缩小了肿瘤的体积，但高度活跃的卵巢CSCs亚群却还得以存活（图5.3）。标准化疗靶向增殖活跃的细胞，但是细胞周期缓慢的肿瘤细胞对抑制细胞的疗法具有抵抗性。由于经典的OC治疗药物针对的是处于细胞周期S期或M期的活跃分裂细胞，因此如何有效治疗像CSCs一样处于非活跃的G0期的细胞是一个重要问题。

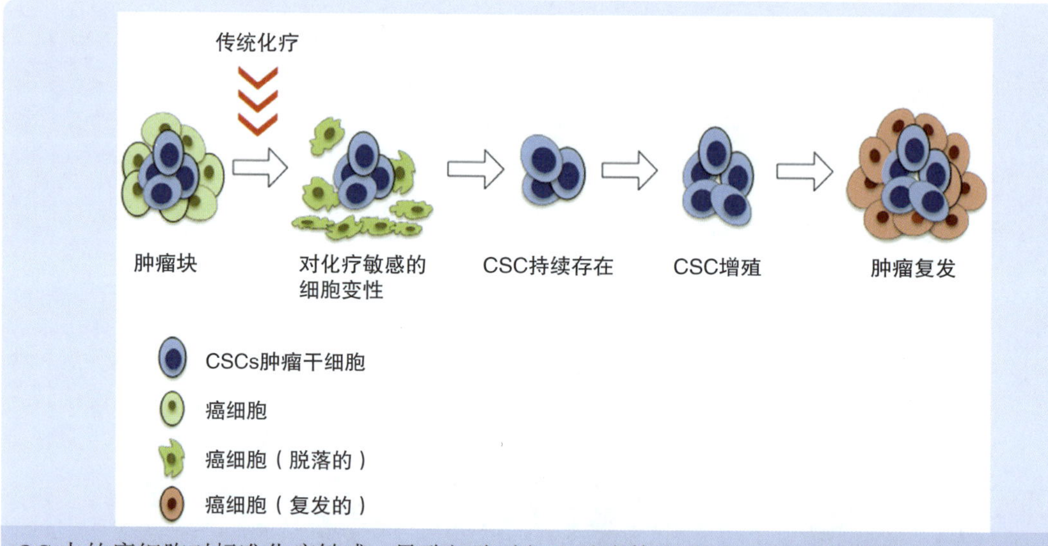

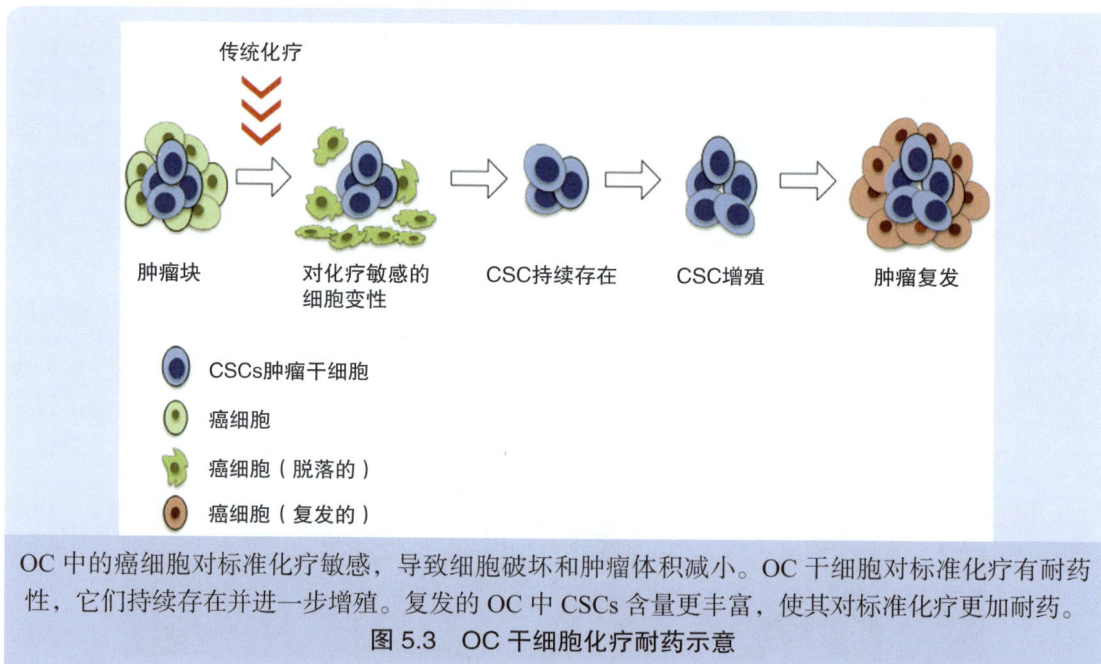

OC 中的癌细胞对标准化疗敏感，导致细胞破坏和肿瘤体积减小。OC 干细胞对标准化疗有耐药性，它们持续存在并进一步增殖。复发的 OC 中 CSCs 含量更丰富，使其对标准化疗更加耐药。

图 5.3　OC 干细胞化疗耐药示意

据报道称，在经过细胞抑制性化疗成功治疗后幸存下来的耐药性休眠的卵巢CSCs最终会“苏醒”，导致肿瘤复发。随着时间的推移，卵巢CSCs会重新繁殖，引发更具侵袭性的结果。复发的肿瘤中含有更多的CSCs，因此与原发性卵巢肿瘤相比，可能对传统的细胞毒性治疗更具抵抗力。复发和转移性OC的潜在CSCs标志物CD44水平明显高于原发卵巢肿瘤。同样，CD44在耐药OC细胞系中过表达，并在化疗后复发的肿瘤中上调。转录因子NANOG是另一个参与OC化疗耐药机制的CSCs相关标志物。肿瘤细胞中NANOG的表达增加与肿瘤化疗敏感性降低显著相关，进而导致OC患者的无病生存率和总生存率低。

除了用于识别各种肿瘤中CSCs的标志物外，具有干性的细胞也可以通过功能基因组学进行确认。基于功能基因组学研究中的基因表达谱，已经识别出与干性相关不同的基因，这些基因的表达与OC的不良预后相关。

OC中的CSCs在疾病进程中的多个层面上具有强烈相关性，可以在OC治疗中得到有效利用。

五、作为治疗靶点的OC干细胞

目前抗癌治疗的焦点是开发分子靶向治疗药物。显而易见，CSCs对化疗耐药和疾病复发至关重要，因此针对这些细胞似乎是有效治疗OC的方法。目前有不同的可行策略，包括靶向干性标志物、信号通路、表观遗传特征、微环境等（图5.4）。

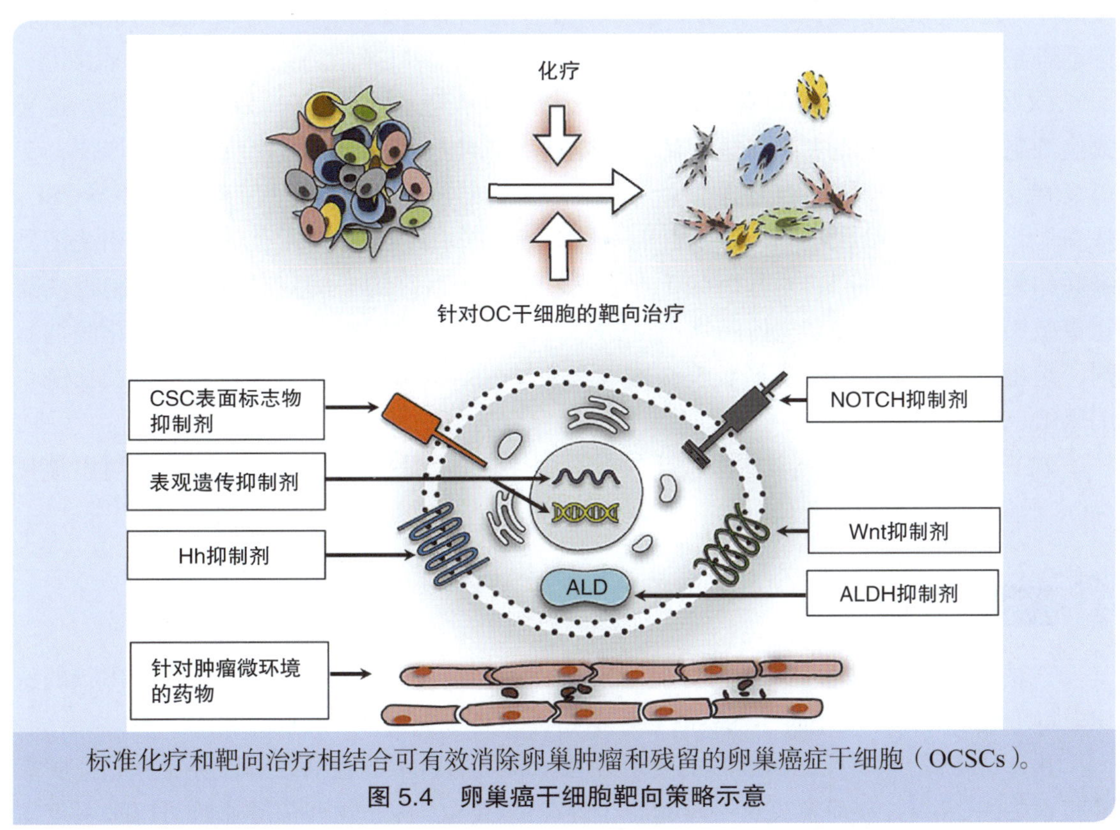

标准化疗和靶向治疗相结合可有效消除卵巢肿瘤和残留的卵巢癌症干细胞（OCSCs）。

图 5.4　卵巢癌干细胞靶向策略示意

干性标志物不仅对于CSCs的识别和分离非常重要，而且对其功能研究也很重要。治疗策略是识别特异性的CSCs抗原，然后使用细胞毒性偶联物杀死细胞或抑制其生物学功能。在靶向治疗方面，表面标志物被用于其他方法，包括抗体-药物偶联物、双特异性抗体和嵌合抗原受体T（CAR-T）细胞。研究证明，抑制SKOV3细胞系表面标志物CD24可通过诱导细胞凋亡的方式降低细胞活力，并限制肿瘤在裸鼠体内的生长。CD44也是透明质酸的受体之一。透明质酸-紫杉醇靶向作用于CD44阳性的SKOV3细胞系后，可显著降低肿瘤重量及结节数量。另一项研究中，靶向CD133阳性的OVCAR5-luc细胞可显著减缓肿瘤进展。此外，一种基于嵌合抗原受体的靶向CD133阳性细胞的免疫治疗方法成功清除了OC细胞系和腹水中的CSCs。另一个针对OC的潜在药物是二甲双胍。有研究提出，二甲双胍可抑制SKOV3和A2780细胞系中CD44阳性和CD177阳性的CSCs和EMT过程。还有研究表明，二甲双胍可以减少ALDH阳性的CSCs群，并且减少血管生成。最近，在卵巢CSCs中评估了几种新的ALDH抑制剂。

靶向CSCs中的信号通路是一个很好的治疗选择，因为信号通路的失调可能是CSCs启动和癌症扩散的关键因素之一。有几个关键的信号通路，如Wnt、NOTCH和Hedgehog（Hh），它们与干细胞特性有关，如细胞自我更新、分化、增殖和间充质特征。Wnt信号通路参与肿瘤细胞的去分化和干性功能的实现。与受体竞争结合Wnt配体的Wnt途径抑制剂表现出抗CSCs作用并减少肿瘤生长。NOTCH信号通路是公认的CSCs治疗靶点研究最深入的途径之一。作为其中的一部分，已经对几种能够消耗OCSCs的NOTCH通路抑制剂进行了研究。

OC的一个常见特征是异常的表观遗传改变，如染色质重塑和DNA甲基化改变，这导致癌细胞部分或完全失去表观遗传约束。这些变化使癌细胞丧失其上皮细胞的特征，变得具有侵袭性，获得转移能力并产生化疗耐药。靶向表观遗传改变的药物通过诱导CSCs从多能状态转变为分化状态，从而起到分化治疗的作用。这种作用会诱导分化相关信号级联的激活并刺激肿瘤抑制基因的重新表达。分化程度高的癌细胞对传统的细胞毒性药物更敏感。有前景的表观遗传药物包括DNA甲基转移酶抑制剂、组蛋白去乙酰化酶抑制剂、组蛋白甲基转移酶抑制剂、溴结构域和末端外结构域（BET）抑制剂，以及长链非编码RNA。

缺氧微环境为OC细胞获得肿瘤干性特征提供了适宜的环境，这些微环境也可以被视为OC靶向治疗的潜在靶点。

六、结论

在精准肿瘤学时代，OC的治疗应当根据个体患者量身定制。尽管我们对OCSCs的认识取得了进展，但开发靶向OCSCs的治疗药物仍然是一个相当大的挑战。

由于CSCs的异质性，OCSCs的鉴定存在障碍。通过单细胞测序可以鉴定和表征肿瘤或腹水中的CSCs，从而解决这一难题。个性化的OCSCs标志物和信号通路可以被鉴定出来，这为OCSCs的个性化治疗带来了巨大的希望。

CSCs靶向治疗面临的另一个障碍是CSC与正常干细胞之间缺乏特异性。CSCs和正常干细胞维持所涉及的不同信号通路之间存在大量的相互作用，这使得高效的靶向治疗难以实现。为了提供靶点选择并克服不良反应，我们需要了解CSCs和正常干细胞之间的生物学差异。

根据最近的研究，OCSCs靶向治疗在化疗前或与化疗同时进行可能是最有效的抗癌治疗模式之一。为了最大限度地减少所提议治疗方案的不良反应和失败率，有必要进行临床前和临床试验中的方案评估。为此，进一步研究OCSCs的频率、化疗敏感性、干性基因特征、遗传/表观遗传背景和微环境是至关重要的。

总而言之，深入了解OCSCs对于CSCs靶向治疗和有效的联合治疗发展至关重要，这将提高OC患者的无病生存率和总生存率。

参考文献

1. Torre LA, Trabert B, DeSantis CE (2018) Ovarian cancer statistics. CA: Cancer J Clinicians 68:284–296. https://doi.org/10.3322/caac.21456
2. Siegel RL, Miller KD, Jemal A (2018) Cancer statistics. CA: Cancer J Clincians 68:7–30. https://doi.org/10.3322/caac.21442
3. Zhang XY, Zhang PY (2016) Recent perspectives of epithelial ovarian carcinoma. Oncol Lett 12:3055–3058. https://doi.org/10.3892/ol.2016.5107
4. Prat J (2012) Ovarian carcinomas: five distinct diseases with different origins, genetic alter- ations, and clinicopathological features. Virchows Arch 460:237–249. https://doi.org/10.1007/ s00428-012-1203-5
5. Kurman RJ, Shih Ie M (2016) The dualistic model of ovarian carcinogenesis: revisited, revised, and expanded. Am J Pathol 186:733–747. https://doi.org/10.1016/j.ajpath.2015.11.011
6. Ottevanger PB (2017) Ovarian cancer stem cells more questions than answers. Semin Cancer Biol 44:67–71. https://doi.org/10.1016/j.semcancer.2017.04.009
7. Ozols RF (2005) Treatment goals in ovarian cancer. Int J Gynecol Cancer 15(Suppl) 1:3–11. https://doi.org/10.1111/j.1525-1438.2005.15351.x
8. Schorge JO, McCann C, Del Carmen MG (2010) Surgical debulking of ovarian cancer: what difference does it make? Rev Obstet Gynecol 3:111–117
9. Pieterse Z, Amaya-Padilla MA, Singomat T, Binju M, Madjid BD, Yu Y, Kaur P (2019) Ovarian cancer stem cells and their role in drug resistance. Int J Biochem Cell Biol 106:117–126. https:// doi.org/10.1016/j.biocel.2018.11.012
10. Lupia M, Cavallaro U (2017) Ovarian cancer stem cells: still an elusive entity? Mol Cancer 16:64. https://doi.org/10.1186/s12943-017-0638-3
11. Bapat SA, Mali AM, Koppikar CB, Kurrey NK (2005) Stem and progenitor-like cells contribute to the aggressive behavior of human epithelial ovarian cancer. Cancer Res 65:3025–3029. https://doi.org/10.1158/0008-5472.can-04-3931
12. Kenda Suster N, Virant-Klun I, Frkovic Grazio S, Smrkolj S (2016) The significance of the pluripotency and cancer stem cell-related marker nanog in diagnosis and treatment of ovarian carcinoma. Eur J Gynaecol Oncol 37:604–612
13. Virant-Klun I, Kenda-Suster N, Smrkolj S (2016) Small putative nanog, sox2, and ssea-4- positive stem cells resembling very small embryonic-like stem cells in sections of ovarian tissue in patients with ovarian cancer. J Ovarian Res 9:12
14. Kenda Suster N, Virant-Klun I (2019) Presence and role of stem cells in ovarian cancer. World J Stem Cells 11:383–397. https://doi.org/10.4252/wjsc.v11.i7.383
15. Ahmed N, Kadife E, Raza A, Short M, Jubinsky PT, Kannourakis G (2020) Ovarian cancer, cancer stem cells and current treatment strategies: A potential role of magmas in the current treatment methods. Cells 9:719. https://doi.org/10.3390/cells9030719
16. Luo L, Zeng J, Liang B, Zhao Z, Sun L, Cao D, Yang J, Shen K (2011) Ovarian cancer cells with the cd117 phenotype are highly tumorigenic and are related to chemotherapy outcome. Exp Mol Pathol 91:596–602. https://doi.org/10.1016/j.yexmp.2011.06.005
17. Conic I, Stanojevic Z, Jankovic Velickovic L, Stojnev S, Ristic Petrovic A, Krstic M, Stanojevic M, Bogdanovic D, Stefanovic V (2015) Epithelial ovarian cancer with cd117 phenotype is highly aggressive and resistant to chemotherapy. J Obstet Gynaecol Res 41:1630–1637. https:// doi.org/10.1111/jog.12758
18. Stemberger-Papic S, Vrdoljak-Mozetic D, Ostojic DV, Rubesa-Mihaljevic R, Krigtofic I, Brncic-Fisher A, Kragevic M, Eminovic S (2015) Expression of cd133 and cd117 in 64 serous ovarian cancer cases. Coll Antropol 39:745–753
19. Curley MD, Therrien VA, Cummings CL, Sergent PA, Koulouris CR, Friel AM, Roberts DJ, Seiden MV, Scadden DT, Rueda BR, Foster R (2009) Cd133 expression defines a tumor initiating cell population in primary human ovarian cancer. Stem Cells (Dayton, Ohio) 27:2875–2883. https://doi.org/10.1002/stem.236

20. Zhang J, Guo X, Chang DY, Rosen DG, Mercado-Uribe I, Liu J (2012) Cd133 expression associated with poor prognosis in ovarian cancer. Mod Pathol 25:456–464. https://doi.org/10. 1038/modpathol.2011.170
21. Skubitz AP, Taras EP, Boylan KL, Waldron NN, Oh S, Panoskaltsis-Mortari A, Vallera DA (2013) Targeting cd133 in an in vivo ovarian cancer model reduces ovarian cancer progression. Gynecol Oncol 130:579–587. https://doi.org/10.1016/j.ygyno.2013.05.027
22. Klapdor R, Wang S, Hacker U, Buning H, Morgan M, Dork T, Hillemanns P, Schambach A (2017) Improved killing of ovarian cancer stem cells by combining a novel chimeric antigen receptor-based immunotherapy and chemotherapy. Hum Gene Ther 28:886–896. https://doi. org/10.1089/hum.2017.168
23. Wang Y, Shao F, Chen L (2018) Aldh1a2 suppresses epithelial ovarian cancer cell proliferation and migration by downregulating stat3. Onco Targets Ther 11:599–608. https://doi.org/10. 2147/ott.s145864
24. Wang YC, Yo YT, Lee HY, Liao YP, Chao TK, Su PH, Lai HC (2012) Aldh1-bright epithelial ovarian cancer cells are associated with cd44 expression, drug resistance, and poor clinical outcome. Am J Pathol 18:1159–1169. https://doi.org/10.1016/j.ajpath.2011.11.015
25. Januchowski R, Wojtowicz K, Sterzyska K, Sosiska P, Andrzejewska M, Zawierucha P, Nowicki M, Zabel M (2016) Inhibition of aldh1a1 activity decreases expression of drug transporters and reduces chemotherapy resistance in ovarian cancer cell lines. Int J Biochem Cell Biol 78:248–259. https://doi.org/10.1016/j.biocel.2016.07.017
26. Ng PM, Lufkin T (2011) Embryonic stem cells: Protein interaction networks. Biomol Concepts 2:13–25. https://doi.org/10.1515/bmc.2011.008
27. Yu Z, Pestell TG, Lisanti MP, Pestell RG (2012) Cancer stem cells. Int J Biochem Cell Biol 44:2144–2151. https://doi.org/10.1016/j.biocel.2012.08.022
28. Wen Y, Hou Y, Huang Z, Cai J, Wang Z (2017) Sox2 is required to maintain cancer stem cells in ovarian cancer. Cancer Sci 108:719–731. https://doi.org/10.1111/cas.13186
29. Kenda Suster N, Frkovic Grazio S, Virant-Klun I, Verdenik I, Smrkolj S (2017) Cancer stem cell-related marker nanog expression in ovarian serous tumors: a clinicopathological study of 159 cases. Int J Gynecol Cancer 27:2006–2013. https://doi.org/10.1097/igc.000000000000 1105]
30. Ruan Z, Yang X, Cheng W (2019) Oct4 accelerates tumorigenesis through activating jak/stat signaling in ovarian cancer side population cells. Cancer Manag Res 11:389–399. https://doi. org/10.2147/cmar.s180418
31. Siu MK, Wong ES, Kong DS, Chan HY, Jiang L, Wong OG, Lam EW, Chan KK, Ngan HY, Le XF, Cheung AN (2013) Stem cell transcription factor nanog controls cell migration and invasion via dysregulation of e-cadherin and foxj1 and contributes to adverse clinical outcome in ovarian cancers. Oncogene 32:3500–3509. https://doi.org/10.1038/onc.2012.363
32. Lee M, Nam EJ, Kim SW, Kim S, Kim JH, Kim YT (2012) Prognostic impact of the cancer stem cell-related marker nanog in ovarian serous carcinoma. Int J Gynecol Cancer 22:1489–1496. https://doi.org/10.1097/IGJ.0b013e3182738307
33. Pan Y, Jiao J, Zhou C, Cheng Q, Hu Y, Chen H (2010) Nanog is highly expressed in ovarian serous cystadenocarcinoma and correlated with clinical stage and pathological grade. Pathobiology 77:283–288. https://doi.org/10.1159/000320866
34. Hu L, McArthur C, Jaffe RB (2010) Ovarian cancer stem-like side-population cells are tumourigenic and chemoresistant. Br J Cancer 102:1276–1283. https://doi.org/10.1038/sj.bjc. 6605626
35. Dou J, Jiang C, Wang J, Zhang X, Zhao F, Hu W, He X, Li X, Zou D, Gu N (2011) Using abcg2-molecule-expressing side population cells to identify cancer stem-like cells in a human ovarian cell line. Cell Biol Int 35:227–234. https://doi.org/10.1042/cbi20100347
36. Kobayashi Y, Seino K, Hosonuma S, Ohara T, Itamochi H, Isonishi S, Kita T, Wada H, Kojo S, Kiguchi K (2011) Side population is increased in paclitaxel-resistant ovarian cancer cell lines regardless of resistance to cisplatin. Gynecol Oncol 121:390–394. https://doi.org/10.1016/j. ygyno.2010.12.366
37. Jiang H, Lin X, Liu Y, Gong W, Ma X, Yu Y, Xie Y, Sun X, Feng Y, Janzen V, Chen T (2012) Transformation of epithelial ovarian cancer stemlike cells into mesenchymal lineage via emt results in cellular heterogeneity and

supports tumor engraftment. Mol Med 18:1197–1208. https://doi.org/10.2119/molmed.2012.00075
38. Zhou BB, Zhang H, Damelin M, Geles KG, Grindley JC, Dirks PB (2009) Tumour-initiating cells: Challenges and opportunities for anticancer drug discovery. Nat Rev Drug Discov 8:806– 823. https://doi.org/10.1038/nrd2137
39. Parte SC, Batra SK, Kakar SS (2018) Characterization of stem cell and cancer stem cell populations in ovary and ovarian tumors. J Ovarian Res 11:69. https://doi.org/10.1186/s13048-018-0439-3
40. Virant-Klun I, Zech N, Rozman P, Vogler A, Cvjeticanin B, Klemenc P, Malicev E, Meden-Vrtovec H (2008) Putative stem cells with an embryonic character isolated from the ovarian surface epithelium of women with no naturally present follicles and oocytes. Differentiation 76:843–856. https://doi.org/10.1111/j.1432-0436.2008.00268.x
41. Parte S, Bhartiya D, Telang J, Daithankar V, Salvi V, Zaveri K, Hinduja I (2011) Detection, characterization, and spontaneous differentiation in vitro of very small embryonic-like putative stem cells in adult mammalian ovary. Stem Cells Dev 20:1451–1464. https://doi.org/10.1089/ scd.2010.0461
42. Virant-Klun I, Skutella T, Kubista M, Vogler A, Sinkovec J, Meden-Vrtovec H (2013) Expression of pluripotency and oocyte-related genes in single putative stem cells from human adult ovarian surface epithelium cultured in vitro in the presence of follicular fluid. Biomed Res Int 2013:861460. https://doi.org/10.1155/2013/861460
43. Ratajczak MZ, Zuba-Surma EK, Wysoczynski M, Ratajczak J, Kucia M (2008) Very small embryonic-like stem cells: characterization, developmental origin, and biological significance. Exp Hematol 36:742–751. https://doi.org/10.1016/j.exphem.2008.03.010
44. Liu J (2018) The dualistic origin of human tumors. Semin Cancer Biol 53:1–16. https://doi. org/10.1016/j.semcancer.2018.07.004
45. Kenda Suster N, Smrkolj S, Virant-Klun I (2017) Putative stem cells and epithelial- mesenchymal transition revealed in sections of ovarian tumor in patients with serous ovarian carcinoma using immunohistochemistry for vimentin and pluripotency-related markers. J Ovarian Res 10:11. https://doi.org/10.1186/s13048-017-0306-7
46. Yang J, Weinberg RA (2008) Epithelial-mesenchymal transition: At the crossroads of development and tumor metastasis. Dev Cell 14:818–829. https://doi.org/10.1016/j.devcel.2008. 05.009
47. Yan H, Sun Y (2014) Evaluation of the mechanism of epithelial-mesenchymal transition in human ovarian cancer stem cells transfected with a ww domain-containing oxidoreductase gene. Oncol Lett 8:426–430. https://doi.org/10.3892/ol.2014.2063
48. Cioce M, Ciliberto G (2012) On the connections between cancer stem cells and emt. Cell Cycle 11: 4301–4302. https://doi.org/10.4161/cc.22809
49. Lam SS, Mak AS, Yam JW, Cheung AN, Ngan HY, Wong AS (2014) Targeting estrogen-related receptor alpha inhibits epithelial-to-mesenchymal transition and stem cell properties of ovarian cancer cells. Mol Ther 22:743–751. https://doi.org/10.1038/mt.2014.1
50. Davidson B, Holth A, Hellesylt E, Tan TZ, Huang RY, Trope C, Nesland JM, Thiery JP (2015) The clinical role of epithelial-mesenchymal transition and stem cell markers in advanced-stage ovarian serous carcinoma effusions. Hum Pathol 46:1–8. https://doi.org/10.1016/j.humpath. 2014.10.004
51. Li X, Yang J, Wang X, Li X, Liang J, Xing H (2016) Role of twist2, e-cadherin and vimentin in epithelial ovarian carcinogenesis and prognosis and their interaction in cancer progression. Eur J Gynaecol Oncol 37:100–108
52. Colombo N, Sessa C, du Bois A, Ledermann J, McCluggage WG, McNeish I, Morice P, Pignata S, Ray-Coquard I, Vergote I, Baert T, Belaroussi I, Dashora A, Olbrecht S, Planchamp F, Querleu D (2019) Esmo-esgo consensus conference recommendations on ovarian cancer: Pathology and molecular biology, early and advanced stages, borderline tumours and recurrent disease†. Ann Oncol Off J Eur Soc Med Oncol 30:672–705. https://doi.org/10.1093/annonc/ mdz062
53. Ho CM, Chang SF, Hsiao CC, Chien TY, Shih DT (2012) Isolation and characterization of stromal progenitor cells from ascites of patients with epithelial ovarian adenocarcinoma. J Biomed Sci 19:23. https://doi.org/10.1186/1423-0127-19-23
54. Latifi A, Luwor RB, Bilandzic M, Nazaretian S, Stenvers K, Pyman J, Zhu H, Thompson EW, Quinn MA, Findlay JK, Ahmed N (2012) Isolation and characterization of tumor cells from the ascites of ovarian cancer patients:

molecular phenotype of chemoresistant ovarian tumors. PLoS ONE 7:e46858. https://doi.org/10.1371/journal.pone.0046858

55. Liao J, Qian F, Tchabo N, Mhawech-Fauceglia P, Beck A, Qian Z, Wang X, Huss WJ, Lele SB, Morrison CD, Odunsi K (2014) Ovarian cancer spheroid cells with stem cell-like properties contribute to tumor generation, metastasis and chemotherapy resistance through hypoxia-resistant metabolism. PLoS One 9:e84941. https://doi.org/10.1371/journal.pone.008 4941
56. Mo L, Bachelder RE, Kennedy M, Chen PH, Chi JT, Berchuck A, Cianciolo G, Pizzo SV (2015) Syngeneic murine ovarian cancer model reveals that ascites enriches for ovarian cancer stem-like cells expressing membrane grp78. Mol Cancer Ther 14:747–756. https://doi.org/10. 1158/1535-7163.mct-14-0579
57. Tan DSP, Agarwal R, Kaye SB (2006) Mechanisms of transcoelomic metastasis in ovarian cancer. Lancet Oncol 7:925–934. https://doi.org/10.1016/S1470-2045(06)70939-1
58. Kim S, Kim S, Kim J, Kim B, Kim SI, Kim MA, Kwon S, Song YS (2018) Evaluating tumor evolution via genomic profiling of individual tumor spheroids in a malignant ascites. Sci Rep 8:12724. https://doi.org/10.1038/s41598-018-31097-y
59. Dontu G, Abdallah WM, Foley JM, Jackson KW, Clarke MF, Kawamura MJ, Wicha MS (2003) In vitro propagation and transcriptional profiling of human mammary stem/progenitor cells. Genes Dev 17:1253–1270. https://doi.org/10.1101/gad.1061803
60. Clevers H (2011) The cancer stem cell: Premises, promises and challenges. Nat Med 17:313–319. https://doi.org/10.1038/nm.2304
61. Chen W, Dong J, Haiech J, Kilhoffer MC, Zeniou M (2016) Cancer stem cell quiescence and plasticity as major challenges in cancer therapy. Stem Cerlls Int 2016:1740936. https://doi.org/ 10.1155/2016/1740936
62. Takeishi S, Nakayama KI (2016) To wake up cancer stem cells, or to let them sleep, that is the question. Cancer Sci 107:875–881. https://doi.org/10.1111/cas.12958
63. Raspollini MR, Amunni G, Villanucci A, Baroni G, Taddei A, Taddei GL (2004) C-kit expres- sion and correlation with chemotherapy resistance in ovarian carcinoma: an immunocytochem- ical study. Ann Oncol Off J Eur Soc Med Oncol 15:594–597
64. Zhang W, Liu Y, Sun N, Wang D, Boyd-Kirkup J, Dou X, Han JD (2013) Integrating genomic, epigenomic, and transcriptomic features reveals modular signatures underlying poor prognosis in ovarian cancer. Cell Rep 4:542–553. https://doi.org/10.1016/j.celrep.2013.07.010
65. Tan TZ, Miow QH, Huang RY, Wong MK, Ye J, Lau JA, Wu MC, Bin Abdul Hadi LH, Soong R, Choolani M, Davidson B, Nesland JM, Wang LZ, Matsumura N, Mandai M, Konishi I, Goh BC, Chang JT, Thiery JP, Mori S (2013) Functional genomics identifies five distinct molecular subtypes with clinical relevance and pathways for growth control in epithelial ovarian cancer. EMBO Mol Med 5:1051–1066. https://doi.org/10.1002/emmm.201201823
66. Zong X, Nephew KP (2019) Ovarian cancer stem cells: role in metastasis and opportunity for therapeutic targeting. Cancers (Basel) 11:934. https://doi.org/10.3390/cancers11070934
67. Saygin C, Matei D, Majeti R, Reizes O, Lathia JD (2019) Targeting cancer stemness in the clinic: from hype to hope. Cell Stem Cell 24:25–40. https://doi.org/10.1016/j.stem.2018.11.017
68. Su D, Deng H, Zhao X, Zhang X, Chen L, Chen X, Li Z, Bai Y, Wang Y, Zhong Q, Yi T, Qian Z, Wei Y (2009) Targeting cd24 for treatment of ovarian cancer by short hairpin rna. Cytotherapy 11:642–652. https://doi.org/10.1080/14653240902878308
69. Chen C, Zhao S, Karnad A, Freeman JW (2018) The biology and role of cd44 in cancer progression: therapeutic implications. J Hematol Oncol 11:64. https://doi.org/10.1186/s13045- 018-0605-5
70. Lee SJ, Ghosh SC, Han HD, Stone RL, Bottsford-Miller J, Shen DY, Auzenne EJ, Lopez-Araujo A, Lu C, Nishimura M, Pecot CV, Zand B, Thanapprapasr D, Jennings NB, Kang Y, Huang J, Hu W, Klostergaard J, Sood AK (2012) Metronomic activity of cd44-targeted hyaluronic acid-paclitaxel in ovarian carcinoma. Clin Cancer Res 18:4114–4121. https://doi.org/10.1158/ 1078-0432.CCR-11-3250

71. Zhang R, Zhang P, Wang H, Hou D, Li W, Xiao G, Li C (2015) Inhibitory effects of metformin at low concentration on epithelial-mesenchymal transition of CD44(+)CD117(+) ovarian cancer stem cells. Stem Cell Res Ther 6:262–262. https://doi.org/10.1186/s13287-015-0249-0

72. Shank JJ, Yang K, Ghannam J, Cabrera L, Johnston CJ, Reynolds RK, Buckanovich RJ (2012) Metformin targets ovarian cancer stem cells in vitro and in vivo. Gynecol Oncol 127:390–397. https://doi.org/10.1016/j.ygyno.2012.07.115

73. Huddle BC, Grimley E, Buchman CD, Chtcherbinine M, Debnath B, Mehta P, Yang K, Morgan CA, Li S, Felton J, Sun D, Mehta G, Neamati N, Buckanovich RJ, Hurley TD, Larsen SD (2018) Structure-based optimization of a novel class of aldehyde dehydrogenase 1a (aldh1a) subfamily-selective inhibitors as potential adjuncts to ovarian cancer chemotherapy. J Med Chem 61:8754–8773. https://doi.org/10.1021/acs.jmedchem.8b00930

74. Chefetz I, Grimley E, Yang K, Hong L, Vinogradova EV, Suciu R, Kovalenko I, Karnak D, Morgan CA, Chtcherbinine M, Buchman C, Huddle B, Barraza S, Morgan M, Bernstein KA, Yoon E, Lombard DB, Bild A, Mehta G, Romero I, Chiang C-Y, Landen C, Cravatt B, Hurley TD, Larsen SD, Buckanovich RJ (2019) A pan-aldh1a inhibitor induces necroptosis in ovarian cancer stem-like cells. Cell Rep 26:3061-3075.e3066. https://doi.org/10.1016/j.celrep.2019. 02.032

75. Nwani NG, Condello S, Wang Y, Swetzig WM, Barber E, Hurley T, Matei D (2019) A novel aldh1a1 inhibitor targets cells with stem cell characteristics in ovarian cancer. Cancers (Basel) 11:502. https://doi.org/10.3390/cancers11040502

76. Takebe N, Harris PJ, Warren RQ, Ivy SP (2011) Targeting cancer stem cells by inhibiting wnt, notch, and hedgehog pathways. Nat Rev Clinical Oncol 8:97–106. https://doi.org/10.1038/nrc linonc.2010.196

77. Takebe N, Miele L, Harris PJ, Jeong W, Bando H, Kahn M, Yang SX, Ivy SP (2015) Targeting notch, hedgehog, and wnt pathways in cancer stem cells: Clinical update. Nat Rev Clin Oncol 12:445–464. https://doi.org/10.1038/nrclinonc.2015.61

78. Krishnamurthy N, Kurzrock R (2018) Targeting the wnt/beta-catenin pathway in cancer: update on effectors and inhibitors. Cancer Treat Rev 62:50–60. https://doi.org/10.1016/j.ctrv.2017. 11.002

79. Le PN, McDermott JD, Jimeno A (2015) Targeting the wnt pathway in human cancers: therapeutic targeting with a focus on omp-54f28. Pharmacol Ther 146:1–11. https://doi.org/10. 1016/j.pharmthera.2014.08.005

80. Jimeno A, Gordon M, Chugh R, Messersmith W, Mendelson D, Dupont J, Stagg R, Kapoun AM, Xu L, Uttamsingh S, Brachmann RK, Smith DC (2017) A first-in-human phase i study of the anticancer stem cell agent ipafricept (omp-54f28), a decoy receptor for wnt ligands, in patients with advanced solid tumors. Clin Cancer Res 23:7490–7497. https://doi.org/10.1158/ 1078-0432.ccr-17-2157

81. Takebe N, Nguyen D, Yang SX (2014) Targeting notch signaling pathway in cancer: clinical development advances and challenges. Pharmacol Ther 141:140–149. https://doi.org/10.1016/ j.pharmthera.2013.09.005

82. Espinoza I, Pochampally R, Xing F, Watabe K, Miele L (2013) Notch signaling: targeting cancer stem cells and epithelial-to-mesenchymal transition. Onco Targets Ther 6:1249–1259. https://doi.org/10.2147/ott.s36162

83. McAuliffe SM, Morgan SL, Wyant GA, Tran LT, Muto KW, Chen YS, Chin KT, Partridge JC, Poole BB, Cheng K-H, Daggett J Jr, Cullen K, Kantoff E, Hasselbatt K, Berkowitz J, Muto MG, Berkowitz RS, Aster JC, Matulonis UA, Dinulescu DM (2012) Targeting notch, a key pathway for ovarian cancer stem cells, sensitizes tumors to platinum therapy. Proc Natl Acad Sci U S A 109:E2939–E2948. https://doi.org/10.1073/pnas.1206400109

84. Diaz-Padilla I, Wilson MK, Clarke BA, Hirte HW, Welch SA, Mackay HJ, Biagi JJ, Reedijk M, Weberpals JI, Fleming GF, Wang L, Liu G, Zhou C, Blattler C, Ivy SP, Oza AM (2015) A phase ii study of single-agent ro4929097, a gamma-secretase inhibitor of notch signaling, in patients with recurrent platinum-resistant epithelial ovarian cancer: a study of the princess margaret, chicago and california phase ii consortia. Gynecol Oncol 137:216–222. https://doi.org/10.1016/j.ygyno.2015.03.005

85. Chiorean EG, LoRusso P, Strother RM, Diamond JR, Younger A, Messersmith WA, Adriaens L, Liu L, Kao RJ, DiCioccio AT, Kostic A, Leek R, Harris A, Jimeno A (2015) A phase i first- in-human study of enoticumab (regn421), a fully human delta-like ligand 4 (dll4) monoclonal antibody in patients with advanced solid tumors. Clin Cancer

Res 21:2695. https://doi.org/10. 1158/1078-0432.CCR-14-2797

86. Chen X, Gong L, Ou R, Zheng Z, Chen J, Xie F, Huang X, Qiu J, Zhang W, Jiang Q, Yang Y, Zhu H, Shi Z, Yan X (2016) Sequential combination therapy of ovarian cancer with cisplatin and γ-secretase inhibitor mk-0752. Gynecol Oncol 140:537–544. https://doi.org/10.1016/j.ygyno. 2015.12.011
87. Balch C, Fang F, Matei DE, Huang THM, Nephew KP (2009) Minireview: epigenetic changes in ovarian cancer. Endocrinology 150:4003–4011
88. Balch C, Nephew KP (2010) The role of chromatin, micrornas, and tumor stem cells in ovarian cancer. Cancer Biomark 8:203–221. https://doi.org/10.3233/cbm-2011-0214
89. Mirzaei H, Yazdi F, Salehi R, Mirzaei HR (2016) Sirna and epigenetic aberrations in ovarian cancer. J Cancer Res Ther 12:498–508. https://doi.org/10.4103/0973-1482.153661
90. Smith HJ, Straughn JM, Buchsbaum DJ, Arend RC (2017) Epigenetic therapy for the treatment of epithelial ovarian cancer: a clinical review. Gynecol Oncol Rep 20:81–86. https://doi.org/ 10.1016/j.gore.2017.03.007
91. Jones BA, Varambally S, Arend RC (2018) Histone methyltransferase ezh2: a therapeutic target for ovarian cancer. Mol Cancer Ther 17:591–602. https://doi.org/10.1158/1535-7163.mct-17- 0437
92. Liang D, Ma Y, Liu J, Trope CG, Holm R, Nesland JM, Suo Z (2012) The hypoxic microen- vironment upgrades stem-like properties of ovarian cancer cells. BMC Cancer 12:201. https:// doi.org/10.1186/1471-2407-12-201
93. Katz E, Skorecki K, Tzukerman M (2009) Niche-dependent tumorigenic capacity of malignant ovarian ascites-derived cancer cell subpopulations. Clinic Cancer Res 15:70. https://doi.org/ 10.1158/1078-0432.CCR-08-1233

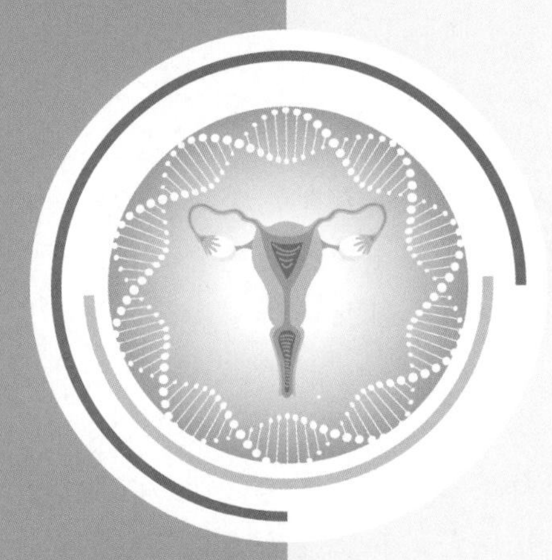

第6章

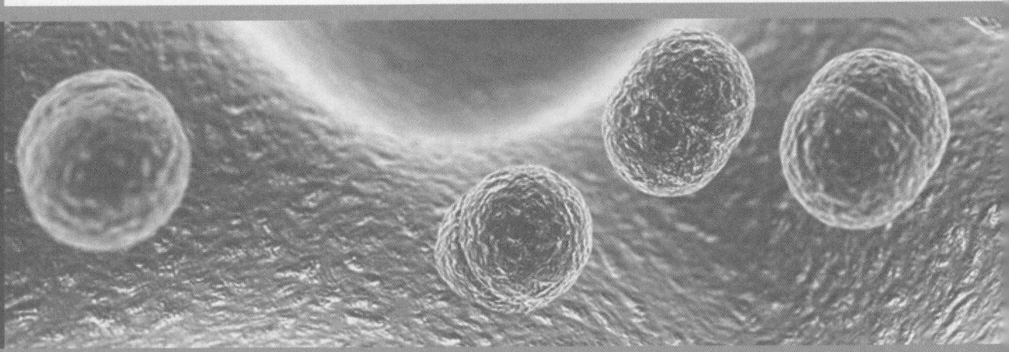

精原干细胞的新发现

Sabine Conrad, Hossein Azizi, Mehdi Amirian,
Maryam Hatami, Thomas Skutella

摘要

导言：掌握人类精原干细胞（SSCs）的分子特征，是男性不育的诊断和治疗、生殖干细胞治疗策略的制定，以及在辅助生殖管理中如何处理生殖细胞的重要前提。此外，还必须更深入了解睾丸癌，并在未来开发出更好、更个性化的诊断和治疗方案（包括转分化和重编程的SSCs）。

方法：总结有关精原干细胞的新发现。

结果：尽管有睾丸细胞单细胞基因组学和人类蛋白质图谱等分子工具，但在现阶段，有关人类睾丸基因和蛋白质的科学知识在细胞特异性定位和功能方面仍未得到充分验证。建立生理阶段（包括所有不同年龄段）和病理阶段的睾丸全基因组特异性分子图谱，对于整理我们现有的知识、提高对人类生殖生物学和疾病的分子认识具有重要意义。

结论：对分子调控因子和相互作用组的深入了解将促进有关SSC选择、SSC培养、体外精子生成和SCC可塑性的研究。

关键词：供体年龄、胚胎生殖细胞、胚胎干细胞、生殖干细胞、人类成体生殖干细胞、诱导多能干细胞、自然再编辑、多能性、原始生殖细胞、小分子

专业术语中英文对照

英文缩写	英文全称	中　文
ACVR1B	Activin A receptor type 1B	激活素A受体1B型
ACVR2B	Activin A receptor type 2B	激活素A受体2B型
AdVac	A-dark spermatogonium with nuclear dilution zone	带有核稀释区的A-暗色精原细胞
AdNoVac	A-dark spermatogonium without nuclear vacuole	A-无核液泡的暗色精原细胞
AMBRA1	Autophagy and beclin 1 regulator 1	自噬和Beclin 1调节因子1
ALDOA	Aldolase, fructose-bisphosphate A	A醛缩酶，果糖二磷酸A
BAMBI	BMP and activin membrane-bound inhibitor	BMP和激活素膜结合抑制因子
Bcl-2	Bcl-2 apoptosis regulator	Bcl-2细胞凋亡调节器
BMPR1B	Bone morphogenetic protein receptor type 1B	骨形态发生蛋白受体1B型
C3orf22	Chromosome 3 open reading frame 22	染色体3开放阅读框22
CADH1	Cadherin 1 (CDH1)	钙黏蛋白1（CDH1）
CD	Cluster of differentiation	分化群
CD9	CD9 molecule	CD9分子
CDK	Cyclin-dependent kinase	依赖细胞周期蛋白的激酶
CELF4	CUGBP Elav-like family member 4	CUGBP Elav样家族成员4
C-MYC	C-MYC proto-oncogene, BHLH transcription factor	C-MYC原癌基因，BHLH转录因子
$COL_1\alpha2$	Collagen type Ⅰ alpha 2 chain	Ⅰ型胶原蛋白α_2链
DA	Dopamine, dopaminergic neurons	多巴胺、多巴胺能神经元
DAZL	Deleted in azoospermia like	无精子症中的删除因子
DCAF4L1	DDB1 and CUL4 associated factor 4 like 1	DDB1和CUL4相关因子4类1
DDX4	DEAD-box helicase 4 (VASA)	DEAD盒解旋酶4（VASA）
DEG	Differentially expressed genes	差异表达基因
DMRT1	Doublesex and mab-3-related transcription factor 1	双倍性和mab-3相关转录因子1

续表

英文缩写	英文全称	中　文
DOCK8	Dedicator of cytokinesis 8	细胞分裂专用因子8
DUSP6	Dual specificity phosphatase 6	双特异性磷酸酶6
DVL1	Dishevelled segment polarity protein 1	分裂节段极性蛋白1
EDNRA	Endothelin receptor type A	A型内皮素受体
EGC	Embryonic germ cell	胚胎生殖细胞
EGR4	Early growth response 4	早期生长应答4
EIF2	Eukaryotic translation initiation factor 2	真核翻译起始因子2
EIF4B	Eukaryotic translation initiation factor 4B	真核翻译起始因子4B
EIF4E	Eukaryotic translation initiation factor 4E	真核翻译起始因子4E
EIF4EBP1	Eukaryotic translation initiation factor 4E-binding protein 1	真核生物翻译起始因子4E结合蛋白1
ELAVL2	ELAV-like RNA binding protein 2	ELAV样RNA结合蛋白2
ENO2	Enolase 2	烯醇化酶2
ENO3	Enolase 3	烯醇化酶3
EOMES	Eomesodermin	表皮生长因子
EPHA2	EPH receptor A2	EPH受体A2
ESC	Embryonic stem cell	胚胎干细胞
ETV5	ETS variant transcription factor 5	ETS变异转录因子5
FACS	Fluorescence-activated cell sorting	荧光激活细胞分选
FGF	Fibroblast growth factor	成纤维细胞生长因子
FGFR3	Fibroblast growth factor receptor 3	成纤维细胞生长因子受体3
FSD1	Fibronectin type III and SPRY domain containing 1	含纤毛黏蛋白Ⅲ型和SPRY结构域的1
Fibs	Fibroblast	成纤维细胞
FSHR	Follicle-stimulating hormone receptor	卵泡刺激素受体
FST	Follistatin	绒毛膜促性腺激素
GAD1	Glutamate decarboxylase 1	谷氨酸脱羧酶1
GATA4	GATA binding protein 4	GATA结合蛋白4
GDF3	Growth differentiation factor 3	生长分化因子3
GDNF	Glial cell-derived neurotrophic factor	源性神经营养因子
GFP	Green fluorescent protein	绿色荧光蛋白
GFRα_1	GDNF family receptor alpha 1	GDNF家族受体α_1
GiPSC	GSCs-derived iPSC	源自GSCs的iPSC
GPR125	Adhesion G protein-coupled receptor A3 (ADGRA3)	黏附G蛋白偶联神经胶质细胞受体A3（ADGRA3）
GSC	Germ stem cell	生殖干细胞
h	Human	人类
haGSC	Human adult germ stem cell	人类成体生殖干细胞
hFibs	Human fibroblasts	人类成纤维细胞
ICA1L	Islet cell autoantigen 1 like	类胰岛细胞自身抗原1
ID4	Inhibitor of DNA binding 4, HLH protein	DNA结合抑制因子4，HLH蛋白Ⅰ
INTGA6	Integrin A6	整合素A6
iPSC	Induced pluripotent stem cell	诱导多能干细胞
Kit	Kit proto-oncogene, receptor tyrosine kinase	Kit原癌基因，受体酪氨酸激酶
KLF4	Krüppel-like factor 4	Krüppel样因子4
KLF6	Krüppel-like factor 6	Krüppel样因子6
LATS2	Large tumor suppressor kinase 2	大型肿瘤抑制激酶2

续表

英文缩写	英文全称	中 文
L1TD1	LINE1-type transposase domain containing 1	含线粒体1型转座酶结构域的基因1
LIF	Leukemia inhibitory factor	白血病抑制因子
LIN-28	Lin-28 homolog A	LIN-28同源物A
LPPR3	Phospholipid phosphatase-related 3	磷脂磷酸酶相关3
LY6K	Lymphocyte antigen 6 family member K	淋巴细胞抗原6家族成员K
MACS	Magnetic-activated cell sorting	磁激活细胞分选
MAGEA4	MAGE family member A4	MAGE家族成员A4
MAGEC1	MAGE family member C1	MAGE家族成员C1
MCM7	Minichromosome maintenance complex component 7	最小染色体维护复合体元件7
MEF	Mouse embryonic fibroblast	小鼠胚胎成纤维细胞
MKI67	Marker of proliferation Ki67	增殖标记Ki67
MLST8	MTOR-associated protein, LST8 homolog	MTOR相关蛋白，LST8同源物
mRNA	Messenger ribonucleic acid	信使核糖核酸
MSC	Mesenchymal stem cell	间充质干细胞
mTOR	Mechanistic/mammalian target of rapamycin kinase	雷帕霉素激酶的机制/哺乳动物靶点
NANOG	Nanog homeobox	NANOG同源染色体
NANOS2	Nanos C2HC-type zinc finger 2	纳米C2HC型锌指2
NANOS3	Nanos C2HC-type zinc finger 3	纳米C2HC型锌指3
NOG	Noggin	类器官细胞因子
OCT4	Octamer-binding transcription factor 4	八聚体结合转录因子4
p21	Cyclin-dependent kinase inhibitor 1	依赖细胞周期蛋白的激酶抑制剂1
p53	Tumor protein p53	肿瘤蛋白p53
PABPC1	Poly(A) binding protein cytoplasmic 1	细胞质多聚（A）结合蛋白1
PASD1	PAS domain-containing repressor 1	含PAS结构域的抑制因子1
PAX7	Paired box 7	成对盒7
PDGFRα	Platelet-derived growth factor receptor alpha	血小板衍生生长因子受体α
PFKL	Phosphofructokinase, liver type	磷酸果激酶，肝脏型
PGC	Primordial germ cell	原始生殖细胞
PHGDH	Phosphoglycerate dehydrogenase	磷酸甘油酸脱氢酶
PIWIL4	Piwi-like RNA-mediated gene silencing 4	Piwi-like RNA介导的基因沉默4
PLZF	Zinc finger and BTB domain containing 16 (ZBTB16)	含锌指和BTB结构域16（ZBTB16）
POU5F1	POU class 5 homeobox 1	POU第5类同源染色体1
PPP1R36	Protein phosphatase 1 regulatory subunit 36	蛋白磷酸酶1调节亚基36
PPRC1	PPARG-related coactivator 1	PPARG相关辅激活子1
PTPN13	Protein tyrosine phosphatase non-receptor type 13	蛋白酪氨酸磷酸酶非受体13型
PVR	PVR cell adhesion molecule	PVR细胞黏附分子
RA	Retinoic acid	视黄酸
RHOX10	Rhox homeobox family member 10	Rhox同源连接器家族成员10
RHOX13	Rhox homeobox family member 13	Rhox同源连接器家族成员13
RHOXF1	Rhox homeobox family member 1	Rhox同源连接器家族成员1
RNA	Ribonucleic acid	核糖核酸
RNAi	Ribonucleic acid interference	核糖核酸干扰
RPTOR	Regulatory-associated protein of MTOR complex 1	MTOR复合物1的调控相关蛋白
RT-PCR	Reverse transcription polymerase chain reaction	逆转录聚合酶链式反应
SAGE1	Sarcoma antigen 1	肉瘤抗原1
SALL4	Spalt-like transcription factor 4	Spalt样转录因子4

续表

英文缩写	英文全称	中　文
SCF	Stem cell factor	干细胞因子
SCOS	Sertoli-cell-only-syndrome	单纯睾丸支持细胞综合征
scRNA	Small conditional RNA	小条件核糖核酸
scRNA-seq	Single-cell RNA sequencing	单细胞RNA测序
SERINC2	Serine incorporator 2	丝氨酸整合因子2
SIX1	SIX homeobox 1	SIX同源连接器1
SOX2	SRY-box transcription factor 2	SRY－盒转录因子2
SPATS2L	Spermatogenesis-associated serine-rich 2 like	精子发生相关的富丝氨酸2类似物
SPG	Spermatogonium, spermatogonia	精子、精原细胞
SSC	Spermatogonial stem cell	精原干细胞
SSEA-1	Stage-specific embryonic antigen-1	阶段特异性胚胎抗原-1
SSEA-4	Stage-specific embryonic antigen-4	阶段特异性胚胎抗原-4
ST3GAL2	ST3 beta-galactoside alpha-2,3-sialyltransferase 2	ST3 β-半乳糖苷α-2，3-氨酰基转移酶2
STRA8	Stimulated by retinoic acid 8	视黄酸刺激因子8
SUSD2	Sushi domain containing 2	Sushi结构域2
SV40T	SV40 large T antigen	SV40大T抗原
TAZ	Tafazzin PDZ-binding motif	Tafazzin PDZ结合基序
TCF3	Transcription factor 3	转录因子3
TCL1	TCL1 family AKT coactivator	TCL1家族AKT辅激活因子
TCN1	Transcobalamin 1	转钴胺1
TCN2	Transcobalamin 2	转钴胺2
TERT	Telomerase reverse transcriptase	端粒酶逆转录酶
TEX15	Testis expressed 15, meiosis and synapsis associated	睾丸表达15，减数分裂和突触相关
TGF-α	Transforming growth factor alpha	转化生长因子α
TGF-βR	Transforming growth factor beta receptor	转化生长因子-β受体
TIMP2	TIMP metallopeptidase inhibitor 2	TIMP金属肽酶抑制剂2
TOP2α	DNA topoisomerase II alpha	DNA拓扑异构酶Ⅱα
TPI1	Triosephosphate isomerase 1	磷酸三糖异构酶1
TRA-1-60	T cell receptor alpha locus-1-60	T细胞受体A位点-1-60
TRA-1-81	T cell receptor alpha locus-1-81	T细胞受体A位点-1-81
TSPAN8	Tetraspanin 8	四跨蛋白8
TSPAN33	Tetraspanin 33	四泛蛋白33
TPH1	Tryptophan hydroxylase 1	色氨酸羟化酶1
TRP53	Tumor protein p53	肿瘤蛋白p53
TSPYL1	Testis-specific Y-encoded-like protein 1	睾丸特异性Y编码样蛋白1
TTC14	Tetratricopeptide repeat domain 14	四肽重复结构域14
UCHL1	Ubiquitin C-terminal hydrolase L1	泛素C端水解酶L1
USF3	Upstream transcription factor family member 3	上游转录因子家族成员3
UTF1	Undifferentiated embryonic cell transcription factor 1	未分化胚胎细胞转录因子1
VASA	Vasa homolog (DDX4)	VASA同源物（DDX4）
ZBTB16	Zinc finger and BTB domain containing 16	含锌指和BTB结构域16
ZBTB33	Zinc finger and BTB domain containing 33	含锌指和BTB结构域33
ZFHX3	Zinc finger homeobox 3	锌指同源物3
ZNF654	Zinc finger protein 654	锌指蛋白654
YAP	Yes1-associated transcriptional regulator	Yes1相关转录调节因子

一、导言

了解人类精原细胞和精子生成阶段（精母细胞、精子细胞、精子），以及睾丸支持细胞和睾丸曲细精管间质细胞的分子状态，是将这些细胞引入临床实验的先决条件。最近，人们对这些不同精原细胞类型和阶段的分子状况有了更加深入的了解，并建立了精确的全基因组、不同细胞类型特异性分子图谱。其中一个主要原因是开发了新的分子方法，如单细胞RNA测序和生物信息学，首次实现了对这些细胞不同群体的分子特征描述。

二、人类精子发生分子图谱/人类蛋白质图谱平台/睾丸特异性蛋白质组/单细胞RNA测序

1.人类蛋白质图谱：精原干细胞

人类蛋白质图谱是2003年推出的一个互联网平台。该平台的目标是描述和绘制细胞、组织和器官中所有人类蛋白质。该平台采用了各种“OMICS”技术，如基于抗体的成像技术、基于质谱的蛋白质组技术、转录组和系统生物学方法。所有知识资源数据都是开放的，允许科学家自由获取信息，以探索人类蛋白质组。对于SSC状态的分析，其局限性包括抗体缺失、成像所用抗体的特异性、免疫组化与同一基因的原位杂交无法验证等。由于精原干细胞（SSCs）不同状态（尤其是原始状态）在睾丸中的低丰度特性，常规筛查大量睾丸小管组织切片很有必要，但该工作目前可能超出此类技术平台的检测能力范围。人类蛋白质图谱中列出的主要在精原细胞中表达的基因/蛋白质包括DMRT1、PASD1、SAGE1、MAGEC1、ELAVL2和C3orf22。

2.选择、转录谱分析、单细胞基因组学和RNA测序：精原干细胞的生物标志物

与小鼠数据一致，人类生殖细胞最近也通过详细的转录谱进行了分析。这些生成的数据集也使人们更加关注精原细胞亚群的基因表达和蛋白质图谱。这些数据集的生物信息学分析扩展了未分化精原细胞不同状态更完整的基因图谱，以及精原细胞状态之间可能的双向转换。因此，这些策略的主要目的是建立一个平台，从人类睾丸组织中分离纯净的生精细胞群（精原细胞、精母细胞、圆形精子细胞、精子）和支持细胞（Sertoli细胞、Leydig细胞、内皮细胞和肌成纤维细胞），并对它们的基因表达谱进行分析，以绘制有关生育/不育和睾丸癌的精子发生分子图谱。特别是鉴定、分离和培养具有明显造血干细胞储备功能的人类基础造血干细胞群（图6.1），有助于进一步研究如何选择和繁殖造血干细胞来治疗男性疾病和不育症。

为了用RT-PCR进行单细胞基因表达分析，Neuhaus等人根据形态学标准人工分离了体外培养的人类精原细胞。他们的研究结果表明，根据形态学标准选出的细胞具有不同的转录特征。Jan等人利用激光捕获显微切片和随后的RNA测序技术，采用形态学标准从精子生成正常的成年男性睾丸组织中鉴定出精原细胞亚型（A-深色和A-浅色）、精母细胞（瘦素/合子、早期和晚期合子）和圆形精子的生精细胞池（每种生精细胞亚型各500个细

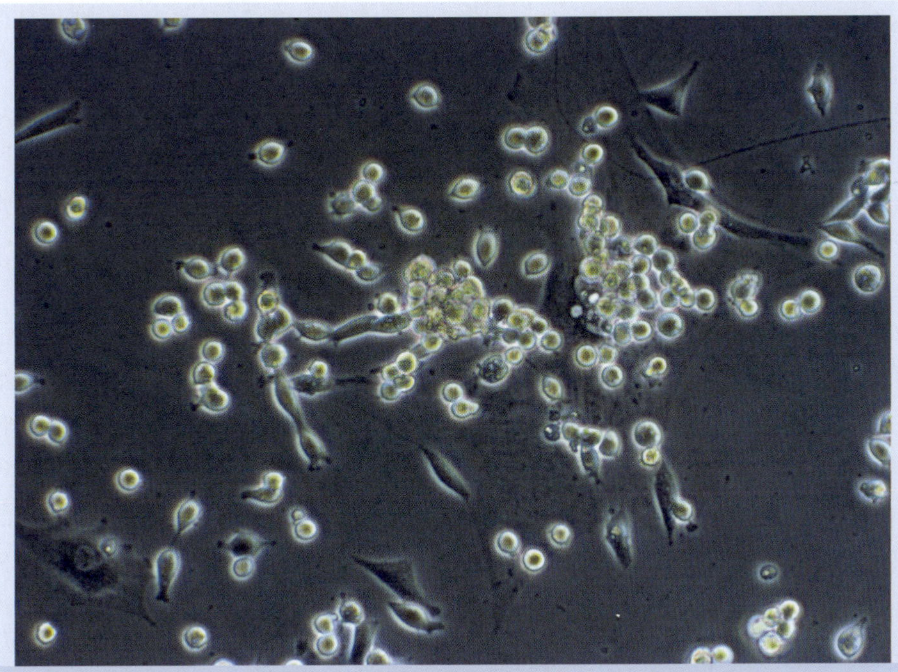

在倒置显微镜（20 倍物镜）下可观察到精原细胞典型的单个、成对或成群的圆形细胞，细胞核 / 细胞质比例较高，直径约为 10 μm。

图 6.1　在 CF1 饲养器上培养期间，人类睾丸精原细胞的典型代表性形态

（摘自 Conrad 等人的研究）

胞）。在这项研究中，B-精原细胞和前精母细胞被排除在外，因为这些生精细胞亚型的细胞数量达不到要求。RNA-Seq数据显示，在所分析的生殖细胞类型中，精原细胞的转录复杂性最高，在精子分化阶段则有所下降。与分化程度较高的细胞类型相比，A-深色和A-浅色的精原细胞也表现出较高的转录异质性。笔者认为，这两种类型的精原细胞不能被指定为一种明确的转录表达模式，从有丝分裂不活跃状态到活跃状态的转变可能受转录变化的调控。研究发现，谷氨酸脱羧酶1（GAD1）和色氨酸羟化酶1（TPH1）基因在A-暗色精原细胞中高表达，而在A-淡色精原细胞中低表达。这些基因抑制了小鼠SSCs的增殖。

此外，还可以观察到精原细胞已表达了大量基因，而这些基因在精子生成过程中才发挥作用。Caldeira-Brant等人在研究中利用形态学研究、动力学、细胞与管间血管的定位、蛋白质表达（UTF1、GFRA1和Kit）和增殖活性（MCM7）等方法，确定了一小部分人类后备SSC AdVac（$UTF1^+/GFRA1^-/MCM7^-$）。细胞是核稀释区（AdVac）A-dark的一个小亚群，构成了位于血管附近的人类后备SSC。在这一AdVac群体中，可以识别出一小部分（占未分化精原细胞A的2%）完全休眠的细胞，它们具有高表达的UTF1，但缺乏GFRA1。与此相反，无核液泡（AdNoVac）的A-暗型和Apale型未分化精原细胞群显示出相似的动态和高增殖能力。

单细胞基因组学的现代研究方法可高精度、高分辨率地解码干细胞、前体细胞和终末分化细胞类型的复杂细胞异质性。这种方法提供了划分细胞系层次和揭示分子细胞命运的可能性。从单细胞基因表达数据中进行伪时间估计的生物数学应用，实现了从原本静态的单细胞轮廓中提取时间信息。因此，单细胞RNA测序（scRNA-seq）的现代方法及其生物统计学阐述为研究人体组织和器官的发育与疾病提供了独特而强大的工具。通过对睾丸组织中的细胞进行大规模分析，无须使用初始分选或其他富集细胞程序，即可同时研究人类精子发生过程中细胞群的基因表达。这种方法在空间信息方面的局限性可通过使用正交试验验证的方法来弥补，如通过原位杂交、免疫组化或两者的结合对固定组织中的特定RNA或蛋白质进行共定位。

Gua等人从SSEA-4$^+$细胞中分析了单个人类精母细胞的单细胞转录组。他们的分析表明，一部分人类SSEA-4$^+$生殖细胞与小鼠的SSCs有相似之处。另一部分则与祖细胞和早期分化的精原细胞更相似。研究结果表明，人类SSEA-4$^+$群体包括SSCs、祖细胞和早期分化的精原细胞。对SSEA-4分选细胞的单细胞转录分析表明，多能性标志基因OCT4、NANOG和性别决定区Y-Box 2（SOX2）在所选的成年人类精原细胞群体中未检测到。在对有限数量的表面标记SSEA-4（n=60个细胞）和Kit（n=32个细胞）分离的成年人类精原细胞的进一步研究中，就其各自的转录谱而言，形成了4个不同的细胞亚群。值得一提的是，该研究是基于单个睾丸组织进行的，并未对其进行更详细的特征描述。

Guo等人以3个睾丸组织为起始材料，进行了2次技术重复，试图生成人类转录细胞图谱。他们发现了一种新的干细胞状态，称为“状态0”。伪时间分析显示，干细胞状态0到状态4呈波浪状发展，聚类分析确定了特定状态的基因表达特征。在状态1和状态2之间观察到了转录程序的显著转变，其中以细胞周期/增殖基因（如*MKI67*）的表达为主。分析可以确定490个在状态0（如*PIWIL4*、*EGR4*、*TSPAN33*、*PHGDH*、*PPP1R36*、*ICA1L*）或状态1中表达最强烈或明确的基因。数据通过连续的mRNA荧光原位杂交和免疫组化进行验证。利用人类蛋白质图谱资源（http://www.proteinatlas.org/），用16个特异于早期SSC的候选标志物验证了状态0的模式。分析结果显示，睾丸小管基底层细胞中该基因的表达量特别高。状态0和状态1的细胞共同表达了许多重要的干细胞信号转导因子和转录因子TFs，主要在157～158个转录因子之间，常见的干细胞标志物（ID4、FGFR3、TCF3和UTF1）在状态0和状态1中均有表达。已知的干细胞分化标志物（Kit）或增殖标志物（MKI67）在状态2期间或之后明确表达，因此状态0和状态1可能包含两种不同的干细胞标志物。已知的SSC分化标记（Kit）或增殖标记（MKI67）在状态2期间或之后明确表达，因此状态0和状态1可能包含两种不同的静止SSC状态。状态0的细胞可能没有SSC表面标记SSEA-4，因为催化SSEA-4形成的SSEA-4催化酶ST3GAL2仅有少量表达。根据Guo等人的研究，这些观察结果与以下观点一致：虽然状态0和状态1在转录上定义了不同的状态，但它们很可能代表了可转移/异质的细胞表型，使SSCs有能力适应动态的生态位环境。预计状态0可代表成年的幼稚SSC。

Guo等人利用单细胞RNA测序（scRNA-seq）鉴定出了精原细胞（SPG）的4种“状态”。在此过程中，可以定义标志物来确定最有可能富集SSCs的状态。在这些实验中，使用了SSEA-4抗体来富集未分化的SPG。需要注意的是，这是一种特异性不明确的标志物，可能会给SSC的特征描述带来偏差，因此SSC群体可能没有被纳入其分析中。

通过计算分析，von Kopylow和Spiess重新分析了大量人类精原细胞标志物，得到了一组稳健的精原细胞特异性标志物。通过对所有研究进行交叉过滤，共获得了70个稳健的精原细胞标志物。将这些标志物的表达与人类蛋白质图谱进行了比较，结果显示有12个标志物在SPG中具有独特的蛋白质表达。这些标记包括PIWIL4、L1TD1、ZBTB33、USF3、TCF3、SIX1、TEX15、AMBRA1、DCAF4L1、ZNF654、PPRC1和SPATS2L。

Hermann等人研究了精子发生过程中62 000多个单细胞的转录组，其中既有未成熟的干细胞，也有成年小鼠和男子睾丸细胞的转录组。部分单细胞转录组结果通过RT-PCR得到了证实。笔者根据所有精原细胞表达的已知精原细胞特异基因（*DDX4*），以及区分未分化精原细胞（GFRA1、ID4和NANOS2）和已分化精原细胞（DMRT1、Kit、NANOS3和STRA8）的基因，开始分析假时序图谱。研究发现，未分化或已分化精原细胞的特异性基因在未经选择和分类的小鼠及人类精原细胞中都有表达偏差，尤其是在轨迹的开始和结束阶段。小鼠精原细胞从未分离到已分化精原细胞的转变过程中，STRA8的含量增加，但令人惊讶的是，在未分离或已分化的人类精原细胞中，只能观察到少量的STRA8 mRNA。在未分化的精原细胞中，可以观察到GFRA1、ID4、ZBTB16、NANOS2、TCN2和MAGEA4的高表达水平。相反，在已分化的精原细胞中，可检测到较高水平的DMRT1、Kit、NANOS3、RHOX13和STRA8。Hermann等人的单细胞转录组分析表明，SSC自我更新和祖细胞精原细胞分化的表达谱是不同的。笔者认为，SSC状态具有独特的信号传导和转录调控环境，这种环境在过渡到中间祖细胞状态时会发生改变。相反，当祖细胞开始分化时，它们的增殖活性增强。细胞周期基因的表达增加，新陈代谢向氧化磷酸化和激活蛋白质加工转变。原型SSC基因特征包括*GFRA1*、*ID4*、*ETV5*、*NANOS2*、*PAX7*、*TSPAN8*、*RHOX10*和*ZBTB16*等基因，Hermann等人对其进行了扩展，增加了一些新基因（*DUSP6*、*EPHA2*、*PTPN13*、*PVR*和*TCL1*）。其他在伪时间曲线早期至中期表现出最大表达的基因涉及翻译控制（EIF4E、EIF4EBP1、PABPC1和RPTOR；EIF2信号传导；mTOR信号传导）和细胞内信号传导途径的调控（F2R、GNAQ、PLCE1、PPP1CB和SHC1；PLC信号传导；凝血酶信号传导）。笔者还观察到，同样位于伪时间轨迹中间的人类精原细胞基因簇5显示出类似的特征性SSC基因表达，这些基因编码的蛋白质在转运控制（EIF4B、MLST8和PABPC1；EIF2信号；mTOR信号）、糖酵解（ALDOA、ENO3、PFKL和TPI1），以及已知的SSC基因（*ID4*和*NANOS2*）中发挥作用。有趣的是，Hermann等人还观察到，在人类未经选择和分选的精原细胞基因簇中参与肝星状细胞活化途径的基因（*Bcl-2*、*EDNRA*、*KLF6*、*PDGFRA*和*TGFA-α*）表达增加。该通路的激活使生殖细胞对细胞因子信号更敏感，这表明从静止的造血干细胞向增殖和分化的男性生殖细胞过渡可能涉及对细胞信号传导中重要的小蛋白反应。

Sohni等人的研究小组是随后使用单细胞RNA测序分析成年人类睾丸的研究小组。迄今发现的人类SSC蛋白标志物（包括ENO2、LIN-28、PLZF、SALL4、SSEA-4、UCHL1和UTF1）既能识别未分化的SPG，也能识别分化的SPG。其他标志物（如ID4和FGFR3）

对未分化的SPG具有相对特异性，但它们对人间充质干细胞的相对选择性尚不清楚。Sohni等人在成人睾丸中发现了4个具有特异性标记基因表达的未分化精原细胞群：①SSC-1；②SSC cluster-2（SSC-2）；③早期分化（diff）SPG（early diff-SPG）；④diff-SPG。经典生殖细胞标志物DDX4和MAGEA4标记了所有4个簇中的细胞。笔者确定了原始SSC状态的标记基因。差异表达基因（DEG）在SSC-1亚群最为丰富，因此被理解为SSC的分子特征，包括*CELF4*、*EGR4*、*FGFR3*、*FSD1*、*LPPR3*、*PIWIL4*和*TSPAN33*。此外，还研究了雄性生殖细胞、新生生殖细胞与分化的成体SCC阶段相比的发育时间过程。新生生殖细胞群的表达谱与PAGCs非常相似［如多能基因的表达（POU5F1和NANOG），因此被称为“类PGC”（PGCL）］。

Sohni等人绘制了发育中的人类雄性生殖细胞和支持体细胞的基因表达图谱。结果表明，NOTCH、Kit、HEDGEHOG（Hh）和Wnt信号通路在维持新生儿SSCs中发挥重要作用。PGC-like和SSC标志物是SSC治疗的候选疗法。为了阐明新生儿睾丸中生殖细胞的性质，研究人员专门对生殖细胞进行了聚类分析。其中一个细胞群的表达谱与PAGCs非常相似［如多能基因的表达（POU5F1和NANOG），被称为“类PGC”（PGCL）］。第二个细胞群表达标志人类前SPG的基因，包括MAGEA4和RHOXF1，因此我们将该细胞群命名为“PreSPGs”。PreSPG-1亚簇表达了大多数PreSPG-2细胞只能微弱表达的几个基因，包括*DOCK8*、*SERINC2*、*LY6K*、*MAGEA4*和*RHOXF1*。相反，其他基因则选择性地标记了PreSPG-2亚群，包括COL1α2、TIMP2、TTC14、DVL1和ZFHX3。Sohni等人的分析证实，几种小鼠SSC标记（如ID4、EOMES和ZBTB16）也可用于富集人类SSC。笔者观察到，人ID4和ZBTB16在人SPG中广泛表达，而EOMES仅在一小部分原始未分化人SSC中表达。另外，笔者还观察到，先前提出的几种用于人类SSC富集的标志物，如GFRA1、FGFR3和UTF1，不仅在原始SSC-1B亚组中表达，而且在更高级的SPG亚组中也表达，包括SSC-2和（或）早期分化的SPG。尽管这些先前定义的标志物选择性不如之前描述的SSC-1B标志物，但它们可能仍然有用，因为它们可能标记SPG前体和替代SSC富集的细胞亚群。Sohni等人已经成功使用抗LPPR3和TSPAN33的抗体来正向富集原始未分化的SPG，这一策略可用于未来的SSC富集临床试验。他们对睾丸体细胞表达的基因（包括编码细胞间信号传导因子的基因）鉴别，可能被证明有助于开发含有“睾丸微环境”因子的混合物，这些因子可能会在体外改善人类SSC的增殖和延伸，以供体内临床应用。

Guo等人通过单细胞基因组学研究了4名处于青春期的男孩睾丸细胞组成的变化，并与婴儿和成人进行了比较。他们对精原细胞的关键标志物的表达模式进行了研究。与以前的工作相比，生殖细胞被划分为4个大的发育阶段。自我更新缓慢和未分化的精原细胞被标记为$UTF1^+$，大部分被标记为$MKI67^-$。在11岁的样本中，大部分细胞仍为0期和1期的精原细胞，分化的精原细胞和减数分裂细胞也开始发育。值得注意的是，在婴儿和7岁的样本中，精原细胞相对较少（占睾丸细胞总数的3%～4%），而在11岁及以上的样本中，精原细胞的相对比例大幅增加，占整个睾丸细胞的10%～15%，这与分化期之前的精原细胞扩增和增殖阶段相一致。13岁的样本主要与11岁的样本相似（可能反映了已知的青春期开始时的年龄差异）。不过，减数分裂后细胞的比例增加得更快。最后，14岁样本中生精细胞的组成与成人相似，表明精子发生几乎完成。SSCs表达*UTF1*、*PIWIL4*和*TSPAN33*等基因。笔者还进行了免疫荧光实验来证实他们的scRNA序列发现。在所有分析的年龄组中都观察到了未分化的UTF1$^+$精原细胞（状态0～1）。相比之下，增殖和分化精原细胞（状态2～3）显示出多种增殖标志物（如细胞周期蛋白、CDKs、TOP2A、MKI67、Kit）和MKI67$^+$的显著增加。通过对青春期生殖细胞间作用的研究，发现了多种信号途径产生的多种信号，包括视黄酸（RA）、激活素/抑制素、NOTCH、GDNF、FGF和Wnt。笔者认为，在青春期，激活素和BMP信号通路起着至关重要的作用。他们发现，激活素受体（ACVR1B、BMPR1B和ACVR2B）在精原细胞中表达，而激活素信号转导的关键抑制剂（FST、BAMBI和NOG）则特异性地存在于未分化精原细胞（状态0和状态1）中。激活素信号通路在缓慢自我更新和未分化的精原细胞中被选择性抑制，但在细胞增殖和分化过程中被激活。

从睾丸中分离精原细胞、Sertoli细胞和Leydig细胞是解决这些关键问题的重要步骤之一。目前为止，有多种能成功分离不同睾丸细胞的方法，其中有几种方法使用了磁激活（MACS）或荧光激活细胞分选（FACS）来分离睾丸细胞。使用CD49f、CD9、SSEA-4、GPR125$^-$和GFRA1抗体成功分离了人类精原细胞。Bryant等人利用STA-PUT室建立了速度沉降分离法，以作为另一种分离精原细胞的方法。Harichandan等人证实，CD164和SUSD2的组合可通过FACS分离人SSCs。他们还观察到，在CD49f+CD49a-SSEA-4-CD164群体中，Sertoli细胞特异性标记FSHR和GATA4阳性的细胞高度富集。Chang等人在Meistrich和Meistrich等人之前的实验基础上，介绍了一种简单的方法，即采用单一方案从少量组织中富集多个睾丸细胞群（Sertoli、Leydig和多个精原细胞群）。该方法将酶消化曲细精管与逆流离心洗脱相结合，可获得高纯度的特异性睾丸细胞群。

由于使用单细胞RNA测序对SSCs进行了新的特征描述，因此必须对使用不同方法分离的SSC群体进行进一步的分子分析和比较，包括针对LPPR3和TSPAN33的抗体。

精子发生研究将受益于精子发生相关细胞间行为组的详细图谱，包括各自的干细胞和分化区。Richer等人回顾了有关啮齿类动物二维和三维体外精子发生的潜力报告，包括对人类干细胞的研究。据介绍，这些研究中只有少数集中于体外构建三维管状睾丸结构。虽然睾丸类器官研究在细胞重组方面取得了一些进展，但所描述的培养系统似乎都不适用于重建睾丸结构和体外精子发生。因此，必须进一步改进培养方法和培养基成分，以启动体外睾丸管生成和精子生成。

三、生殖干细胞和多能性的自然转变

根据定义，生殖细胞是高度特化的单能细胞，用于产生配子。有多种证据表明生殖细胞具有可塑性，包括多能性，如畸胎瘤是一种复杂的细胞和组织，来自处于不同成熟阶段的原始生殖层，几乎全部来自性腺中的生殖细胞。此外，在适当的培养条件下，

8.5 ~ 12.5天大的小鼠胚胎原始生殖细胞（PGCs）会发育成多能细胞。这些胚胎生殖细胞（EGCs）的分化特征类似于从内细胞团中分离出来的胚胎干细胞（ESCs）。Kanatsu-Shinohara等人在2004年证明，小鼠新生儿SSCs可被重编程为ES样细胞，具有多能性并显示出与ESCs相当的质量。随后，Guan等人和Ko等人也报告了从7周大的小鼠“成熟”生殖干细胞（GSCs）中衍生出ES样细胞。Ko等人也报告了从7个月大的小鼠身上衍生出ES样细胞，但数据没有显示出来。将这种重编程转移到真正的成体GSC几乎是不可能的。另外，源于PGCs的小鼠EGCs已成功建立，而人类EGCs从未显示出真正的多能性。虽然这些细胞和分子特征与hESCs相似，但hEGCs移植到免疫缺陷小鼠体内后不会产生畸胎瘤。当在适合hESCs分化的诱导条件下培养源自hSSCs的人类成体生殖干细胞（haGSCs）时，它们在体外和体内分化为3个胚层不同类型的体细胞。haGSCs具有异基因性，并不具有完全的多能性。在Mizrak、Kossack、Chikhovskaya和Gonzalez等人的研究中，表达多能性标记的细胞很可能是由间充质干细胞（MSCs）生成或与间充质干细胞相似的细胞。相反，Stimpfel等人证明了源自人类睾丸活检组织的生殖干细胞和间充质干细胞的存在。它们能够分化成3个生殖层的细胞。Lim等人最近证明了haGSCs和hESCs的相似性，因为它们可以产生小型畸胎瘤。

除了基于细胞表面抗体识别的分选方法外，还有一些富集策略是根据细胞表面抗体的区别来进行分选的。

四、人类原始生殖细胞和多能性

与小鼠的原始生殖细胞相比，人类的原始生殖细胞需要经过长期再次培养才能获得和保存，只有极少数实验室证明了这一点，其中包括Gerhaert研究小组。Shamblott等人推测，他们成功诱导了人类EGCs成为“多能”细胞，这些细胞与胚胎生殖细胞非常相似。这些细胞形成的类胚胎体显示了胚胎3个生殖层的衍生物，证明这些细胞具有分化成多种细胞类型的能力，从而证明它们被定义为多能干细胞是正确的。这些“多能”干细胞系是从受精后5 ~ 9周的人类胚胎性腺嵴产生的，形态与小鼠ESCs或EGCs相似［培养物在小鼠STO成纤维细胞饲养层上生长，饲养层补充了人重组白血病抑制因子（LIF）、人重组碱性成纤维细胞生长因子（hrbFGF）和福斯克林］。生长的多细胞菌落呈碱性磷酸酶、SSEA-1/-3/-4和TRA-1-60/-81阳性，根据笔者的说法，这些菌落可以连续传代，并且它们表现出规则而稳定的核型。Shamblott等人推测，人类PGCs表达OCT4、NANOG和LIN-28等几种关键的多能性控制因子是其本质的一部分，但与hESCs相比，其表达水平要低得多。与体细胞相比，人类原始生殖细胞的表观遗传特征与干细胞相似。

Gerhaert小组后来指出，与小鼠EGCs不同，人类EGCs的衍生效率很低，而且在目前使用的细胞培养方法下不稳定。此外，人类EGCs在体外可被分化为3个完整生殖层，但在体内不会产生畸胎瘤。由于其特点，这些人类EGCs更难研究，而且被证明不适合作为PGC重编程过程的研究模型。人类EGCs在体外自发分化为更复杂的组织结构（如神经簇或收缩的心肌细胞组织）的迹象也从未显示过，而hESCs在去除维持多能性的生长因子后却能做到这一点。

最近，Bazley等人详细介绍了通过转染SOX2和OCT4对人类多能干细胞（PSC）进行直接双因子重编程的过程，证明人类EGCs并非真正的多能干细胞。在122和123必定是PSC多能干细胞。如前所述，利用针对生殖细胞标记SSEA-1的抗体进行磁激活细胞分选分离出人类PGCs。与人类ESCs相比，PGCs本身表达的SOX2、OCT4和C-MYC mRNA水平较低。Bazley等人利用人类原始生殖细胞的整合慢病毒诱导多能干细胞（PSCs）。这些多能干细胞在最多24次再培养中保持稳定，在衍生效率和培养存活率方面明显超过EGCs。人类PGCs的内源性KLF4和C-MYC蛋白表达水平与EGCs相似。但是，它们的SOX2和OCT4水平较低，必须同时转染SOX2和OCT4才能将PGCs诱导到多能状态，效率为1.71%。如果再加入C-MYC，效率会提高到2.33%。对SOX2和OCT4衍生的PGC-iPSCs进行的免疫组化分析表明，这些细胞在集落形态和分子特征方面与ESCs的相似性高于EGCs。LIF的存在整合了C-MYC的异位表达，产生了更高的效率，而LIF对于像EGCs一样生成PGC-iPSCs是多余的。此外，SOX2和OCT4衍生的PGC-iPSCs成功地在体内形成畸胎瘤，并在体外分化为3个生殖层，分别为代表性细胞类型。与ECGs和PGCs相比，ESCs中OCT4、SOX2、NANOG、KLF4和C-MYC这5种蛋白的表达量都明显较高。EGC集落内染色的异质性增加阐明了这种较高的表达，这很可能与人类EGC失去多能性和自发分化倾向有关。相反，与EGCs相比，PGCs的OCT4和C-MYC表达量较低，而且没有发现SOX2。在微阵列实验中，对这些细胞系中差异表达最高的基因进行了层次分析。在SO衍生的iPSCs和ESCs中发现了类似的基因表达模式。这种模式与PGCs和EGCs模式不尽相同。PGCs和EGCs的mRNA图谱有许多相似之处，然而，它们的发育潜能和多能特性是可以区分的。iPSCs也表达了VASA和DAZL标记。这些标志物的表达与iPSCs中的SSEA-1一起，表明它们在重编程后仍具有一些生殖细胞起源的特征。

总之，从Shamblott等人和Bazley等人的研究中可以看出，人类PGCs无法自然转化为真正的多能状态。在现阶段，两种多能因子OCT4和SOX2的诱导似乎是先决条件。不排除进一步改善细胞培养条件和重编程后会产生一种更直接的产生人类EGCs的方法。

五、生殖细胞多能性的潜在分子障碍取决于供体年龄

Kanatsu-Shinohara等人描述了从新生小鼠SSCs和4～8周岁*p53*基因敲除GSCs中生成PSCs的过程，这些集落在形态上与ES样集落没有区别。虽然完全建立的野生型GSC从未出现过PSCs中的ES样细胞，但经过长期培养，*p53*基因敲除的GSCs在开始培养6个月后就能产生PSCs。

通过抑制DMRT1和（或）TRP53，Tanaka等人明确指出，从男性生殖细胞衍生出的PSCs效力会从PGCs下降到性腺细胞和精原细胞。Tanaka等人用慢病毒传播积累的PGCs、生殖细胞和精原细胞，慢病毒表达针对DMRT1和（或）TRP53的短发夹RNA。科学家们

检测到PGCs极易受到重编程诱导的影响。仅仅是TRP53缺失就足以诱导多能性。相反，生殖腺细胞和精原细胞对DMRT1和TRP53的双敲除重编程表现出更高的抗性。PGCs产生的造血干细胞是囊胚注射产生嵌合体的部分原因。在数量不详的胚胎中出现了仅有胎盘的表型，这意味着PGC衍生的造血干细胞存在表观遗传学异常。

PGCs和生殖细胞/精原细胞具有不同的重编程潜力，新鲜和培养的造血干细胞不一定具有相同的特性。根据供体年龄的不同，生殖细胞的这种效力下降现象在iPSC研究中也有类似之处。最重要的是，通过去除各种衰老效应因子，提高了重编程的效率，并提出了最大限度生成iPSC的新策略。重编程的懒惰性和随机性是限制其效率的表现，如已确定的衰老细胞。

诱导多能干细胞（iPSC）的生成效率受多种众所周知的因素影响，如起始细胞的分化状态被证明是重要的，干细胞的重编程效率高于终末分化的细胞。Streckfuss-Bomeke等人发现，来自同一供体的不同体细胞类型效率不同，这一点已得到明确证明。此外，细胞衰老对重编程效率的影响也得到了证实。随着年龄的增长，细胞衰老的指标之一是通过激活p53/p21和p16/Rb通路，细胞周期停滞不可逆转。这些结果表明，重编程效率取决于体细胞的内在特性。Wang等人证实，供体年龄会影响小鼠细胞的重编程效率。Somers等人暗示，供体年龄不会影响人体细胞的重编程效率，这与小鼠的研究结果相反。同时，Lapasset等人证实，即使是百岁老人的成纤维细胞也能成功衍生出iPSC。尽管如此，年龄和培养时间对人体细胞重编程效率的综合影响尚未见报道。

Trokovic等人在研究诱导多能干细胞的重编程效率时，调查了供体年龄和培养时间的综合负面影响。他们的研究结果证明，来自年轻和年老供体的成纤维细胞都能产生iPSCs。不过，未成熟和早期的成纤维细胞重编程效率最高。然而，高龄供体和培养时间会产生协同负面效应，明显降低iPSC群体的数量。供体年龄和培养时间会对重编程效率产生不利影响，并声称这与细胞衰老有关，且主要由细胞周期抑制蛋白p21上调介导。他们的研究结果证实，在重编程过程中通过抑制p21来提高年老供体晚期传代的人成纤维细胞生成iPSC的能力。

Qin等人通过多能性转录分析证明，Hippo通路是小鼠PGCs重编程的一个障碍。他们将小鼠种系的转录谱与体内和体外的多能细胞和体细胞进行了比较，以发现重编程多能性的新障碍。值得注意的是多能性转录程序在PGCs中的全局表达。在PGC重编程为多能性和人类生殖细胞肿瘤发生方面发现了相似之处，包括LATS2（一种Hippo通路的肿瘤抑制激酶）的缺失。敲除LATS2，提高了诱导人类细胞多能性的效率。与p53 RNAi不同，LATS2 RNAi增加了完全重编程iPSCs的生成，尤其是不会加速细胞增殖。在人类细胞中，LATS2通过转录后拮抗Hippo通路的两个下游效应物TAZ，而非YAP来抑制编程。研究结果表明，生殖细胞转化与iPSCs的生成之间存在转录上的相似性，并通过Hippo通路建立了细胞重编程的屏障。通过过度表达SV40T抗原或hTERT或下调p53或p21可以防止衰老，从而显著提高iPSC的生成效率。

Kimura等人利用小分子化合物TGFβR抑制剂和Kenpaullone从小鼠原始生殖细胞中

获得了多能干细胞。利用这两种小分子化合物，在缺乏hrbFGF和SCF的标准胚胎干细胞（ESC）培养条件下生成了多能干细胞。特别是对于从成年男性中生成haGSCs，年龄和细胞衰老成为细胞重编程的关键因素，必须加以解决。

Feng等人通过异位表达NANOG和TET1，同时过表达Y4F或敲除p53，将GSCs重编程为PSCs。有趣的是，在p53缺乏的GSCs中单独过表达NANOG的重编程策略也获得了成功。源于GSCs的iPSCs（GiPSCs）在体外和体内表现出多种分化途径。根据它们的转录组特征，可以认为它们更类似于小鼠的ESCs，而不是GSCs。

总之，有必要进行更多的研究，以了解通过多种途径和Y4F过表达策略能在多大程度上实现GSC的重编程。

六、供体年龄对小鼠间充质干细胞转化多能细胞的影响

经过Ko等人的从成年小鼠间充质干细胞产生类ESC的反复实验，Azizi等人得出结论：从小鼠间充质干细胞衍生多能细胞似乎与年龄有关。

根据Kanatsu-Shinohara等人、Guan等人和Ko等人的研究，考虑到可从成年小鼠体内分离出SSCs和真正的多能ESC样细胞，尚不确定SSCs向ESC样细胞的自发转化是否会在一定年龄后出现缺陷。事实证明，在小鼠进入青春期或7周龄之前，就可以从小鼠的造血干细胞培养物中获得类似于ESC的细胞。2004年，Kanatsu-Shinohara等人首次从小鼠睾丸细胞中分离出了造血干细胞。Kanatsu-Shinohara等人从2天大的幼鼠体内培养出了类似于ESC的细胞，并在培养4 ~ 7周后获得了这些细胞。Guan等人从4 ~ 7周成年小鼠的STRA8-GFP阳性细胞群中获得了类ESC样细胞。Ko等人在反复诱导5周的OCT4-GFP阳性成体SSCs的多能性之后，详细说明了诱导对最初培养的SSCs数量和OCT4阳性细胞不分裂培养时间长短的依赖性。此外，在后来发表的将成体造血干细胞转化为多能干细胞的详细方案中，该研究小组只使用了出生后第35天（5周大）小鼠的造血干细胞。在我们的实验中，可以验证7周大小鼠的新生儿和近成年睾丸的ESC样细胞中SSC的自发转化。相反，从7周以上的小鼠体内生成类ESC样细胞是不可能的。这里有必要提一下如何定义成年小鼠的年龄，美国国立卫生研究院（NIH）的标准是将满8周的小鼠列为成年小鼠（http://scienc.education.nih.gov/supplements/nih4/Energy/activities/508/mice-ref/mice_ref.htm）。小鼠在5 ~ 6周时开始性活跃。Flurkey等人将3 ~ 6个月大的小鼠定义为成鼠。但有人提到不可能从年龄较大的成年小鼠身上提取这些细胞，这一点应予以纠正。

由于真正的成年造血干细胞无法向多能性转变——随着年龄的增长，造血干细胞中OCT4、NANOG和SOX2等多能性核心基因的表达也会下降（精原细胞分化途径的基因也会同时增加）。在从OCT4转基因报告小鼠分离细胞的原代培养中，我们监测到新生儿OCT4-GFP信号表达处于中等水平，而老年或成年SSCs的表达则处于较低水平。虽然这种表达在短期和长期的SSC培养过程中完全下调，但只有在转化为类ESC后才重新出现高密度信号。经mRNA表达谱分析验证，生殖细胞特异性基因的表达随着年龄的增长而增加，

这与生精上皮的全面发育有关。与新生小鼠相比，7～12周小鼠的造精细胞表达量明显较高。与此同时，新生小鼠SSCs中的OCT4a、NANOG和SOX2的表达明显上调，而成年小鼠SSCs中的表达则明显下调。

我们认为诱导多能性理想的OCT4测定剂量应高于这些细胞的内源表达量。关于从小鼠胚胎成纤维细胞（MEFs）生成iPSCs的最佳化学计量剂量，Thiemann等人曾详细介绍过，他们建议OCT4的高表达水平应高于SOX2和KLF4的适度表达水平。这种优势将是重编程和达到稳定多能状态的关键因素。有关PGCs的研究结果足以说明，达到多能性需要额外的OCT4，而化学计量并不是这项研究的目标。OCT4的自我调节是这一发现的迷人之处。Pan等人证实，当OCT4的表达超过一定水平时，它会抑制自身启动子的表达，从而为其表达提供负反馈。通过这种负反馈循环，OCT4的稳定表达得以维持。因此，类似ES的未分化状态得以维持。

Papapetrou等人证明，利用人体成纤维细胞表达重编程因子的最佳配比对OCT4的用量非常敏感。他们还展示了重编程因子表达相对比例的差异对iPSC诱导效率的影响。作为转录因子POU家族的成员，OCT4是多能性和成功重编程不可或缺的，它似乎控制着转录机制。OCT4还具有核细胞质穿梭蛋白的功能。例如，OCT4突变的造血干细胞具有改变核输入/输出的活性，但其细胞重编程的潜力有限。这一事实表明，OCT4在体细胞重编程中发挥着核质穿梭作用。OCT4在人类成熟卵母细胞的卵裂期（直至致密化前）持续表达于细胞质中。致密化后，在整个囊胚期的细胞核中和胎儿早期发育的PGCs中都能发现OCT4。据报道，在成年男性睾丸的深色精原干细胞的细胞质中，也有OCT4的表达。这些深色精原干细胞会增殖并启动特定系的分化。与PSCs和iPS-PGCs相比，OCT4在PGCs中的定位染色没有发现差异。与其他报道的研究一致，在人类PGCs和卵原细胞中发现了强健的OCT4核染色。尽管如此，未来仍应开展研究，调查OCT4在PGCs中分布的细微差别，并探索PSCs在PGC重编程过程中对OCT4水平的作用。

由SSCs发育成ESC样细胞的确切机制仍未确定，人们对这种转化仍缺乏更清晰的认识。小鼠睾丸的类ESC只能在青春期前自然转化，而在青春期后则不能。

特别有意义的是对因素的分析，包括提高SSC转化为PSC的概率和有限时间窗口的小分子。最近的研究表明，在以下情况下，由SSCs转化为ESC样细胞的可能性会增加。糖原合酶激酶-3抑制剂可能提高SSCs转化为PSCs的概率，并决定其有限时间窗口的小分子等诱导因素将是趣味无穷的。

七、人类精原干细胞与多能性

1.多能性相关标志物的表达

Conrad等人旨在解释单个haGSCs和haGSC集落的分子状态，它们是从富集的人类成体精原细胞CD49f（INTGA6）MACS和（胶原蛋白$^-$/层粘连蛋白$^+$结合）基质选择部分自然生长出来的。我们对长期培养的haGSCs群进行了Fluidigm BioMark系统单细胞转录谱分析。结果显示，与hESCs和人成纤维细胞（hFibs）相比，haGSCs具有与hESCs相似的特征，而与体细胞hFibs则有显著差异，具有与生殖多能性相关的基因表达谱特征。此外，通过芯片分析进行的全基因组比较显示，haGSC群体表现出基因表达异质性，或多或少具有全能性。研究结果证实，haGSCs是一种在体外具有特定分子基因表达谱的成体干细胞。它们看起来与真正的多能干细胞相同，但并不完全相同。haGSC群体可在ESC条件下进行选择，并在分子水平上维持部分多能状态。这一水平与它们的细胞可塑性和分裂成所有生殖层细胞的分化能力相似。作为一种异质细胞群，haGSCs不同于hFibs或MSCs，其表达的多能性程度低于或高于hESCs。它们从不来源于负选择量或缺乏精原细胞的患者，如唯支持细胞综合征。我们曾多次用单纯睾丸支持细胞综合征（SCOS）患者进行实验，仍无法从他们身上生成haGSC群体。

检测haGSC群体和hFibs的形态差异非常容易，因为它们与早期的hESC群体非常相似。这些早期的hESC群体通过一个具有过度生长的上皮细胞枢纽集群表现出来。在原代培养基中培养富集精原细胞4～6周后，最早的haGSC群体/岛开始显现。随后，人工筛选出更密集的haGSC聚集体，以便继续繁殖和鉴定。haGSC群体包括群体的中心部分和大量上皮细胞，类似于hESCs的初生细胞群体。单细胞Fluidigm分析显示，haGSCs和Fibs在生殖和多能相关基因的表达方面存在很大差异。hFibs的一些标准特征仅在少数hESCs和haGSCs中有所体现，但它们中的大多数并无共同之处。

对比单个hESCs和haGSCs的发现，hESCs越来越多地表达多能性相关的基因，如*SOX2*、*NANOG*、*LIN-28*、*LIN-28B*、*GDF3*、*CADH1*、*OCT4A*、*TDGF1*和*UTF1*。同时，haGSCs更强烈地表达生殖细胞相关基因*CD9*、*GFRA1*、*NANOS*、*STAT3*、*TSPYL*、*GPR125*和*MYC*。此外，还发现了一种表达水平较低的相似图谱。这表明haGSCs只表达与多能性相关的基本基因，包括*OCT4a*、*NANOG*、*SOX2*和*LIN-28*。这些细胞在一定程度上仍保持着生殖细胞相关基因的表达谱。将haGSCs与hESCs相比，haGSCs对核心多能性相关基因的表达强度较低，但事实证明，它的表达强度大大高于hFibs。

研究揭示了haGSC群体的异质性，因为它们或多或少都具有类似ESC多能性状态的特征。在芯片研究中，不同的haGSC群体在表达胚胎和多能相关基因方面也被证明具有异质性。通过对haGSCs与hESCs和hFibs的转录组和高变异基因进行综合分析发现，haGSCs与hFibs是分离的。

目前已有关于成人睾丸中存在间充质干细胞的报道。与此相反，我们发现大多数应该在睾丸间充质干细胞中表达的基因在haGSCs中没有表达，而其他一些研究者却没有发现。他们证明了从组织中分离出各种睾丸干细胞群，并对其进行体外培养是可行的。睾丸中可能存在不同类型的成人干细胞，并相互影响，因为它们反映了这一主要生殖器官的复杂性。

Chikhovskaya等人使用的基因大多表明，他们的睾丸干细胞可能来自间充质干细胞，与hFibs和hESCs相比，这些基因在haGSCs中的表达没有差异。Choi等人用于分离睾丸成纤维细胞的基因CD34和CD73在haGSCs中也没有表达。

引入高度纯化的0状态SSC群体，并在不改变分子和细胞表型的情况下对其进行稳定的体外培养，将是编程成功的另一个重要前提。为改善编程培养条件，有必要进行更多研究，以避免阻碍haGSC完全转化为分子多能干细胞。

2.精原干细胞的优势

可以认为，与其他多能/全能干细胞相比，人自体SSC具有若干优势。与hESCs或iPSCs细胞相比，自体干细胞和其他成体干细胞用于治疗可能更安全。这包括自体应用后缺乏免疫遗传性、移植后发生肿瘤的概率较低、伦理法规没有异体多能干细胞那么复杂。据观察，SSCs在移植后具有自发的转基因能力。在体内应用于相应组织后，SSCs可转分化为子宫、前列腺和皮肤上皮细胞，这可能是基于SSCs对组织特异性微环境具有高度敏感性。

3.精原干细胞向其他类型细胞分化

Boulanger等人能够引导睾丸干细胞分化为乳腺上皮细胞，但只有在富集的干细胞与乳腺上皮细胞混合并移植到体内乳腺脂肪垫的条件下才能实现。Yang等人通过简单的两步诱导策略反式分化产生功能性多巴胺能（DA）神经元，以分化hSSCs。笔者实现了将hSSCs直接转化为DA神经元，显示出中脑初级DA神经元的关键形态、生化和功能特征。hSSCs来自25～45岁精子发生正常梗阻性无精子症（OA）患者的睾丸组织，它们暴露于改良的诱导系统中，该系统主要由嗅鞘细胞条件培养基（OECCM）和 4 种候选小分子（RA、VPA、SB和毛喉素）组成。选择了对细胞特异性至关重要的生长因子（SHH、FGF8α和TGFβ3）进行进一步诱导。通过观察各种DA神经元特异性标志物（如TUJ1、TH、NURR1、DAT）和几种关键的促DA神经发生效应因子（如EN1、PITX3、FOXa2、LMX1a、LMX1b和OTX2）的表达，发现了形态学上的变化。转录组分析揭示了人工分化的DA神经元与真正的DA神经元之间的遗传相似性，以及转化后DA神经元的功能特征，包括突触形成、多巴胺释放、电生理活动和神经元特异性Ca^{2+}信号传导。最后，对处于诱导早期的hSSCs小鼠纹状体中的存活、分化、迁移和致瘤性进行了评估，并改善了MPTP诱导的帕金森病动物的功能障碍。

预计hSSCs可以在体外被编程到特定的细胞类型中，而无须强制表达转录因子或重新编程到人体的不同体细胞谱系中。凭借自发分化或小分子诱导的能力，造血干细胞可被视为替代各种退行性疾病中受损或变性细胞的另一种潜在来源。从理论上讲，自体衍生的生殖干细胞可避免因宿主—供体不匹配而产生的排斥反应风险，并可绕过移植后免疫抑制的需要。

为了进一步澄清这些问题，应该对儿童期、青少年期和成年期的人类睾丸干细胞进行比较研究。还必须从科学角度看，有必要解决人类睾丸组织获取的瓶颈问题。例如，制定器官移植法规，允许向器官捐献者的研究人员提供睾丸组织。完善相关法规将极大地促进人类睾丸组织的科研工作。

4.精原干细胞的培养

人类精原细胞的培养条件必须得到改善，尤其是在细胞增殖旺盛的情况下。研究人员应该先使用对因子表达更具特异性的现代技术，如单细胞测序，来更准确地识别和分析睾丸组织中细胞一生所处的细胞生态位。但有一个问题：是否有更现代化的培养基以更好地增加生殖干细胞，并在长期繁殖过程中增加其数量呢?

八、结论

尽管造血干细胞有望成为医疗再生细胞的来源，但仍需开展大量研究，以更准确地识别、繁殖造血干细胞，并诱导其向所需细胞类型脱分化/转分化。与成体干细胞相比，造血干细胞与ES细胞固有的相似性可能会使造血干细胞成为人体组织再生的起始材料。因此，应开展更广泛的实验研究，探讨如何从SSCs中产生外胚层、内胚层和中胚层组织特异性靶细胞。越来越多的分子知识描述了识别SSCs基态的基本特征及其与生态位相互作用的异质性，这将改善体外繁殖和移植的临床实践。我们希望建立一个全面的网络平台——SSC图集，用于描述SSCs的分子和生理特征。单能造血干细胞具有向其他功能细胞类型进行转分化的能力，可将细胞编程为多能/全能状态，这为多能/全能干细胞研究和再生医学提供了更安全的新视角。改善培养条件和应用栓塞因子（如阻止分子块的小分子）将会非常吸引人，因为分子阻滞会阻碍生殖干细胞或haGSC完全转化为分子多能干细胞。此外，扩大SSC向多能干细胞转化的有效时间窗口也是一个非常有意义的问题。干细胞在人类医学中的确切前景尚不清楚。造血干细胞似乎是临床科研工作者在各种临床环境中再生人体组织的有力工具。

参考文献

1. Djureinovic D, Fagerberg L, Hallström B, Danielsson A, Lindskog C, Uhlén M, Pontén F (2014) The human testis-specific proteome defined by transcriptomics and antibody-based profiling. Mol Hum Reprod 20:476–488. https://doi.org/10.1093/molehr/gau018
2. Fagerberg L, Hallström BM, Oksvold P, Kampf C, Djureinovic D, Odeberg J, Habuka M, Tahmasebpoor S, Danielsson A, Edlund K, Asplund A, Sjöstedt E, Lundberg E, Szigyarto CAK, Skogs M, Takanen JO, Berling H, Tegel H, Mulder J, Nilsson P, Schwenk JM, Lindskog C, Danielsson F, Mardinoglu A, Sivertsson A, von Feilitzen K, Forsberg M, Zwahlen M, Olsson I, Navani S, Huss M, Nielsen J, Ponten F, Uhlén M (2014) Analysis of the human tissue-specific expression by genome-wide integration of transcriptomics and antibody-based proteomics. Mol Cell Proteomics 13:397–406. https://doi.org/10.1074/mcp.M113.035600
3. Pineau C, Hikmet F, Zhang C, Oksvold P, Chen S, Fagerberg L, Uhlén M, Lindskog C (2019) Cell type-specific expression of testis elevated genes based on transcriptomics and antibodybased proteomics. J Proteome Res 18:4215–4230. https://doi.org/10.1021/acs.jproteome.9b0 0351
4. Uhlén M, Fagerberg L, Hallström BM, Lindskog C, Oksvold P, Mardinoglu A, Sivertsson Å, Kampf C, Sjöstedt E, Asplund A, Olsson I, Edlund K, Lundberg E, Navani S, Szigyarto CA-K, Odeberg J, Djureinovic D, Takanen JO, Hober S, Alm T, Edqvist P-H, Berling H, Tegel H, Mulder J, Rockberg J, Nilsson P, Schwenk JM, Hamsten M, von Feilitzen K, Forsberg M, Persson L, Johansson F, Zwahlen M, von Heijne G, Nielsen J, Pontén F (2015) Proteomics. Tissue-based map of the human proteome. Science 347:1260419. https://doi.org/10.1126/science.1260419
5. Yu NY-L, Hallström BM, Fagerberg L, Ponten F, Kawaji H, Carninci P, Forrest ARR, Fantom Consortium,

Hayashizaki Y, Uhlén M, Daub CO (2015) Complementing tissue characterization by integrating transcriptome profiling from the Human Protein Atlas and from the FANTOM5 consortium. Nucleic Acids Res 43:6787–6798. https://doi.org/10.1093/nar/gkv608

6. Guo J, Grow EJ, Yi C, Mlcochova H, Maher GJ, Lindskog C, Murphy PJ, Wike CL, Carrell DT, Goriely A, Hotaling JM, Cairns BR (2017) Chromatin and single-cell RNA-seq profiling reveal dynamic signaling and metabolic transitions during human spermatogonial stem cell development. Cell Stem Cell 21:533-546.e6. https://doi.org/10.1016/j.stem.2017.09.003
7. Guo J, Grow EJ, Mlcochova H, Maher GJ, Lindskog C, Nie X, Guo Y, Takei Y, Yun J, Cai L, Kim R, Carrell DT, Goriely A, Hotaling JM, Cairns BR (2018) The adult human testis transcriptional cell atlas. Cell Res 28:1141–1157. https://doi.org/10.1038/s41422-018-0099-2
8. Jan SZ, Vormer TL, Jongejan A, Röling MD, Silber SJ, de Rooij DG, Hamer G, Repping S, van Pelt AMM (2017) Unraveling transcriptome dynamics in human spermatogenesis. Development 144:3659–3673. https://doi.org/10.1242/dev.152413
9. Hermann BP, Cheng K, Singh A, Roa-De La Cruz L, Mutoji KN, Chen I-C, Gildersleeve H, Lehle JD, Mayo M, Westernströer B, Law NC, Oatley MJ, Velte EK, Niedenberger BA, Fritze D, Silber S, Geyer CB, Oatley JM, McCarrey JR (2018) The Mammalian spermatogenesis singlecell transcriptome, from spermatogonial stem cells to spermatids. Cell Rep 25:1650-1667.e8. https://doi.org/10.1016/j.celrep.2018.10.026
10. Sohni A, Tan K, Song H-W, Burow D, de Rooij DG, Laurent L, Hsieh T-C, Rabah R, Hammoud SS, Vicini E, Wilkinson MF (2019) The neonatal and adult human testis defined at the single-cell level. Cell Rep 26:1501-1517.e4. https://doi.org/10.1016/j.celrep.2019.01.045
11. Wang M, Liu X, Chang G, Chen Y, An G, Yan L, Gao S, Xu Y, Cui Y, Dong J, Chen Y, Fan X, Hu Y, Song K, Zhu X, Gao Y, Yao Z, Bian S, Hou Y, Lu J, Wang R, Fan Y, Lian Y, Tang W, Wang Y, Liu J, Zhao L, Wang L, Liu Z, Yuan R, Shi Y, Hu B, Ren X, Tang F, Zhao X-Y, Qiao J (2018) Single-cell RNA sequencing analysis reveals sequential cell fate transition during human spermatogenesis. Cell Stem Cell 23:599-614.e4. https://doi.org/10.1016/j.stem.2018. 08.007
12. Neuhaus N, Yoon J, Terwort N, Kliesch S, Seggewiss J, Huge A, Voss R, Schlatt S, Grindberg RV, Schöler HR (2017) Single-cell gene expression analysis reveals diversity among human spermatogonia. Mol Hum Reprod 23:79–90. https://doi.org/10.1093/molehr/gaw079
13. Du Y, Du Z, Zheng H, Wang D, Li S, Yan Y, Li Y (2013) GABA exists as a negative regulator of cell proliferation in spermatogonial stem cells. Cell Mol Biol Lett 18:149–162. https://doi. org/10.2478/s11658-013-0081-4
14. Caldeira-Brant AL, Martinelli LM, Marques MM, Reis AB, Martello R, Almeida FRCL, Chiarini-Garcia H (2020) A subpopulation of human Adark spermatogonia behaves as the reserve stem cell. Reproduction 159:437–451. https://doi.org/10.1530/REP-19-0254
15. von Kopylow K, Spiess A-N (2017) Human spermatogonial markers. Stem Cell Res 25:300–309. https://doi.org/10.1016/j.scr.2017.11.011
16. Tsuchida T, Friedman SL (2017) Mechanisms of hepatic stellate cell activation. Nat Rev Gastroenterol Hepatol 14:397–411. https://doi.org/10.1038/nrgastro.2017.38
17. Fayomi AP, Orwig KE (2018) Spermatogonial stem cells and spermatogenesis in mice, monkeys and men. Stem Cell Res 29:207–214. https://doi.org/10.1016/j.scr.2018.04.009
18. Guo J, Nie X, Giebler M, Mlcochova H, Wang Y, Grow EJ, DonorConnect KR, Tharmalingam M, Matilionyte G, Lindskog C, Carrell DT, Mitchell RT, Goriely A, Hotaling JM, Cairns BR (2020) The dynamic transcriptional cell atlas of testis development during human puberty. Cell Stem Cell 26:262-276.e4. https://doi.org/10.1016/j.stem.2019.12.005
19. Conrad S, Renninger M, Hennenlotter J, Wiesner T, Just L, Bonin M, Aicher W, Bühring H-J, Mattheus U, Mack A, Wagner H-J, Minger S, Matzkies M, Reppel M, Hescheler J, Sievert K-D, Stenzl A, Skutella T (2008) Generation of pluripotent stem cells from adult human testis. Nature 456:344–349. https://doi.org/10.1038/nature07404
20. Conrad S, Azizi H, Hatami M, Kubista M, Bonin M, Hennenlotter J, Renninger M, Skutella T (2014) Differential gene expression profiling of enriched human spermatogonia after short-and long-term culture. BioMed Res Int

2014:138350. https://doi.org/10.1155/2014/138350

21. Conrad S, Azizi H, Hatami M, Kubista M, Bonin M, Hennenlotter J, Sievert K-D, Skutella T (2016) Expression of genes related to germ cell lineage and pluripotency in single cells and colonies of human adult germ stem cells. Stem Cells Int 2016:8582526. https://doi.org/10. 1155/2016/8582526
22. Lim JJ, Sung S-Y, Kim HJ, Song S-H, Hong JY, Yoon TK, Kim JK, Kim K-S, Lee DR (2010) Long-term proliferation and characterization of human spermatogonial stem cells obtained from obstructive and non-obstructive azoospermia under exogenous feeder-free culture conditions. Cell Prolif 43:405–417. https://doi.org/10.1111/j.1365-2184.2010.00691.x
23. Izadyar F, Wong J, Maki C, Pacchiarotti J, Ramos T, Howerton K, Yuen C, Greilach S, Zhao HH, Chow M, Chow Y-C, Rao J, Barritt J, Bar-Chama N, Copperman A (2011) Identification and characterization of repopulating spermatogonial stem cells from the adult human testis. Hum Reprod 26:1296–1306. https://doi.org/10.1093/humrep/der026
24. He Z, Kokkinaki M, Jiang J, Zeng W, Dobrinski I, Dym M (2012) Isolation of human male germ-line stem cells using enzymatic digestion and magnetic-activated cell sorting. Methods Mol Biol 825:45–57. https://doi.org/10.1007/978-1-61779-436-0_4
25. Bryant JM, Meyer-Ficca ML, Dang VM, Berger SL, Meyer RG (2013) Separation of spermatogenic cell types using STA-PUT velocity sedimentation. J Vis Exp 2013:50646. https:// doi.org/10.3791/50648
26. Harichandan A, Sivasubramaniyan K, Hennenlotter J, Schwentner C, Stenzl A, Bühring H-J (2013) Isolation of adult human spermatogonial progenitors using novel markers. J Mol Cell Biol 5:351–353. https://doi.org/10.1093/jmcb/mjt029
27. Chang Y-F, Lee-Chang JS, Panneerdoss S, MacLean JA, Rao MK (2011) Isolation of Sertoli, Leydig, and spermatogenic cells from the mouse testis. Biotechniques 51(341–342):344. https://doi.org/10.2144/000113764
28. Meistrich ML (1977) Separation of spermatogenic cells and nuclei from rodent testes. Methods Cell Biol 15:15–54. https://doi.org/10.1016/s0091-679x(08)60207-1
29. Meistrich ML, Longtin J, Brock WA, Grimes SR, Mace ML (1981) Purification of rat spermatogenic cells and preliminary biochemical analysis of these cells. Biol Reprod 25:1065–1077. https://doi.org/10.1095/biolreprod25.5.1065
30. Richer G, Baert Y, Goossens E (2020) In-vitro spermatogenesis through testis modelling: toward the generation of testicular organoids. Andrology 8:879–891. https://doi.org/10.1111/ andr.12741
31. Baert Y, Dvorakova-Hortova K, Margaryan H, Goossens E (2019) Mouse in vitro spermatoge- nesis on alginate-based 3D bioprinted scaffolds. Biofabrication 11:035011. https://doi.org/10. 1088/1758-5090/ab1452
32. Pendergraft SS, Sadri-Ardekani H, Atala A, Bishop CE (2017) Three-dimensional testicular organoid: a novel tool for the study of human spermatogenesis and gonadotoxicity in vitro. Biol Reprod 96:720–732. https://doi.org/10.1095/biolreprod.116.143446
33. Perrard M-H, Sereni N, Schluth-Bolard C, Blondet A, D Estaing SG, Plotton I, Morel-Journel N, Lejeune H, David L, Durand P (2016) Complete human and rat ex vivo spermatogenesis from fresh or frozen testicular tissue. Biol Reprod 95:89. https://doi.org/10.1095/biolreprod. 116.142802
34. Vermeulen M, Del Vento F, de Michele F, Poels J, Wyns C (2018) Development of a cytocompatible scaffold from pig immature testicular tissue allowing human Sertoli cell attachment, proliferation and functionality. Int J Mol Sci 19:227. https://doi.org/10.3390/ijms19010227
35. von Kopylow K, Schulze W, Salzbrunn A, Schaks M, Schäfer E, Roth B, Schlatt S, Spiess A-N (2018) Dynamics, ultrastructure and gene expression of human in vitro organized testis cells from testicular sperm extraction biopsies. Mol Hum Reprod 24:123–134. https://doi.org/ 10.1093/molehr/gax070
36. Stevens LC (1984) Spontaneous and experimentally induced testicular teratomas in mice. Cell Differ 15:69–74. https://doi.org/10.1016/0045-6039(84)90054-x
37. Matsui Y, Zsebo K, Hogan BLM (1992) Derivation of pluripotential embryonic stem cells from murine primordial germ cells in culture. Cell 70:841–847. https://doi.org/10.1016/0092-867 4(92)90317-6

38. Resnick JL, Bixler LS, Cheng L, Donovan PJ (1992) Long-term proliferation of mouse primordial germ cells in culture. Nature 359:550–551. https://doi.org/10.1038/359550a0
39. Evans MJ, Kaufman MH (1981) Establishment in culture of pluripotential cells from mouse embryos. Nature 292:154–156. https://doi.org/10.1038/292154a0
40. Martin GR (1981) Isolation of a pluripotent cell line from early mouse embryos cultured in medium conditioned by teratocarcinoma stem cells. Proc Natl Acad Sci USA 78:7634–7638. https://doi.org/10.1073/pnas.78.12.7634
41. Kanatsu-Shinohara M, Inoue K, Lee J, Yoshimoto M, Ogonuki N, Miki H, Baba S, Kato T, Kazuki Y, Toyokuni S, Toyoshima M, Niwa O, Oshimura M, Heike T, Nakahata T, Ishino F, Ogura A, Shinohara T (2004) Generation of pluripotent stem cells from neonatal mouse testis. Cell 119:1001–1012. https://doi.org/10.1016/j.cell.2004.11.011
42. Guan K, Nayernia K, Maier LS, Wagner S, Dressel R, Lee JH, Nolte J, Wolf F, Li M, Engel W, Hasenfuss G (2006) Pluripotency of spermatogonial stem cells from adult mouse testis. Nature 440:1199–1203. https://doi.org/10.1038/nature04697
43. Guan K, Wolf F, Becker A, Engel W, Nayernia K, Hasenfuss G (2009) Isolation and cultivation of stem cells from adult mouse testes. Nat Protoc 4:143–154. https://doi.org/10.1038/nprot. 2008.242
44. Ko K, Tapia N, Wu G, Kim JB, Bravo MJA, Sasse P, Glaser T, Ruau D, Han DW, Greber B, Hausdörfer K, Sebastiano V, Stehling M, Fleischmann BK, Brüstle O, Zenke M, Schöler HR (2009) Induction of pluripotency in adult unipotent germline stem cells. Cell Stem Cell 5:87–96. https://doi.org/10.1016/j.stem.2009.05.025
45. Ko K, Araúzo-Bravo MJ, Kim J, Stehling M, Schöler HR (2010) Conversion of adult mouse unipotent germline stem cells into pluripotent stem cells. Nat Protoc 5:921–928. https://doi. org/10.1038/nprot.2010.44
46. Azizi H, Conrad S, Hinz U, Asgari B, Nanus D, Peterziel H, Hajizadeh Moghaddam A, Baharvand H, Skutella T (2016) Derivation of pluripotent cells from mouse SSCs seems to be age dependent. Stem Cells Int 2016:8216312. https://doi.org/10.1155/2016/8216312
47. Bazley FA, Liu CF, Yuan X, Hao H, All AH, De Los AA, Zambidis ET, Gearhart JD, Kerr CL (2015) Direct reprogramming of human primordial germ cells into induced pluripotent stem cells: efficient generation of genetically engineered germ cells. Stem Cells Dev 24:2634–2648. https://doi.org/10.1089/scd.2015.0100
48. Shamblott MJ, Axelman J, Wang S, Bugg EM, Littlefield JW, Donovan PJ, Blumenthal PD, Huggins GR, Gearhart JD (1998) Derivation of pluripotent stem cells from cultured human primordial germ cells. Proc Natl Acad Sci USA 95:13726–13731. https://doi.org/10.1073/pnas. 95.23.13726
49. Mizrak SC, Chikhovskaya JV, Sadri-Ardekani H, van Daalen S, Korver CM, Hovingh SE, Roepers-Gajadien HL, Raya A, Fluiter K, de Reijke TM, de la Rosette JJMCH, Knegt AC, Belmonte JC, van der Veen F, de Rooij DG, Repping S, van Pelt AMM (2010) Embryonic stem cell-like cells derived from adult human testis. Hum Reprod 25:158–167. https://doi.org/10. 1093/humrep/dep354
50. Kossack N, Meneses J, Shefi S, Nguyen HN, Chavez S, Nicholas C, Gromoll J, Turek PJ, Reijo-Pera RA (2009) Isolation and characterization of pluripotent human spermatogonial stem cell-derived cells. Stem Cells 27:138–149. https://doi.org/10.1634/stemcells.2008-0439
51. Chikhovskaya JV, Jonker MJ, Meissner A, Breit TM, Repping S, van Pelt AMM (2012) Human testis-derived embryonic stem cell-like cells are not pluripotent, but possess potential of mesenchymal progenitors. Hum Reprod 27:210–221. https://doi.org/10.1093/humrep/ der383
52. Gonzalez R, Griparic L, Vargas V, Burgee K, Santacruz P, Anderson R, Schiewe M, Silva F, Patel A (2009) A putative mesenchymal stem cells population isolated from adult human testes. Biochem Biophys Res Commun 385:570–575. https://doi.org/10.1016/j.bbrc.2009.05.103
53. Stimpfel M, Skutella T, Kubista M, Malicev E, Conrad S, Virant-Klun I (2012) Potential stemness of frozen-thawed testicular biopsies without sperm in infertile men included into the in vitro fertilization programme. J Biomed Biotechnol 2012:291038. https://doi.org/10.1155/ 2012/291038
54. Lim JJ, Kim H, Kim K-S, Hong J, Lee D (2013) In vitro culture-induced pluripotency of human spermatogonial stem cells. BioMed Res Int 2013:143028. https://doi.org/10.1155/2013/143028
55. Kerr CL, Shamblott MJ, Gearhart JD (2006) Pluripotent stem cells from germ cells. Methods Enzymol 419:400–

426. https://doi.org/10.1016/S0076-6879(06)19016-3

56. Pashai N, Hao H, All A, Gupta S, Chaerkady R, De Los Angeles A, Gearhart JD, Kerr CL (2012) Genome-wide profiling of pluripotent cells reveals a unique molecular signature of human embryonic germ cells. PloS One 7:e39088. https://doi.org/10.1371/journal.pone.003 9088
57. Turnpenny L, Brickwood S, Spalluto CM, Piper K, Cameron IT, Wilson DI, Hanley NA (2003) Derivation of human embryonic germ cells: an alternative source of pluripotent stem cells. Stem Cells 21:598–609. https://doi.org/10.1634/stemcells.21-5-598
58. Tanaka T, Kanatsu-Shinohara M, Hirose M, Ogura A, Shinohara T (2015) Pluripotent cell derivation from male germline cells by suppression of Dmrt1 and Trp53. J Reprod Dev 61:473–484. https://doi.org/10.1262/jrd.2015-059
59. Eminli S, Foudi A, Stadtfeld M, Maherali N, Ahfeldt T, Mostoslavsky G, Hock H, Hochedlinger K (2009) Differentiation stage determines potential of hematopoietic cells for reprogramming into induced pluripotent stem cells. Nat Genet 41:968–976. https://doi.org/10.1038/ng.428
60. Streckfuss-Bömeke K, Wolf F, Azizian A, Stauske M, Tiburcy M, Wagner S, Hübscher D, Dressel R, Chen S, Jende J, Wulf G, Lorenz V, Schön MP, Maier LS, Zimmermann WH, Hasenfuss G, Guan K (2013) Comparative study of human-induced pluripotent stem cells derived from bone marrow cells, hair keratinocytes, and skin fibroblasts. Eur Heart J 34:2618– 2629. https://doi.org/10.1093/eurheartj/ehs203
61. Banito A, Rashid ST, Acosta JC, Li S, Pereira CF, Geti I, Pinho S, Silva JC, Azuara V, Walsh M, Vallier L, Gil J (2009) Senescence impairs successful reprogramming to pluripotent stem cells. Genes Dev 23:2134–2139. https://doi.org/10.1101/gad.1811609
62. Campisi J, d'Adda di Fagagna F (2007) Cellular senescence: when bad things happen to good cells. Nat Rev Mol Cell Biol 8:729–740. https://doi.org/10.1038/nrm2233
63. Kawamura T, Suzuki J, Wang YV, Menendez S, Morera LB, Raya A, Wahl GM, Izpisúa Belmonte JC (2009) Linking the p53 tumour suppressor pathway to somatic cell reprogramming. Nature 460:1140–1144. https://doi.org/10.1038/nature08311
64. Li H, Collado M, Villasante A, Strati K, Ortega S, Cañamero M, Blasco MA, Serrano M (2009) The Ink4/Arf locus is a barrier for iPS cell reprogramming. Nature 460:1136–1139. https:// doi.org/10.1038/nature08290
65. Marion RM, Strati K, Li H, Tejera A, Schoeftner S, Ortega S, Serrano M, Blasco MA (2009) Telomeres acquire embryonic stem cell characteristics in induced pluripotent stem cells. Cell Stem Cell 4:141–154. https://doi.org/10.1016/j.stem.2008.12.010
66. Marion RM, Strati K, Li H, Murga M, Blanco R, Ortega S, Fernandez-Capetillo O, Serrano M, Blasco MA (2009) A p53-mediated DNA damage response limits reprogramming to ensure iPS cell genomic integrity. Nature 460:1149–1153. https://doi.org/10.1038/nature08287
67. Utikal J, Polo JM, Stadtfeld M, Maherali N, Kulalert W, Walsh RM, Khalil A, Rheinwald JG, Hochedlinger K (2009) Immortalization eliminates a roadblock during cellular reprogramming into iPS cells. Nature 460:1145–1148. https://doi.org/10.1038/nature08285
68. Narita M, Nu˜nez S, Heard E, Narita M, Lin AW, Hearn SA, Spector DL, Hannon GJ, Lowe SW (2003) Rb-mediated heterochromatin formation and silencing of E2F target genes during cellular senescence. Cell 113:703–716. https://doi.org/10.1016/s0092-8674(03)00401-x
69. Wang B, Miyagoe-Suzuki Y, Yada E, Ito N, Nishiyama T, Nakamura M, Ono Y, Motohashi N, Segawa M, Masuda S, Takeda S (2011) Reprogramming efficiency and quality of induced Pluripotent Stem Cells (iPSCs) generated from muscle-derived fibroblasts of mdx mice at different ages. PLoS Curr 3:RRN1274. https://doi.org/10.1371/currents.RRN1274
70. Somers A, Jean J-C, Sommer CA, Omari A, Ford CC, Mills JA, Ying L, Sommer AG, Jean JM, Smith BW, Lafyatis R, Demierre M-F, Weiss DJ, French DL, Gadue P, Murphy GJ, Mostoslavsky G, Kotton DN (2010) Generation of transgene-free lung disease-specific human induced pluripotent stem cells using a single excisable lentiviral stem cell cassette. Stem Cells 28:1728–1740. https://doi.org/10.1002/stem.495
71. Lapasset L, Milhavet O, Prieur A, Besnard E, Babled A, Aït-Hamou N, Leschik J, Pellestor F, Ramirez J-M, De Vos J,

Lehmann S, Lemaitre J-M (2011) Rejuvenating senescent and centenarian human cells by reprogramming through the pluripotent state. Genes Dev 25:2248– 2253. https://doi.org/10.1101/gad.173922.111

72. Trokovic R, Weltner J, Otonkoski T (2015) Generation of iPSC line HEL24.3 from human neonatal foreskin fibroblasts. Stem Cell Res 15:266–268. https://doi.org/10.1016/j.scr.2015. 05.012

73. Qin H, Blaschke K, Wei G, Ohi Y, Blouin L, Qi Z, Yu J, Yeh R-F, Hebrok M, Ramalho-Santos M (2012) Transcriptional analysis of pluripotency reveals the Hippo pathway as a barrier to reprogramming. Hum Mol Genet 21:2054–2067. https://doi.org/10.1093/hmg/dds023

74. Kimura T, Kaga Y, Sekita Y, Fujikawa K, Nakatani T, Odamoto M, Funaki S, Ikawa M, Abe K, Nakano T (2015) Pluripotent stem cells derived from mouse primordial germ cells by small molecule compounds. Stem Cells 33:45–55. https://doi.org/10.1002/stem.1838

75. Feng Y, Ning Y, Lin X, Zhang D, Liao S, Zheng C, Chen J, Wang Y, Ma L, Xie D, Han C (2018) Reprogramming p53-deficient germline stem cells into pluripotent state by Nanog. Stem Cells Dev 27:692–703. https://doi.org/10.1089/scd.2018.0047

76. Flurkey K, Brandvain Y, Klebanov S, Austad SN, Miller RA, Yuan R, Harrison DE (2007) PohnB6F1: a cross of wild and domestic mice that is a new model of extended female reproductive life span. J Gerontol A Biol Sci Med Sci 62:1187–1198. https://doi.org/10.1093/ger ona/62.11.1187

77. Tiemann U, Sgodda M, Warlich E, Ballmaier M, Schöler HR, Schambach A, Cantz T (2011) Optimal reprogramming factor stoichiometry increases colony numbers and affects molecular characteristics of murine induced pluripotent stem cells. Cytom Part J Int Soc Anal Cytol 79:426–435. https://doi.org/10.1002/cyto.a.21072

78. Pan G, Li J, Zhou Y, Zheng H, Pei D (2006) A negative feedback loop of transcription factors that controls stem cell pluripotency and self-renewal. FASEB J Off Publ Fed Am Soc Exp Biol 20:1730–1732. https://doi.org/10.1096/fj.05-5543fje

79. Pan G, Thomson JA (2007) Nanog and transcriptional networks in embryonic stem cell pluripotency. Cell Res 17:42–49. https://doi.org/10.1038/sj.cr.7310125

80. Papapetrou EP, Tomishima MJ, Chambers SM, Mica Y, Reed E, Menon J, Tabar V, Mo Q, Studer L, Sadelain M (2009) Stoichiometric and temporal requirements of Oct4, Sox2, Klf4, and c-Myc expression for efficient human iPSC induction and differentiation. Proc Natl Acad Sci USA 106:12759–12764. https://doi.org/10.1073/pnas.0904825106

81. Oka M, Moriyama T, Asally M, Kawakami K, Yoneda Y (2013) Differential role for transcription factor Oct4 nucleocytoplasmic dynamics in somatic cell reprogramming and self-renewal of embryonic stem cells. J Biol Chem 288:15085–15097. https://doi.org/10.1074/jbc.M112. 448837

82. Moraveji S-F, Attari F, Shahverdi A, Sepehri H, Farrokhi A, Hassani S-N, Fonoudi H, Aghdami N, Baharvand H (2012) Inhibition of glycogen synthase kinase-3 promotes efficient derivation of pluripotent stem cells from neonatal mouse testis. Hum Reprod 27:2312–2324. https://doi. org/10.1093/humrep/des204

83. Choi WY, Jeon HG, Chung Y, Lim JJ, Shin DH, Kim JM, Ki BS, Song S-H, Choi S-J, Park K-H, Shim SH, Moon J, Jung SJ, Kang HM, Park S, Chung HM, Ko JJ, Cha KY, Yoon TK, Kim H, Lee DR (2013) Isolation and characterization of novel, highly proliferative human CD34/CD73- double-positive testis-derived stem cells for cell therapy. Stem Cells Dev 22:2158–2173. https:// doi.org/10.1089/scd.2012.0385

84. Simon L, Ekman GC, Kostereva N, Zhang Z, Hess RA, Hofmann M-C, Cooke PS (2009) Direct transdifferentiation of stem/progenitor spermatogonia into reproductive and nonreproductive tissues of all germ layers. Stem Cells 27:1666–1675. https://doi.org/10.1002/stem.93

85. Boulanger CA, Mack DL, Booth BW, Smith GH (2007) Interaction with the mammary microenvironment redirects spermatogenic cell fate in vivo. Proc Natl Acad Sci U S A 104:3871–3876. https://doi.org/10.1073/pnas.0611637104

86. Yang H, Hao D, Liu C, Huang D, Chen B, Fan H, Liu C, Zhang L, Zhang Q, An J, Zhao J (2019) Generation of functional dopaminergic neurons from human spermatogonial stem cells to rescue parkinsonian phenotypes. Stem Cell Res Ther 10:195. https://doi.org/10.1186/s13 287-019-1294-x

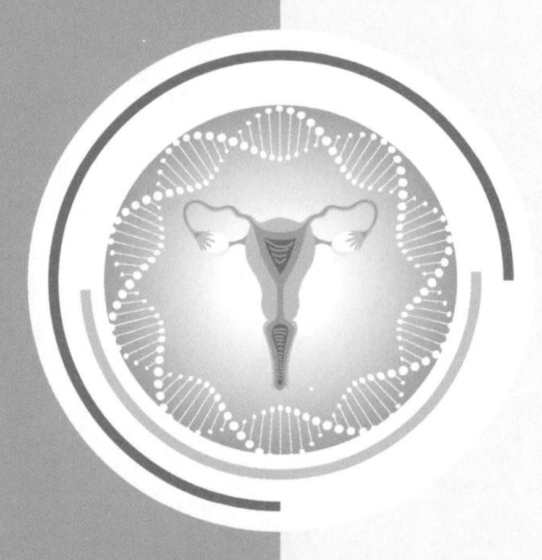

第7章

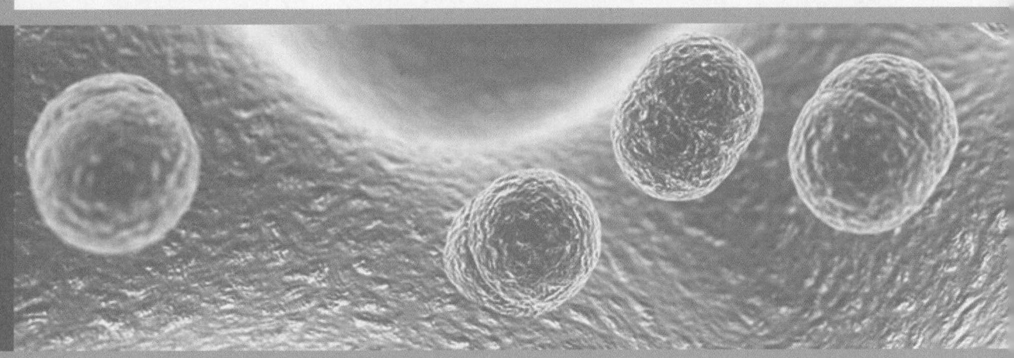

用于生育力保存的精原干细胞冷冻技术

Marija Vilaj, Branka Golubić-Ćepulić,
and Davor Ježek

摘要

导言：癌症治疗的最新进展提高了儿童和青少年的存活率。肿瘤治疗对性腺功能有直接毒性作用，导致生殖细胞数量减少，或通过损害体细胞和精原干细胞（SSCs）间接发挥作用，从而导致生育能力受损。因此，保存和恢复生育能力的方法已成为全球研究人员关注的焦点。

方法：我们总结了冷冻精原干细胞以保持人类生育能力的新知识。

结果：冷冻保存精子是已进入青春期的男性青少年在接受性腺毒性治疗前保存生育能力的最成熟方法，如今已成为临床常规治疗方法。与此同时，青春期前男孩的精子发生尚未开始，由于他们无法产生精子，保存和恢复他们的生育能力非常困难。迄今为止，所有已知的相关策略都是实验性的，离临床应用还很遥远。对于这类癌症患者，目前唯一可以选择的生育力保存方法是冷冻保存含有造血干细胞的睾丸组织，然后用于自体移植，以恢复生育能力。

结论：尽管在这一领域取得了一些成就，但冷冻保存含有造血干细胞的人体睾丸组织尚未产生精子，因此有必要改进和规范睾丸组织和睾丸细胞冷冻保存、造血干细胞分离、体外培养和繁殖的方法。此外，还需要改进分选方法，以实现人类精原细胞的有效富集，并避免偶然引入肿瘤细胞。

关键词：癌症、冷冻、生育力恢复、精子干细胞、睾丸组织精原干细胞、睾丸组织

专业术语中英文对照

英文缩写	英文全称	中　文
2D	Two-dimensional	二维
3D	Three-dimensional	三维
DAB	3，3’-Diaminobenzidine	3，3’-二氨基联苯胺
DMSO	Dimethyl sulfoxide	二甲基亚砜
ECM	Extracellular matrix	细胞外基质
EEJ	Electroejaculation	电刺激射精
FACS	Fluorescence-activated cell sorting	荧光激活细胞分选
FN	Fine needle	细针
GCNIS	Germ cell neoplasia in sit	生殖细胞原位瘤
HE	Hematoxylin–eosin stain	苏木精-伊红染色法
ICSI	Intracytoplasmic sperm injection	卵胞浆内单精子显微注射
IUI	Intrauterine insemination	宫腔内人工授精
IVF	In vitro Fertilization	体外受精
L	Leydig cell	Leydig细胞
M	LMicrolith	微结石
MACS	Magnetic-activated cell sorting	磁激活细胞分选
MAGEA3/4	MAGE family member A3/4	MAGE家族成员A3/4
P	Parenchyma	母细胞
PLAP	Alkaline phosphatase	碱性磷酸酶
S	Scrotum	阴囊
Sc	Sertoli cell	肥大细胞
SSC	Spermatogonial stem cell	精原干细胞
ST	Seminiferous tubule	精曲小管
TESA	Testicular sperm aspiration	睾丸精子抽吸术
TESE	Testicular surgical sperm extraction	睾丸手术取精

一、导言

每年约有30万名0～19岁的儿童被诊断出患有癌症。由于绝大多数儿童和青少年癌症的病因不明，因此无法预防其发生，人们正努力及时确定正确的诊断并进行有效治疗。肿瘤疗法的长足进步使儿童患者的存活率高达80%。众所周知，抗癌疗法（包括化疗、放疗和造血干细胞移植）会对性腺功能产生长期不利影响，这促使人们开发了癌症患者生育力保存技术。在性腺毒性治疗开始前，通常会与患者讨论并向其提供配子和胚胎冷冻保存等生育力保存方案。尽管青春期前患者的睾丸尚未完成精子发生，但大量研究表明，用于治疗这些患者疾病的细胞毒性治疗也会影响生育能力。由于青春期前的患者无法产生配子，因此不可能采用传统的策略来保存生育能力，有必要开发替代方法，为那些有希望在未来成为父母的患者保留和恢复生育能力。此外，考虑到儿童和青少年面临的特殊挑战，包括伦理、实践和科学问题，年轻癌症患者的生育力保留方案应由肿瘤专家、泌尿科专家、甲状腺专家和生殖专家进行多学科合作考虑。

二、青少年的生育力保存

生育力保存技术的可用性取决于面临抗癌治疗的儿童是青春期前还是青春期后，也取决于癌症治疗开始的紧迫性。与青春期前的儿童相比，青春期后的青少年保存生育能力的选择更为广泛。在大多数男性青少年中，精液冷冻保存是可能的，这使得手淫后的精子冷冻保存成为性腺毒性治疗前最成熟的生育力保存方法。Bahadur等人的研究表明，年轻男孩的精子质量不会受到患者年龄或诊断的影响，因此，青少年癌症患者的冷冻精液适合并有可能用于未来的辅助生殖程序。无法通过手淫获得精子样本的青少年应选择在镇静或麻醉状态下进行电刺激射精、睾丸精子抽吸、睾丸手术取精或从手淫后尿液样本中提取精子。

1.电刺激射精

Berookhim和Mulhall的研究显示，在11～19岁的男孩中，60%的人成功通过电刺激射精取精。该技术很少出现并发症，但获得的精子质量参差不齐。如果电刺激射精无法收集到足够数量或密度的活动精子用于冷冻保存，或出现无精子症，则可考虑采用更具侵入性的方法，如睾丸精子抽吸或睾丸手术取精。

2.睾丸精子抽吸

睾丸精子抽吸（图7.1）一般在局部麻醉下进行，无须切口。这是一项简单而常规的手术，通常需要约10分钟。在某些情况下，TESA无法提供足够的精子，还需要进行开放式睾丸活检。

3.睾丸手术取精

在癌症治疗前，为保留青少年的生育能力，可以安全地实施睾丸手术取精，取精率为50%，甚至在一名11岁的男孩身上也获得了成功。虽然这种方法需要阴囊切口（图7.2）

以获取相当大的精曲小管，但一般在局部麻醉下进行，不会出现任何并发症。此外，该技术的一个重要优点是不会耽误患者接受紧急癌症治疗。TESE的主要缺点是需要无选择性地切除相对较大体积的睾丸实质，以获取足够的精子标本。

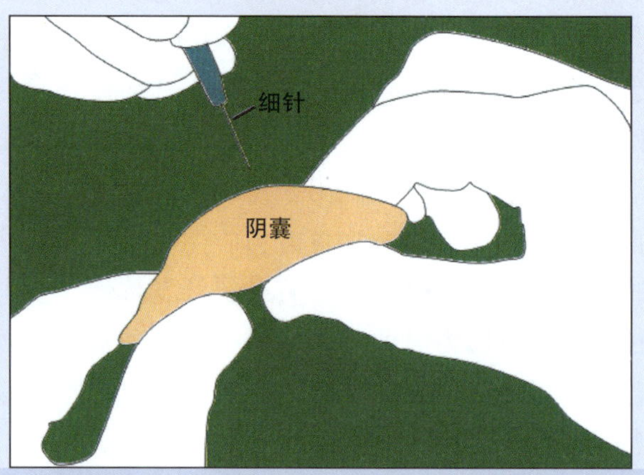

为了达到 TESA 的目的，必须将睾丸和附睾固定在一个位置，避免穿刺附睾。细针（FN）直接穿刺到睾丸实质内。整个过程可在门诊环境中完成。

图 7.1 睾丸精子抽吸（TESA）

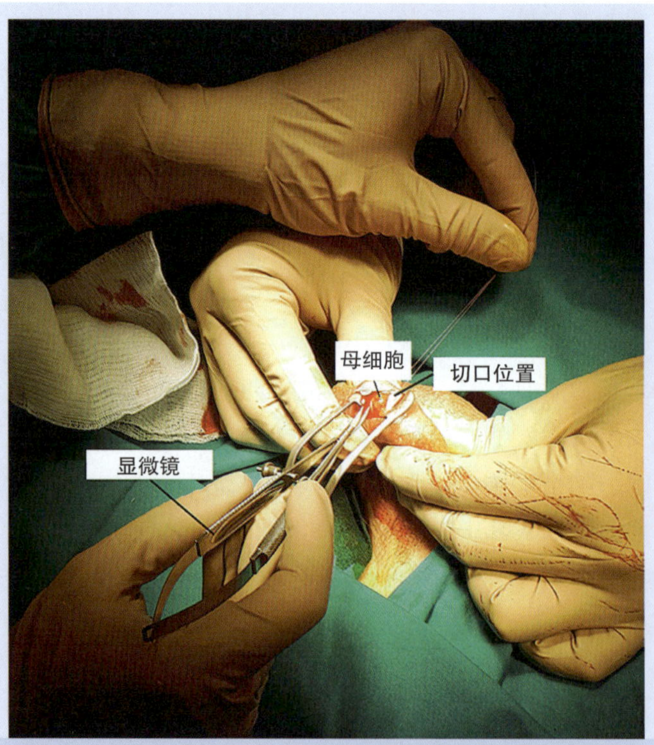

睾丸开放活检通常在局部或脊髓麻醉下进行。切开睾丸外膜后，母细胞（P）会自动从切口处突出，用显微镜很容易就能将其取出。

图 7.2 睾丸手术取精阴囊切口位置

无精症患者确诊睾丸癌时，也可采用睾丸手术取精。如果癌症是在早期发现的，且局限于睾丸的有限区域（图7.3），则有可能以多次活检的形式冷冻保存睾丸实质的健康部分。睾丸切除术后（图7.4a），可从无肿瘤的睾丸区域提取多个活检样本（图7.4b）。在我们这里，每份活检样本在切除后都会立即在层流柜（置于手术室内）中进行处理，并切成两部分：一部分立即冷冻在精子冷冻培养基中，以备可能的TESE之用；另一半则固定在固定液中，并进行详细的组织学分析和免疫组化，以检测生殖细胞原位瘤（图7.5）。如果组织学分析表明不存在肿瘤，则可将冷冻样本从冷冻库中取出，用于随后的睾丸手术取精和卵胞浆内单精子显微注射手术。

一般来说，由于精子资源有限，为了实现妊娠，通常建议采用体外受精技术，而不是宫腔内人工授精。如果解冻样本中仅含有少量精子，则可通过卵胞浆内单精子显微注射实现受精。

4.睾丸组织的冷冻保存

迄今为止，已有几种不同的人类未成熟睾丸组织慢速程序化冷冻方案，使用的冷冻保护剂包括1.5M乙二醇和蔗糖、0.7M DMSO或0.7M DMSO和蔗糖。Keros等人报告了使用5%二甲基亚砜作为冷冻保护剂进行青春期前睾丸组织冷冻保存的高效冷冻方案，该方案在冷冻、解冻和组织培养过程中成功地保持了精母细胞、Sertoli细胞和基质区，且没有明显的结构变化。在将睾丸组织或睾丸细胞悬浮液低温冷冻保存方法标准化，并优化低温保护剂的类型和浓度后，维持组织的质量和活力，这对青春期前或青少年癌症幸存者的生育力恢复至关重要。

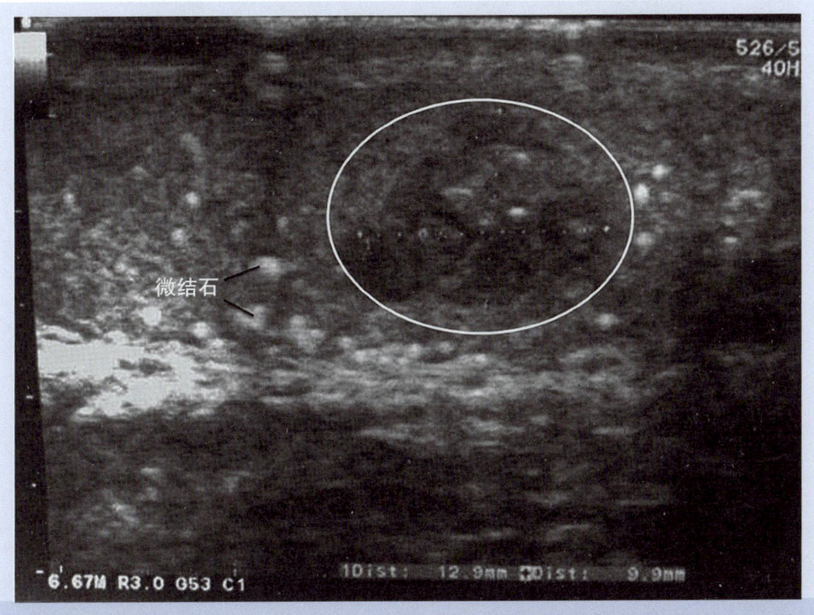

白色圆圈内部是一个局限性肿瘤（12.9 mm × 9.9 mm），周围是睾丸实质的其他部分，其中有大量的微结石（M）。

图 7.3　无精症患者睾丸的超声检查

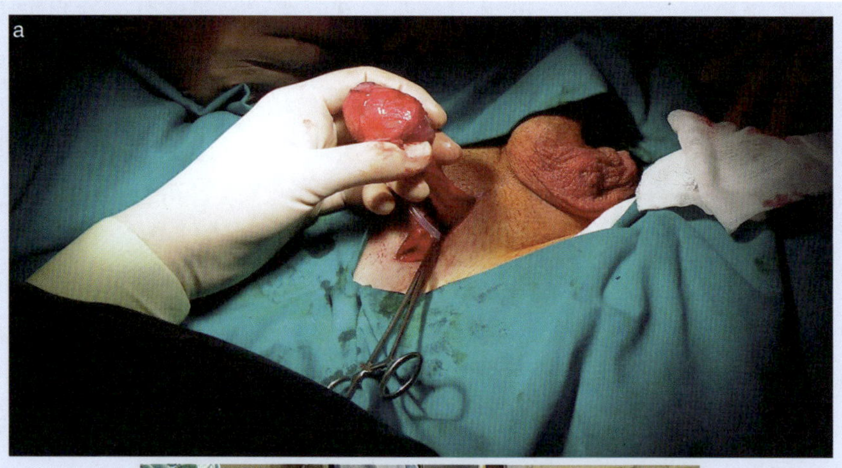

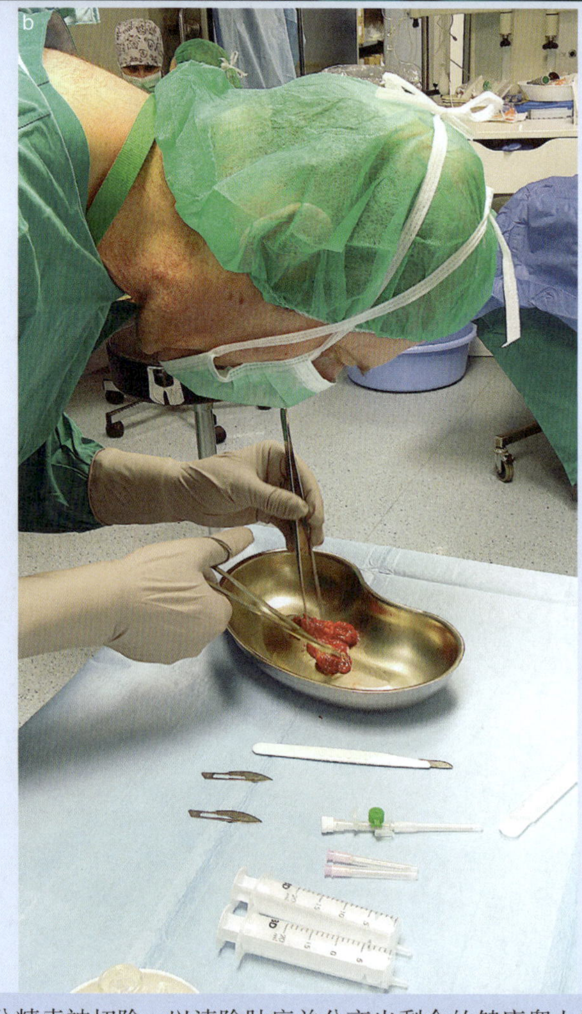

a. 睾丸和附睾及大部分精索被切除，以清除肿瘤并分离出剩余的健康睾丸实质。b. 在睾丸切除术和肿瘤区域显像后，对剩余的睾丸实质进行多点取样。每个生物样本切片分为两半：一半用于冷冻保存；另一半用于详细的组织学分析，包括免疫组化分析。

图 7.4 患有睾丸肿瘤的无精症患者睾丸切除术

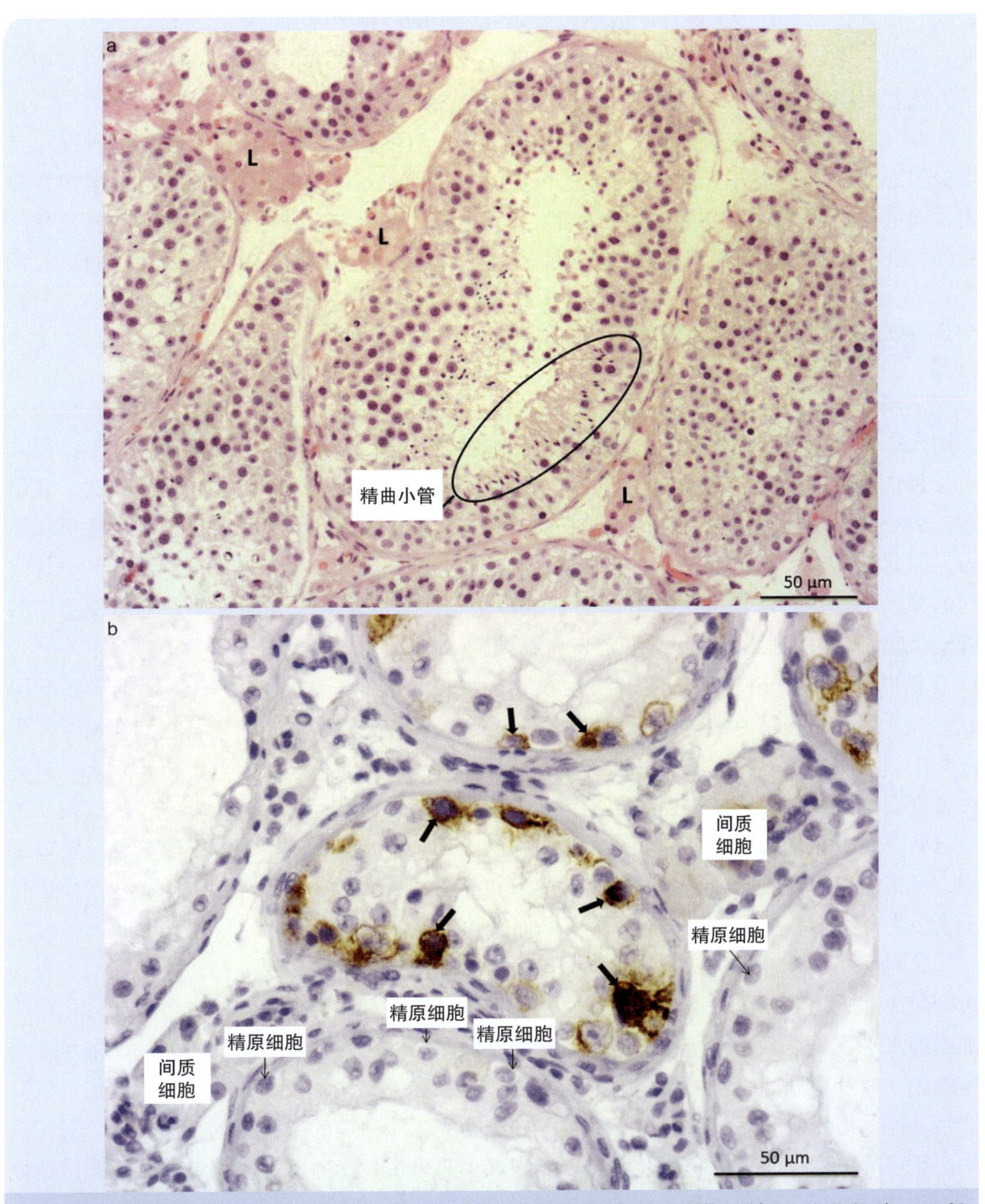

a. 在健康的实质组织内，精曲小管（ST）中含有大量晚期精子（环绕区域）。这些细胞一旦释放到管腔中，就会变成精子，可以从冷冻保存的材料中分离出来，用于 ICSI。b. 同一患者的另一个生物切片，胎盘碱性磷酸酶（PLAP）的表达。在几个曲细精管内，存在生殖细胞原位瘤（GCNIS）。在邻近的曲细精管中，存在精原细胞（SPG）。可以分离和培养这些细胞，以生产潜在的精子［3，3'- 二氨基联苯胺（DAB）和（或）苏木精明矾］。

图 7.5　患有局限性睾丸肿瘤的无精症患者睾丸活检的一部分

玻璃化技术也可作为一种有效的组织保存方法，代替缓慢冷冻法。Curaba等人的研究表明，玻璃化技术是冷冻保存未成熟人类睾丸组织的一种便捷方法，比缓慢冷冻更快、更便宜。对于未成熟睾丸组织的冷冻保存，低温冷冻和玻璃化是否同样安全有效，或其中一种方法在组织或细胞质量保存方面是否占主导地位，仍有待确定。

由于冷冻保存的人类睾丸组织或睾丸细胞尚未产生精子，因此没有任何一种保存方案经过充分验证或证明优于任何其他已报道的方法。为了在未来的临床应用中恢复生育能力，有必要对未成熟睾丸组织或睾丸细胞悬液的冷冻保存方案进行验证、优化和标准化。此外，还必须深入研究冷冻方案对冷冻保存后生殖细胞的遗传和表观遗传学改变的影响。

三、青春期前患者的生育能力保护

青春期前男孩和青少年的精子发生尚未开始，由于睾丸只含有二倍体生殖细胞（图7.6、图7.7），包括原精原细胞/造血干细胞，因此无法使用传统的精子冷冻保存方法。目前，这类癌症患者恢复生育能力的唯一选择是冷冻保存含有造血干细胞的睾丸组织。SSCs是位于曲细精管基底膜上的一小群二倍体睾丸细胞。这些细胞具有自我更新能力，因此能维持后备干细胞池，也能分化成其他类型的细胞。干细胞的自我更新和分化之间的微妙平衡由其微环境（即所谓的干细胞生态位）决定。睾丸曲细精管上皮细胞中的Sertoli细胞及间质细胞可能也会调节造血干细胞的更新和分化。

精原细胞负责精子生成的连续过程，确保成年后精子的无限生成。根据形态学研究，成人睾丸中的精原细胞可分为3种类型：A_{dark}、A_{pale}和B型精原细胞，它们在精子发生过程中的作用也各不相同。A_{dark}被称为储备干细胞。它们的有丝分裂处于静止状态，只有在青春期发育或因辐照或毒性暴露导致精原细胞耗竭时才会增殖活跃。此外，A_{pale}被认为是自我更新的祖细胞，因为它们会积极分裂以维持干细胞池。B型精原细胞分化成精母细胞，其中的遗传物质通过减数分裂进行重组和分离，从而形成单倍体精子。由此产生的精子会发生各种形态变化（精子形成），从而转化为成熟的精子。

人的睾丸在出生后的头3个月内就产生了SSCs，除非因疾病或某些药物治疗而丧失，否则精原细胞终生存在于睾丸中。即使是低剂量的细胞毒性药物或辐照也会降低分化精原细胞的水平。这类睾丸细胞因其快速分裂的特性而高度敏感，而敏感度较低的非增殖性造精细胞，以及精母细胞和精子细胞则能存活下来。尽管如此，残存的造精子细胞仍可恢复造精功能，但恢复的可能性取决于细胞毒性药物或辐照治疗的类型和剂量。因此，对于尚未产生可冷冻保存的精子的青春期前男孩和青少年来说，冷冻保存含有造血干细胞或造血干细胞悬浮液的睾丸组织块是保存生育能力的唯一可行策略。尽管冷冻保存精原细胞/含有精原细胞的睾丸组织恢复生育能力仍处于试验阶段，但冷冻保存睾丸组织已获得伦理批准。欧洲只有少数几个中心提供青春期前睾丸冷冻保存服务［阿姆斯特丹学术医学中心（Academic Medical Center，Amsterdam）；明斯特大学生殖医学和男性生殖器病学中心（Centre of Reproductive Medicine and Andrology，University Munster）；布鲁塞尔自由大

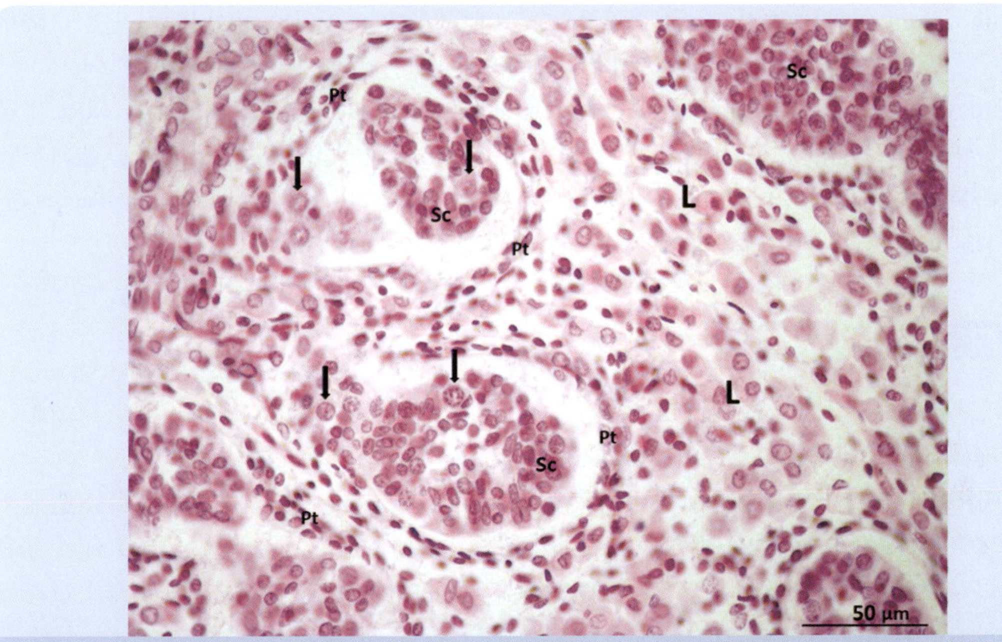

性索（未来的曲细精管）没有管腔，内衬是精原细胞（→）和未成熟的支持性 Sertoli 细胞（Sc）。性索受到未来肌层［管周细胞（Pt）］的限制，并被富含 Leydig 细胞（L）的间质所包围。

图 7.6　未成熟的人类睾丸内的生殖细胞

（摘自 H.E. 萨格勒布大学医学院组织学与胚胎学系组织学幻灯片集）

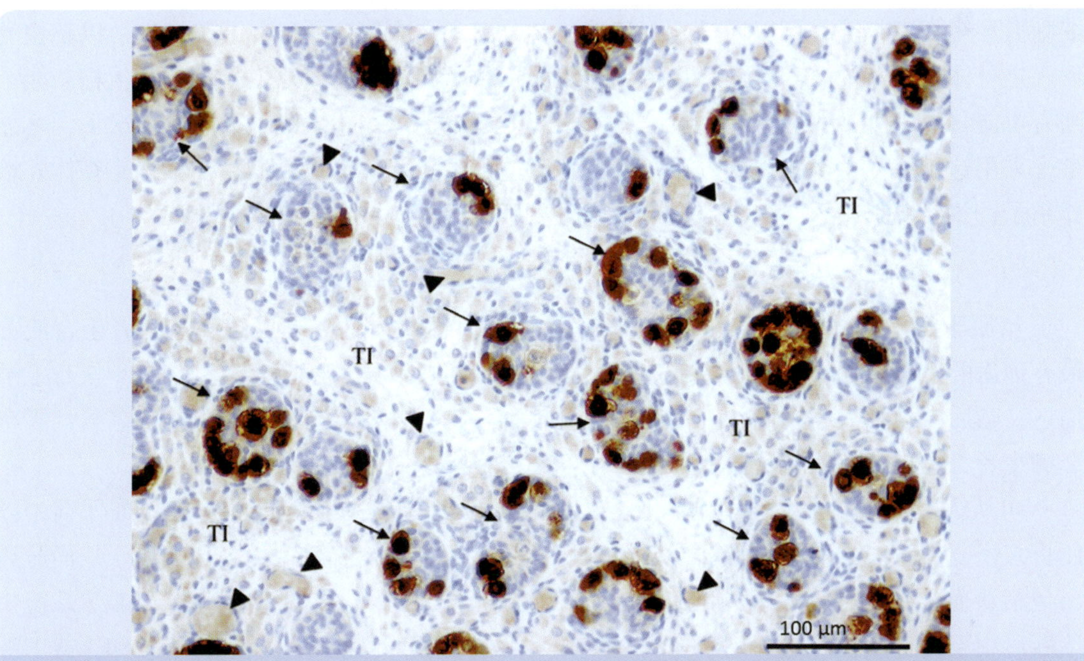

根据免疫组化反应，原精原细胞可以很容易地与支持性 Sertoli 细胞（MAGE-A3/4 呈阴性）区分开来。睾丸间质（TI）有丰富的血管网（▼）［3，3' - 二氨基联苯胺（DAB）和（或）苏木精明矾］。

图 7.7　未成熟的人类睾丸性索内 MAGE-A3/4 的表达（→）

学（Vrije Universiteit Brussel）；布鲁塞尔大学医院（University Hospital Brussels）；萨格勒布大学医院青春期前睾丸生育能力冷冻保存中心（University Hospital Centre Zagreb-FP centre indevelopment）；卢万天主教大学（Universite Catholique de Louvain）；MRC生殖健康研究中心（爱丁堡）（MRC Centre for Reproductive Health，Edinburgh）；瑞典卡罗林斯卡研究所（Karolinska institute Sweden）；赫尔辛基大学中心医院（Helsinki University Central Hospital）］，但在不久的将来会有更多中心提供这种服务。

四、恢复生育能力

虽然睾丸组织冷冻保存方案已有报道，并可用于保存青春期前的睾丸组织和细胞，但从冷冻保存的未成熟睾丸组织中获取成熟精子的技术仍处于研究阶段。

利用冷冻保存的睾丸组织恢复生育能力的方法多种多样，包括自体移植自体造血干细胞、睾丸组织移植或异种移植到免疫缺陷小鼠体内、睾丸新生形态发生、睾丸组织器官培养，以及从诱导多能干细胞中衍生生殖细胞。上述每种方法都主要是在动物身上进行研究，还没有一种方法被证明对人类是安全有效的。

冷冻保存睾丸组织或含有造血干细胞的细胞被认为是恢复生育能力的一种可行方法，在冷冻保存造血干细胞（或含有造血干细胞的组织块）数年后，可利用这些造血干细胞进行自体移植。

干细胞微环境是精子正常再生的关键，也是精子发生过程本身的关键。为了保持干细胞微环境的完整性，可以通过组织移植，将分离和冷冻保存的睾丸活组织切片以整块的形式进行体外或体内培养。如果将睾丸组织碎片移植到患者体内以恢复正常的生精功能，则有可能将癌细胞带入患者体内。因此，只有在组织不存在恶性污染风险的情况下，才能考虑采用这种恢复生育能力的方法。为了克服这种风险，一个很好的替代策略是在体外培养精子，然后将其用于卵胞浆内单精子显微注射。

（一）精原干细胞移植用于生育力恢复

精原干细胞移植虽然仍处于实验阶段，但目前被认为是恢复年轻癌症患者生育能力最有前途的策略，而且可能很快就能应用于临床实践。该技术于1994年首次在小鼠身上被描述，随后在包括人类在内的其他几种哺乳动物身上得到了复制。然而，在12名男性霍奇金病患者身上进行的临床试验结果证明并不成功。

可从人类睾丸中分离出生殖细胞（包括造血干细胞）的悬液，并将其冷冻保存，以便将来恢复生育能力。在获得睾丸活组织切片后，可对睾丸组织碎片进行解离，从而分离出包括造血干细胞在内的睾丸细胞，这些细胞随后可在二维（2D）或三维（3D）系统中培养后用于体外或在移植后用于体内。该方案简单明了，包括对组织进行机械和（或）酶消化，因此可在任何辅助生殖中心进行。由于细胞增殖和分化所需的细胞间连接被破坏，睾丸组织的解离会损害睾丸龛的完整性，也会影响细胞的存活。此外，这种消化方法不是以细胞为目标的过程，这种方法得到的产物是睾丸细胞的混合群体，其中缺乏造血干细胞。

睾丸细胞通常直接移植到受体睾丸的前睾丸中。造血干细胞必须从曲细精管腔移出，穿过血液－睾丸屏障到达基底膜。只有一小部分造血干细胞在基底膜上定植并开始增殖，这是因为大多数移植细胞会被Sertoli细胞清除。因此，这可能是该方法总体效率降低的原因。

从青春期前睾丸的小活检样本中获得的造血干细胞移植应用中的另一个挑战是分离出的造血干细胞数量不足，无法重新填充睾丸龛位。研究表明，青春期前男孩的睾丸活检样本平均可提供约390 000个细胞，其中只有约11 700个被认为是原精原细胞，但其中真正具有功能性的细胞数量很少，因此，在移植前需要采用能够在体外扩增造血干细胞数量的方法。考虑到干细胞扩增可提供大量纯干细胞注射，体外培养造血干细胞可提高造血干细胞移植的效率。

1.睾丸间充质干细胞的分离与富集

SSCs是睾丸细胞中相当罕见的亚群，占睾丸细胞总数的0.01%～1%。因此，其后续应用的第一步是最佳的分离和纯化，而这同时也是SSC培养过程中一直面临的主要挑战。从睾丸组织中分离SSCs可采用两步酶解方案，先用胶原酶分散曲细精管，然后再用胰蛋白酶获得单细胞悬浮液。此外，还可在悬浮液中加入DNase-Ⅰ，以防止细胞黏附。上述睾丸组织消化方案已广泛用于灵长类动物和人类睾丸细胞分离。

消化方案的结果是睾丸细胞悬浮液中不仅有SSCs，还有污染的体细胞，需要从培养液中去除（或至少减少其数量），以实现人类精原细胞的有效富集。目前已采用多种策略来识别和分离SSCs，其中包括使用抗体的方法，也有不使用抗体的方法。荧光激活细胞分选和磁激活细胞分选是使用特异性抗体将SSCs与包括恶性细胞在内的污染细胞区分开来的方法。目前还没有研究能够确定SSCs的单一独特标记，因此这些细胞的确认和随后的分离需要基于多个标记的共同识别。

除了基于细胞表面抗体识别的分选方法外，还有一些富集策略依赖于造血干细胞和体细胞之间先天细胞特性的差异，如Sertoli细胞比SSCs更快黏附在培养板上。根据这一特性，可采用不同种植技术来分离SSCs和体细胞。沉降速度的差异或密度梯度离心也可用于分离体细胞和SSCs。

造血干细胞移植的主要问题是肿瘤细胞的偶然引入。在动物模型中，即使极少量的白血病细胞（即仅20个）也足以导致疾病复发，因此还应该使用分选方法来消除恶性污染。有报道称，不同的分选技术试图对造血干细胞进行分选并排除肿瘤细胞。无论是磁激活还是荧光激活细胞的分选方法，都无法完全清除癌细胞。与此同时，Sadri-Ardekani等人的研究表明，与睾丸细胞共培养26天后，可消除肿瘤细胞，这表明睾丸细胞培养系统也可用于在造血干细胞移植前消除含有肿瘤细胞的睾丸细胞，同时提供造血干细胞的扩增。

2.造血干细胞的体外培养

建立一个高效的体外培养系统，既能保持造血干细胞的自我更新和增殖能力，又能复制人类精子发生的过程，这对造血干细胞的临床应用至关重要。体外精子发生的一个重要先决条件是重建干细胞龛，以替代死亡或分化的生殖细胞，并持续产生体外生成的生殖细胞。这种复制类似于体内微环境中精原细胞龛的自然条件。

Sadri-Ardekani等人首次报告了成体人间充质干细胞的长期培养，证明人间充质干细胞可在培养液中维持数月并扩增超过18 000倍。他们采用了差分培养法减少睾丸体细胞数量，并通过逆转录酶聚合酶链反应和免疫荧光法测定SSCs的存在。同一研究小组在2011年报告了从前髓鞘人类睾丸体外繁殖SSCs。从那时起，有关人类SSCs培养的研究已报道过20多项。关于这些细胞能否重建完整的精子发生过程并产生精子功能的证明，以及培养系统中潜在细胞修饰的可能性，还远未完全阐明。因此，仔细分析睾丸细胞培养过程中的遗传和表观遗传变化是下一个需要解决的挑战，以确保其在潜在临床应用中的安全性。

一些不同的研究小组试图开发一种高效的人体体外培养系统，用于培养造血干细胞。据报道，实现这一目标的一般方法有3种：睾丸细胞悬浮液二维培养、睾丸细胞悬浮液三维培养和睾丸组织碎片器官型培养。睾丸组织碎片的器官型培养是体外重建造血干细胞龛位的最新策略。稍后将结合最新的生育力恢复方法对其进行讨论。SSC培养可通过以下方式进行。

（1）睾丸细胞悬浮二维培养系统已被广泛用于体外增殖造血干细胞和生产单倍体男性生殖细胞。研究表明，人类精原细胞要在体外附着、存活和增殖，需要细胞外基质（ECM）或与饲养细胞（如Vero细胞、小鼠胚胎成纤维细胞、小鼠内皮细胞、来源于人类胚胎干细胞的成纤维细胞、人类Sertoli细胞或人类睾丸体细胞）共培养。Cremades等人报告称，当人类SSCs与从非洲绿猴分离的Vero细胞共同培养时，可形成圆形精子并分化为细长精子。由于来源于动物，这种方法获得的圆形精子不适合用于临床。因此，人们开发了另一种长期二维培养系统，将SSCs与Sertoli细胞共同培养，结果晚期精子分化正常，但受精潜能低，绝大多数胚胎发育停滞，性染色体异常。根据迄今为止进行的所有有关二维细胞培养的研究，可以得出结论：该系统存在一些缺陷，包括无法有效复制睾丸的微环境，无法复制完整曲细精管的所有基本细胞相互作用和结构特性。造成这一缺陷的主要原因是缺乏必要的生长因子和生态位完整性。

（2）睾丸细胞悬浮液的三维培养是一种能有效模拟体内细胞发育微环境的体外系统，其提供了曲细精管上皮的三维原位组织。三维培养结构由一层厚厚的软琼脂系统或甲基纤维素系统组成，细胞被嵌入其中。与二维系统相比，这种培养技术能更有效地扩散营养物质、氧气和其他重要分子，可用于评估精子发生过程中男性生殖细胞、睾丸体细胞和细胞外基质之间的必要相互作用。在人类、小鼠和恒河猴中，三维培养都取得了可喜的成果。有报道称，幼鼠和猴的睾丸组织经三维培养后可完成精子发生，而雄性生精细胞则可利用这种技术延长精子。他们注意到，当生殖细胞与Sertoli细胞共同培养时，生殖细胞的扩增非常明显，而Sertoli细胞可为体内生殖细胞的发育提供支持。Stukenborg等人报告了利用从未成熟睾丸中获得的小鼠精原细胞进行三维培养的方法。无论基质性质如何，只要有促性腺激素和体细胞的支持，就能实现男性生殖细胞的体外成熟。经过31天的培养，可以观察到正在伸长的精子和正常精子。在人类中，三维培养尚未能完成整个生精过程。

进一步的研究工作应侧重于在人类生殖细胞中复制这种培养技术，并对培养中获得的精子进行受精能力评估。但存在一个问题，人类青春期前组织的生殖细胞是否也能获得同样的结果呢?

（二）睾丸组织异种移植和生育力恢复的未来方向

1.睾丸组织异种移植

将人类睾丸组织异种移植到免疫缺陷小鼠体内，作为间充质干细胞移植的一种潜在替代方法，用于恢复睾丸发育前男孩的生育能力。这项技术于1974年首次使用，此后一直为了解睾丸细胞的功能提供重要信息。迄今为止的研究表明，与青春期和成年供体相比，来自青春期前男性的睾丸异种移植具有更高的存活率和更好的精子发生效果。这种方法的目的是在进行性腺毒性治疗之前，从青春期前患者的睾丸中获取活组织切片，并将其冷冻保存，以备将来进行异种移植之用。当患者从原发疾病中康复并想要孩子时，可将冷冻保存的睾丸活检组织解冻并移植到免疫缺陷小鼠体内，以获得发育完全的组织并收集精子。收集的精子可用于卵胞浆内单精子显微注射（ICSI），以产生胚胎进行移植。不过，冷冻保存的人睾丸组织移植到免疫缺陷小鼠体内，迄今尚未获得完全的精子发生。

与自体造血干细胞移植相比，这种技术的主要优势在于可以避免组织取样时，供体细胞悬液中可能存在肿瘤细胞而造成恶性污染。人类睾丸组织异种移植存在严重的伦理和安全问题，因为可能会转移宿主病原体，从而对发育中的睾丸组织和产生的精子造成影响。因此，将睾丸组织异种移植用于青春期前男孩的生育能力恢复仍处于早期实验阶段，在应用于人类之前需要进行广泛的安全性、可行性和生物伦理评估。

2.最新方法和未来方向

最新的方法和未来的方向有以下几点。

（1）睾丸组织碎片的有组织培养是迄今为止体外成熟睾丸组织的唯一技术，它能够保留曲细精管的结构，以及组织内细胞的相互作用，这种方法应该比分离细胞的培养效果更好。在人类中，利用未成熟的睾丸组织在体外完成精子发生仍未实现。这项技术面临的主要挑战是如何在培养过程中维持组织足够长的存活时间，以完成体外精子发生。与单层细胞培养相比，睾丸组织的扩散率有限，因此阻碍了睾丸组织的培养。在成人睾丸组织的器官型培养过程中，也观察到了生精细胞的逐渐丧失。第一项关于未成熟睾丸组织体外培养139天的研究报告称，青春期前的SSC冕已经成熟，Sertoli和Leydig细胞从未成熟状态发展到成熟状态。未成熟睾丸组织取自接受性腺毒性治疗前2～12岁的癌症患者。然而，在培养过程中发现精原细胞减少，精原细胞的更新和单倍体生殖细胞的分化尚未实现。一年后，同一研究小组报告称，经过16天的青春期前睾丸组织培养，人类单倍体生殖细胞诞生了。不过，进一步的研究应侧重于培养获得生殖细胞的遗传和表观遗传特征，以及它们完全分化为功能性精子的能力，然后再建议将该技术用于潜在的临床试验。

（2）类器官是一种三维睾丸器官样结构，过去几年来一直被用作体外研究睾丸发育、调节和造血干细胞生态位功能、生殖细胞增殖和分化的合适系统。与二维系统相比，三维器官组织由于存在各种与生殖细胞直接接触的睾丸体细胞，以及曲细精管上皮的三维组织，因此能更好、更快地重组睾丸细胞，导致精子发生启动和进展。Pendergraft等人报告了从人类成人睾丸组织中形成的类器官，该类器官能产生睾酮，并能在培养物中保持长达21天。此外，利用来自成人和青春期前人类睾丸的睾丸细胞也培育出了人类睾丸类器官。最近，Sakib等人介绍了利用微细胞聚集法制造三维器官组织的最新策略。该研究小组利用冷冻保存的来自6个月大和5岁男孩的人类青春期前睾丸组织生成了类器官，类器官表现出与体内睾丸组织相似的高度结构组织，具有清晰的间质和半结节上皮区，并由基底膜分隔。不过，整体组织结构与原生结构相比发生了逆转。事实证明，这种类器官生成方法适用于不同物种，并能提供保持其所含每种细胞类型特定功能的类器官。

类器官是一种探索睾丸微环境的新策略。它们有可能为模拟原始睾丸的人工器官创造条件，使生殖细胞得以分化并产生单倍体精子，从而恢复生育能力。

五、结论

大多数用于青春期前癌症患者生育力保存的策略仍处于实验阶段和开发阶段。虽然在体外研究或动物模型中取得了令人鼓舞的结果，但这些替代技术目前尚未应用于临床实践。迄今为止，所研究的体外系统中还没有一个能完全实现精子发生并产生功能性精子。因此，进一步研究的重点应放在这些方法的安全性和效率上。此外，还需要对培养过程中可能发生的遗传和表观遗传变化进行评估。最近开发的类器官和其他用于保存和恢复生育能力的最新方法正在帮助研究人员阐明有关生精过程的科学问题，而这些问题以前的体外系统无法帮助澄清。更全面地了解造血干细胞的自我更新和分化调控，有助于促进造血干细胞的培养和移植转化为临床应用。

在癌症治疗前，应告知患者及其父母有关青春期前男孩生育力保存技术的风险和潜在益处，不要让他们对未来的生育力抱有不切实际的期望。用冷冻保存的睾丸组织成功恢复生育能力，仍为青春期前癌症存活男孩提供了恢复生育能力的希望。

参考文献

1. Steliarova-Foucher E, Colombet M, Ries L et al (2017) International incidence of childhood cancer, 2001–10: a population-based registry study. Lancet Oncol 18:719–731. https://doi.org/ 10.1016/s1470-2045(17)30186-9
2. Gatta G, Botta L, Rossi S et al (2014) Childhood cancer survival in Europe 1999–2007: results of EUROCARE-5—a population-based study. Lancet Oncol 15:35–47. https://doi.org/10.1016/ s1470-2045(13)70548-5
3. Smith M, Altekruse S, Adamson P et al (2014) Declining childhood and adolescent cancer mortality. Cancer 120:2497–2506. https://doi.org/10.1002/cncr.28748
4. Anderson C, Smitherman A, Nichols H (2018) Conditional relative survival among long-term survivors of adolescent and young adult cancers. Cancer 124:3037–3043. https://doi.org/10. 1002/cncr.31529
5. Howlader N, Krapcho M, Miller D et al (2019) SEER cancer statistics review, 1975–2016. In: SEER. https://seer.cancer.gov/csr/1975_2016/. Accessed 1 Sep 2020

6. Rivkees S, Crawford J (1988) The relationship of gonadal activity and chemotherapy-induced gonadal damage. JAMA J Am Med Assoc 259:2123–2125. https://doi.org/10.1001/jama.259. 14.2123
7. Mackie E, Radford M, Shalet S (1996) Gonadal function following chemotherapy for childhood Hodgkin's disease. Med Pediatr Oncol 27:74–78. https://doi.org/10.1002/(sici)1096-911x(199 608)27:2%3c74::aid-mpo2%3e3.0.co;2-q
8. Kenney L, Laufer M, Grant F et al (2001) High risk of infertility and long term gonadal damage in males treated with high dose cyclophosphamide for sarcoma during childhood. Cancer 91:613–621. https://doi.org/10.1002/1097-0142(20010201)91:3%3c613::aid-cncr1042%3e3. 0.co;2-r
9. Kliesch S, Behre H, Jürgens H, Nieschlag E (1996) Cryopreservation of semen from adolescent patients with malignancies. Med Pediatr Oncol 26:20–27. https://doi.org/10.1002/(sici)1096- 911x(199601)26:1%3c20::aid-mpo3%3e3.0.co;2-x
10. Oehninger S (2005) Strategies for fertility preservation in female and male cancer survivors. J Soc Gynecol Investig 12:222–231. https://doi.org/10.1016/j.jsgi.2005.01.026
11. Bahadur G (2002) Semen quality and cryopreservation in adolescent cancer patients. Hum Reprod 17:3157–3161. https://doi.org/10.1093/humrep/17.12.3157
12. Schmiegelow M, Sommer P, Carlsen E et al (1998) Penile vibratory stimulation and electroejaculation before anticancer therapy in two pubertal boys. J Pediatr Hematol Oncol 20:429–430. https://doi.org/10.1097/00043426-199809000-00004
13. Opsahl M, Fugger E, Sherins R, Schulman J (1997) Preservation of reproductive function before therapy for cancer: new options involving sperm and ovary cryopreservation. Cancer J Sci Am 3:189–191
14. Berookhim B, Mulhall J (2014) Outcomes of operative sperm retrieval strategies for fertility preservation among males scheduled to undergo cancer treatment. Fertil Steril 101:805–811. https://doi.org/10.1016/j.fertnstert.2013.11.122
15. Kvist K, Thorup J, Byskov A et al (2006) Cryopreservation of intact testicular tissue from boys with cryptorchidism. Hum Reprod 21:484–491. https://doi.org/10.1093/humrep/dei331
16. Keros V, Hultenby K, Borgström B et al (2007) Methods of cryopreservation of testicular tissue with viable spermatogonia in pre-pubertal boys undergoing gonadotoxic cancer treatment. Hum Reprod 22:1384–1395. https://doi.org/10.1093/humrep/del508
17. Wyns C, Curaba M, Martinez-Madrid B et al (2007) Spermatogonial survival after cryopreservation and short-term orthotopic immature human cryptorchid testicular tissue grafting to immunodeficient mice. Hum Reprod 22:1603–1611. https://doi.org/10.1093/humrep/dem062
18. Poels J, Abou-Ghannam G, Herman S et al (2014) In search of better spermatogonial preservation by supplementation of cryopreserved human immature testicular tissue xenografts with N-acetylcysteine and testosterone. Front Surg 1:47. https://doi.org/10.3389/fsurg.2014.00047
19. Curaba M, Poels J, van Langendonckt A et al (2011) Can prepubertal human testicular tissue be cryopreserved by vitrification? Fertil Steril 95:2123.e9-2123.e12. https://doi.org/10.1016/j. fertnstert.2011.01.014
20. Poels J, Van Langendonckt A, Many M et al (2013) Vitrification preserves proliferation capacity in human spermatogonia. Hum Reprod 28:578–589. https://doi.org/10.1093/humrep/des455
21. Bahadur G, Chatterjee R, Ralph D (2000) Testicular tissue cryopreservation in boys. Ethical and legal issues: case report. Hum Reprod 15:1416–1420. https://doi.org/10.1093/humrep/15. 6.1416
22. Pietzak E, Tasian G, Tasian S et al (2015) Histology of testicular biopsies obtained for experimental fertility preservation protocol in boys with cancer. J Urol 194:1420–1424. https://doi. org/10.1016/j.juro.2015.04.117
23. Meachem S (2001) Spermatogonia: stem cells with a great perspective. Reproduction 121:825–834. https://doi. org/10.1530/reprod/121.6.825
24. Clermont Y (1966) Spermatogenesis in man. A study of the spermatogonial population. Fertil Steril 17:705–721. https://doi.org/10.1016/s0015-0282(16)36120-9
25. Hutson J, Li R, Southwell B et al (2013) Germ cell development in the postnatal testis: the key to prevent

malignancy in cryptorchidism? Front Endocrinol. https://doi.org/10.3389/fendo. 2012.00176

26. Stukenborg J, Jahnukainen K, Hutka M, Mitchell R (2018) Cancer treatment in childhood and testicular function: the importance of the somatic environment. Endocr Connect 7:R69–R87. https://doi.org/10.1530/ec-17-0382
27. Gassei K, Orwig K (2016) Experimental methods to preserve male fertility and treat male factor infertility. Fertil Steril 105:256–266. https://doi.org/10.1016/j.fertnstert.2015.12.020
28. Medrano J, Andrés M, García S et al (2018) Basic and clinical approaches for fertility preservation and restoration in cancer patients. Trends Biotechnol 36:199–215. https://doi.org/10. 1016/j.tibtech.2017.10.010
29. Brinster R, Zimmermann J (1994) Spermatogenesis following male germ-cell transplantation. Proc Natl Acad Sci 91:11298–11302. https://doi.org/10.1073/pnas.91.24.11298
30. Radford J, Shalet S, Lieberman B (1999) Fertility after treatment for cancer. BMJ 319:935–936. https://doi.org/10.1136/bmj.319.7215.935
31. Radford J (2003) Restoration of fertility after treatment for cancer. Horm Res Paediatr 59:21–23. https://doi.org/10.1159/000067840
32. Schlatt S, Rosiepen G, Weinbauer G et al (1999) Germ cell transfer into rat, bovine, monkey and human testes. Hum Reprod 14:144–150. https://doi.org/10.1093/humrep/14.1.144
33. Wu X, Schmidt J, Avarbock M et al (2009) Prepubertal human spermatogonia and mouse gonocytes share conserved gene expression of germline stem cell regulatory molecules. Proc Natl Acad Sci 106:21672–21677. https://doi.org/10.1073/pnas.0912432106
34. Sadri-Ardekani H, Mizrak S, van Daalen S et al (2009) Propagation of human spermatogonial stem cells in vitro. JAMA 302:2127. https://doi.org/10.1001/jama.2009.1689
35. Tagelenbosch R, de Rooij D (1993) A quantitative study of spermatogonial multiplication and stem cell renewal in the C3H/101 F1 hybrid mouse. Mutat Res/Fundam Mol Mech Mutagen 290:193–200. https://doi.org/10.1016/0027-5107(93)90159-d
36. Maki C, Pacchiarotti J, Ramos T et al (2009) Phenotypic and molecular characterization of spermatogonial stem cells in adult primate testes. Hum Reprod 24:1480–1491. https://doi.org/ 10.1093/humrep/dep033
37. Kossack N, Meneses J, Shefi S et al (2009) Isolation and characterization of pluripotent human spermatogonial stem cell-derived cells. Stem Cells 27:138–149. https://doi.org/10.1634/stemce lls.2008-0439
38. Valli H, Sukhwani M, Dovey S et al (2014) Fluorescence- and magnetic-activated cell sorting strategies to isolate and enrich human spermatogonial stem cells. Fertil Steril 102:566-580.e7. https://doi.org/10.1016/j.fertnstert.2014.04.036
39. Liu S, Tang Z, Xiong T, Tang W (2011) Isolation and characterization of human spermatogonial stem cells. Reprod Biol Endocrinol 9:141. https://doi.org/10.1186/1477-7827-9-141
40. Jahnukainen K, Hou M, Petersen C et al (2001) Intratesticular transplantation of testicular cells from leukemic rats causes transmission of leukemia. Cancer Res 61:706–710
41. Fujita K, Tsujimura A, Miyagawa Y et al (2006) Isolation of germ cells from leukemia and lymphoma cells in a human in vitro model: potential clinical application for restoring human fertility after anticancer therapy. Cancer Res 66:11166–11171. https://doi.org/10.1158/0008- 5472.can-06-2326
42. Geens M, Van de Velde H, De Block G et al (2007) The efficiency of magnetic-activated cell sorting and fluorescence-activated cell sorting in the decontamination of testicular cell suspensions in cancer patients. Hum Reprod 22:733–742. https://doi.org/10.1093/humrep/ del418
43. Dovey S, Valli H, Hermann B et al (2013) Eliminating malignant contamination from thera- peutic human spermatogonial stem cells. J Clin Invest 123:1833–1843. https://doi.org/10.1172/ jci65822
44. Sadri-Ardekani H, Homburg C, van Capel T et al (2014) Eliminating acute lymphoblastic leukemia cells from human testicular cell cultures: a pilot study. Fertil Steril 101:1072-1078.e1. https://doi.org/10.1016/j.fertnstert.2014.01.014
45. Sadri-Ardekani H, Akhondi M, van der Veen F et al (2011) In Vitro propagation of human prepubertal

spermatogonial stem cells. JAMA 305:2416–2418. https://doi.org/10.1001/jama. 2011.791

46. Cremades N, Bernabeu R, Barros A, Sousa M (1999) In-vitro maturation of round spermatids using co-culture on Vero cells. Hum Reprod 14:1287–1293. https://doi.org/10.1093/humrep/ 14.5.1287
47. Sousa M, Cremades N, Alves C et al (2002) Developmental potential of human spermatogenic cells co-cultured with Sertoli cells. Hum Reprod 17:161–172. https://doi.org/10.1093/humrep/ 17.1.161
48. Tanaka A, Nagayoshi M, Awata S et al (2003) Completion of meiosis in human primary spermatocytes through in vitro coculture with Vero cells. Fertil Steril 79:795–801. https://doi. org/10.1016/s0015-0282(02)04833-1
49. Stukenborg J, Wistuba J, Luetjens C et al (2008) Coculture of spermatogonia with somatic cells in a novel three-dimensional soft-agar-culture-system. J Androl 29:312–329. https://doi. org/10.2164/jandrol.107.002857
50. Abu Elhija M, Lunenfeld E, Schlatt S, Huleihel M (2012) Differentiation of murine male germ cells to spermatozoa in a soft agar culture system. Asian J Androl 14:285–293. https://doi.org/ 10.1038/aja.2011.112
51. Huleihel M, Nourashrafeddin S, Plant T (2015) Application of three-dimensional culture systems to study mammalian spermatogenesis, with an emphasis on the rhesus monkey (Macaca mulatta). Asian J Androl 17:972–980. https://doi.org/10.4103/1008-682x.154994
52. Lee D, Kim K, Yang Y et al (2006) Isolation of male germ stem cell-like cells from testicular tissue of non-obstructive azoospermic patients and differentiation into haploid male germ cells in vitro. Hum Reprod 21:471–476. https://doi.org/10.1093/humrep/dei319
53. Lee J, Gye M, Choi K et al (2007) In vitro differentiation of germ cells from nonobstructive azoospermic patients using three-dimensional culture in a collagen gel matrix. Fertil Steril 87:824–833. https://doi.org/10.1016/ j.fertnstert.2006.09.015
54. Stukenborg J, Schlatt S, Simoni M et al (2009) New horizons for in vitro spermatogenesis? An update on novel three-dimensional culture systems as tools for meiotic and post-meiotic differentiation of testicular germ cells. Mol Hum Reprod 15:521–529. https://doi.org/10.1093/ molehr/gap052
55. Skakkebæk N, Jensen G, Povlsen C, Rygaard J (1974) Heterotransplantation of human foetal testicular and ovarian tissue to the mouse mutant nude: a preliminary study. Acta Obstet Gynecol Scand 53:73–75. https://doi. org/10.3109/00016347409157196
56. Geens M, De Block G, Goossens E et al (2006) Spermatogonial survival after grafting human testicular tissue to immunodeficient mice. Hum Reprod 21:390–396. https://doi.org/10.1093/ humrep/dei412
57. Arregui L, Rathi R, Zeng W et al (2008) Xenografting of adult mammalian testis tissue. Anim Reprod Sci 106:65–76. https://doi.org/10.1016/j.anireprosci.2007.03.026
58. Jahnukainen K, Ehmcke J, Söder O, Schlatt S (2006) Clinical potential and putative risks of fertility preservation in children utilizing gonadal tissue or germline stem cells. Pediatr Res 59:40R-47R. https://doi.org/10.1203/01. pdr.0000205153.18494.3b
59. Roulet V, Denis H, Staub C et al (2006) Human testis in organotypic culture: application for basic or clinical research. Hum Reprod 21:1564–1575. https://doi.org/10.1093/humrep/del018
60. Steinberger E (1967) Maintenance of adult human testicular tissue in culture. Anat Rec 157:327–328
61. de Michele F, Poels J, Weerens L et al (2017) Preserved seminiferous tubule integrity with spermatogonial survival and induction of Sertoli and Leydig cell maturation after long-term organotypic culture of prepubertal human testicular tissue. Hum Reprod 32:32–45. https://doi. org/10.1093/humrep/dew300
62. de Michele F, Poels J, Vermeulen M et al (2018) Haploid germ cells generated in organotypic culture of testicular tissue from prepubertal boys. Front Physiol. https://doi.org/10.3389/fphys. 2018.01413
63. Alves-Lopes J, Stukenborg J (2018) Testicular organoids: a new model to study the testicular microenvironment in vitro? Hum Reprod Updat 24:176–191. https://doi.org/10.1093/humupd/ dmx036
64. Pendergraft S, Sadri-Ardekani H, Atala A, Bishop C (2017) Three-dimensional testicular organoid: a novel tool for the study of human spermatogenesis and gonadotoxicity in vitro. Biol Reprod 96:720–732. https://doi.org/10.1095/ biolreprod.116.143446

65. Baert Y, De Kock J, Alves-Lopes J et al (2017) Primary human testicular cells self-organize into organoids with testicular properties. Stem Cell Rep 8:30–38. https://doi.org/10.1016/j.ste mcr.2016.11.012
66. Sakib S, Uchida A, Valenzuela-Leon P et al (2019) Formation of organotypic testicular organoids in microwell culture. Biol Reprod 100:1648–1660. https://doi.org/10.1093/biolre/ ioz053
67. Donnez J, Dolmans M, Demylle D et al (2004) Livebirth after orthotopic transplantation of cryopreserved ovarian tissue. Lancet 364:1405–1410. https://doi.org/10.1016/s0140-673 6(04)17222-x

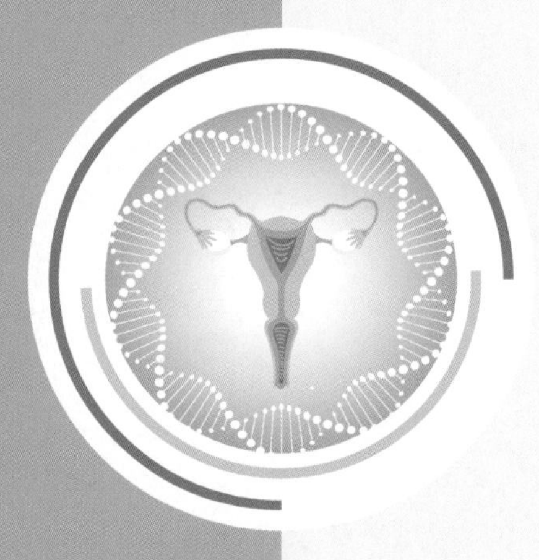

第8章

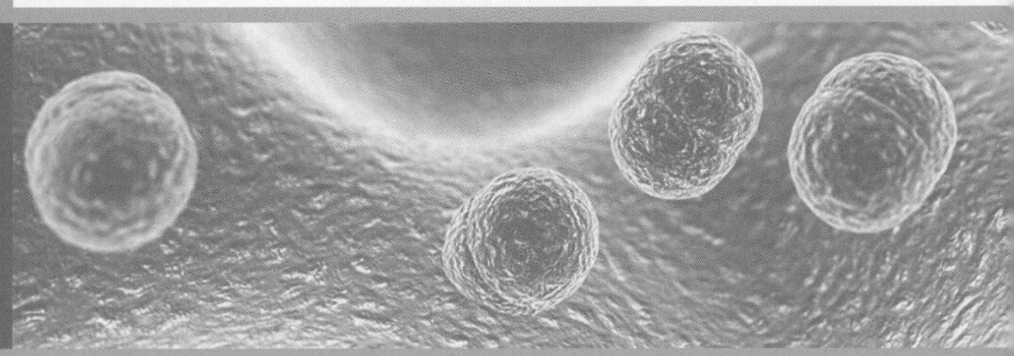

子宫内膜干细胞与子宫内膜异位症

Stefano Canosa, Andrea Roberto Carosso, Marta Sestero, Alberto Revelli, Benedetta Bussolati

摘要

导言：在人类子宫内膜的血管周围位置发现了具有间充质基质细胞功能特性的子宫内膜干/原始细胞。有证据表明，子宫内膜间充质基质细胞（E-MSCs）不仅可能参与月经后子宫内膜的生理性再生，还可能参与子宫内膜增生性疾病，包括子宫内膜异位症。

方法：子宫内膜干细胞与子宫内膜异位症之间的联系已在文献中得到证实。

结果：最近，人们重新审视了早发性子宫内膜异位症的发病机制，因为在经血中发现了子宫内膜干细胞/原始细胞，从而将生育期经血逆流的经典理论与新生儿子宫出血联系起来。事实上，我们推测脱落的子宫内膜干细胞/原始细胞会迁移到盆腔，并在此存活、增殖、侵入形成子宫内膜异位症特有的异位子宫内膜病变。

结论：由于缺乏类固醇激素受体，E-MSCs可能是子宫内膜异位症持续率/复发率高的原因。因此，人们研究了消除子宫内膜异位植入物的新治疗策略，包括靶向雌激素受体、血管生成和缺氧。

关键词：子宫内膜、干细胞、子宫内膜异位症、发病机制

专业术语中英文对照

英文缩写	英文全称	中　文
ABCG2	ATP binding cassette subfamily G member 2（Junior Blood Group）	ATP结合盒亚家族G成员2（初级血型）
BM-DSC	Bone marrow-derived stem cells	骨髓源性干细胞
BM-MSC	Bone marrow mesenchymal stem cell	骨髓间充质干细胞
CD	Cluster of differentiation	分化群
c-Kit	Kit proto-oncogene，receptor tyrosine kinase（CD117）	Kit原癌基因，受体酪氨酸激酶（CD117）
DNA	Deoxyribonucleic acid	脱氧核糖核酸
EGF	Epidermal growth factor	表皮生长因子
eMSC	Endometrial mesenchymal stem cell	子宫内膜间充质干细胞
E-MSC	Endometrial mesenchymal stromal cells	子宫内膜间充质基质细胞
EP	Epithelial progenitor	上皮原始细胞
epCAM	Epithelial cell adhesion molecule	上皮细胞黏附分子
ER-α	Estrogen receptor-alpha	雌激素受体-α
ER-β	Estrogen receptor-beta	雌激素受体-β
G-CSF	Colony stimulating factor	集落刺激因子
GnRH	Gonadotropin-releasing hormone	促性腺激素释放激素
GnRH-α	Gonadotropin-releasing hormone agonist	促性腺激素释放激素激动剂
hESC	Human embryonic stem cell	人胚胎干细胞
HGF	Hepatocyte growth factor	肝细胞生长因子
HLA-DR	Human leukocyte antigen-DR isotype	人白细胞抗原-DR同工型

续表

英文缩写	英文全称	中　文
HSC	Hematopoietic stem cell	造血干细胞
Huvec	Human umbilical vein endothelial cells	人脐静脉内皮细胞
MSC	Mesenchymal stem cell	间充质干细胞
PDGF	Platelet-derived growth factor	血小板衍生生长因子
PDGFRβ	Platelet-derived growth factor receptor beta	血小板衍生生长因子受体β
RAF1	Raf-1 proto-oncogene，serine/threonine kinase	Raf-1原癌基因，丝氨酸/丝氨酸激酶
RNA	Ribonucleic acid	核糖核酸
mRNA	Messenger ribonucleic acid	信使核糖核酸
SOX9	SRY-box transcription factor 9	SRY盒转录因子9
SP	Side population	侧群干细胞
SSEA-1	Stage-specific embryonic antigen-1	阶段特异性胚胎抗原-1
SUSD2	Sushi domain containing 2（W5C5）	Sushi结构域2（W5C5）
UPA	Ulipristal acetate	醋酸乌利司他
VEGF	Vascular endothelial growth factor	血管内皮生长因子
VEGF-R2	Vascular endothelial growth factor receptor 2	血管内皮生长因子受体2
VEGF-R3	Vascular endothelial growth factor receptor 3	血管内皮生长因子受体3

一、导言

2004年首次分离出人类子宫内膜干细胞/原始细胞。从全切的子宫组织中纯化人类子宫内膜上皮细胞和基质细胞后，发现了一个罕见的克隆细胞群。在随后的几年中，也发现了几种不同的干细胞/原始细胞群。

二、子宫内膜干细胞的起源、特点和分离

据推测，不同亚型的子宫内膜干细胞可能有助于子宫壁的周期性再生，包括子宫内膜上皮细胞、基质细胞和内皮细胞。此外，子宫中的干细胞也可能是非子宫来源，如BM-DSC和hESCs。然而，这些子宫外来源的干细胞在自然再生过程中的贡献有限，特别是通过释放其他细胞的趋化因子来提供合适子宫内膜生长的微环境。子宫内膜组织由两层不同的组织组成，一层是功能层，内含管腔和腺上皮细胞；另一层是基底层，由血管基质组成。因此，研究人员将注意力集中在上皮细胞和间充质干细胞/原始细胞的鉴定上。

1.子宫内膜上皮原始细胞

人体的子宫内膜在每次月经期间都会经历一个由增殖、分化和脱落组成的生理性再生周期。在这一过程中，高水平的雌激素会刺激上皮细胞增殖，使子宫内膜的上层（功能层）再生，而腺体的下层（基底层）则基本保持不变。据推测，EP群可能存在于子宫内膜腺体的基底部分。这种上皮细胞群表达核SOX9和SSEA-1或CD15，其中一部分细胞表达核β-catenin。SSEA-1是在分化的hESC和中性粒细胞中表达的一种糖蛋白的表位。培养

的SSEA-1$^+$细胞显示端粒酶活性增强，端粒更长，与SSEA-1细胞相比能生成更大的球体，但表达的ER-α或孕酮受体浓度较低。最近，研究人员利用N-cadherin表面标志物分离出具有克隆性、自我更新能力的人子宫内膜上皮原始细胞，这些细胞有着高增殖潜能，可在体外分化成细胞角蛋白$^+$腺体样结构。免疫荧光和共聚焦显微镜显示，这些细胞主要分布在绝经前和绝经后子宫内膜中与子宫肌层相邻的基底层。此外，N-cadherin$^+$上皮细胞共同表达细胞角蛋白、ER-α和E-cadherin。不同的是，N-cadherin$^+$细胞中表达增殖标志物Ki67的比例有限，这表明它们主要处于静止状态。有趣的是N-cadherin$^+$细胞和SSEA-1$^+$细胞似乎有共定位现象。与N-cadherin$^+$细胞相比，SSEA-1细胞通常更靠近子宫肌层，更接近功能区。而且，根据其缺乏ER-α的预测，在深部的功能区也能观察到它们。如前所述，来自基底层的子宫内膜上皮细胞表达核SOX9和SSEA-1。然而，在N-cadherin$^+$细胞中很少发现SOX9。根据N-cadherin$^+$细胞和SSEA1$^+$细胞的不同定位，提出了人类子宫内膜腺体假复层柱状上皮细胞的分化层次。N-cadherin$^+$上皮细胞似乎是最原始的细胞，其次是SSEA-1$^+$细胞，然后就是两种标记都不表达的成熟细胞。

2.子宫内膜间充质基质细胞

MSCs是从骨髓活组织切片中分离出来的，具有类似成纤维细胞的表型，但在过去十年中，已在包括子宫内膜在内的许多器官中发现了间充质干细胞。与HSCs相比，骨髓间充质干细胞（bmMSCs）的显著特点是可塑性黏附、克隆性、体外多线分化成不同类型的细胞（如骨细胞、软骨细胞和脂肪细胞）以及特定的表面标志物特征（CD105$^+$、CD146$^+$、CD312、CD29$^+$、CD44$^+$、CD73$^+$、CD90$^+$、CD342和CD452）。人和猪的子宫内膜细胞，以及人的CD146$^+$ PDGFRβ$^+$（血小板衍生生长因子受体β）和SUSD2$^+$［含寿司结构域-2（也称W5C5$^+$）］子宫内膜基质亚群都表现出与bmMSCs相同的体外特性。由于子宫内膜基质细胞的特性与骨髓干细胞相似，许多学者将注意力集中在子宫内膜群体的生物学作用上。eMSCs是一种具有多潜能和自我更新能力的基质细胞，位于子宫内膜基底层和功能层。eMSCs可被检测为CD146$^+$和PDGFRβ$^+$细胞，其包膜样细胞定位在基底层和功能层的子宫内膜腺体血管周围空间。此外，SUSD2被认为是唯一能纯化eMSCs的标志物，这种eMSCs在体内具有子宫内膜基底层组织再生的功能特性。事实上，在子宫内膜再生的增殖阶段，SUSD2$^+$细胞的数量会增加，这表明它在功能层基质的周期性生长中起着直接作用。从绝经后子宫内膜活检组织中分离出的血管周围SUSD2$^+$细胞也显示了MSCs的克隆性、多潜能性和免疫表型等特性，而与使用雌激素刺激子宫内膜再生的预处理无关，它们在小鼠模型中异种移植时可再生子宫内膜基质。有趣的是，eMSCs可长期处于休眠状态，不需要雌激素就能存活。eMSCs可在体外进行多线分化（骨细胞、脂肪细胞、平滑肌细胞和软骨细胞），并具有以下免疫表型：CD29$^+$、CD44$^+$、CD73$^+$、CD90$^+$、CD105$^+$、PDGFRβ$^+$、CD31$^-$、CD34$^-$和CD45$^-$。与子宫内膜基质成纤维细胞不同，eMSCs具有高增殖潜能，可产生大细胞克隆，不表达ER-α，并具有特异性基因表达谱。

3.侧群细胞

SP表型被认为是哺乳动物成体干细胞的通用标记。SP细胞已从多种哺乳动物组织中分离出来，在许多情况下，这种细胞群被证明含有多能干细胞。这种表型的特点是细胞外有机分子的质膜转运体（如ABCG2）表达量较高，包括DNA结合染料Hoechst 33 342。通过流式细胞术可检测到低荧光表型的SP，并已在新鲜和培养的人类子宫内膜细胞悬液中发现了SP。SP群体是上皮细胞、基质细胞和内皮细胞的异质混合体，以内皮细胞为主。特别是SP中含有27%的$EpCAM^+$上皮细胞、14%的$CD10^+$基质细胞、51%的内皮细胞和25%的$CD146^+$内皮细胞/eMSCs。内皮细胞和eMSCs（$CD146^+PDGFR\beta^+$）的相关贡献表明，子宫内膜SP可能在子宫内膜再生的血管生成过程中发挥作用。SP细胞具有克隆性，在体外和体内显示出成人干细胞功能，具有典型的MSC特性和分化为蜕膜细胞的能力。在免疫缺陷小鼠体内异种移植后，SP细胞还能再生子宫内膜组织，主要支持内皮血管化，其次支持上皮细胞群和周围基质。因此，SP细胞可作为真正的子宫内膜干/祖细胞，周围的子宫内膜细胞可提供适当的微环境。事实上，许多学者认为人类子宫内膜SP群体中可能存在不同类型的干细胞/祖细胞：人类子宫内膜功能层和基底层的毛细血管和小血管壁被证实ABCG2抗体呈阳性，它是SP细胞的代表标志物。此外，ABCG2与CD31的共定位证实了子宫内膜SP的内皮表型。子宫内膜SP中ER-β的表达也证明了这一点，因为ER-β已被证实在子宫内膜内皮细胞中表达。

三、E-MSCs在子宫内膜异位症发病机制中的作用

近年来，人们提出了许多理论来解释子宫内膜异位症的起源，其中包括逆行性经血引起的子宫内膜细胞异位种植、子宫内膜移行症、胚胎细胞残余、诱导后的淋巴和血管播散、内分泌因素、免疫和遗传因素以及异位内膜的异常。对子宫内膜异位症发病机制的认识仍存在一些空白，对其治疗后复发的病理过程也知之甚少。关于子宫内膜异位症的起源，目前最被接受的理论是桑普森理论（Sampson's heory），该理论认为子宫内膜异位症的种植源于逆行经血：从子宫内膜脱落的少量腺上皮细胞和间质细胞可通过输卵管到达腹腔，并种植到卵巢和邻近的盆腔，在那里增殖、侵袭和扩散，形成异位病灶。子宫直肠陷凹中发现的子宫内膜碎片证实了这一理论，但只有相对较小比例的女性会发生子宫内膜异位症，而且逆行经血是一种非常常见的现象，这表明可能还有其他因素参与其中。然而，导致异位子宫内膜异常活动的确切致病机制仍在研究之中。不同的是，"胚胎细胞残余"理论认为，子宫内膜异位症可能源于腹腔中存在的缪勒细胞，这些细胞在受到特定刺激时可能会生成子宫内膜组织。另一种假说是腹膜变性和间皮细胞分化为子宫内膜细胞。近十年来，在子宫内膜中发现了具有干细胞标记和功能特性的细胞群，它们在生理上参与了月经后周期性、每月一次的子宫内膜再生。最近，有人根据人类子宫内膜干细胞群的直接参与，提出了子宫内膜异位症的一种新的假定致病机制。通过逆流经血，它们可能迁移到腹腔，在那里增殖、侵入腹膜并形成子宫内膜异位植入物。E-MSCs可能在子宫内膜异位症

发病机制的各个阶段都起着关键作用：最初发病、激素治疗后持续存在及复发。以前的数据表明，在健康女性的月经血中存在少量具有间充质表型的成体/原始细胞。对这些间充质干细胞培养液的蛋白质分析表明，粒细胞-巨噬细胞集落刺激因子（G-CSF）、血小板衍生生长因子（PDGF）和促血管生成因子（如血管生成素2和VEGF），可刺激血管生成过程，支持异位病灶的生长。与健康女性相比，子宫内膜异位症患者腹腔液中VEGF、EGF、HGF和血管生成素的水平明显上调，而血管生成抑制因子则下调，诱发慢性炎症微环境。E-MSCs群体还可能在促进血管生成和免疫调节方面发挥关键作用，从而参与支持逆行性经血期间的异位种植。

与健康子宫内膜的子宫内膜细胞相比，从卵巢和腹膜子宫内膜囊肿中分离出来的间充质干细胞显示出明显增强的体外迁移、增殖和血管生成特性。异种移植到免疫缺陷小鼠体内后，侵袭和血管生成能力也得到了增强。因此，手术或药物治疗后子宫内膜异位症的持续存在和（或）复发也可能与E-MSCs活性有关。事实上，目前可用的治疗方法并不能根除所有子宫内膜异位植入物，因为异位植入物缺乏雌激素受体，对雌激素剥夺的敏感性相对较低，而雌激素受体是在后期分化过程中获得的，这表明它们的生存和生长与雌激素无关。目前可用的抗雌激素治疗仅对分化细胞有效，从而导致疾病的临床复发。

四、子宫内膜异位症治疗的新策略

子宫内膜异位症的选择性治疗是在腹腔镜引导下对子宫内膜异位植入物进行手术消融（烧灼）和切除（切割），以恢复解剖结构。然而，腹腔镜手术是否能减轻与子宫内膜异位症相关的整体疼痛尚不清楚。迄今为止，仍有中等质量的证据表明腹腔镜手术会增加怀孕概率，但没有关于活产的数据报告。此外，目前对子宫内膜异位症的药物治疗是基于诱导低雌激素环境，产生慢性无排卵状态。通过使用GnRH激动剂（GnRH-α）阻断卵巢雌激素分泌、孕激素诱导假孕或孕激素和雄激素抑制雌激素对异位子宫内膜的刺激。虽然药物治疗能有效缓解疼痛，但往往无法彻底根治疾病。众所周知，雌二醇会促进子宫内膜的增殖，因此一些研究测试了选择性调节雌激素受体以抑制子宫内膜异位病灶的生长。Raloxifene和bazedoxifene在小鼠模型中均显示出对子宫内膜异位病变的显著抑制作用。另外，还对选择性孕酮受体调节剂进行了测试。在孕酮受体拮抗剂中，醋酸乌利司他（UPA）、阿索普利昔尼尔和米非司酮都在研究之中。在小鼠子宫内膜异位症模型中，UPA可减少病灶大小、抑制细胞增殖并诱导细胞凋亡。米非司酮能够缩小动物模型和患者的病灶。

根据最新文献，有证据表明，虽然子宫内膜异位症是一种良性疾病，但它具有癌细胞的某些适应特性，如增殖失调、侵袭性和新血管生成。事实上，子宫内膜异位病变的形成和持续严格依赖于新血管的形成，新血管为异位组织提供氧气和营养。因此，抗血管生成治疗可作为一种可能的疾病治疗策略（表8.1）。

表 8.1　子宫内膜异位症的抗血管生成治疗（改编自 Pittatore 等人的研究）

物质类型	复合物	影　响
VEGF抑制剂	・贝伐单抗 ・贝伐单抗SU5416和SU6668 ・贝伐单抗、索拉非尼 ・索拉非尼 ・抗VEGF抗体血管抑制素	裸鼠腹腔液中细胞增殖减少，细胞凋亡增加，血管密度降低，VEGF水平降低
内源性血管生成抑制剂多巴胺激动剂	・卡贝戈林	减少裸鼠子宫内膜异位症植入物的数量和大小，抑制VEGF-R2磷酸化，增加子宫内膜异位症植入物的坏死面积并促进消退

以前的研究表明，抑制生长植入物的新血管生成过程可能会导致缺氧状态，进而导致生长停滞和坏死。已证实VEGF是子宫内膜异位症血管生成的主要促进因子。在不同的抗血管生成药物中，酪氨酸激酶抑制剂索拉非尼（BAY 43-9006）被证明可靶向Raf激酶、CD117（c-Kit）、血管内皮生长因子受体2（VEGF-R2）和VEGF-R3、CD140（血小板生长因子β受体）及Raf-1下游蛋白Ezrin。该蛋白曾被证明参与了子宫内膜异位症患者子宫内膜基质细胞的迁移。Moggio等人的研究表明，异位间充质干细胞中ezrin的活化磷酸化形式的表达高于异位和对照线，这表明索拉非尼可能是间充质干细胞中依赖于血管内皮生长因子的靶点。索拉非尼能减少异位间充质干细胞的增殖和血管内皮生长因子的释放，但也能抑制异位间充质干细胞中ezrin磷酸化的增加，这表明索拉非尼能限制异位间充质干细胞迁移的增加。最近有证据表明，E-MSCs可能发生内皮分化，并可能参与子宫内膜异位植入物的发育。Canosa等人观察到，E-MSCs的一个亚群获得了内皮标志物CD31的表达，并在与HUVECs直接接触时整合成管状结构。通过分离$CD31^{+}$E-MSCs发现，与基础细胞和CD31neg细胞相比，CD31、血管内皮生长因子受体2、TEK受体酪氨酸激酶和血管内皮粘连蛋白mRNA表达水平显著增加。用多巴胺受体-2激动剂卡贝戈林治疗可显著降低E-MSCs的血管生成潜能。抗血管生成药物的使用也在子宫内膜异位症的实验模型中进行了体内测试。Dabrosin等人的报告显示，血管抑素能显著减少小鼠子宫内膜异位症植入物的数量和大小。在另一项研究中，针对VEGF-R2的两种酪氨酸激酶受体抑制剂SU5416和SU6668被用于手术引起的子宫内膜异位症患者，结果显示微血管密度和病灶大小显著降低。贝伐珠单抗是一种人类单克隆抗血管内皮生长因子抗体，它能显著减少细胞增殖，增加细胞凋亡，降低血管密度。最近，Ozer等人的研究表明，贝伐单抗和索拉非尼都能引起子宫内膜异位症的大鼠体内的子宫内膜植入物和微血管密度明显减少，同时不影响卵巢内卵泡的完整性。对患有腹膜子宫内膜异位症的小鼠进行的研究表明，每日服用一定剂量的卡麦角林能够显著增加子宫内膜异位症植入物的坏死面积，并促进其消退。在涉及子宫内膜异位症发病机制的不同变量中，缺氧可能在调节子宫内膜异位症的分子通路（如细胞黏附、雌激素释放和免疫功能）中发挥关键作用。此外，低氧还被证实可促进上皮向间充质

转化，通过HIF-1α/β-catenin信号通路促进子宫内膜基质细胞的侵袭，并促进VEGF和基质金属蛋白酶9等靶基因的表达，同时还可上调自噬过程。因此，缺氧可能是治疗子宫内膜异位症的一个有前途的新靶点。

参考文献

1. Chan RWS, Schwab KE, Gargett CE (2004) Clonogenicity of human endometrial epithelial and stromal cells. Biol Reprod 70:1738–1750. https://doi.org/10.1095/biolreprod.103.024109
2. Santamaria X, Mas A, Cervelló I, Taylor H, Simon C (2018) Uterine stem cells: from basic research to advanced cell therapies. Hum Reprod Update 24:673–693. https://doi.org/10.1093/ humupd/dmy028
3. Benor A, Gay S, DeCherney A (2020) An update on stem cell therapy for Asherman syndrome. J Assist Reprod Genet 37:1511–1529. https://doi.org/10.1007/s10815-020-01801-x
4. Gargett CE, Nguyen HPT, Ye L (2012) Endometrial regeneration and endometrial stem/progenitor cells. Rev Endocr Metab Disord 13:235–251. https://doi.org/10.1007/s11154- 012-9221-9
5. Gargett CE (2007) Uterine stem cells: what is the evidence? Hum Reprod Update 13:87–101. https://doi.org/10.1093/humupd/dml045
6. Gargett CE, Schwab KE, Zillwood RM, Nguyen HPT, Wu D (2009) Isolation and culture of epithelial progenitors and mesenchymal stem cells from human endometrium. Biol Reprod 80:1136–1145. https://doi.org/10.1095/biolreprod.108.075226
7. Schwab KE, Chan RWS, Gargett CE (2005) Putative stem cell activity of human endometrial epithelial and stromal cells during the menstrual cycle. Fertil Steril 84(Suppl 2):1124–1130. https://doi.org/10.1016/j.fertnstert.2005.02.056
8. Valentijn AJ, Palial K, Al-Lamee H, Tempest N, Drury J, Von Zglinicki T, Saretzki G, Murray P, Gargett CE, Hapangama DK (2013) SSEA-1 isolates human endometrial basal glandular epithelial cells: phenotypic and functional characterization and implications in the pathogenesis of endometriosis. Hum Reprod 28:2695–2708. https://doi.org/10.1093/humrep/det285
9. Wright AJ, Andrews PW (2009) Surface marker antigens in the characterization of human embryonic stem cells. Stem Cell Res 3:3–11. https://doi.org/10.1016/j.scr.2009.04.001
10. Nguyen HPT, Xiao L, Deane JA, Tan K-S, Cousins FL, Masuda H, Sprung CN, Rosamilia A, Gargett CE (2017) N-cadherin identifies human endometrial epithelial progenitor cells by in vitro stem cell assays. Hum Reprod 32:2254–2268. https://doi.org/10.1093/humrep/dex289
11. Crisan M, Yap S, Casteilla L, Chen C-W, Corselli M, Park TS, Andriolo G, Sun B, Zheng B, Zhang L, Norotte C, Teng P-N, Traas J, Schugar R, Deasy BM, Badylak S, Buhring H- J, Giacobino J-P, Lazzari L, Huard J, Péault B (2008) A perivascular origin for mesenchymal stem cells in multiple human organs. Cell Stem Cell 3:301–313. https://doi.org/10.1016/j.stem. 2008.07.003
12. Schwab KE, Gargett CE (2007) Co-expression of two perivascular cell markers isolates mesenchymal stem-like cells from human endometrium. Hum Reprod 22:2903–2911. https:// doi.org/10.1093/humrep/dem265
13. Dominici M, Le Blanc K, Mueller I, Slaper-Cortenbach I, Marini F, Krause D, Deans R, Keating A, Prockop D, Horwitz E (2006) Minimal criteria for defining multipotent mesenchymal stromal cells. The International Society for Cellular Therapy position statement. Cytotherapy 8:315–317. https://doi.org/10.1080/14653240600855905
14. Cervelló I, Gil-Sanchis C, Mas A, Delgado-Rosas F, Martínez-Conejero JA, Galán A, Martínez-Romero A, Martínez S, Navarro I, Ferro J, Horcajadas JA, Esteban FJ, O'Connor JE, Pellicer A, Simón C (2010) Human endometrial side population cells exhibit genotypic, phenotypic and functional features of somatic stem cells. PloS One 5:e10964. https://doi.org/10.1371/jou rnal.pone.0010964

15. Miernik K, Karasinski J (2012) Porcine uterus contains a population of mesenchymal stem cells. Reproduction 143:203–209. https://doi.org/10.1530/REP-11-0202
16. Masuda H, Anwar SS, Bühring H-J, Rao JR, Gargett CE (2012) A novel marker of human endometrial mesenchymal stem-like cells. Cell Transplant 21:2201–2214. https://doi.org/10. 3727/096368911X637362
17. Ulrich D, Tan KS, Deane J, Schwab K, Cheong A, Rosamilia A, Gargett CE (2014) Mesenchymal stem/stromal cells in post-menopausal endometrium. Hum Reprod 29:1895– 1905. https://doi.org/10.1093/humrep/deu159
18. Hematti P (2012) Mesenchymal stromal cells and fibroblasts: a case of mistaken identity? Cytotherapy 14:516–521. https://doi.org/10.3109/14653249.2012.677822
19. Bianco P, Cao X, Frenette PS, Mao JJ, Robey PG, Simmons PJ, Wang C-Y (2013) The meaning, the sense and the significance: translating the science of mesenchymal stem cells into medicine. Nat Med 19:35–42. https://doi.org/10.1038/nm.3028
20. Phinney DG, Sensebé L (2013) Mesenchymal stromal cells: misconceptions and evolving concepts. Cytotherapy 15:140–145. https://doi.org/10.1016/j.jcyt.2012.11.005
21. Sacchetti B, Funari A, Michienzi S, Di Cesare S, Piersanti S, Saggio I, Tagliafico E, Ferrari S, Robey PG, Riminucci M, Bianco P (2007) Self-renewing osteoprogenitors in bone marrow sinusoids can organize a hematopoietic microenvironment. Cell 131:324–336. https://doi.org/ 10.1016/j.cell.2007.08.025
22. Darzi S, Werkmeister JA, Deane JA, Gargett CE (2016) Identification and characterization of human endometrial mesenchymal stem/stromal cells and their potential for cellular therapy. Stem Cells Transl Med 5:1127–1132. https://doi.org/10.5966/sctm.2015-0190
23. Barragan F, Irwin JC, Balayan S, Erikson DW, Chen JC, Houshdaran S, Piltonen TT, Spitzer TLB, George A, Rabban JT, Nezhat C, Giudice LC (2016) Human endometrial fibroblasts derived from mesenchymal progenitors inherit progesterone resistance and acquire an inflam-matory phenotype in the endometrial niche in endometriosis. Biol Reprod 94:118. https://doi. org/10.1095/biolreprod.115.136010
24. Challen GA, Little MH (2006) A side order of stem cells: the SP phenotype. Stem Cells 24:3–12. https://doi.org/10.1634/stemcells.2005-0116
25. Zhou S, Schuetz JD, Bunting KD, Colapietro AM, Sampath J, Morris JJ, Lagutina I, Grosveld GC, Osawa M, Nakauchi H, Sorrentino BP (2001) The ABC transporter Bcrp1/ABCG2 is expressed in a wide variety of stem cells and is a molecular determinant of the side-population phenotype. Nat Med 7:1028–1034. https://doi.org/10.1038/nm0901-1028
26. Goodell MA, Rosenzweig M, Kim H, Marks DF, DeMaria M, Paradis G, Grupp SA, Sieff CA, Mulligan RC, Johnson RP (1997) Dye efflux studies suggest that hematopoietic stem cells expressing low or undetectable levels of CD34 antigen exist in multiple species. Nat Med 3:1337–1345. https://doi.org/10.1038/nm1297-1337
27. Kato K, Yoshimoto M, Kato K, Adachi S, Yamayoshi A, Arima T, Asanoma K, Kyo S, Nakahata T, Wake N (2007) Characterization of side-population cells in human normal endometrium. Hum Reprod 22:1214–1223. https://doi.org/10.1093/humrep/del514
28. Masuda H, Matsuzaki Y, Hiratsu E, Ono M, Nagashima T, Kajitani T, Arase T, Oda H, Uchida H, Asada H, Ito M, Yoshimura Y, Maruyama T, Okano H (2010) Stem cell-like properties of the endometrial side population: implication in endometrial regeneration. PloS One 5:e10387. https://doi.org/10.1371/journal.pone.0010387
29. Miyazaki K, Maruyama T, Masuda H, Yamasaki A, Uchida S, Oda H, Uchida H, Yoshimura Y (2012) Stem cell-like differentiation potentials of endometrial side population cells as revealed by a newly developed in vivo endometrial stem cell assay. PloS One 7:e50749. https://doi.org/ 10.1371/journal.pone.0050749
30. Gurung S, Deane JA, Masuda H, Maruyama T, Gargett CE (2015) Stem cells in endometrial physiology. Semin Reprod Med 33:326–332. https://doi.org/10.1055/s-0035-1558405
31. Tsuji S, Yoshimoto M, Takahashi K, Noda Y, Nakahata T, Heike T (2008) Side population cells contribute to the genesis of human endometrium. Fertil Steril 90:1528–1537. https://doi. org/10.1016/j.fertnstert.2007.08.005
32. Critchley HO, Brenner RM, Henderson TA, Williams K, Nayak NR, Slayden OD, Millar MR, Saunders PT (2001)

Estrogen receptor beta, but not estrogen receptor alpha, is present in the vascular endothelium of the human and nonhuman primate endometrium. J Clin Endocrinol Metab 86:1370–1378. https://doi.org/10.1210/jcem.86.3.7317

33. Sasson IE, Taylor HS (2008) Stem cells and the pathogenesis of endometriosis. Ann N Y Acad Sci 1127:106–115. https://doi.org/10.1196/annals.1434.014
34. Seli E, Berkkanoglu M, Arici A (2003) Pathogenesis of endometriosis. Obstet Gynecol Clin North Am 30:41–61. https://doi.org/10.1016/s0889-8545(02)00052-9
35. Sampson JA (1927) Peritoneal endometriosis due to the menstrual dissemination of endometrial tissue into the peritoneal cavity. Am J Obstet Gynecol 14:422–469. https://doi.org/10.1016/ S0002-9378(15)30003-X
36. Kruitwagen RFPM, Poels LG, Willemsen WNP, Jap PHK, Thomas CMG, Rolland R (1991) Retrograde seeding of endometrial epithelial cells by uterine-tubal flushing. Fertil Steril 56:414–420. https://doi.org/10.1016/S0015-0282(16)54533-6
37. Vigano P, Somigliana E, Vignali M, Busacca M, Blasio AMD (2007) Genetics of endometriosis: current status and prospects. Front Biosci 12:3247–3255. https://doi.org/10.2741/2308
38. Christodoulakos G, Augoulea A, Lambrinoudaki I, Sioulas V, Creatsas G (2007) Pathogenesis of endometriosis: the role of defective “immunosurveillance.” Eur J Contracept Reprod Health Care Off J Eur Soc Contracept 12:194–202. https://doi.org/10.1080/13625180701387266
39. Li X, Gong X, Zhu L, Leng J, Fan Q, Sun D, Lang J, Fan Y (2012) Stretch magnitude- and frequency-dependent cyclooxygenase 2 and prostaglandin E2 up-regulation in human endome- trial stromal cells: possible implications in endometriosis. Exp Biol Med 237:1350–1358. https://doi.org/10.1258/ebm.2012.012060
40. Sha G, Zhang Y, Zhang C, Wan Y, Zhao Z, Li C, Lang J (2009) Elevated levels of gremlin- 1 in eutopic endometrium and peripheral serum in patients with endometriosis. Fertil Steril 91:350–358. https://doi.org/10.1016/j.fertnstert.2007.12.007
41. Signorile PG, Baldi A (2010) Endometriosis: new concepts in the pathogenesis. Int J Biochem Cell Biol 42:778–780. https://doi.org/10.1016/j.biocel.2010.03.008
42. Ferguson BR, Bennington JL, Haber SL (1969) Histochemistry of mucosubstances and histology of mixed müllerian pelvic lymph node glandular inclusions. Evidence for histogenesis by müllerian metaplasia of coelomic epithelium. Obstet Gynecol 33:617–625
43. Matsuura K, Ohtake H, Katabuchi H, Okamura H (1999) Coelomic metaplasia theory of endometriosis: evidence from in vivo studies and an in vitro experimental model. Gynecol Obstet Invest 47(Suppl 1):18–20; discussion 20–22. https://doi.org/10.1159/000052855
44. Dimitrov R, Timeva T, Kyurkchiev D, Stamenova M, Shterev A, Kostova P, Zlatkov V, Kehayov I, Kyurkchiev S (2008) Characterization of clonogenic stromal cells isolated from human endometrium. Reproduction 135:551–558. https://doi.org/10.1530/REP-07-0428
45. Fraser IS (2008) Recognising, understanding and managing endometriosis. J Hum Reprod Sci 1:56–64
46. Leyendecker G, Herbertz M, Kunz G, Mall G (2002) Endometriosis results from the disloca- tion of basal endometrium. Hum Reprod 17:2725–2736. https://doi.org/10.1093/humrep/17. 10.2725
47. Gargett CE, Schwab KE, Deane JA (2016) Endometrial stem/progenitor cells: the first 10 years. Hum Reprod Update 22:137–163. https://doi.org/10.1093/humupd/dmv051
48. Liu Y, Niu R, Yang F, Yan Y, Liang S, Sun Y, Shen P, Lin J (2018) Biological characteristics of human menstrual blood-derived endometrial stem cells. J Cell Mol Med 22:1627–1639. https:// doi.org/10.1111/jcmm.13437
49. Herington JL, Bruner-Tran KL, Lucas JA, Osteen KG (2011) Immune interactions in endometriosis. Expert Rev Clin Immunol 7:611–626. https://doi.org/10.1586/eci.11.53
50. Liu Y, Zhang Z, Yang F, Wang H, Liang S, Wang H, Yang J, Lin J (2020) The role of endometrial stem cells in the pathogenesis of endometriosis and their application to its early diagnosis†. Biol Reprod 102:1153–1159. https://doi.org/10.1093/biolre/ioaa011

51. Laschke MW, Menger MD (2018) Basic mechanisms of vascularization in endometriosis and their clinical implications. Hum Reprod Update 24:207–224. https://doi.org/10.1093/humupd/ dmy001
52. Rakhila H, Al-Akoum M, Bergeron M-E, Leboeuf M, Lemyre M, Akoum A, Pouliot M (2016) Promotion of angiogenesis and proliferation cytokines patterns in peritoneal fluid from women with endometriosis. J Reprod Immunol 116:1–6. https://doi.org/10.1016/j.jri.2016.01.005
53. Izumi G, Koga K, Takamura M, Makabe T, Satake E, Takeuchi A, Taguchi A, Urata Y, Fujii T, Osuga Y (2018) Involvement of immune cells in the pathogenesis of endometriosis. J Obstet Gynaecol Res 44:191–198. https://doi.org/10.1111/jog.13559
54. Ulrich D, Muralitharan R, Gargett CE (2013) Toward the use of endometrial and menstrual blood mesenchymal stem cells for cell-based therapies. Expert Opin Biol Ther 13:1387–1400. https://doi.org/10.1517/14712598.2013.826187
55. Moggio A, Pittatore G, Cassoni P, Marchino GL, Revelli A, Bussolati B (2012) Sorafenib inhibits growth, migration, and angiogenic potential of ectopic endometrial mesenchymal stem cells derived from patients with endometriosis. Fertil Steril 98:1521-1530.e2. https://doi.org/ 10.1016/j.fertnstert.2012.08.003
56. Canosa S, Moggio A, Brossa A, Pittatore G, Marchino GL, Leoncini S, Benedetto C, Revelli A, Bussolati B (2017) Angiogenic properties of endometrial mesenchymal stromal cells in endothelial co-culture: an in vitro model of endometriosis. Mol Hum Reprod 23:187–198. https://doi.org/10.1093/molehr/gax006
57. Kao A-P, Wang K-H, Chang C-C, Lee J-N, Long C-Y, Chen H-S, Tsai C-F, Hsieh T-H, Tsai E-M (2011) Comparative study of human eutopic and ectopic endometrial mesenchymal stem cells and the development of an in vivo endometriotic invasion model. Fertil Steril 95:1308-1315.e1. https://doi.org/10.1016/j.fertnstert.2010.09.064
58. Olive DL, Pritts EA (2001) Treatment of endometriosis. N Engl J Med 345:266–275. https:// doi.org/10.1056/NEJM200107263450407
59. Lessey BA (2000) Medical management of endometriosis and infertility. Fertil Steril 73:1089– 1096. https://doi.org/10.1016/s0015-0282(00)00519-7
60. Valle RF, Sciarra JJ (2003) Endometriosis: treatment strategies. Ann N Y Acad Sci 997:229–239. https://doi.org/10.1196/annals.1290.026
61. Kennedy S, Bergqvist A, Chapron C, D'Hooghe T, Dunselman G, Greb R, Hummelshoj L, Prentice A, Saridogan E, ESHRE Special Interest Group for Endometriosis and Endometrium Guideline Development Group (2005) ESHRE guideline for the diagnosis and treatment of endometriosis. Hum Reprod 20:2698–2704. https://doi.org/10.1093/humrep/dei135
62. Waller KG, Shaw RW (1993) Gonadotropin-releasing hormone analogues for the treatment of endometriosis: long-term follow-up. Fertil Steril 59:511–515. https://doi.org/10.1016/s0015- 0282(16)55791-4
63. Revelli A, Modotti M, Ansaldi C, Massobrio M (1995) Recurrent endometriosis: a review of biological and clinical aspects. Obstet Gynecol Surv 50:747–754. https://doi.org/10.1097/000 06254-199510000-00022
64. Yao Z, Shen X, Capodanno I, Donnelly M, Fenyk-Melody J, Hausamann J, Nunes C, Strauss J, Vakerich K (2005) Validation of rat endometriosis model by using raloxifene as a positive control for the evaluation of novel SERM compounds. J Investig Surg Off J Acad Surg Res 18:177–183. https://doi.org/10.1080/08941930591004412
65. Kulak J, Fischer C, Komm B, Taylor HS (2011) Treatment with Bazedoxifene, a selec- tive estrogen receptor modulator, causes regression of endometriosis in a mouse model. Endocrinology 152:3226–3232. https://doi.org/10.1210/en.2010-1010
66. Naqvi H, Sakr S, Presti T, Krikun G, Komm B, Taylor HS (2014) Treatment with bazedoxifene and conjugated estrogens results in regression of endometriosis in a murine model. Biol Reprod 90:121. https://doi.org/10.1095/biolreprod.113.114165
67. Huniadi CA, Pop OL, Antal TA, Stamatian F (2013) The effects of ulipristal on Bax/Bcl-2, cytochrome c, Ki-67 and cyclooxygenase-2 expression in a rat model with surgically induced endometriosis. Eur J Obstet Gynecol Reprod Biol 169:360–365. https://doi.org/10.1016/j.ejo grb.2013.03.022

68. Liang B, Wu L, Xu H, Cheung CW, Fung WY, Wong SW, Wang CC (2018) Efficacy, safety and recurrence of new progestins and selective progesterone receptor modulator for the treatment of endometriosis: a comparison study in mice. Reprod Biol Endocrinol 16:32. https://doi.org/ 10.1186/s12958-018-0347-9
69. Kettel LM, Murphy AA, Morales AJ, Ulmann A, Baulieu EE, Yen SS (1996) Treatment of endometriosis with the antiprogesterone mifepristone (RU486). Fertil Steril 65:23–28. https:// doi.org/10.1016/s0015-0282(16)58022-4
70. Mei L, Bao J, Tang L, Zhang C, Wang H, Sun L, Ma G, Huang L, Yang J, Zhang L, Liu K, Song C, Sun H (2010) A novel mifepristone-loaded implant for long-term treatment of endometriosis: in vitro and in vivo studies. Eur J Pharm Sci Off J Eur Fed Pharm Sci 39:421–427. https://doi. org/10.1016/j.ejps.2010.01.012
71. Pittatore G, Moggio A, Benedetto C, Bussolati B, Revelli A (2014) Endometrial adult/progenitor stem cells: pathogenetic theory and new antiangiogenic approach for endometriosis therapy. Reprod Sci 21:296–304. https://doi.org/10.1177/1933719113503405
72. Laschke MW, Menger MD (2007) In vitro and in vivo approaches to study angiogenesis in the pathophysiology and therapy of endometriosis. Hum Reprod Update 13:331–342. https://doi. org/10.1093/humupd/dmm006
73. Taylor RN, Yu J, Torres PB, Schickedanz AC, Park JK, Mueller MD, Sidell N (2009) Mecha- nistic and therapeutic implications of angiogenesis in endometriosis. Reprod Sci 16:140–146. https://doi.org/10.1177/1933719108324893
74. Hull ML, Charnock-Jones DS, Chan CLK, Bruner-Tran KL, Osteen KG, Tom BDM, Fan T- PD, Smith SK (2003) Antiangiogenic agents are effective inhibitors of endometriosis. J Clin Endocrinol Metab 88:2889–2899. https://doi. org/10.1210/jc.2002-021912
75. Nap AW, Griffioen AW, Dunselman GAJ, Bouma-Ter Steege JCA, Thijssen VLJL, Evers JLH, Groothuis PG (2004) Antiangiogenesis therapy for endometriosis. J Clin Endocrinol Metab 89:1089–1095. https://doi.org/10.1210/ jc.2003-031406
76. Van Langendonckt A, Donnez J, Defrère S, Dunselman GAJ, Groothuis PG (2008) Antiangio- genic and vascular-disrupting agents in endometriosis: pitfalls and promises. Mol Hum Reprod 14:259–268. https://doi.org/10.1093/ molehr/gan019
77. Soares SR, Martínez-Varea A, Hidalgo-Mora JJ, Pellicer A (2012) Pharmacologic therapies in endometriosis: a systematic review. Fertil Steril 98:529–555. https://doi.org/10.1016/j.fertns tert.2012.07.1120
78. Ornek T, Fadiel A, Tan O, Naftolin F, Arici A (2008) Regulation and activation of ezrin protein in endometriosis. Hum Reprod 23:2104–2112. https://doi.org/10.1093/humrep/den215
79. Dabrosin C, Gyorffy S, Margetts P, Ross C, Gauldie J (2002) Therapeutic effect of angiostatin gene transfer in a murine model of endometriosis. Am J Pathol 161:909–918. https://doi.org/ 10.1016/S0002-9440(10)64251-4
80. Laschke MW, Elitzsch A, Vollmar B, Vajkoczy P, Menger MD (2006) Combined inhibition of vascular endothelial growth factor (VEGF), fibroblast growth factor and platelet-derived growth factor, but not inhibition of VEGF alone, effectively suppresses angiogenesis and vessel maturation in endometriotic lesions. Hum Reprod 21:262–268. https://doi.org/10.1093/hum rep/dei308
81. Ricci AG, Olivares CN, Bilotas MA, Meresman GF, Barañao RI (2011) Effect of vascular endothelial growth factor inhibition on endometrial implant development in a murine model of endometriosis. Reprod Sci 18:614–622. https://doi.org/10.1177/1933719110395406
82. Ozer H, Boztosun A, Açmaz G, Atilgan R, Akkar OB, Kosar MI (2013) The efficacy of bevacizumab, sorafenib, and retinoic acid on rat endometriosis model. Reprod Sci 20:26–32. https://doi.org/10.1177/1933719112452941
83. Novella-Maestre E, Carda C, Noguera I, Ruiz-Saurí A, García-Velasco JA, Simón C, Pellicer A (2009) Dopamine agonist administration causes a reduction in endometrial implants through modulation of angiogenesis in experimentally induced endometriosis. Hum Reprod 24:1025– 1035. https://doi.org/10.1093/humrep/den499
84. Novella-Maestre E, Carda C, Ruiz-Sauri A, Garcia-Velasco JA, Simon C, Pellicer A (2010) Identification and quantification of dopamine receptor 2 in human eutopic and ectopic endometrium: a novel molecular target for endometriosis therapy. Biol Reprod 83:866–873. https://doi.org/10.1095/biolreprod.110.084392

85. Li W-N, Wu M-H, Tsai S-J (2021) HYPOXIA AND REPRODUCTIVE HEALTH: the role of hypoxia in the development and progression of endometriosis. Reproduction 161:F19–F31. https://doi.org/10.1530/REP-20-0267
86. Xiong W, Zhang L, Xiong Y, Liu H, Liu Y (2016) hypoxia promotes invasion of endometrial stromal cells via hypoxia-inducible factor 1α upregulation-mediated β-catenin activation in endometriosis. Reprod Sci 23:531–541. https://doi.org/10.1177/1933719115607999
87. Xiong Y, Liu Y, Xiong W, Zhang L, Liu H, Du Y, Li N (2016) Hypoxia-inducible factor 1α- induced epithelial-mesenchymal transition of endometrial epithelial cells may contribute to the development of endometriosis. Hum Reprod 31:1327–1338. https://doi.org/10.1093/humrep/ dew081
88. Liu H, Zhang Z, Xiong W, Zhang L, Xiong Y, Li N, He H, Du Y, Liu Y (2017) Hypoxia-inducible factor-1α promotes endometrial stromal cells migration and invasion by upregulating autophagy in endometriosis. Reproduction 153:809–820. https://doi.org/10.1530/REP-16-0643

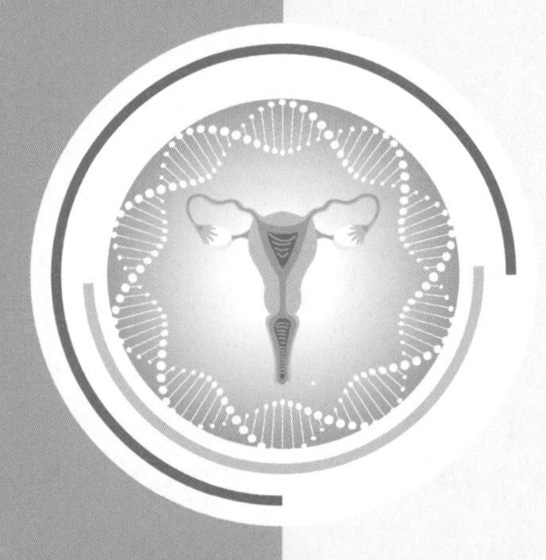

第9章

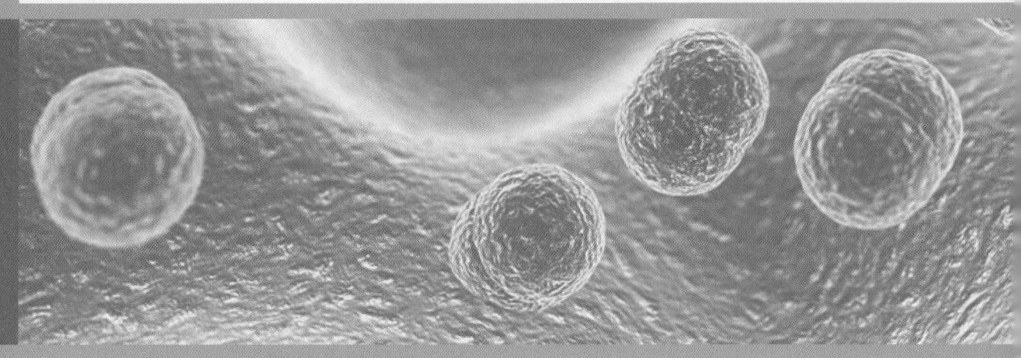

子宫内膜异位症的发病机制：子宫内膜干细胞/原始细胞是否参与其中?

Antonio Simone Laganà, Antoine Naem

摘要

导言：子宫内膜异位症是一种以子宫内膜样腺体和间质存在于子宫腔外为特征的疾病。在过去的几十年中，人们一直深入研究子宫内膜异位症的发病机制，并提出了许多假说。在本章中，我们将全面回顾目前有关子宫内膜干细胞/原始细胞可能参与子宫内膜异位症发病机制的知识。

方法：使用“干细胞、原始细胞、干性细胞、子宫内膜异位症、发病机制”等检索词对PubMed / Medline数据库进行检索。收录了所有讨论胚胎或成人干细胞在子宫内膜异位症发病机制中作用的原创文章和综述。

结果：在异位子宫内膜中发现了干性标志物表达异常的干细胞。这些细胞在体外和体内培养时表现出高度增殖、迁移和侵袭能力。这些侵袭性特征在很大程度上归因于子宫内膜异位症中经常出现的癌症相关突变。此外，许多转录后因素也会影响异位子宫内膜干细胞的行为。

结论：子宫内膜干细胞似乎在子宫内膜异位症的发病机制中起着关键作用。这些细胞的生物学行为应该受到遗传、表观遗传和环境因素的影响，这些因素决定了子宫内膜异位症的稳定性和激素反应性。

关键词：子宫内膜异位症、发病机制、祖细胞、干细胞

专业术语中英文对照

英文缩写	英文全称	中文
ABCG2	ATP Binding cassette subfamily G member 2（Junior Blood Group）	ATP结合盒亚家族G成员2（初级血型）
AMH	Anti-Müllerian hormone	抗米勒管激素
ARID1A	AT-rich interaction domain 1	富AT相互作用结构域1A
CAM	Cell adhesion molecule	细胞黏附分子
CD	Cluster of differentiation	分化群
CD133	Prominin 1	原肌苷1
CD146	Melanoma cell adhesion molecule（MCAM）	黑色素瘤细胞黏附分子（MCAM）
MYC	MYC proto-oncogene，BHLH transcription factor	MYC原癌基因，BHLH转录因子
CXCR-4	C-X-C motif chemokine receptor 4	C-X-C基团趋化因子受体4
CXCL-12	C-X-C motif chemokine ligand 12	C-X-C基团趋化因子配体12
DDX4	DEAD-box helicase 4	DEAD盒解旋酶4
DNA	Deoxyribonucleic acid	脱氧核糖核酸
EpCAM	Epithelial cell adhesion molecule	上皮细胞黏附分子
ER	Estrogen receptor	雌激素受体
HOXA-9	Homeobox A9	同源染色体A9
HOXA-10	Homeobox A10	同源染色体A10
HOXA-11	Homeobox A11	同源染色体A11

续表

英文缩写	英文全称	中 文
HOXA-13	Homeobox A13	同源染色体A13
IFITM3	Interferon induced transmembrane protein 3	干扰素诱导的跨膜蛋白3
K-RAS	KRAS proto-oncogene，GTPase	KRAS原癌基因，GTP酶
LGR5	Leucine-rich-repeat-containing G-protein-coupled-receptor 5	富亮氨酸重复含G蛋白偶联受体5
MEIS	Myeloid ecotropic viral integration site	髓系生态病毒整合位点
MMP-9	Matrix metalloproteinase 9	基质金属蛋白酶9
miRNA	MicroRNA	微核糖核酸
MSI-1	Musashi RNA binding protein	Musashi核糖核酸结合蛋白1
NANOG	Nanog homeobox	NANOG同源染色体
NGS	Next-generation sequencing	下一代测序技术
NOTCH-1	Notch receptor 1	NOTCH受体1
OCT4	Octamer-binding transcription factor 4（POU5F1）	八聚体结合转录因子4
PBX-1	Pre-B-cell leukemia homebox-1	前B细胞白血病瘤-1
PCNα	Proliferating cell nuclear antigen	增殖细胞核抗原
PIK3Cα	Phosphatidylinositol-4，5-bisphosphate 3-kinase catalytic subunit alpha	磷脂酰肌醇-4，5-二磷酸3-激酶催化亚基α
POU5F1	POU class 5 homeobox 1 POU	第五类同源染色体1
PR	Progesterone receptor	孕激素受体
PTEN	Phosphatase and tensin homolog	磷酸酶张力蛋白同源物
REX1	REX1 transcription factor REX1	转录因子
RNA	Ribonucleic acid	核糖核酸
SALL4	Spalt like transcription factor 4	Spalt样转录因子4
SF1	Steroidogenesis factor 1	类固醇生成因子1
SOX2	SRY-box transcription factor 2	SRY-盒转录因子2
SOX9	SRY-box transcription factor 9	SRY-盒转录因子9
SSEA-1	Stage-specific embryonic antigen-1	阶段特异性胚胎抗原-1
SUD2	Sushi domain containing-2	Sushi结构域2
SYR	Sex determining region	性别决定区
TIAR	Tissue injury and repair	组织损伤和修复
VEGF	Vascular endothelial growth factor	血管内皮生长因子

一、子宫内膜异位症及其发病机制理论介绍

子宫内膜异位症是一种慢性炎症性、雌激素依赖性、神秘的疾病，其定义是子宫腔外出现子宫内膜样腺体和间质。其确切发病率尚未确定。据估计，子宫内膜异位症影响着2%～10%的育龄女性，相当于全球约1.9亿患者。由于子宫内膜异位症具有雌激素亲和性，其发病高峰在育龄期。子宫内膜异位症几乎见于所有年龄段的患者，包括儿童、青少年和绝经后女性。越来越多的证据表明，子宫内膜异位症是一种遗传性疾病。据估计，患

者一级亲属患子宫内膜异位症的概率为6%～9%。对于病情较重的患者，其直系亲属患子宫内膜异位症的概率会增加到15%。子宫内膜异位症的症状因人而异，严重程度也不尽相同，有的症状较轻，有的症状较重，有的则会导致病情加重。最常见的症状是慢性盆腔疼痛、痛经、排便困难、月经失调和不孕。此外，子宫内膜异位症还与不良妊娠结局有关，如先兆子痫、早产和低出生体重。

子宫内膜异位症可发生在盆腔内和盆腔外，其中盆腔外较少见。盆腔子宫内膜异位症有三种形式：浅表腹膜种植、卵巢子宫内膜瘤和深部浸润性子宫内膜异位结节。输卵管子宫内膜异位症是最近提出的一种子宫内膜异位症亚型，因为它可能有不同的病因和特殊的并发症。子宫内膜异位症的盆腔外定位包括但不限于皮肤、肺部和脑部。正如人们所注意到的，子宫内膜异位症类型和定位的广泛差异进一步加深了对导致疾病形成的潜在发展轨迹的理解。虽然激素失调、慢性炎症、免疫耐受和血管生成被认为是导致疾病发生和发展的重要因素，但子宫内膜异位症上皮细胞和基质细胞的确切基因尚未确定。迄今为止，已有许多假说试图确定异位子宫内膜细胞的来源。每种假说都有自己的长处和短处，我们可以更有把握地说，没有一种假说能充分解释子宫内膜异位症的每一种表现。

桑普森（Sampson）提出的逆行月经理论是最早被广泛接受的理论之一，旨在阐明子宫内膜异位症的发病机理。该理论认为，有活力的子宫内膜细胞通过输卵管逆行到腹腔内种植。子宫内膜异位症患者子宫收缩异常、经期延长、经量增多等现象进一步证实了这一假设。此外，这一假说还被用来解释早发子宫内膜异位症。据推测，新生儿月经可能会导致分化程度较低的子宫内膜细胞沉积，而这些细胞可能在青春期早期被激活。然而，这一理论并不能充分解释男性子宫内膜异位症和盆腔外子宫内膜异位症。胚胎细胞残留理论是为阐明上述亚型而提出的另一种假说。该理论主要认为，缪勒管的异常发育或不完全退化可能导致缪勒管来源的胚胎干细胞在腹腔内沉积。这些细胞可分化成子宫内膜样腺体，从而导致女性子宫内膜异位症。另外，原始生殖细胞从卵黄囊向泌尿生殖脊的异常迁移也被认为是一种潜在的机制。这一假说解释了死亡胎儿腹腔中存在子宫内膜样岛的原因。在解释胚胎细胞残余理论时，一个很好的问题是："如果不同的子宫内膜异位症病变来源于特定且相同的胚胎细胞，那么为什么在同一个成年人身上会出现不同的表型？"显然，这个问题没有答案。还有人推测骨髓源性干细胞参与了子宫内膜异位症的发病机制，因为在人类和小鼠模型中发现这些细胞能使子宫内膜再生。另一种流行的理论认为，腹膜网状上皮可在某些刺激下发生移行转化，并分化为任何来源于缪勒细胞的细胞。这一假说主要基于之前的病理发现，即在子宫内膜上皮和腹膜间皮之间可观察到过渡细胞。尽管如此，这一假说仍有待验证，而且支持这一假说的证据仍然很少。

尽管这些假说之间存在分歧，但所有这些假说都或明或暗地证实了腹膜腔内存在高度增殖、再生和多潜能的干细胞，这些干细胞具有侵袭和免疫逃逸活性。最近，有人提出了遗传和表观遗传理论，作为子宫内膜异位症所有病变的补充解释。该理论认为，具有遗传倾向的女性患子宫内膜异位症的风险会增加。而疾病的发生和发展是由各种复杂的表观遗传事件驱动的。事实上，干细胞理论和遗传与表观遗传理论可以说是"一枚硬币的两面”。后来在几乎所有子宫内膜异位症病灶中发现的干细胞标志物支持了这两个假说。此外，在异位和在位子宫内膜干细胞中发现了基因多态性、癌症相关突变和转录后失调。

在第10章中，我们将全面回顾干细胞参与子宫内膜异位症发病机制的最新证据，并讨论遗传和表观遗传异常与临床和实验观察之间的相关性。

二、胚胎干细胞在子宫内膜异位症发病机制中的潜在作用

1.对缪勒管形成和分化的遗传调控

中肾管（Wolffian管）和副中肾管（Müllerian管）是胚胎发育第四和第五周期间在泌尿生殖器嵴外侧形成的两对生殖管。Wolffian管起源于肾盂间质，而缪勒管则起源于体腔上皮的凹陷处。在这一阶段，人类胚胎继续在性别冷漠的状态下发育。到第七周时，Y染色体上的SYR基因在男性胚胎中被激活，并开始产生睾丸决定因子。SYR与SOX9结合到抗米勒管激素基因的启动子区域，并诱导其表达。此外，SOX9和SYR还能激活类固醇生成因子1的转录，进而刺激Leydig细胞分泌AMH，最终导致缪勒管的退化。而在雌性胚胎中，缪勒管继续发育，形成输卵管、子宫体、子宫颈和阴道的上1/3。缪勒管的发育受多种基因和转录因子的调控。同源框基因在调节细胞命运和胚胎节段格式化方面发挥着重要作用。为了发挥适当的功能，HOX基因需要与特定的辅助因子合作，这些辅助因子有助于与DNA结合，从而控制目标基因的表达。最重要的蛋白辅助因子是前B细胞白血病同源框蛋白1和髓系生态病毒整合位点蛋白。研究发现，PBX-1通过与同源框家族的其他成员（如HOX和MEIS）合作，调控所有HOXA家族的基因表达。PBX-1在分化的神经胶质细胞间质组织中大量表达。PBX-1的表达减少会导致泌尿生殖嵴的分化减弱和缪勒管的完全缺失。研究发现，HOX基因在沿着整个身体轴向赋予已分化组织位置特征方面起着主要作用。值得注意的是，在不断进化的缪勒管的特定部位中每个HOXA基因都显著上调：HOXA-9主要在输卵管中表达，HOXA-10和HOXA-11主要在子宫中表达，最后，HOXA-11和HOXA-13在子宫颈和阴道中表达。因此，HOXA基因及相关转录因子在女性生殖道的模式化和维持缪勒管的正常分化中起着关键作用。另外，Wingless通路，尤其是Wnt，在维持缪勒管的正常发育中发挥着重要作用。Wnt4对缪勒管的形成至关重要，下调Wnt4会导致缪勒管完全缺失。研究发现，Wnt5对生殖器前后轴的发育至关重要。Wnt7还参与了HOXA-10和HOXA-11基因的维持。研究发现，Wnt7a在间质中表达，而Wnt5a则在子宫上皮中表达。值得注意的是，β-catenin是Wnt通路的最终信号转导分子和多功能蛋白。β-catenin被认为是E-cadherin的结合伙伴，E-cadherin是一种重要的细胞内黏附分子，也是细胞转移活性的抑制因子。因此，β-catenin可被视为上皮组织发育过程中必不可少的蛋白质。在完成缪勒管的分化后，来自缪勒管的残余上皮和间质干细胞被认为驻留在成熟子宫内膜的基底层，产生侧群细胞。

2.同源异型基因和Wingless通路可能参与子宫内膜异位症的发病机制

正如我们所注意到的，同源异型基因和Wingless通路对缪勒管的发育有着举足轻重的影响。可以认为这些基因及相关通路的异常表达会导致缪勒管发育异常，并破坏缪勒管起源细胞的正常定位。46%的子宫阴道异常患者同时患有子宫内膜异位症，这一事实进一步证实了这一推测。在此基础上，子宫内膜异位症被认为是结构性和非结构性对称畸形患者最常见的并发症。另一项研究显示，38%的患者同时患有子宫内膜异位症和Mayer-Rokitansky-Küster-Hauser综合征。此外，Signorile等人调查了101例女性胎儿的尸检结果，发现其中9%的胎儿存在子宫内膜异位症病变，有趣的是，这些病变分布在直肠阴道间隙、子宫直肠陷凹和子宫肌层内。因此，HOX基因（特别是HOXA-10）的异常表达可能会导致子宫内膜细胞沉积在子宫腔外。研究发现HOXA-10在异位子宫内膜岛内也有表达。在异位和异位子宫内膜中，HOXA-10的基质表达水平都超过了上皮细胞。在育龄期，健康女性的子宫内膜在分泌期中期达到高峰，但在子宫内膜异位症患者的异位内膜中却未观察到这种HOXA-10表达的升高。

通过研究Wingless通路和β-catenin可能参与子宫内膜异位症的发病机制发现，Wnt4和Wnt7b在人类异位子宫内膜细胞中密集表达。相应地，在子宫内膜异位症大鼠模型中也发现Wnt4和Wnt7b的表达增加。此外，从子宫内膜异位症患者体内分离的异位子宫内膜基质细胞中发现β-catenin的表达在体外雌激素的影响下显著上调。在子宫内膜异位症小鼠模型中发现，β-catenin在局部雌激素注射的影响下可增强雌激素的作用，并促进侵袭和血管生成。β-catenin的下调导致侵袭性、血管生成和基质金属蛋白酶9表达的减少。其他研究阐明了雌激素、β-catenin和血管内皮生长因子之间的关系。研究表明，雌激素启动的一连串基因表达导致β-catenin的上调。β-catenin反过来与VEGF基因的启动子区域结合，从而增强其转录。

在此基础上，同源异型基因和Wingless通路可被视为子宫内膜异位症发病机制的重要因素。然而，是什么导致了这些通路的功能失调，以及上述失调是遗传性的还是受某些环境因素的刺激，目前仍不得而知。

3.原始生殖细胞可能与子宫内膜异位症有关

原始生殖细胞从卵黄囊到发育中的泌尿生殖系统有一条相对较长的迁移路径，途经后肠肠系膜。据推测，异常的迁移途径或对迁移过程的异常调控会导致这些细胞在腹腔内的异常定位。这一推测源于对完全性缪勒管缺失患者子宫内膜异位植入的观察。事实上，虽然子宫内膜异位症患者的缪勒衍生物可能完全缺失，但两个功能性卵巢始终存在。这使笔者得出结论，异位子宫内膜、卵巢卵母细胞和子宫内膜异位症可能具有相同的起源，即原始胚胎细胞。在子宫内膜异位症病灶中分离出的生殖细胞特异性标记证明了这一推测是正确的。Fraunhoffer等人进行了一项有趣的研究，探讨卵巢生殖系细胞可能参与子宫内膜异位症的发病机制。通过免疫荧光法，笔者成功地在所有子宫内膜异位症样本中发现了细胞质呈DDX4阳性的基质细胞。他们还宣称，DDX4阳性基质细胞在年轻患者中更容易出现，因此得出结论：年轻患者的子宫内膜异位症中富含大量DDX4阳性基质细胞。此外，还发现表达DDX4的细胞同时表达核增殖标记PCNA。在子宫内膜异位症基质细胞中还发现了另一种与DDX4共存的胚芽特异性标志物IFITM3。在异位的子宫内膜中没有发现之前的标志物。这些结果支持原始生殖细胞参与子宫内膜异位症的观点，但显然与子宫内膜和卵巢的共同起源相矛盾。

4.胚胎细胞残余理论的优缺点

胚胎细胞残余理论阐明了有关男性子宫内膜异位症、盆腔外子宫内膜异位症和早发性子宫内膜异位症的许多问题。这一假说也解释了子宫内膜异位症与其他缪勒管异常之间的关联。有理由假设，由于SOX9及其相关通路功能异常导致苗勒管退化受阻，同时伴随同源框基因及Wingless通路的遗传调控失调，可能致使男性前列腺小囊与睾丸附件之间出现苗勒管来源的干细胞滞留。此外，主要由HOXA-10和HOXA-11异常表达驱动的迁移异常可能导致缪勒管来源的干细胞在盆腔外沉积。缪勒管位于发育胚胎的下胸腔和腰部区域，这一事实进一步证实了这一推测。因此，来源于缪勒管的干细胞在儿童时期处于静止状态，到青春期早期在高雌激素环境的影响下被激活。这种细胞在男性体内被激活的原因尚不清楚。另外，绝经后出现的子宫内膜异位症患者既往没有子宫内膜异位症病史，至少没有子宫内膜异位症的常见症状，这也使人们更加难以完全接受这一假说。换句话说，在绝经后低雌激素环境中，是什么诱导了子宫内膜异位症的发展，并使缪勒干细胞在整个生育期都处于静止状态，这一点尚不清楚。后来的基因组研究表明，子宫内膜异位症病灶的上皮是单克隆的。而子宫内膜异位症的基质细胞是多克隆的，因此，认为单一细胞类型是子宫内膜异位症发病机制的原因是不合理的。同一患者通常会出现不同的子宫内膜异位症表型（如伴有腹膜种植的深部浸润性子宫内膜异位症），这也增加了这一假说的迷惑性。在讨论到这里时，一个值得提出的问题是："如果子宫内膜异位症应该起源于具有相同基因型和相同微环境的相同细胞，那么为什么会存在不同的表型呢？"即使我们假定不同的获得性突变是这些不同表型和行为的主要原因，但是我们仍然不清楚为什么有些细胞具有不同的突变特征，或至少具有不同的突变穿透性，使它们比其他细胞更容易入侵和发展。显然，胚胎细胞残余理论无法充分解释这些观察结果。

三、异位子宫内膜干细胞可告知我们子宫内膜异位症的发病机制是什么？

1.回顾正常子宫内膜

人体子宫内膜是一种再生能力很强的组织，在生育期每月都会经历周期性脱落和再生。据估计，一个健康女性一生中会有400多个月经周期。即使经过大量医源性手术（如子宫内膜消融术），人类子宫内膜仍具有自我更新能力。在每个月经周期中，子宫内膜的功能层和管腔层脱落，而基底层应该保持完整。在此基础上，基底层被认为负责子宫内膜的再生。因此，人们怀疑基底层中存在子宫内膜干细胞，并在过去几十年中进行了大量研究。事实上，我们现在对干细胞的功能、分布和遗传特征有了更深入的了解，这使我们能够理解和解释与子宫内膜异位症发展相关的许多变化。

已知至少有3种类型的成体干细胞存在于异位子宫内膜的基底层。间充质干细胞是存在于子宫内膜基底层和功能层的干细胞，具有多潜能、增殖、再生和自我更新能力。这些干细胞可长期处于休眠状态，其存活不需要雌激素。间充质干细胞主要通过CD146和血小板衍生生长因子受体β（PDGFR β）的共同表达或SUD2的单独表达来识别。

子宫内膜中的第二类干细胞是子宫内膜上皮原始细胞，它们主要位于子宫内膜的基底层。进一步研究发现，单个上皮原始细胞的克隆扩增能够再生单个腺体。换句话说，子宫内膜腺体的上皮是单克隆的。这些原始细胞是通过共同表达N-粘连蛋白和阶段特异性胚胎抗原-1（SSEA-1）来识别的。此外，还发现子宫内膜上皮原始细胞的分化和成熟是分层次进行的。基底层的上皮原始细胞被发现是N-cadherin^{+}/SSEA^{-}或N-cadherin^{+}/SSEA^{+}。原始细胞在分化过程中会改变其表达，最终形成N-cadherin^{-}/SSEA^{-}成熟上皮细胞。这些上皮主要分布在功能层的表层和管腔层。研究还发现，N-cadherin阳性的基底细胞具有较高的克隆性、增殖潜力和自我更新能力。N-cadherin表达丧失后，这些特征也随之丧失。这种高度调控的分化过程的破坏与子宫内膜异位症有关，本章后述将讨论这一点。

最后，侧群细胞构成第三类子宫内膜干细胞。侧群细胞是由上皮细胞、内皮细胞和基质干细胞组成的群体，它们驻留在子宫内膜基底层的血管周围，被认为是原始上皮干细胞的残余。这些细胞是通过流式细胞仪对ABCG2的表达进行鉴定的。侧群细胞与血管生成有关，因为它们富含内皮细胞和间充质干细胞。事实上，这些细胞能够在体内再生子宫内膜的血管内皮组织。

2.子宫内膜异位症患者异位子宫内膜中干性标志物的异常表达

2002年，Leyendecker等人研究了雌激素受体（ER）、孕激素受体（PR）和芳香化酶在患有和未患有子宫内膜异位症女性的子宫内膜病灶、异位内膜和经血中的表达模式。此外，笔者还发现，与健康女性相比，子宫内膜异位症患者在月经期间脱落的基底细胞更多。相应地，异位子宫内膜显示出与子宫内膜基底层细胞相似的ER和PR表达模式。因此，他们得出结论，子宫内膜异位症源于基底层细胞数量增加的异常子宫内膜。事实上，这一结论是对桑普森（Sampson）于1927年提出的逆行经血理论的有益升级。从那时起，许多干性标志物及其在异位子宫内膜基底层、功能层和管腔层的表达模式被确定下来，正如我们之前讨论的那样。

子宫内膜基底层上皮祖细胞的分层分化的丧失与子宫内膜异位症的发病机制有关。这一结论主要来自于对子宫内膜异位症患者子宫内膜功能层中富集的“基底层样”细胞的观察。基底样细胞显示N-cadherin、SSEA和SOX9表达升高，它们还显示NANOG和OCT4基因表达增加。基底样上皮祖细胞经过14天的三维培养后，能生成类似异位子宫内膜的子宫内膜样腺体。与基底样干细胞类似，从子宫内膜异位症患者子宫内膜中分离出的间充质干细胞也显示出NANOG和SOX2的高表达。然而，基底样上皮原始细胞不能分化为中胚层细胞。相反，间充质干细胞表现出多潜能特征，在相应的环境中培养时可分化成多个中胚层细胞系，即脂肪细胞、软骨细胞和骨细胞。当这些细胞以次优低稀释度培养时，也表现出很高的集落形成效率。子宫内膜腔层细胞也表达关键的干性标志物，包括N-粘连蛋白、SSEA和含亮氨酸重复序列的富亮氨酸重复含G蛋白偶联受体5（LGR5）。功能层和管腔层的细胞通常会在月经期间脱落。考虑到它们的特征，可以推测基底层细胞或管腔细胞是通过逆行经血沉积到腹腔的。事实上，在子宫内膜异位症患者中观察到的子宫收缩、经期延长和经量增多的改变也是支持这一推测的因素。异常的子宫收缩可促进经血逆流，从而使更多的原始细胞和干细胞种植在腹腔内。

尽管“修正的”逆行经血理论回答了许多问题，并得到许多有效研究的支持，但它仍然无法准确解释子宫内膜异位症的发病机制。在狒狒模型中，子宫内膜异位症诱导导致的干性标志物异常表达与子宫内膜异位症患者的子宫内膜类似。因此，我们无法确定在子宫内膜异位症患者的异位子宫内膜中观察到的改变是疾病的原因还是结果。

3.与干细胞有关的标记和子宫内膜异位症的功能性特征

子宫内膜异位症在增殖、脱落和再生方面的生物行为与异位内膜非常相似。众所周知，子宫内膜异位症是一种进展性和高度复发性疾病。这些特点及我们对异位子宫内膜组织学的日益了解，促使我们对干细胞在子宫内膜异位症发病和发展过程中可能的参与和潜在功能进行了深入研究。

与异位子宫内膜相似，上皮和间充质干细胞也被分离出来，并被证明具有很强的克隆和自我更新能力。上皮干细胞表达EpCAM、细胞角蛋白和α_6整合素，而基质干细胞则表达CD133、MSI-1和SALL4。研究发现，子宫内膜异位症间充质干细胞与在位子宫内膜干细胞类似，具有向多种中胚层系分化的能力，包括脂肪细胞、软骨细胞、肌细胞和骨细胞。据我们所知，还没有检测过可疑上皮祖细胞向中胚层细胞系分化的能力。尽管在位间充质干细胞和异位间充质干细胞非常相似，但许多功能研究显示，两者存在本质区别，可以解释子宫内膜异位症的许多行为。异位间充质干细胞被证明比异位干细胞具有更高的生长和增殖率。此外，许多研究者发现，与在位干细胞相比，异位间充质干细胞的迁移和血管生成能力更强。这些行为差异主要归因于这两组细胞中与生长、增殖、迁移和自我更新有关的基因表达发生了改变。

间充质干细胞表达SSEA和SOX9。此外，还发现有SSEA表达的子宫内膜异位细胞在培养过程中端粒酶活性增加。

研究发现，子宫内膜异位症高度表达多能基因三联体：NANOG、SOX2和OCT4。在子宫内膜中NANOG和SOX2的表达明显增高。而与在位内膜相比，OCT4在子宫内膜异位症中的表达较少。Chang等人也报告了异位病变中OCT4的上调，并认为其可能通过刺激子宫内膜细胞的迁移而参与病变的进展。两项研究报告了雌激素对SOX2和NANOG的上调影响，这两个基因的过度表达被认为可维持卵巢子宫内膜异位症细胞的自我更新能力并提高其存活率。

NOTCH-1蛋白被认为是各种细胞类型中细胞命运的重要调节因子。因此，有人推测，NOTCH-1在子宫内膜异位症组织中的上调可能会影响细胞的增殖和迁移。在一项研究中，He等人报告了NOTCH-1在体外和小鼠子宫内膜异位症模型中下调的后果。笔者报告说，沉默NOTCH-1的表达后，上皮细胞和间质子宫内膜异位细胞中NANOG、OCT4、SOX2和MYC的表达明显减少。此外，NOTCH-1下调后，上皮细胞和基质细胞的集落形成效率显著降低。同时子宫内膜异位干细胞的迁移也受到了影响。最后，笔者发现，在敲除NOTCH-1后的第14天和第21天，体内子宫内膜异位病灶的重量和体积明显减少。Musashi-1、REX-1、SOX9和核β-catenin在子宫内膜异位症中也有不同程度的表达。

4.在位和异位子宫内膜的基因突变概况

有人认为，有缺陷的子宫内膜是子宫内膜异位症的起源。一组中国研究者推测，子宫内膜干细胞的异常可能导致不利的生物学行为，如增殖、迁移、侵袭和血管生成增加。事实上，将遗传改变视为子宫内膜异位症的可能病因是有道理的，尤其是当知道该病的遗传率高达50%时。此外，患者疾病的严重程度与其一级亲属患子宫内膜异位症的概率之间的关联，也让人怀疑可能与遗传有关。除了固有的遗传异常外，人们还发现子宫内膜容易获得新的突变，据报道，突变风险每年增加5%。子宫内膜干细胞的高增殖和再生活性被认为是导致这种基因异常的关键特征。众所周知，每次子宫内膜脱落，子宫内膜基底层的子宫内膜干细胞都会被激活，从而进行有丝分裂。尽管有丝分裂是一个高度受调控的过程，但每次细胞分裂的突变率在每碱基对10^{-8}和10^{-7}之间，突变似乎是不可避免的。这主要是由于人类基因组的巨大规模、衰老和子宫内膜干细胞的高重复率。值得注意的是，并非所有突变都会导致生物行为的改变。其中一些突变在获得足够数量的突变之前保持沉默，或者它们只是乘客突变，不会给携带者带来健康问题。在此基础上，在正常子宫内膜和子宫内膜异位症中检测到高突变率也就不足为奇了。

携带者突变是随机的，对携带突变细胞的后代来说是独一无二的。因此，乘客突变对确定所研究组织的克隆性至关重要。

在子宫内膜异位症的研究中，乘客突变提供了有关子宫内膜异位症病变起源的宝贵信息。与在位内膜类似，研究发现子宫内膜异位症的上皮成分起源于克隆，而子宫内膜异位基质则是多克隆的。因此，子宫内膜异位症病变显然不是源自单一的干细胞。Silveira等人研究了同一患者不同解剖位置病变的克隆性，有趣的是，这些病变的腺体和基质成分都有共同的基因改变，人们认为各种子宫内膜异位症病灶起源于单细胞，具有克隆性。此外，一项调查成对的在位和异位子宫内膜腺体共同来源的研究发现，异位腺上皮所携带的乘客突变与其对应腺上皮所携带的突变不同，这表明在位和异位子宫内膜腺体属于不同的克隆。由于异位子宫内膜腺体数量众多，只有经过选择的、具有特定类型突变的克隆才能进行克隆扩增，因此应谨慎解释这些结果。

相反，癌症相关的突变则涉及对细胞增殖、存活和转移潜力至关重要的通路。由于采用了显微切割技术和下一代测序技术（NGS），目前对子宫内膜携带突变的检测和鉴定已有所改进。

最近，一项对110名接受子宫切除术或其他医疗干预的女性的子宫内膜突变情况进行调查的研究报告称，在51%～64%外观正常的子宫内膜中可检测到CAMS。另一项由Moore等人进行的研究报告称，95%被研究的组织含有CAMs，而它们看起来也是正常的。在正常外观的子宫内膜中，最常报告的突变是K-RAS、PTEN和PIK3Cα。与在位内膜相似，子宫内膜异位上皮也被发现携带K-RAS突变。事实上，一个子宫内膜异位症小鼠模型表明，在位内膜中的致癌K-RAS突变通过种植调节对子宫内膜异位症的发生有很大影响。此外，K-RAS活性的增加被认为对病灶的存活至关重要，并有助于黄体酮治疗诱导的细胞凋亡。ARID1A是异位子宫内膜中另一个常被报道的突变基因。ARID1A是一种肿瘤抑制基因，主要参与调节DNA甲基化和修复。该基因在位和异位子宫内膜中下调，被认为通过增加侵袭性而导致子宫内膜异位症的临床表型。ARID1A的下调也会影响转化生长因子-β通路，被认为是引起孕酮抵抗的潜在因素之一。另外，PTEN和PIK3Cα基因突变也经常出现在子宫内膜异位症中。虽然在位和异位子宫内膜的基因组中有许多共同的CAMs，但这些突变在子宫内膜异位症中被大量富集。与健康女性的子宫内膜相比，子宫内膜异位症女性的在位子宫内膜也被证明含有更多的CAMs。

前面提到的所有突变都发生在异位子宫内膜上皮细胞的基因组中，而基质细胞没有表现出任何突变特征。这进一步表明，子宫内膜病变的基质细胞和上皮细胞并非来自同一细胞。

四、从表观遗传／基因理论探讨子宫内膜异位症的发病机制

目前已明确的是，子宫内膜异位症包含一群子宫内膜间充质干细胞和上皮原始细胞，它们维持着子宫内膜异位症的进展和再生。我们现在更加确信，子宫内膜异位症病变至少需要两种细胞类型，但它们的来源仍然不明。间充质干细胞主要参与子宫内膜异位基质的形成；另外，子宫内膜上皮原始细胞似乎负责子宫内膜异位病变腺体部分的形成。间充质干细胞也可能负责血管生成。此外，同一上皮原始细胞可在不同的解剖位置引起多个病灶。大型双胞胎研究证实了遗传易感性。因此，特定的基因型可被视为子宫内膜异位症的重要易感因素。许多获得性CAMs在干细胞/祖细胞中藏匿时，可诱发子宫内膜异位症的侵袭行为。这些CAMs与在位内膜共存，尽管这种情况不太常见。一些学者根据双重系统理论解释了这些发现。换句话说，遗传易感基因型会在受精时传递给子细胞。随着年龄的增长，会获得易感细胞并积累许多突变。当突变积累到足够多时，这些突变细胞就会增殖、迁移和入侵，形成子宫内膜异位症。事实上，这主要是受到了癌症生物学的启发，尤其是当我们知道在位子宫内膜和子宫内膜癌具有相同的突变，但突变频率不同时。癌细胞中的CAMs远远多于在位子宫内膜中的CAMs。另外，子宫内膜异位症中的CAMs也比正常外观的子宫内膜更常见。这个例子中似乎令人信服，但应记住一个重要问题："如果子

宫内膜异位症是一种遗传病，那么为什么只有50%的双胞胎会患子宫内膜异位症呢？”显然，干细胞理论和遗传理论都无法充分解答这一疑问。

表观遗传学理论认为，由慢性炎症和激素失调驱动的特定刺激物可导致异位子宫内膜细胞出现遗传或转录后异常，从而导致子宫内膜异位症的发病和进展。事实上，通过观察发现许多转录后失调与子宫内膜异位症的基本特征有关，进一步证实了这一推测。例如，研究发现子宫内膜异位症患者体内的miRNA-15a-5p和miRNA-34a-5p表达水平较低。因此，当它们被下调时，血管生成就会增加。此外，在子宫内膜异位症病变中，let-7b和miRNA-145被下调，而miRNA-200b则被上调。这种组合导致细胞增殖增加和子宫内膜异位症进展。另外，许多学者用表观遗传学理论和腹膜环境中的诱变因素解释了与在位子宫内膜相比，异位子宫内膜CAMs频率增加的原因。

导致这些改变的表观遗传事件尚不清楚，但腹腔内恶劣的微环境被认为是改变的主要原因。事实上，持续的逆行经血也被认为是导致转录后异常的潜在因素，因为它反复诱发了组织损伤和修复（TIAR）过程。腹腔经血碎屑的存在可能会引发炎症反应，并伴有氧化应激和铁沉积的增加。事实上，不应低估TIAR和慢性炎症的作用。最初的局部炎症反应可能就是通过CXCR-4/CXCL-12轴引发子宫内膜异位症的全部原因。CXCR-4是干细胞表达的表层受体，而CXCL-12是其配体。研究发现，受伤和发炎的组织都会表达CXCL-12。还发现CXCR-4/CXCL-12轴可诱导在位子宫内膜细胞迁移。一项体外研究显示，雌激素增加了小鼠骨髓干细胞中CXCR-4的表达，而另一项研究则报告，孕酮增加了在位人类子宫内膜中CXCR-12的表达。CXCR-4/CXCL-12轴可能在病变启动和将循环骨髓干细胞招募到基质中发挥重要作用。这也可以解释盆腔子宫内膜异位症和盆腔外子宫内膜异位症的发病机制。循环中的子宫内膜干细胞可通过CXCR-4/CXCL-12轴被吸引，并通过身体任何部位的局部炎症激活，形成异位病灶。这也可以解释基质子宫内膜异位症的形成，因为研究发现在位的子宫内膜基质细胞高度表达CXCR-4。图9.1概述了子宫内膜异位症的发病机制。

五、结论

子宫内膜异位症的发病机制是一个复杂的过程。人们提出了许多假说，但没有一种假说能解释子宫内膜异位症的所有表现。虽然我们对子宫内膜异位症发病机制中的许多事件和分子有了更多的了解，但我们仍有许多东西需要学习。有确凿证据表明，干细胞对子宫内膜异位症的发生和发展至关重要，但这些干细胞的来源尚未确定。遗传易感性加上表观遗传事件的驱动，赋予了子宫内膜异位症许多侵袭性特征。对子宫内膜异位症发病机理的深入理解是通过对假定的发病机理理论之间的深入理解和良好关联获得的。每一种理论都是子宫内膜异位症发病机制理论的重要组成部分，都应与其他理论相辅相成，以建立一个更大、更清晰、更统一的子宫内膜异位症发病机制理论。

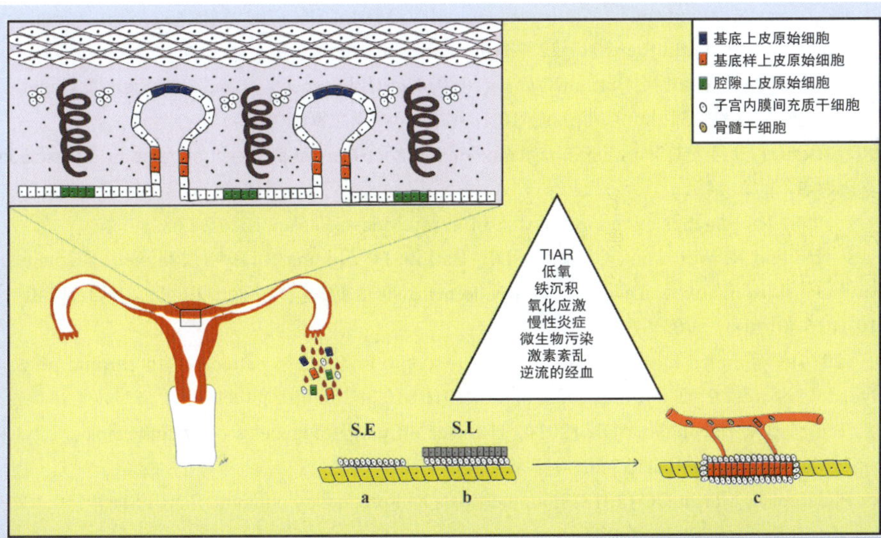

a. 异位子宫内膜的干细胞。功能层的类基底细胞（红色）和管腔层的细胞（绿色）在月经期间脱落。基底层细胞（蓝色）也会脱落。每种细胞都表达与自我更新、增殖和克隆扩增有关的干性标记。间充质干细胞（白色）也会在月经期间脱落。所有这些细胞都可以通过逆行血流运送到腹腔。b. 细微病变的形成。子宫内膜间充质干细胞和上皮祖细胞到达腹腔后，会在易受感染的腹膜点上播种。经血持续反流导致反复 TIAR，或其他局部事件引发炎症反应，都可能导致腹膜病变。在旁分泌因子的影响下，带有或不带有上皮原始细胞的间充质干细胞被吸引到预设点上。左侧显示的第一个病灶代表间质型子宫内膜异位症。细微病变处于静止状态，直到足够的刺激激活子宫内膜异位症。c. 子宫内膜异位症。在腹膜环境中遇到的苛刻环境因素会引发额外的遗传和表观遗传失调，从而导致病情发展、侵袭、迁移和血管生成。骨髓源性干细胞被招募并促进了子宫内膜异位症基质的再生。此外，子宫内膜异位细胞还可能侵入全身循环，扩散到身体的其他部位。S.E：基质子宫内膜异位症，S.L：微小病变，TIAR：组织损伤和修复。

图 9.1　子宫内膜异位症的发病机制

（Bayan Alsaid 博士协助设计）

参考文献

1. Meuleman C, Vandenabeele B, Fieuws S, Spiessens C, Timmerman D, D'Hooghe T (2009) High prevalence of endometriosis in infertile women with normal ovulation and normospermic partners. Fertil Steril 92:68–74. https://doi.org/10.1016/j.fertnstert.2008.04.056
2. Shafrir AL, Farland LV, Shah DK, Harris HR, Kvaskoff M, Zondervan K et al (2018) Risk for and consequences of endometriosis: a critical epidemiologic review. Best Pract Res Clin Obst Gynaecol 51:1–15. https://doi.org/10.1016/j.bpobgyn.2018.06.001
3. Hill CJ, Fakhreldin M, Maclean A, Dobson L, Nancarrow L, Bradfield A et al (2020) Endometriosis and the fallopian tubes: theories of origin and clinical implications. J Clin Med 9:1905. https://doi.org/10.3390/jcm9061905
4. Haas D, Chvatal R, Reichert B, Renner S, Shebl O, Binder H et al (2012) Endometriosis: a premenopausal disease? Age pattern in 42,079 patients with endometriosis. Arch Gynecol Obstet 286:667–760. https://doi.org/10.1007/s00404-012-2361-z
5. Naem A, Shamandi A, Al-Shiekh A, Alsaid B (2020) Free large sized intra-abdominal endometrioma in a postmenopausal woman: a case report. BMC Womens Health 20:190. https://doi.org/10.1186/s12905-020-01054-x

6. Koninckx PR, Ussia A, Adamyan L, Wattiez A, Gomel V, Martin DC (2019) Pathogenesis of endometriosis: the genetic/epigenetic theory. Fertil Steril 111:327–340. https://doi.org/10. 1016/j.fertnstert.2018.10.013
7. Simpson JL, Elias S, Malinak LR, Buttram VC Jr (1980) Heritable aspects of endometriosis. I. Genetic studies. Am J Obstet Gynecol 137:327–331. https://doi.org/10.1016/0002-937 8(80)90917-5
8. Coxhead D, Thomas EJ (1993) Familial inheritance of endometriosis in a British population. A case control study. J Obstet Gynaecol 13:42–44
9. Kennedy S (1998) The genetics of endometriosis. J Reprod Med 43(3 Suppl):263–268
10. Kennedy S, Hadfield R, Westbrook C, Weeks DE, Barlow D, Golding S (1998) Magnetic resonance imaging to assess familial risk in relatives of women with endometriosis. Lancet (London, England) 352:1440–1441. https://doi.org/10.1016/s0140-6736(05)61262-7
11. Carter JE (1994) Combined hysteroscopic and laparoscopic findings in patients with chronic pelvic pain. J Am Assoc Gynecol Laparosc 2:43–47. https://doi.org/10.1016/s1074-380 4(05)80830-8
12. Sourial S, Tempest N, Hapangama DK (2014) Theories on the pathogenesis of endometriosis. Int J Reprod Med 2014:179515. https://doi.org/10.1155/2014/179515
13. Koninckx PR, Zupi E, Martin DC (2018) Endometriosis and pregnancy outcome. Fertil Steril 110:406–407. https://doi.org/10.1016/j.fertnstert.2018.06.029
14. Lee HJ, Park YM, Jee BC, Kim YB, Suh CS (2015) Various anatomic locations of surgically proven endometriosis: a single-center experience. Obstet Gynecol Sci 58:53–58. https://doi. org/10.5468/ogs.2015.58.1.53
15. Nisolle M, Donnez J (2019) Reprint of: peritoneal endometriosis, ovarian endometriosis, and adenomyotic nodules of the rectovaginal septum are three different entities. Fertil Steril 112(4 Suppl1):e125–e36. https://doi.org/10.1016/j.fertnstert.2019.08.081
16. Victory R, Diamond MP, Johns DA (2007) Villar's nodule: a case report and systematic literature review of endometriosis externa of the umbilicus. J Min Invas Gynecol 14:23–32. https://doi.org/10.1016/j.jmig.2006.07.014
17. Gates J, Sharma A, Kumar A (2018) Rare case of thoracic endometriosis presenting with lung nodules and pneumothorax. BMJ Case Rep. https://doi.org/10.1136/bcr-2018-224181
18. Maniglio P, Ricciardi E, Meli F, Tomao F, Peiretti M, Caserta D (2018) Complete remission of cerebral endometriosis with dienogest: a case report. Gynecol Endocrinol 34:837–839. https://doi.org/10.1080/09513590.2018.1463362
19. Wang Y, Nicholes K, Shih IM (2020) The origin and pathogenesis of endometriosis. Annu Rev Pathol 15:71–95. https://doi.org/10.1146/annurev-pathmechdis-012419-032654
20. Liu Y, Zhang Z, Yang F, Wang H, Liang S, Wang H et al (2020) The role of endometrial stem cells in the pathogenesis of endometriosis and their application to its early diagnosis†. Biol Reprod 102:1153–1159. https://doi.org/10.1093/biolre/ioaa011
21. Sampson JA (1927) Peritoneal endometriosis due to the menstrual dissemination of endometrial tissue into the peritoneal cavity. Am J Obstet Gynecol 14:422–469
22. D'Hooghe TM, Debrock S (2003) Evidence that endometriosis results from the dislocation of basal endometrium? Hum Reprod (Oxford, England) 18:1130; author reply-1. https://doi. org/10.1093/humrep/deg182
23. Klemmt PAB, Starzinski-Powitz A (2018) Molecular and cellular pathogenesis of endometriosis. Curr Womens Health Rev 14:106–116. https://doi.org/10.2174/157340481 3666170306163448
24. Brosens I, Benagiano G (2013) Is neonatal uterine bleeding involved in the pathogenesis of endometriosis as a source of stem cells? Fertil Steril 100:622–623. https://doi.org/10.1016/j. fertnstert.2013.04.046
25. Giannarini G, Scott CA, Moro U, Grossetti B, Pomara G, Selli C (2006) Cystic endometriosis of the epididymis. Urology 68:203.e1–3. https://doi.org/10.1016/j.urology.2006.01.017
26. Zanatta A, Rocha AM, Carvalho FM, Pereira RM, Taylor HS, Motta EL et al (2010) The role of the Hoxa10/HOXA10 gene in the etiology of endometriosis and its related infertility: a review. J Assist Reprod Genet 27:701–710. https://doi.org/10.1007/s10815-010-9471-y
27. Laganà AS, Vitale SG, Salmeri FM, Triolo O, Ban Frangež H, Vrtačnik-Bokal E et al (2017) Unus pro omnibus,

omnes pro uno: a novel, evidence-based, unifying theory for the pathogenesis of endometriosis. Med Hypotheses 103:10–20. https://doi.org/10.1016/j.mehy.2017. 03.032

28. Makiyan Z (2017) Endometriosis origin from primordial germ cells. Organogenesis 13:95–102. https://doi.org /10.1080/15476278.2017.1323162
29. Taylor HS (2004) Endometrial cells derived from donor stem cells in bone marrow transplant recipients. JAMA 292:81–85. https://doi.org/10.1001/jama.292.1.81
30. Mints M, Jansson M, Sadeghi B, Westgren M, Uzunel M, Hassan M et al (2008) Endometrial endothelial cells are derived from donor stem cells in a bone marrow transplant recipient. Hum Reprod (Oxford, England) 23:139–143. https://doi.org/10.1093/humrep/dem342
31. Ikoma T, Kyo S, Maida Y, Ozaki S, Takakura M, Nakao S et al (2009) Bone marrow-derived cells from male donors can compose endometrial glands in female transplant recipients. Am J Obstet Gynecol 201:608.e1–8. https://doi. org/10.1016/j.ajog.2009.07.026
32. Ponandai-Srinivasan S, Andersson KL, Nister M, Saare M, Hassan HA, Varghese SJ et al (2018) Aberrant expression of genes associated with stemness and cancer in endometria and endometrioma in a subset of women with endometriosis. Hum Reprod (Oxford, England) 33:1924–1938. https://doi.org/10.1093/humrep/dey241
33. Song Y, Xiao L, Fu J, Huang W, Wang Q, Zhang X et al (2014) Increased expression of the pluripotency markers sex-determining region Y-box 2 and Nanog homeobox in ovarian endometriosis. Reprod Biol Endocrinol 12:42. https://doi.org/10.1186/1477-7827-12-42
34. Shariati F, Favaedi R, Ramazanali F, Ghoraeian P, Afsharian P, Aflatoonian B et al (2018) Increased expression of stemness genes REX-1, OCT-4, NANOG, and SOX-2 in women with ovarian endometriosis versus normal endometrium: a case-control study. Int J Reprod Biomed 2016. https://doi.org/10.18502/ijrm.v16i12.3684
35. Silveira CG, Abrão MS, Dias JA Jr, Coudry RA, Soares FA, Drigo SA et al (2012) Common chromosomal imbalances and stemness-related protein expression markers in endometriotic lesions from different anatomical sites: the potential role of stem cells. Hum Reprod (Oxford, England) 27:3187–3197. https://doi.org/10.1093/ humrep/des282
36. Kyo S, Sato S, Nakayama K (2020) Cancer-associated mutations in normal human endometrium: surprise or expected? Cancer Sci 111:3458–3467. https://doi.org/10.1111/cas. 14571
37. Mashayekhi P, Noruzinia M, Zeinali S, Khodaverdi S (2019) Endometriotic mesenchymal stem cells epigenetic pathogenesis: deregulation of miR-200b, miR-145, and let7b in A functional imbalanced epigenetic disease. Cell J 21:179–185. https://doi.org/10.22074/cellj.2019. 5903
38. Liu XJ, Bai XG, Teng YL, Song L, Lu N, Yang RQ (2016) miRNA-15a-5p regulates VEGFA in endometrial mesenchymal stem cells and contributes to the pathogenesis of endometriosis. Eur Rev Medical Pharmacol Sci 20:3319–3326
39. Sadler TW, Langman's medical embryology. Lippincott Williams & Wilkins Philadelphia
40. LaRonde-LeBlanc NA, Wolberger C, Structure of HoxA9 and Pbx1 bound to DNA: hox hexapeptide and DNA recognition anterior to posterior. Genes Dev 17:2060–2072. https:// doi.org/10.1101/gad.1103303
41. McGinnis W, Krumlauf R (1992) Homeobox genes and axial patterning. Cell 68:283–302. https://doi. org/10.1016/0092-8674(92)90471-n
42. Capellini TD, Zewdu R, Di Giacomo G, Asciutti S, Kugler JE, Di Gregorio A et al (2008) Pbx1/Pbx2 govern axial skeletal development by controlling Polycomb and Hox in mesoderm and Pax1/Pax9 in sclerotome. Dev Biol 321:500–514. https://doi.org/10.1016/j.ydbio.2008. 04.005
43. Schnabel CA, Godin RE, Cleary ML (2003) Pbx1 regulates nephrogenesis and ureteric branching in the developing kidney. Dev Biol 254:262–276. https://doi.org/10.1016/s0012- 1606(02)00038-6
44. Schnabel CA, Selleri L, Jacobs Y, Warnke R, Cleary ML (2001) Expression of Pbx1b during mammalian organogenesis. Mech Dev 100:131–135. https://doi.org/10.1016/s0925- 4773(00)00516-5
45. Schnabel CA, Selleri L, Cleary ML (2003) Pbx1 is essential for adrenal development and urogenital differentiation. Genesis (New York, NY: 2000) 37:123–130. https://doi.org/10. 1002/gene.10235

46. Taylor HS, Vanden Heuvel GB, Igarashi P (1997) A conserved Hox axis in the mouse and human female reproductive system: late establishment and persistent adult expression of the Hoxa cluster genes. Biol Reprod 57:1338–1345. https://doi.org/10.1095/biolreprod57.6.1338
47. Cunha GR (1976) Stromal induction and specification of morphogenesis and cytodifferentiation of the epithelia of the Mullerian ducts and urogenital sinus during development of the uterus and vagina in mice. J Exp Zool 196:361–370. https://doi.org/10.1002/jez.1401960310
48. Branford WW, Benson GV, Ma L, Maas RL, Potter SS (2000) Characterization of Hoxa- 10/Hoxa-11 transheterozygotes reveals functional redundancy and regulatory interactions. Dev Biol 224:373–387. https://doi.org/10.1006/dbio.2000.9809
49. Warot X, Fromental-Ramain C, Fraulob V, Chambon P, Dollé P (1997) Gene dosage- dependent effects of the Hoxa-13 and Hoxd-13 mutations on morphogenesis of the terminal parts of the digestive and urogenital tracts. Development (Cambridge, England) 124:4781–4791
50. Vainio S, Heikkilä M, Kispert A, Chin N, McMahon AP (1999) Female development in mammals is regulated by Wnt-4 signalling. Nature 397:405–409. https://doi.org/10.1038/ 17068
51. Miller C, Sassoon DA (1998) Wnt-7a maintains appropriate uterine patterning during the development of the mouse female reproductive tract. Development (Cambridge, England) 125:3201–3211
52. Mericskay M, Kitajewski J, Sassoon D (2004) Wnt5a is required for proper epithelial- mesenchymal interactions in the uterus. Development (Cambridge, England) 131:2061–2072. https://doi.org/10.1242/dev.01090
53. Selleri L, Depew MJ, Jacobs Y, Chanda SK, Tsang KY, Cheah KS et al (2001) Requirement for Pbx1 in skeletal patterning and programming chondrocyte proliferation and differentiation. Development (Cambridge, England) 128:3543–3557
54. Hayashi K, Yoshioka S, Reardon SN, Rucker EB 3rd, Spencer TE, DeMayo FJ et al (2011) WNTs in the neonatal mouse uterus: potential regulation of endometrial gland development. Bio Reprod 84:308–319. https://doi.org/10.1095/biolreprod.110.088161
55. Serrano-Gomez SJ, Maziveyi M, Alahari SK (2016) Regulation of epithelial-mesenchymal transition through epigenetic and post-translational modifications. Mol Cancer 15:18. https:// doi.org/10.1186/s12943-016-0502-x
56. Gargett CE (2007) Uterine stem cells: what is the evidence? Hum Reprod Update 13:87–101. https://doi.org/10.1093/humupd/dml045
57. Makiyan Z (2016) New theory of uterovaginal embryogenesis. Organogenesis 12:33–41. https://doi.org/10.1080/15476278.2016.1145317
58. Dabi Y, Canel V, Skalli D, Paniel BJ, Haddad B, Touboul C (2020) Postoperative evaluation of chronic pain in patients with Mayer - Rokitansky - Küster - Hauser (MRKH) syndrome and uterine horn remnant: experience of a tertiary referring gynaecological department. J Gynecol Obstet Hum Reprod 49:101655. https://doi.org/10.1016/j.jogoh.2019.101655
59. Signorile PG, Baldi F, Bussani R, D'Armiento MR, De Falco M, Boccellino M et al (2010) New evidence sustaining the presence of endometriosis in the human foetus. Reprod Biomed Online 21:142–147
60. Signorile PG, Baldi A, Endometriosis: new concepts in the pathogenesis. Int J Bioch Cell Biol 42:778–870. https://doi.org/10.1016/j.biocel.2010.03.008
61. Browne H, Taylor H (2006) HOXA10 expression in ectopic endometrial tissue. Fertil Steril 85:1386–1390. https://doi.org/10.1016/j.fertnstert.2005.10.072
62. Matsuzaki S, Canis M, Darcha C, Pouly JL, Mage G (2009) HOXA-10 expression in the mid-secretory endometrium of infertile patients with either endometriosis, uterine fibromas or unexplained infertility. Hum Reprod (Oxford, England) 24:3180–3187. https://doi.org/10. 1093/humrep/dep306
63. Gaetje R, Holtrich U, Engels K, Kissler S, Rody A, Karn T et al (2007) Endometriosis may be generated by mimicking the ontogenetic development of the female genital tract. Fertil Steril 87:651–656. https://doi.org/10.1016/j.fertnstert.2006.07.1533
64. Gaetje R, Holtrich U, Karn T, Cikrit E, Engels K, Rody A et al (2007) Characterization of WNT7A expression

in human endometrium and endometriotic lesions. Fertil Steril 88:1534– 1540. https://doi.org/10.1016/j.fertnstert.2007.01.128

65. de Mattos RM, Pereira PR, Barros EG, da Silva JH, Palmero CY, da Costa NM et al (2016) Aberrant levels of Wnt/β-catenin pathway components in a rat model of endometriosis. Histol Histopathol 31:933–942. https://doi.org/10.14670/hh-11-730
66. Xiong W, Zhang L, Yu L, Xie W, Man Y, Xiong Y et al (2015) Estradiol promotes cells invasion by activating β-catenin signaling pathway in endometriosis. Reproduction (Cambridge, England) 150:507–516. https://doi.org/10.1530/rep-15-0371
67. Zhang L, Xiong W, Xiong Y, Liu H, Liu Y (2016) 17 β-Estradiol promotes vascular endothelial growth factor expression via the Wnt/β-catenin pathway during the pathogenesis of endometriosis. Mol Hum Reprod 22:235–526. https://doi.org/10.1093/molehr/gaw025
68. Stewart B, Reddington C, Cameron M (2020) Laparoscopic hemihysterectomy for obstructive uterine didelphys with unilateral vaginal hypoplasia. J Minim Invasive Gynecol 27:1225– 1227. https://doi.org/10.1016/j.jmig.2019.12.019
69. Fraunhoffer NA, Meilerman Abuelafia A, Stella I, Galliano S, Barrios M, Vitullo AD (2015) Identification of germ cell-specific VASA and IFITM3 proteins in human ovarian endometriosis. J Ovarian Res 8:66. https://doi.org/10.1186/s13048-015-0193-8
70. Simsek G, Bulus H, Tas A, Koklu S, Yilmaz SB, Coskun A (2012) An unusual cause of inguinal hernia in a male patient: endometriosis. Gut Liver 6:284–285. https://doi.org/10. 5009/gnl.2012.6.2.284
71. Noë M, Ayhan A, Wang TL, Shih IM (2018) Independent development of endometrial epithelium and stroma within the same endometriosis. J Pathol 245:265–269. https://doi.org/10. 1002/path.5082
72. Suda K, Nakaoka H, Yoshihara K, Ishiguro T, Tamura R, Mori Y et al (2018) Clonal expansion and diversification of cancer-associated mutations in endometriosis and normal endometrium. Cell Rep 24:1777–1789. https://doi.org/10.1016/j.celrep.2018.07.037
73. Jabbour HN, Kelly RW, Fraser HM, Critchley HO (2006) Endocrine regulation of menstrua-tion. Endocr Rev 27:17–46. https://doi.org/10.1210/er.2004-0021
74. Tresserra F, Grases P, Ubeda A, Pascual MA, Grases PJ, Labastida R (1999) Morphological changes in hysterectomies after endometrial ablation. Hum Reprod (Oxford, England) 14:1473–1477. https://doi.org/10.1093/humrep/14.6.1473
75. Muller I, van der Palen J, Massop-Helmink D, Vos-de Bruin R, Sikkema JM (2015) Patient satisfaction and amenorrhea rate after endometrial ablation by ThermaChoice III or NovaSure: a retrospective cohort study. J Gynecol Surg 12:81–87
76. Cousins FL, Gargett CE (2018) Endometrial stem/progenitor cells and their role in the pathogenesis of endometriosis. Best Pract Res Clin Obstet Gynaecol 50:27–38. https://doi.org/10. 1016/j.bpobgyn.2018.01.011
77. Tempest N, Maclean A, Hapangama DK (2018) Endometrial stem cell markers: current concepts and unresolved questions. Int J Mol Sci 19:3240. https://doi.org/10.3390/ijms19 103240
78. Gargett CE, Masuda H (2010) Adult stem cells in the endometrium. Mol Hum Reprod 16:818–834. https://doi.org/10.1093/molehr/gaq061
79. Schwab KE, Gargett CE (2007) Co-expression of two perivascular cell markers isolates mesenchymal stem-like cells from human endometrium. Hum Reprod (Oxford, England). 22:2903–2911. https://doi.org/10.1093/humrep/dem265
80. Masuda H, Anwar SS, Bühring HJ, Rao JR, Gargett CE (2012) A novel marker of human endometrial mesenchymal stem-like cells. Cell Transplant 21:2201–2214. https://doi.org/10. 3727/096368911x637362
81. Chan RW, Schwab KE, Gargett CE (2004) Clonogenicity of human endometrial epithelial and stromal cells. Biol Reprod 70:1738–1750. https://doi.org/10.1095/biolreprod.103.024109
82. Nguyen HPT, Xiao L, Deane JA, Tan KS, Cousins FL, Masuda H et al (2017) N-cadherin identifies human endometrial epithelial progenitor cells by in vitro stem cell assays. Hum Reprod (Oxford, England). 32:2254–2268.

https://doi.org/10.1093/humrep/dex289
83. Masuda H, Matsuzaki Y, Hiratsu E, Ono M, Nagashima T, Kajitani T et al (2010) Stem celllike properties of the endometrial side population: implication in endometrial regeneration. PLoS ONE 5:e10387. https://doi.org/10.1371/ journal.pone.0010387
84. Miyazaki K, Maruyama T, Masuda H, Yamasaki A, Uchida S, Oda H et al (2012) Stem cell-like differentiation potentials of endometrial side population cells as revealed by a newly developed in vivo endometrial stem cell assay. PLoS ONE 7:e50749. https://doi.org/10.1371/ journal.pone.0050749
85. Goodell MA, Rosenzweig M, Kim H, Marks DF, DeMaria M, Paradis G et al (1997) Dye efflux studies suggest that hematopoietic stem cells expressing low or undetectable levels of CD34 antigen exist in multiple species. Nat Med 3:1337–1345. https://doi.org/10.1038/nm1 297-1337
86. Gurung S, Deane JA, Masuda H, Maruyama T, Gargett CE (2015) Stem cells in endometrial physiology. Semin Reprod Med 33:326–332. https://doi.org/10.1055/s-0035-1558405
87. Cervelló I, Mas A, Gil-Sanchis C, Peris L, Faus A, Saunders PT et al (2011) Reconstruction of endometrium from human endometrial side population cell lines. PLoS ONE 6:e21221. https://doi.org/10.1371/journal.pone.0021221
88. Leyendecker G, Herbertz M, Kunz G, Mall G (2002) Endometriosis results from the dislo- cation of basal endometrium. Hum Reprod (Oxford, England) 17:2725–2736. https://doi.org/ 10.1093/humrep/17.10.2725
89. Hapangama DK, Drury J, Da Silva L, Al-Lamee H, Earp A, Valentijn AJ et al (2019) Abnormally located SSEA1+/ SOX9+ endometrial epithelial cells with a basalis-like phenotype in the eutopic functionalis layer may play a role in the pathogenesis of endometriosis. Hum Reprod (Oxford, England) 34:56–68. https://doi.org/10.1093/humrep/ dey336
90. Valentijn AJ, Palial K, Al-Lamee H, Tempest N, Drury J, Von Zglinicki T et al (2013) SSEA-1 isolates human endometrial basal glandular epithelial cells: phenotypic and functional char- acterization and implications in the pathogenesis of endometriosis. Hum Reprod (Oxford, England) 28:2695–2708. https://doi.org/10.1093/humrep/ det285
91. Kao AP, Wang KH, Chang CC, Lee JN, Long CY, Chen HS et al (2011) Comparative study of human eutopic and ectopic endometrial mesenchymal stem cells and the development of an in vivo endometriotic invasion model. Fertil Steril 95:1308–1315.e1. https://doi.org/10.1016/ j.fertnstert.2010.09.064
92. Tempest N, Baker AM, Wright NA, Hapangama DK (2018) Does human endometrial LGR5 gene expression suggest the existence of another hormonally regulated epithelial stem cell niche? Hum Reprod (Oxford, England) 33:1052–1062. https://doi.org/10.1093/humrep/ dey083
93. Leyendecker G, Kunz G, Herbertz M, Beil D, Huppert P, Mall G et al (2004) Uterine peristaltic activity and the development of endometriosis. Ann N Y Acad Sci 1034:338–355. https://doi. org/10.1196/annals.1335.036
94. Vercellini P, Viganò P, Somigliana E, Fedele L (2014) Endometriosis: pathogenesis and treatment. Nat Rev Endocrinol 10:261–275. https://doi.org/10.1038/nrendo.2013.255
95. Guo SW (2009) Recurrence of endometriosis and its control. Hum Reprod Update 15:441–461. https://doi. org/10.1093/humupd/dmp007
96. Gordts S, Koninckx P, Brosens I (2017) Pathogenesis of deep endometriosis. Fertil Steril 108:285–872.e1. https:// doi.org/10.1016/j.fertnstert.2017.08.036
97. Chan RW, Ng EH, Yeung WS (2011) Identification of cells with colony-forming activity, selfrenewal capacity, and multipotency in ovarian endometriosis. Am J Pathol 178:2832–2844. https://doi.org/10.1016/j.ajpath.2011.02.025
98. Liu Y, Liang S, Yang F, Sun Y, Niu L, Ren Y et al (2020) Biological characteristics of endometriotic mesenchymal stem cells isolated from ectopic lesions of patients with endometriosis. Stem Cell Res Ther 11:346. https://doi. org/10.1186/s13287-020-01856-8
99. Chang JH, Au HK, Lee WC, Chi CC, Ling TY, Wang LM et al (2013) Expression of the pluripotent transcription factor OCT4 promotes cell migration in endometriosis. Fertil Steril 99:1332–1339.e5. https://doi.org/10.1016/ j.fertnstert.2012.11.033
100. Zhang Y, Eades G, Yao Y, Li Q, Zhou Q (2012) Estrogen receptor α signaling regulates breast tumor-initiating cells

by down-regulating miR-140 which targets the transcription factor SOX2. J Biol Chem 287:41514–41522. https://doi.org/10.1074/jbc.M112.404871

101. Yang L, Luo L, Ji W, Gong C, Wu D, Huang H et al (2013) Effect of low dose bisphenol A on the early differentiation of human embryonic stem cells into mammary epithelial cells. Toxicol Lett 218:187–193. https://doi.org/10.1016/j.toxlet.2013.01.026
102. Banerjee P, Fazleabas AT (2010) Endometrial responses to embryonic signals in the primate. Int J Dev Biol 54:295–302. https://doi.org/10.1387/ijdb.082829pb
103. Bray SJ (2006) Notch signalling: a simple pathway becomes complex. Nature Rev Mol Cell Biol 7:678–689. https://doi.org/10.1038/nrm2009
104. He H, Liu R, Xiong W, Pu D, Wang S, Li T (2016) Lentiviral vector-mediated down-regulation of Notch1 in endometrial stem cells results in proliferation and migration in endometriosis. Mol Cell Endocrinol 434:210–218. https://doi.org/10.1016/j.mce.2016.07.004
105. Götte M, Wolf M, Staebler A, Buchweitz O, Kelsch R, Schüring AN et al (2008) Increased expression of the adult stem cell marker Musashi-1 in endometriosis and endometrial carcinoma. J Pathol 215:317–329. https://doi.org/10.1002/path.2364
106. Li X, Gong X, Zhu L, Leng J, Fan Q, Sun D et al (2012) Stretch magnitude- and frequencydependent cyclooxygenase 2 and prostaglandin E2 up-regulation in human endometrial stromal cells: possible implications in endometriosis. Exp Biol Med (Maywood, NJ) 237:1350–1358. https://doi.org/10.1258/ebm.2012.012060
107. Sha G, Zhang Y, Zhang C, Wan Y, Zhao Z, Li C et al (2009) Elevated levels of gremlin-1 in eutopic endometrium and peripheral serum in patients with endometriosis. Fertil Sterilit 91:350–358. https://doi.org/10.1016/j.fertnstert.2007.12.007
108. Treloar SA, O'Connor DT, O'Connor VM, Martin NG (1999) Genetic influences on endometriosis in an Australian twin sample. Fertil Steril 71:701–710. https://doi.org/10.1016/ s0015-0282(98)00540-8
109. Guo SW (2020) Cancer-associated mutations in endometriosis: shedding light on the patho- genesis and pathophysiology. Hum Reprod Update 26:423–449. https://doi.org/10.1093/hum upd/dmz047
110. Lac V, Nazeran TM, Tessier-Cloutier B, Aguirre-Hernandez R, Albert A, Lum A et al (2019) Oncogenic mutations in histologically normal endometrium: the new normal? J Pathol 249:173–181. https://doi.org/10.1002/path.5314
111. Araten DJ, Golde DW, Zhang RH, Thaler HT, Gargiulo L, Notaro R et al (2005) A quantitative measurement of the human somatic mutation rate. Cancer Res 65:8111–8117. https://doi.org/ 10.1158/0008-5472.can-04-1198
112. Nachman MW, Crowell SL (2000) Estimate of the mutation rate per nucleotide in humans. Genetics 156:297–304
113. Rozhok AI, DeGregori J (2016) The evolution of lifespan and age-dependent cancer risk. Trends Cancer 2:552–560. https://doi.org/10.1016/j.trecan.2016.09.004
114. Moore L, Leongamornlert D, Coorens THH, Sanders MA, Ellis P, Dentro SC et al (2020) The mutational landscape of normal human endometrial epithelium. Nature 580:640–646. https:// doi.org/10.1038/s41586-020-2214-z
115. Cheng CW, Licence D, Cook E, Luo F, Arends MJ, Smith SK et al (2011) Activation of mutated K-ras in donor endometrial epithelium and stroma promotes lesion growth in an intact immunocompetent murine model of endometriosis. J Pathol 224:261–269. https://doi. org/10.1002/path.2852
116. Wu RC, Wang TL, Shih Ie M (2014) The emerging roles of ARID1A in tumor suppression. Cancer Biol Ther 15:655–664. https://doi.org/10.4161/cbt.28411
117. Anglesio MS, Papadopoulos N, Ayhan A, Nazeran TM, Noë M, Horlings HM et al (2017) Cancer-associated mutations in endometriosis without cancer. N Engl J Med 376:1835–1848. https://doi.org/10.1056/NEJMoa1614814
118. Kandoth C, Schultz N, Cherniack AD, Akbani R, Liu Y, Shen H et al (2013) Integrated genomic characterization of endometrial carcinoma. Nature 497:67–73. https://doi.org/10. 1038/nature12113
119. Ma Y, Huang YX, Chen YY (2017) miRNA-34a-5p downregulation of VEGFA in endometrial stem cells contributes to the pathogenesis of endometriosis. Mol Med Rep 16:8259–8264. https://doi.org/10.3892/mmr.2017.7677
120. Lai CY, Yamazaki S, Okabe M, Suzuki S, Maeyama Y, Iimura Y et al (2014) Stage-specific roles for CXCR4 signaling in murine hematopoietic stem/progenitor cells in the process of bone marrow repopulation. Stem Cells

(Dayton, Ohio) 32:1929–1942. https://doi.org/10. 1002/stem.1670

121. Hattori K, Heissig B, Rafii S (2003) The regulation of hematopoietic stem cell and progenitor mobilization by chemokine SDF-1. Leuk Lymphoma 44:575–582. https://doi.org/10.1080/ 1042819021000037985
122. Leconte M, Chouzenoux S, Nicco C, Chéreau C, Arkwright S, Santulli P et al (2014) Role of the CXCL12-CXCR4 axis in the development of deep rectal endometriosis. J Reprod Immunol 103:45–52. https://doi.org/10.1016/j.jri.2013.12.121
123. Moridi I, Mamillapalli R, Cosar E, Ersoy GS, Taylor HS (2017) Bone marrow stem cell chemotactic activity is induced by elevated CXCl12 in endometriosis. Reprod Sci (Thousand Oaks, Calif). 24:526–533. https://doi.org/10.1177/1933719116672587
124. Pospisilova E, Kiss I, Souckova H, Tomes P, Spicka J, Matkowski R et al (2019) Circulating endometrial cells: a new source of information on endometriosis dynamics. J Clin Med 8:1938. https://doi.org/10.3390/jcm8111938

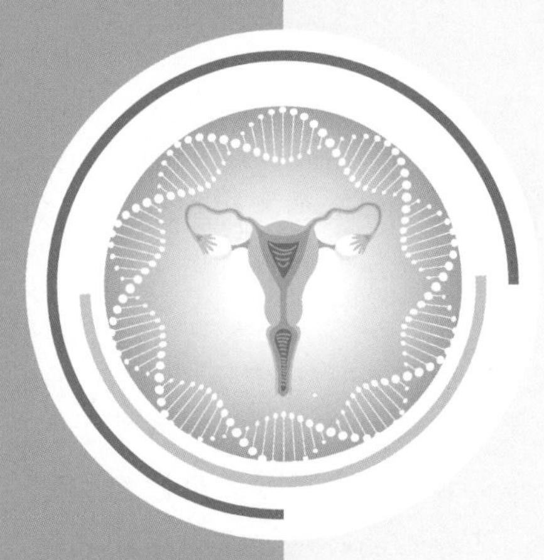

第10章

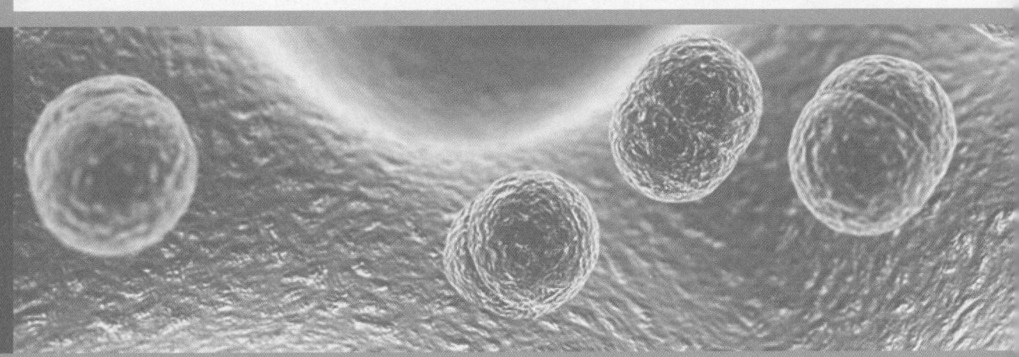

用于人类子宫内膜再生的干细胞移植

Lucía de Miguel Gómez, Antonio Pellicer,
Irene Cervelló

摘要

导言：因子宫内膜萎缩和（或）Asherman综合征引发子宫内膜病变的患者，其健康妊娠的概率会显著降低。长期以来，诸多不同的治疗方法都曾被尝试，但干细胞疗法在其中展现出了最为广阔的应用前景。

方法：本章选择的研究来自谷歌学术、PubMed和Web of Science。

结果：各种各样的干细胞，无论是自体干细胞（骨髓、脂肪组织、月经血或子宫内膜），还是异体干细胞（脐带），都被用于移植给因患有子宫内膜病变而影响生育的女性。在所有干细胞来源中，骨髓是被探索最多的，这可能是因为骨髓干细胞被认为对子宫内膜造血微环境有促进作用。

结论：干细胞疗法已经成为治疗子宫内膜病变和实现健康妊娠的一种有效疗法。近年来，干细胞治疗领域逐渐转向微创或无创治疗策略。这一趋势鼓励了干细胞衍生物的使用，如分泌体或外泌体，它们既可以单独使用，也可以与高浓度血小板血浆或生物工程处理手段等其他方法结合使用。本章将介绍针对子宫内膜的特定病理学改变，干细胞疗法提供的各种治疗替代方案，以及这些治疗方法是如何改进的。

关键词：子宫内膜、人类、再生、干细胞移植

专业术语中英文对照

英文缩写	英文全称	中　文
Ad-MSC	Adipose-derived mesenchymal stem cell	脂肪源性间充质干细胞
ART	Assisted reproduction techniques	辅助生殖技术
AS	Ashermans syndrome	Ashermans综合征
Bcl-2	B-cell lymphoma 2	B细胞淋巴瘤-2
BM-DSC	Bone marrow-derived stem cell	骨髓干细胞
G-CSF	Granulocyte-colony stimulating factor	粒细胞集落刺激因子
BrdU	5-Bromo-2’-deoxyuridine	5-溴-2’-脱氧尿苷
CD	Cluster of differentiation	分化群
CD9	CD9 antigen	CD9抗原
CD34	CD34 antigen	CD34抗原
CD73	CD73 antigen or 5-nucleotidase ecto	CD73抗原或胞外-5’-核苷酸酶
CD90	CD90 antigen or Thy-1 membrane glycoprotein	CD90抗原或Thy-1膜糖蛋白
CD105	CD105 antigen or endoglin	CD105抗原或内皮糖蛋白
CD133	CD133 antigen or prominin 1	CD133抗原或五次跨膜糖蛋白1
c-Kit	Kit Proto-oncogene，receptor tyrosine kinase	KIT原癌基因，受体酪氨酸激酶
DNA	Deoxyribonucleic acid	脱氧核糖核酸
DSC	Derived stem cell	衍生干细胞
EA	Endometrial atrophy	子宫内膜萎缩
ECM	Extracellular matrix	细胞外基质
EPCAM	Epithelial cell adhesion molecule	上皮细胞黏附分子
Eth	Endometrial thickness	子宫内膜厚度

续表

英文缩写	英文全称	中　文
FGF	Fibroblast growth factor	成纤维细胞生长因子
HGF	Hepatocyte growth factor	肝细胞生长因子
HSC	Hematopoietic stem cell	造血干细胞
ICAM1	Intercellular adhesion molecule 1	细胞间黏附分子1
IGF-1	Insulin-like growth factor 1	胰岛素样生长因子1
IL-1β	Interleukin 1β	白细胞介素1β
IL-10	Interleukin 10	白细胞介素10
IUA	Intrauterine adhesion	宫腔粘连
LGR5	Leucine-rich repeat-containing G-protein coupled receptor 5	富亮氨酸重复含G蛋白偶联受体5
LIF	Leukemia inhibitory factor	白血病抑制因子
MenMSC	Menstrual blood-derived mesenchymal stem cell	月经血间充质干细胞
MSC	Mesenchymal stem cell	间充质干细胞
NK	Natural killer cells	自然杀伤细胞
NOD/SCID	Non-obese diabetic/severe combined immune deficiency（mouse）	非肥胖性糖尿病/严重联合免疫缺陷（小鼠）
OCT4	Octamer-binding transcription factor 4	八聚体结合转录因子4
PGS scaffold	Poly（glycerol sebacate）scaffold	聚甘油葵二酸酯
PRP	Platelet-rich plasma	富血小板血浆
SDF1α	Stromal cell derived factor 1α	基质细胞衍生因子1α
SSEA-1	Stage-specific embryonic antigen 1	阶段特异性胚胎抗原-1
SP	Side population	侧群干细胞
TNF-α	Tumor necrosis factor α	肿瘤坏死因子α
UC-MSC	Umbilical cord derived-mesenchymal stem cell	脐带源性间充质干细胞
VEGF	Vascular endothelial growth factor	血管内皮生长因子
vWF	von Willebrand facto	血管性血友病因子r

一、导言

女性生殖系统由3个主要内脏器官组成：卵巢、输卵管和子宫。卵巢（女性性腺）容纳卵母细胞，合成并分泌雌性激素（主要是雌激素和孕酮，也有抑制素或松弛素等）。输卵管的主要功能是将卵母细胞从卵巢运送到子宫腔，其名称也正源于此功能，因此得名“输卵管”。子宫，特别是子宫内膜层，在生殖过程中扮演着至关重要的角色，它是胚胎着床与胎儿发育直至分娩的场所。

子宫是一个位于膀胱和直肠之间的中空、肌肉发达、壁厚的倒梨形器官。这个器官的平均尺寸为8 cm × 5 cm × 2.5 cm，可分为3个主要部分：宫底、宫体和宫颈。宫底位于输卵管入口上方，与宫体共同构成子宫的2/3。子宫的下部即宫颈，与阴道相通，并通过一个短峡与宫体相接。子宫体壁由3个不同的层次组成（从外到内）：最外层是外膜，也称浆膜层；中间是子宫肌层，这是一层较厚的肌肉组织；最内层是子宫内膜，即黏膜层。在整个生殖过程中，子宫内膜的作用极为关键。

（一）人类子宫内膜

子宫内膜在胚胎植入过程中扮演着重要角色。子宫内膜组织的形态、厚度，以及功能对于最终能否成功怀孕至关重要。因此，任何与子宫内膜有关的问题或并发症都可能导致生育困难。

在结构和形态层面上，人类子宫内膜由3个主要部分组成——上皮、基质和血管网，以及常驻免疫细胞群（图10.1a），具体如下：

（1）上皮：由覆盖子宫腔的单层立方上皮细胞组成，分为管腔和腺体两部分，负责胚胎着床。增生期雌激素水平升高，管腔上皮细胞出现微绒毛，而微绒毛在分泌期消失。腺上皮细胞在分泌期早期增殖，随着分泌期的进行，腺上皮细胞逐渐变长并卷曲。

（2）基质：是由不同的细胞（主要是成纤维细胞）和细胞外基质（ECM）组成。这些成纤维细胞在月经周期中参与细胞外基质的重塑，在卵巢分泌的激素作用下促进基质蜕膜化，进而引起成纤维细胞的形态变化。起初，成纤维细胞体积较小且致密，之后会逐渐变大并呈多角形，细胞核轮廓变清晰，高尔基体更加发达，内质网层的蛋白相互平行并分泌催乳素、胰岛素样生长因子结合蛋白1和其他分子。

（3）血管网：子宫的血管网络形成先从子宫肌层开始，形成弓状动脉，该动脉沿子宫肌层呈放射状分布，并向内延伸，在子宫内膜处变成基底动脉。在基底层中，它们形成了一个网络，螺旋动脉在这里出现并走行于其中，最后在功能层中产生分支。这一血管网络在月经期、增生期（组织生长和动脉变长）和分泌期（螺旋动脉生长最为旺盛和活跃）时意义重大，因为在此期间子宫内膜会进行血管生成，实现血管网络的再生。

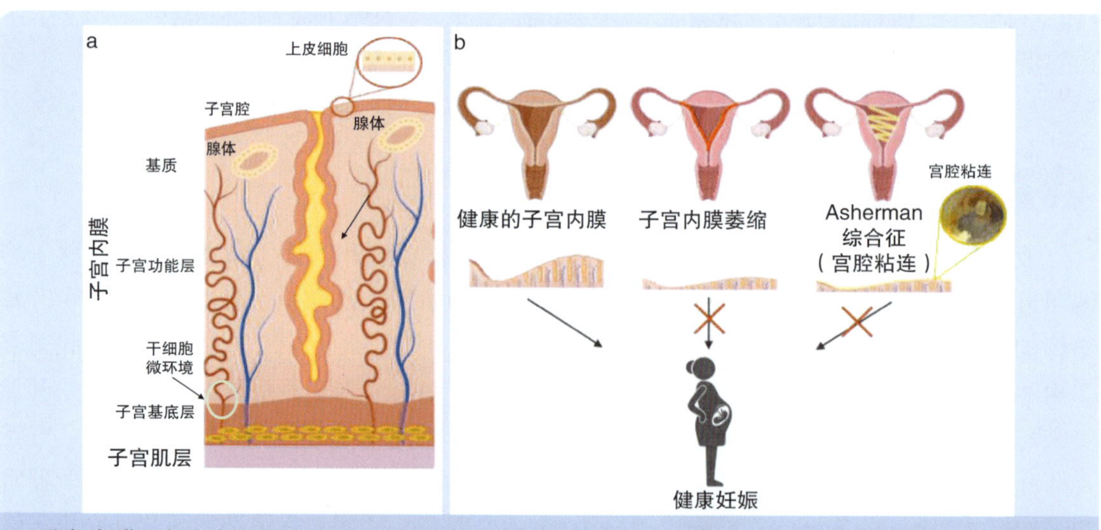

a. 子宫内膜组织的剖面图显示了两个主要层次的组织结构：基底层，最靠近子宫肌层（通常被认为是一种子宫内膜干细胞微环境）和功能层。b. 影响生育的两种主要子宫内膜病变的图解：子宫内膜萎缩，表现为萎缩的子宫内膜厚度不足以使胚胎着床；Asherman综合征，表现为宫腔粘连。

图 10.1 人的子宫内膜形态和子宫内膜病变

（4）免疫细胞群：对子宫内膜至关重要的免疫成分主要是自然杀伤细胞（NK）、巨噬细胞和T淋巴细胞，因为这些细胞可保护组织免受病原体侵害，避免胚胎着床时发生免疫排斥反应。在子宫内膜的增生期（即胚胎着床前），NK细胞占据主导地位；而在排卵后，T淋巴细胞和巨噬细胞则会逐渐出现。

上皮、基质、血管网，以及免疫细胞这4种成分共同构成了子宫内膜的两个主要层面或区域，即基底层和功能层（图10.1a）。基底层是最靠近子宫肌层的一个薄层，在月经周期中保持相对稳定。该层可能含有永久性的体细胞干细胞群，这种细胞被认为参与了子宫内膜功能层的周期性再生，本章后续将对此进行更深入的探讨。功能层是邻近子宫内膜腔表面的一个厚层，在月经周期中增厚并形成血管，最后在月经期间脱落。

子宫内膜组织具有内在的自我再生能力，这一现象被认为是由基底层的体细胞干细胞群及其所处的微环境共同作用的结果。据推测，该细胞龛不仅包含内源性子宫内膜干细胞，还包含来自骨髓等外源性来源的细胞，这些外源细胞可能会在子宫内膜受到损伤等刺激时发生迁移。因此，深入研究这一干细胞群（如细胞组织、位置和行为；其他干细胞群的影响）对于全面了解不同的子宫内膜病理和未来基于细胞疗法的有效治疗至关重要。

（二）了解子宫内膜病变

绝对子宫因素不孕症是由于子宫缺失或异常导致无法成功怀孕，主要原因是育龄女性的子宫切除，即以手术的方式移除子宫。子宫切除的原因可能是恶性子宫肿瘤、子宫肌瘤或子宫腺肌病（子宫内膜腺体异位到子宫肌层）。此外，先天性疾病也可能导致器官完全缺失，如MRKH综合征，其特点是子宫阴道闭锁，且通常发生在表型和核型正常（46XX）的女性身上。

其他原因也可能妨碍怀孕，但不一定意味着绝对不孕。这些原因包括无须切除子宫的子宫肌瘤或腺肌症，以及大多数缪勒管畸形（如中隔子宫、单角子宫、双角子宫，以及无子宫等）。子宫内膜异位症也会影响生育成功率。这种妇科疾病是指子宫内膜组织（子宫内膜腺体和基质）出现在子宫以外的位置，如在其他生殖器官，甚至在腹壁、肠或肺中。在与子宫内膜因素直接相关的病变中，可分为影响子宫内膜本身的病变，以及导致宫腔粘连（IUAs）的病变，前者如子宫内膜萎缩或子宫内膜薄，后者如子宫内膜增生或子宫内膜炎，即子宫内膜组织引发的全身性炎症，同样也会影响生育能力。

1.Asherman综合征

Asherman综合征（AS）被认为是一种罕见的疾病，其特征是出现宫腔粘连。当正常的子宫内膜被子宫腔和（或）宫颈内膜的纤维组织取代时，就会引发这种疾病（图10.1b）。最常见的症状是月经异常、不孕、盆腔疼痛、反复流产、胎盘异常，以及随之而来的心理压力。对于AS患者，存在多种分类方法，其中应用最为广泛的或许是美国生殖协会于1988年提出的分类系统。该系统依据宫腔镜或宫腔造影对宫腔粘连的广度、形态，以及月经规律进行评估，将AS患者分为三组：Ⅰ期或轻度，只有少许丝状宫腔粘连，占宫腔面积的1/3以下，月经正常或有时闭经；Ⅱ期或中度，有丝状和致密的宫腔粘连，占宫腔面积的1/3 ~ 2/3，闭经；Ⅲ期或重度，致密宫腔粘连，占宫腔面积的2/3以上，闭经。

宫腔粘连的发生有多种风险因素，通常与流产、产后刮宫或宫腔镜手术等宫内创伤有关。其他原因有缪勒管畸形、子宫动脉栓塞，或者是较少见的生殖器感染、剖宫产，甚至是植入宫内节育器。

2.子宫内膜萎缩

子宫内膜厚度，在超声中指的是子宫内膜和子宫肌层交界处的回声界面之间的最小距离，通常是通过经阴道超声检查的方式来测量的（图10.1b）。内膜厚度随月经周期而变化，月经期通常为1 ~ 4 mm，增生中期为4 ~ 8 mm，增生晚期为8 ~ 14 mm，分泌期为7 ~ 14 mm。多项研究表明，如果子宫内膜厚度低于某个临界值（一般为6 mm），胚胎就无法着床，但对于这一具体数值还存在争议。

子宫内膜厚度减小是引发子宫内膜萎缩（EA）的原因，EA也被称为薄型或难治性子宫内膜病。在接受体外受精治疗的患者中，子宫内膜厚度减小的发生率约为2.4%，而其中最为常见的病变类型是子宫内膜萎缩。EA好发于老年女性，在40岁以上的女性中发病率达到25%。虽然EA可由多种因素引起，但最常见的原因是炎症和先天性因素。炎症因素（如急性或慢性感染）可导致子宫内膜的基底层破坏。先天性因素既包括手术相关因素（如反复或用力刮宫或肌瘤切除术），也涵盖药物因素［如滥用药物（如枸橼酸氯米芬）］。此外，EA也可能有特发性原因，如与子宫内膜或子宫结构本身的特性有关。

无论病因是哪一种，萎缩或薄型子宫内膜的特点都是血管供应不足。此类患者往往存在腺上皮生长不足，血管发育不良，血管内皮生长因子（VEGF）表达减少。

二、基于干细胞的子宫内膜再生治疗策略

在本章中，我们将探讨干细胞疗法在子宫内膜相关特定病变中的多样化治疗方案，并综述其近年来的技术演进与临床改进。

（一）人类生殖中的再生医学

1.新的再生领域：干细胞

再生医学，旨在针对因物理损伤或疾病受损的细胞、组织或器官，寻找再生、修复或替代的治疗方法。这门学科包括治疗性干细胞的生成和子宫内“支架”的使用，如组织工程技术的运用或人造器官的研发生产。

干细胞通常被定义为未分化细胞，具有通过细胞分裂进行自我更新，从而延长自我寿命的潜能。它们一方面可以分裂成更多的干细胞（对称分裂），另一方面在特定的生理或实验室条件下，被诱导成为具有特殊功能的特定分化细胞，或者成熟细胞（不对称分裂或分化）。简而言之，依据细胞的分化潜能，干细胞可分为五类：全能型、多能型、专能型、寡能型和单能型。此外，基于其来源，按照伊利克（Ilic）和波拉克（Polak）于2011年提出的分类系统，干细胞也可分为以下6组：原始干细胞、胚胎干细胞、胎儿干细胞、围产期干细胞（来自脐带、胎盘和羊膜）、成体干细胞（也称体细胞）和诱导多能干细胞。

在现有的各类干细胞中，围产期干细胞和成体干细胞在治疗子宫内膜病变方面应用最为广泛（图10.2），因此我们将着重对这两类干细胞展开介绍。围产期干细胞可从胎盘、脐带、羊膜和羊水中获得。上皮细胞、内皮干细胞、间充质干细胞和造血干细胞可从脐带中分离出来，而间充质干细胞、羊膜干细胞、绒毛干细胞和上皮干细胞可从其他的围产期液体、胎盘、羊膜和羊水中分离出来。成体干细胞存在于许多组织中，但最常从骨髓和脂肪组织中分离出来，它在组织再生和自我更新中发挥着重要作用。在鉴定和分类不同类型的干细胞时，分化群（CD）抗原是细胞标志物。其中，CD73、CD90和CD105是鉴定间充质干细胞（MSCs）的黄金标准（金本位）抗原，而CD34、CD45和CD133则用于鉴定造血干细胞（HSCs）。

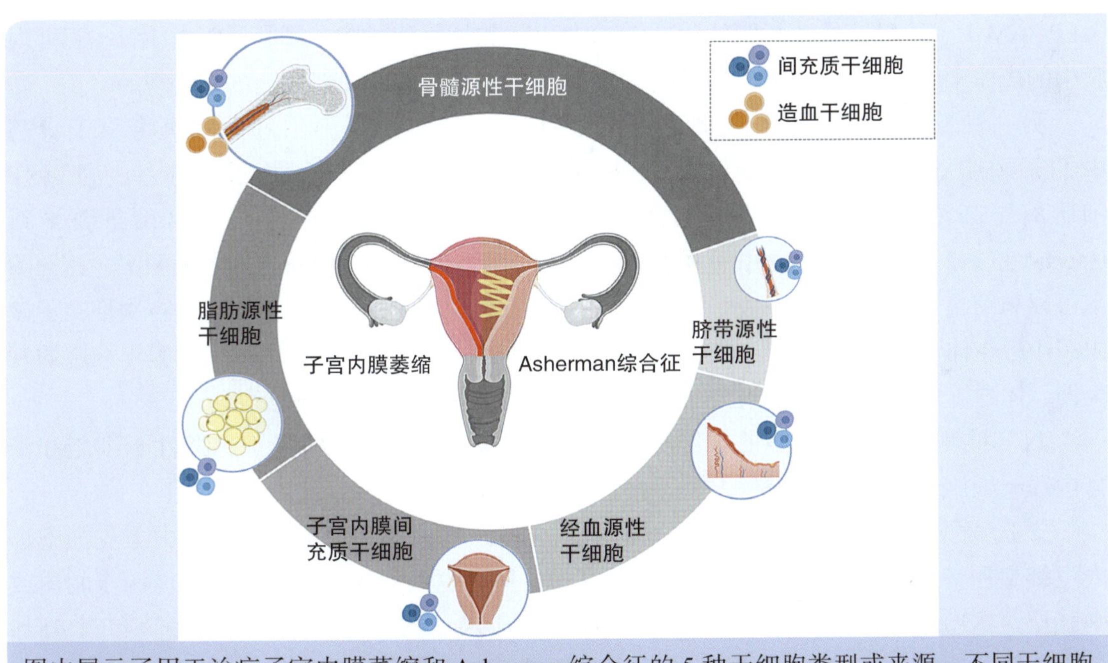

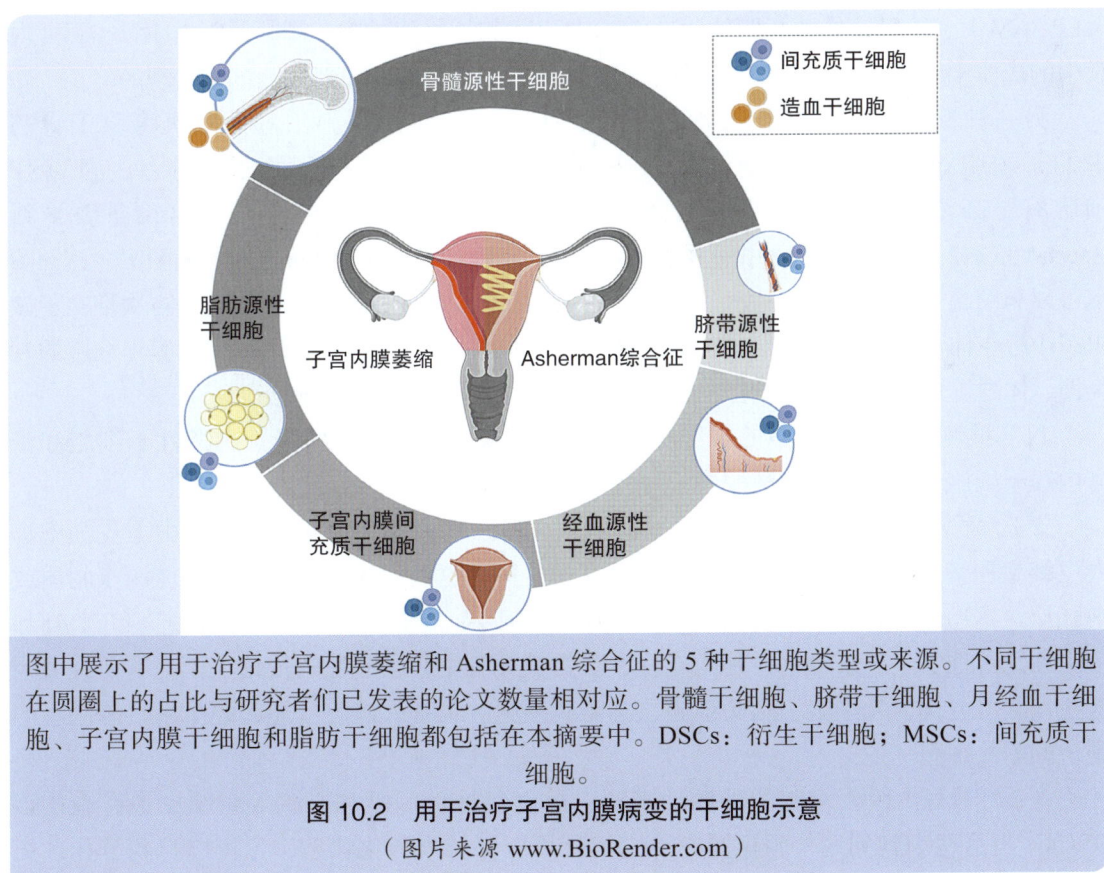

图中展示了用于治疗子宫内膜萎缩和 Asherman 综合征的 5 种干细胞类型或来源。不同干细胞在圆圈上的占比与研究者们已发表的论文数量相对应。骨髓干细胞、脐带干细胞、月经血干细胞、子宫内膜干细胞和脂肪干细胞都包括在本摘要中。DSCs：衍生干细胞；MSCs：间充质干细胞。

图 10.2　用于治疗子宫内膜病变的干细胞示意

（图片来源 www.BioRender.com）

1978年，Schofield首次提出猜测，干细胞位于特定身体组织里，具有保护性的动态环境中，这种微环境被称为龛。龛确保了干细胞的数量，并为组织提供分化细胞，进而维持组织的稳态平衡。

2.子宫内膜中的干细胞

长期以来，鉴于子宫内膜组织具有高度的再生能力，人们一直猜测其中存在成体干细胞。Chan等人通过证实具有高增殖潜力的稀有克隆群体的存在，在2004年首次提出子宫内膜上皮和基质干细胞的存在。受Chan等人研究的启发，其他研究小组也在小鼠模型中推测存在这些子宫内膜干细胞。这些研究采用了5-溴-2’-脱氧尿苷（BrdU）标记保留法，这种标志物是一种胸腺嘧啶类似物，在有丝分裂过程中会被重新整合到分裂细胞合成的DNA中。由于成体干细胞等慢周期细胞保留这种化学标记的能力强于快周期细胞，因此可以利用这一特性进行研究。2006年Chan和Gargett以及2007年Cervelló的研究小组检测到在小鼠子宫内膜组织中，基质细胞的基底层存在慢循环BrdU标记细胞。这些标记细胞对干细胞标志物（如c-Kit和OCT4）呈阳性反应，进一步证实了子宫内膜存在干细胞龛。

尽管有这些证据，但对于子宫内膜干细胞的特异性标志物，学界仍未达成共识。研究者们建议使用之前在其他组织的成体干细胞中提及过的标记，如Musashi-1、B细胞淋巴瘤-2（Bcl-2）和CD34、富亮氨酸重复含G蛋白偶联受体5（LGR5）、上皮细胞黏附分子（EPCAM）、阶段特异性胚胎抗原-1（SSEA-1）和细胞间黏附分子1（ICAM1）。子宫内膜中的成体干细胞的检测，历来是通过细胞计数和细胞分选的功能性测试来实现的。

另一种检测成体干细胞的方法是侧群法。1996年，古德尔等人首次将位于骨髓中的干细胞亚群称为SP。他们认为这些细胞具有高塑性和自我更新能力。因为SP细胞有更高浓度的ABC跨膜转运体，SP细胞能比其他细胞群更快地挤出重要染料Hoechst 33 342。因此，通过外排生物活性染色剂，SP细胞会呈现出特定的荧光图案，这种图案可以利用流式细胞术进行区分。一些研究小组在子宫内膜中发现了SP细胞，再次证实了该组织中存在体干细胞群。此外，即便在缺乏特定细胞标志物的情况下，子宫内膜干细胞的克隆性、体内重建能力、多系分化潜能及长期培养能力等干细胞特性也已得到证实。

目前推测，子宫内膜中的干细胞群有双重来源，包括组织特异性内源性干细胞和子宫内膜干细胞生态位中的骨髓源性干细胞（BM-DSC）。

（1）子宫内膜干细胞的内源性来源：内源性子宫内膜干细胞被描述为由上皮细胞、内皮细胞和基质细胞组成。然而，其他研究报告称，这些组织特异性细胞可能源于间质或中胚层。这些细胞表达CD90（间充质干细胞标记），但作为造血标记的CD34和CD45却呈阴性，这证实了其来源之一是间充质，认为其具有中胚层起源的依据在于，有研究表明这些细胞可分化为骨细胞、脂肪细胞，甚至肌细胞。也有人认为可能起源于来自缪勒管的剩余的胎儿细胞。

（2）子宫内膜干细胞的外源性来源：除骨髓外，肝脏和心脏等组织中也存在BM-DSCs。当这些细胞到达外源位置时，它们既可以保持未分化状态，又可以自我分化。由此推测，子宫内膜可能也是如此。

在发现骨盆外子宫内膜异位症后，人们首次假设BMD-MSCs会促进子宫内膜干细胞群生成，进而促进每个月经周期中发生的子宫内膜再生过程。笔者假设，可分化为非造血细胞的BMD-MSCs可能向子宫内膜迁移并分化为子宫内膜干细胞。目前仍没有证据表明这些BMD-MSCs对子宫内膜的促进作用的程度。此外，这些BMD-MSCs是在每个子宫内膜周期向子宫内膜迁移，还是仅在骨髓移植后迁移，亦或是在特定的损伤情况下迁移，目前还不得而知。2012年，Cervelló等人对接受男性捐献者骨髓移植的患者子宫内膜中的BMD-

MSCs进行了研究，得出结论是这些细胞是干细胞的外源性来源，可在某些情况下迁移至子宫，但并不构成子宫内膜干细胞龛。

综合来看，可以假设子宫内膜成体干细胞有两种不同的来源：内源性来源，由常驻子宫内膜的体干细胞构成；外源性来源，由在某些刺激下迁移并到达子宫内膜组织的BMD-MSCs构成。

（二）干细胞疗法治疗子宫内膜病变

上述提到的BMD-MSCs假说促使人们提出使用粒细胞集落刺激因子（G-CSF）治疗子宫内膜病变。G-CSF是一种糖蛋白，可促进骨髓产生祖细胞和干细胞，随后这些细胞会释放进入血液。通过刺激BMD-MSC，使其募集到子宫内膜，子宫内膜组织可以更容易地再生。然而，G-CSF的有效性仍存在争议。两项独立的临床试验报告称，该因子并不能显著增加子宫内膜厚度。相反，2017年一项针对11项不同研究的Meta分析表明，宫腔内灌注G-CSF可改善子宫内膜厚度，提高子宫内膜薄患者的临床妊娠率和植入率。

干细胞疗法被认为是诱导子宫内膜组织再生的一种有前景的治疗方法。为了全面了解干细胞的治疗机制，以及科学界是如何得出子宫内膜存在体细胞干细胞群的，下面讨论一些与此相关的动物模型研究。表10.1总结了本节提到的所有利用干细胞治疗子宫内膜病变的人类研究。

1.骨髓干细胞

2004年，泰勒首次提出利用干细胞疗法治疗子宫内膜病变。在接受骨髓移植治疗白血病的女性子宫内膜中，检测到了来自HLA错配的女性捐赠者的子宫内膜细胞。这些发现提示，骨髓有可能成为子宫外干细胞的来源，这些干细胞具有再生子宫内膜的潜力。泰勒小组后来在2007年的一项小鼠研究中证实了这些结果，报告称在女性受者的子宫内膜中检测到了来自男性供者的骨髓干细胞。Ikoma等人在2009年也报告了类似的结果。

2008年，另一个研究小组报告称，骨髓移植也促进了供体内皮细胞在子宫内膜的存活，从而促进了血管生成。他们在接受骨髓移植的再生障碍性贫血女性和小鼠模型中证实了这些结果。1982年Kearns等人的初步研究结果表明，蜕膜细胞可以从骨髓内皮祖细胞中衍生出来。综合这些研究可以发现，BMD-MSCs在子宫内膜的移植可能与新生组织的生成直接相关。然而，2012年的一项人体研究对这些结果提出了质疑，报告称，虽然在人类子宫内膜活检提取的子宫内膜中检测到男性BMD-MSC，但男性细胞没有到达干细胞微环境，并且推测这些男性细胞可能由SP细胞组成。

这些发现共同促使人们利用BMD-MSCs治疗内脏病变。2011年，Nagori等人发表了一份病例报告，其中一名患有Asherman综合征的女性接受了自体血管生成的BMD-MSCs（使用CD9、CD90和CD133抗体分离）治疗，子宫内膜厚度恢复良好，血管状况改善，最终在胚胎移植后实现了生化妊娠。后续的研究报告称，在小鼠模型和一项针对AS/EA患者的试验研究中，使用来自人类女性的CD133^{+} BMD-MSCs取得了令人鼓舞的结果。Cervelló等人报告说，将CD133^{+} BMD-MSCs注射到NOD/SCID的老鼠体内，不论是子宫腔内还是通过尾静脉注射，细胞都分布在子宫内膜血管周围，诱导周围细胞增殖，同时调节旁分泌因子，如血小板反应蛋白1和胰岛素样生长因子-1（IGF-1）。Cervelló等人使用的干细胞来自一项对16名AS/EA患者进行的试验性研究，在这项研究中，注射G-CSF后从患者体内动员CD133^{+} BMD-MSCs，通过外周血分离，并用导管导入子宫螺旋动脉。这些结果表明，自体CD133^{+} BMD-MSCs在恢复月经、子宫内膜形态和厚度、新血管生成和妊娠率等方面对子宫内膜修复具有积极作用，尽管这种作用具有时效性（注射后3个月达到最大效果，6个月后效果减弱）。后来一项研究对这种旁分泌效应进行了调查，得出的结论是，干细胞能够营造一种免疫调节微环境，且这一环境的形成先于促进再生的效应（包括细胞增殖、血管生成等），而这些促进再生的效应正是子宫内膜愈合的内在因素。

表 10.1　使用干细胞疗法治疗子宫内膜病变的人体研究

作者	干细胞（标志物）	子宫内膜病变	病例数量	给药方法	主要结果
Nagori等人，2011	自体血管生成骨髓干细胞（CD9、CD44，CD90、CD133）	AS	1（病例报告）	子宫底注射	↑子宫内膜厚度；ART实现子宫内膜多层妊娠
Zhao等人，2013	自体骨髓间充质干细胞	AS	1（病例报告）	在粘连松解术结束时注入子宫腔并植入	基于排卵监测的性交妊娠
Sing等人，2014	自体CD34^{+}骨髓干细胞	AS	6	用取卵针注入子宫内膜下区	↑子宫内膜厚度（维持至9个月）恢复月经
Santamaría等人，2016	自体CD34^{+}骨髓干细胞	AS和EA	16	动脉内导管插入术	↑子宫内膜厚度 ↑成熟血管密度恢复月经 3/16主动妊娠 7/16靠辅助生殖技术妊娠
Tan等人，2016	自体月经血源性间充质干细胞（CD44、CD73、CD90、CO105）	AS	7	子宫底内插管滴注	↑子宫内膜厚度 ↑子宫内膜形态学 1/7主动妊娠 2/7靠辅助生殖技术妊娠
Cao等人，2018	嵌入胶原支架的脐带干细胞	AS	26	在粘连松解术结束后，使用Foley导管插入SC/胶原蛋白支架	↑子宫内膜厚度 ↑子宫内膜容受性标志物（ER-α、Ki67、vWF） 7/26主动妊娠 3/26ART妊娠 8/26生儿
Sudoma等人，2019	自体脂肪干细胞（CD34、CD45）	薄型子宫内膜	25	通过使用针进行羊膜腔穿刺或卵母细胞抽吸的腔内或经子宫肌层注射引入子宫内膜下区	20/25↑子宫内膜厚度 13/25靠辅助生殖技术妊娠 9/25新生儿

续表

作者	干细胞（标志物）	子宫内膜病变	病例数量	给药方法	主要结果
Lee等人，2020	自体脂肪干细胞	AS	6	胚胎移植导管置入子宫底	↑子宫内膜厚度 恢复月经 ↑子宫内膜形态学
Ma等人，2020	自体月经血源性间充质干细胞（CD73、CD90、CD105、CD90）	AS	12	子宫底注射	↑子宫内膜厚度 ↑月经持续 1/12主动妊娠 4/12靠辅助生殖技术妊娠
Sapozhak等人，2020	子宫内膜间充质干细胞（CD73、CD90、CD105）	薄型子宫内膜	1（病例报告）	黏膜下给药	靠辅助生殖技术妊娠一对双胞胎
Tersoglio等人，2020	子宫内膜间充质干细胞（CD73、CD90、CD105）	薄型子宫内膜	29	胚胎移植导管置入子宫底	↑子宫内膜厚度 23/29靠辅助生殖技术妊娠 10/29新生儿

除CD133外，CD34还被用于分离BMD-MSCs和治疗子宫内膜损伤。2014年，辛格等人利用CD34从骨髓中分离出单核细胞，治疗了6名患有AS的女性。这些患者接受了经子宫内膜下的干细胞注射。经过长达9个月的监测，所有患者的子宫内膜厚度均显著增加，其中5人闭经痊愈。值得一提的还有Alawhadi等人在2014年发表的一项小鼠研究，与未经处理的对照小鼠相比，通过尾静脉注射雄性小鼠的全部骨髓细胞可减少纤维化面积，并提高生育率。

2.骨髓间充质干细胞

骨髓间充质干细胞（BM-MSCs）是骨髓干细胞的另一个亚群。2013年的一项病例研究报告称，一名患有严重AS的女性在接受粘连松解手术后，使用了自体骨髓间充质干细胞，结果自然怀孕。除上述研究以外，几项动物研究也报告了BM-MSCs在小鼠子宫内膜损伤模型中的有效性。这些研究显示，干细胞疗法增加了子宫内膜厚度和子宫内膜腺体数量；上调了与正常子宫内膜功能有关的因子，如白血病抑制因子（LIF）或肿瘤坏死因子α（TNF-α）；减少纤维化面积，以及白细胞介素（IL-1β）等促炎细胞因子。

BM-MSCs还与生物工程方法和微创再生方案相结合，并进行了测试，这些方法有望促进细胞的再生。例如，胶原支架是一种三维多孔生物材料，可以模仿天然子宫内膜基质的特征。这些结构可为组织再生提供模板，促进细胞增殖、附着和迁移，以及ECM恢复和其他促再生事件的发生。2014年，Ding等人将BM-MSCs装入胶原支架，并将该构建体移植到子宫损伤的大鼠的子宫内膜基底层。该构建物增加了组织中生长因子的表达，增加了血管和子宫内膜厚度，提高了植入率和妊娠率，这表明它促进了子宫内膜再生。2019年，Xiao等人也报告了不同类型支架［由乳酸–共–乙醇酸、胶原蛋白和聚（甘油癸二酸酯）（PGS）制成］与BM-MSCs结合的比较，结果表明，在AS子宫内膜损伤大鼠模型中，PGS支架最能增强干细胞的再生作用。

另一种再生子宫内膜的生物工程方法是使用水凝胶。这些材料是由交联聚合物链网络组成的亲水性凝胶。Yang等人于2017年发表了一项研究，采用这种技术治疗大鼠模型中的子宫内膜损伤。为了促进干细胞的效果，笔者将干细胞与维生素C和商用水凝胶结合使用，并报告了子宫内膜在形态、纤维化，以及细胞角蛋白（作为子宫内膜上皮细胞标记的结构蛋白）、vWF和IL-1β表达方面的再生情况。不过，这些相对较新的综合策略还需要在人体实验中进一步测试。

3.干细胞的其他来源：脂肪组织

因为脂肪组织相对容易获取和收集，所以脂肪源性间充质干细胞（Ad-MSCs）成为各医学领域（包括妇科）进行再生治疗的理想成体干细胞候选者。有几项研究报告，AdMSCs能有效恢复AS模型小鼠的生育能力，具体表现为促进子宫内膜形态恢复、减少纤维化、增加血管内皮生长因子或胰岛素样生长因子-1（IGF-1）等促再生因子的表达，以及改善胚胎着床情况。此外，Han等人在AS大鼠模型中发现，Ad-MSCs与人脱细胞羊膜结合可显著改善损伤的子宫内膜的血管生成，而血管生成是组织再生的基本生物学过程。

在人体研究方面，Sudoma等人在2019年发表了一项很有前景的研究，他们通过子宫腔内注射或经子宫肌层注射的方式，将Ad-MSCs局部注入25名子宫内膜薄（<5 mm）的女性的子宫内膜下区域。他们报告称，20名患者的子宫内膜厚度增加，13名患者怀孕，9名患者健康分娩。这项研究由于Ad-MSC的群体大小，以及患者之间的差异（主要是干细胞治疗效果的开始时间和持续时间），无法确定哪种病因导致的薄型子宫内膜最适合Ad-MSC治疗。Lee等人也进行了一项非盲法试验研究，取得了类似的结果，他们对6名确诊为AS的患者使用胚胎移植装置将Ad-MSCs注入子宫内膜腔。所有患者的子宫内膜厚度都有所增加，部分患者的子宫内膜形态和月经恢复，其中1名患者成功怀孕（她在9周之后流产）。

上述两项研究表明，Ad-MSCs可能是治疗子宫内膜病变的最佳选择，这主要是因为与从骨髓中获取干细胞相比，AD-MSCs的获取更容易，创伤更小。不过，这一假设仍需纳入更多患者进行进一步研究，以证实其有效性。

4.干细胞的其他来源：脐带

脐带也已经成为一种有前景的干细胞来源，不仅可以用于治疗受损的子宫内膜，还可用于治疗其他病症。在子宫内膜相关研究中，脐带源性间充质干细胞（UC-MSCs）的有效性在AS鼠模型中得到了更广泛的研究，与人体研究相比，这些模型可以说明子宫内膜形态和再生相关因子的表达得到了改善。其中，Cao等人于2018年开展的研究可能是最具代表性的，该研究说明了UC-MSCs与胶原支架结合的治疗效果（见骨髓间充质干细胞部分）。在一项Ⅰ期临床试验中，IUA患者接受了装载在胶原支架上的UC-MSCs治疗，胶原支架在粘连松解术后被导入子宫腔。这种新型治疗方法增加了子宫内膜厚度，同时减少了IUA的形成。这项研究还评估了干细胞治疗前后的子宫内膜活检，并报告称治疗后雌激素受体、波形蛋白（通常用作子宫内膜基质细胞标记的结构蛋白）、Ki67（细胞增殖标志物）和vWF的表达均上调，而在AS患者中表达上调的p53家族成员ΔNP63癌基因则下调。

同样，这种联合疗法的结果与支持其有效性的小鼠研究结果一致。

5.干细胞的其他来源：经血、羊膜等

2016年，一项非对照临床试验结果显示，7名AS患者接受了自体月经血间充质干细胞（MenMSCs）治疗。所有患者的子宫内膜厚度都有所增加，其中一些患者还成功怀孕。为了增强MenMSCs的再生潜力，该研究小组后来将细胞递送系统与富血小板血浆（PRP）结合起来。富血小板血浆促进了MenMSC在体外的增殖和分化过程，而且这些细胞可以在IUA小鼠模型中再生子宫角。下面证实这种联合疗法对子宫内膜病变患者的有效性。

2020年，另一个研究小组报告了一项针对AS患者的研究结果，结果表明给予自体MenMSCs可改善子宫内膜厚度、恢复月经并提高妊娠率。几项小鼠研究证实了MenMSCs对受损子宫内膜有积极影响，包括子宫内膜厚度、再生和子宫内膜标志物的表达。

值得注意的是，MenMSCs是从月经血中分离出的子宫内膜干细胞，这是因为子宫内膜含有自体成体干细胞。最近的一份病例报告显示，一名子宫内膜薄、多次尝试辅助生殖周期但未成功的患者，注射子宫内膜自体间充质干细胞后成功怀孕。Tersoglio等人也对注射了子宫内膜间充质干细胞的薄型子宫内膜患者进行了纵向研究，结果显示子宫内膜厚度增加，妊娠率也增加了。

耐人寻味的是，Gan等人利用从羊膜中获得的间充质干细胞对大鼠模型进行了研究。干细胞疗法减少了促炎细胞因子的表达，同时增加了抗炎分子的表达。2019年的Saho等人、Li等人、欧阳等人和Bai等人也对干细胞疗法进行了研究。2020年的一项研究显示，在IUAs小鼠模型中应用人羊膜上皮细胞后，子宫内膜再生取得了积极成果。

Ji等人最近报告了一项初步研究，其中水凝胶支架（通过三维生物打印设备构建）负载源自人类诱导的多能干细胞的间充质干细胞可在AS小鼠模型中再生出子宫内膜。

（三）源自干细胞的其他疗法

通过本章重点文献的阐述及其他领域相关研究的分析和总结，科研人员提出干细胞旁分泌假说。有证据表明，干细胞在执行再生功能时发挥了旁分泌作用。这一特性与以下情况相契合：尽管干细胞疗法具有显著的治疗效果，但在实际应用中，该疗法有时会出现细胞留存率低的问题，并且存在诱发畸胎瘤的风险。因此，人们对干细胞衍生的其他治疗方法修复子宫内膜的能力进行了测试，如使用干细胞分泌物或细胞外囊泡，后者含有再生医学中极具潜力的活性旁分泌分子，也称为外泌体。

这方面研究，Liu等人于2019年报告，联合使用人类BM-MSCs分泌物和透明质酸水凝胶可以修复AS小鼠模型中受损的子宫内膜，同时改善再生育结果。这项研究测量了分泌物中与组织再生直接相关的不同因子，特别是在子宫内膜中，如成纤维细胞生长因子9（FGF9）和IGF-1。1年后，即2020年，一个研究小组报告说，从Ad-MSCs提取的外泌体也能促进子宫内膜再生（包括形态、纤维化组织的百分比、整合素β_3、LIF和血管内皮生长因子的表达情况），并恢复大鼠模型的生育能力（包括受孕时间、胚胎数和妊娠率）。

Yao等人利用从BM-MSCs提取的外泌体，在兔子的模型中证实了这些结果，结果显示子宫内膜形态更好，再生相关因子表达增加，纤维化相关因子表达减少。笔者证实，外泌体的再生效果与干细胞本身的使用效果相当。

Xin等人报告了在大鼠子宫内膜异位症模型中使用来自UC-MSCs的外泌体的情况，其给药方式是外泌体与胶原支架结合。这项工作证实了外泌体对子宫内膜再生的治疗潜力，以及与胶原支架联合给药的益处。Saribas等人的研究表明，在AS小鼠模型中，使用来自子宫间充质干细胞的外泌体可促进细胞增殖和血管化，同时减少纤维化。这些新策略仍需要人体研究的证实，包括患有子宫内膜病变的女性。

为了进一步利用旁分泌功能，其他研究侧重于细胞分泌的特定分子（如细胞因子、生长因子），这些分子可能成为细胞再生作用的效应因子。G-CSF可促进祖细胞和干细胞的生成，这已经在人体研究中进行了广泛测试，结果存在争议，一些研究报告称其治疗效果不佳，而另一些研究则支持其使用。早在20世纪初，就有报告称，许多种生长因子在体外对子宫内膜组织有积极作用，包括肝细胞生长因子（HGF）、转化生长因子-β、血小板衍生生长因子、表皮生长因子，甚至碱性成纤维细胞生长因子。人们对生长因子的兴趣与日俱增，这可能促进了PRP在辅助生殖领域的应用。

PRP是一种血液衍生物，其血小板浓度高于平均水平，在妇科领域具有组织再生的潜力。PRP含有位于血小板内部的α颗粒，这些颗粒包含并释放（脱颗粒过程后，也称为活化）生物活性分子，包括细胞因子、生长因子［如HGF、IGF-1、基质细胞衍生因子1α（SDF1α）］和其他参与组织修复的蛋白质。PRP对子宫内膜的再生作用已在体外得到证实，可促进细胞增殖和迁移等生物过程。在小鼠模型中也证实了其体内作用，可改善子宫内膜厚度和植入率等，减少纤维化和其他相关因素。

研究人员还开展了多项针对子宫内膜病变女性患者的PRP治疗试验，病变类型包括EA和AS的薄型子宫内膜。然而，大多数研究缺乏足够的人群规模或适当的研究设计——只有两项随机临床试验使用PRP治疗患有子宫内膜病变的女性。第一项试验在EA女性中进行，笔者描述了治疗组子宫内膜厚度、植入率和妊娠率的改善情况。第二项试验是在AS患者中进行的，报告称在恢复月经或降低IUAs严重程度方面并没有改善。

此外，PRP还被用于增强干细胞的再生效果。2020年的最新研究表明，在子宫内膜损伤的小鼠模型中，PRP可促进BM-MSC移植的效果。与单独添加BM-MSCs相比，添加PRP可促进干细胞分化和子宫内膜再生相关因子（如IGF-1、IL-10）的表达，并恢复子宫内膜厚度。Yi等人在2019年的研究中发现，使用SDF1α（一种特定的干细胞的旁分泌因子和趋化因子）对小鼠受伤子宫内膜的再生能力与BM-MSCs相当。

三、结论和未来方向

针对损害生育能力的子宫内膜病变，利用骨髓或其他来源的干细胞进行治疗是一种有效的方法。尽管如此，鉴于干细胞的旁分泌作用机制，以及该疗法本身存在的局限性，子宫内膜病变的治疗正逐渐朝着微创技术方向发展，如使用特定的细胞因子，或使用其他方法如PRP或生物工程解决方案。然而，这些相对新兴的治疗方案仍需在精心设计的临床试验中进一步验证其安全性和有效性。由此引发思考：这些新兴方法是否有望成为未来治疗影响生育的子宫内膜病变最有前景的方向呢？

致谢：本研究得到了卡洛斯三世卫生研究所（CPI19/00149和PI17/01039，资助I.C.）和巴伦西亚大区教育部（PROMETEO/2018/137，资助L.dM-G.A.P.和I.C.）的支持。

参考文献

1. Cunningham F, Leveno K, Bloom S, et al (2015) Williams Obstetricia, 24th ed. Mc Graw Hill Education
2. Vaamonde D, du Plessis SS, Agarwal A (2016) Exercise and human reproduction: Induced fertility disorders and possible therapies. Exerc Hum Reprod Induc Fertil Disord Possible Ther 1–351. https://doi.org/10.1007/978-1-4939-3402-7
3. Galliano D, Bellver J, Díaz-García C et al (2015) Art and uterine pathology: how relevant is the maternal side for implantation? Hum Reprod Update 21:13–38. https://doi.org/10.1093/ humupd/dmu047
4. Simón C, Horcajadas JA, García-Velasco J, Pellicer A (2009) El Endometrio Humano: desde la investigación a la clínica, 1st ed. Editorial Médica Panamericana S.A.
5. Cervelló I, Simón C (2009) Somatic stem cells in the endometrium. Reprod Sci 16:200–205. https://doi.org/10.1177/1933719108329955
6. Gargett CE, Masuda H (2010) Adult stem cells in the endometrium. Mol Hum Reprod 16:818– 834. https://doi.org/10.1093/molehr/gaq061
7. Brännström M (2019) Introduction: uterus transplantation. Fertil Steril 112:1–2. https://doi. org/10.1016/j.fertnstert.2019.05.032
8. Bombard DS, Mousa SA (2014) Mayer-Rokitansky-Kuster-Hauser syndrome: complications, diagnosis and possible treatment options: A review. Gynecol Endocrinol 30:618–623. https:// doi.org/10.3109/09513590.2014.927855
9. Kim JH, Han E (2018) Endometriosis and female pelvic pain. Semin Reprod Med 36:143–151. https://doi.org/10.1055/s-0038-1676103
10. Santamaria X, Mas A, Cervelló I et al (2018) Uterine stem cells: From basic research to advanced cell therapies. Hum Reprod Update 24:673–693. https://doi.org/10.1093/humupd/ dmy028
11. Smikle C, Yarrarapu S, Khetarpal S Asherman (2020) Syndrome - StatPearls - NCBI Bookshelf. https://www.ncbi.nlm.nih.gov/books/NBK448088/. Accessed 16 Oct 2020
12. Conforti A, Alviggi C, Mollo A et al (2013) The management of Asherman syndrome: a review of literature. Reprod Biol Endocrinol 11:118. https://doi.org/10.1186/1477-7827-11-118
13. Senturk LM, Erel CT (2008) Thin endometrium in assisted reproductive technology. Curr Opin Obstet Gynecol 20:221–228. https://doi.org/10.1097/GCO.0b013e328302143c
14. Kasius A, Smit JG, Torrance HL et al (2014) Endometrial thickness and pregnancy rates after IVF: a systematic review and meta-analysis. 20:530–541. https://doi.org/10.1093/humupd/ dmu011
15. Mahajan N, Sharma S (2016) The endometrium in assisted reproductive technology: how thin is thin? J Hum Reprod Sci 9:3–8
16. Miwa I, Tamura H, Takasaki A et al (2009) Pathophysiologic features of “thin” endometrium. Fertil Steril 91:998–1004. https://doi.org/10.1016/j.fertnstert.2008.01.029
17. Alberts B, Johnson A, Lewis J et al (2002) Molecular biology of the cell, 4th edn. Garland Science, New York
18. Ilic D, Polak JM (2011) Stem cells in regenerative medicine: introduction. Br Med Bull 98:117–126. https://doi.

org/10.1093/bmb/ldr012

19. Alatyyat SM, Alasmari HM, Aleid OA et al (2020) Umbilical cord stem cells: background, processing and applications. Tissue Cell 65. https://doi.org/10.1016/j.tice.2020.101351
20. Antoniadou E, David AL (2016) Placental stem cells. Best Pract Res Clin Obstet Gynaecol 31:13–29. https://doi.org/10.1016/j.bpobgyn.2015.08.014
21. Rennie K, Gruslin A, Hengstschläger M et al (2012) Applications of amniotic membrane and fluid in stem cell biology and regenerative medicine. Stem Cells Int 2012. https://doi.org/10. 1155/2012/721538
22. Tarnok A, Ulrich H, Bocsi J (2010) Phenotypes of stem cells from diverse origin. Cytom Part A 77:6–10. https://doi.org/10.1002/cyto.a.20844
23. Lin C-S, Xin Z-C, Dai J, Lue TF (2013) Commonly used mesenchymal stem cell markers and tracking labels: limitations and challenges. Histol Histopathol 28:1109–1116
24. Wognum AW, Eaves C, Thomas TE (2004) Identification and isolation of hematopoietic stem cells. Arch Med Res 34:461–475
25. Schofield R (1978) The relationship between the spleen colony-forming cell and the haemopoietic stem cell. Blood Cells 4:7–25
26. Prianishnikov V (1978) Model of the structure of the epithelium normal, hyperplastic, and malignant human endometrium. Review 428:420–428
27. Chan RWS, Schwab KE, Gargett CE (2004) Clonogenicity of human endometrial epithelial and stromal cells. Biol Reprod 70:1738–1750. https://doi.org/10.1095/biolreprod.103.024109
28. Chan RWS, Gargett CE (2006) Identification of label-retaining cells in mouse endometrium. Stem Cells 24:1529–1538. https://doi.org/10.1634/stemcells.2005-0411
29. Cervelló I, Martínez-Conejero JA, Horcajadas JA et al (2007) Identification, characterization and co-localization of label-retaining cell population in mouse endometrium with typical undifferentiated markers. Hum Reprod 22:45–51. https://doi.org/10.1093/humrep/del332
30. Götte M, Wolf M, Staebler A et al (2008) Increased expression of the adult stem cell marker Musashi-1 in endometriosis and endometrial carcinoma. J Pathol 215:317–329. https://doi. org/10.1002/path.2364
31. Cho NH, Park YK, Kim YT et al (2004) Lifetime expression of stem cell markers in the uterine endometrium. Fertil Steril 81:403–407. https://doi.org/10.1016/j.fertnstert.2003.07.015
32. Cervelló I, Gil-Sanchis C, Santamaría X et al (2017) Leucine-rich repeat–containing G- protein–coupled receptor 5–positive cells in the endometrial stem cell niche. Fertil Steril 107:510-519.e3. https://doi.org/10.1016/j.fertnstert.2016.10.021
33. Gargett CE, Schwab KE, Zillwood RM et al (2009) Isolation and culture of epithelial progenitors and mesenchymal stem cells from human endometrium. Biol Reprod 80:1136–1145. https://doi.org/10.1095/biolreprod.108.075226
34. Valentijn AJ, Palial K, Al-Lamee H et al (2013) SSEA-1 isolates human endometrial basal glandular epithelial cells: phenotypic and functional characterization and implications in the pathogenesis of endometriosis. Hum Reprod 28:2695–2708. https://doi.org/10.1093/humrep/ det285
35. López-Pérez N, Gil-Sanchis C, Ferrero H et al (2019) Human endometrial reconstitution from somatic stem cells: the importance of niche-like cells. Reprod Sci 26:77–87. https://doi.org/ 10.1177/1933719118766251
36. Goodell M, Brose K, Paradis G et al (1996) Isolation and functional properties of murine hematopoietic stem cells that are replicating in vivo. J Exp Med 183:1797–1806. https://doi. org/10.1084/jem.183.4.1797
37. Kato K, Yoshimoto M, Kato K et al (2007) Characterization of side-population cells in human normal endometrium. Hum Reprod 22:1214–1223. https://doi.org/10.1093/humrep/del514
38. Cervelló I, Gil-Sanchis C, Mas A et al (2010) Human endometrial side population cells exhibit genotypic, phenotypic and functional features of somatic stem cells. PLoS ONE 5. https:// doi.org/10.1371/journal.pone.0010964
39. Cervelló I, Mas A, Gil-Sanchis C et al (2011) Reconstruction of endometrium from human endometrial side population cell lines. PLoS ONE 6:1–11. https://doi.org/10.1371/journal. pone.0021221

40. Shoae-Hassani A, Sharif S, Seifalian AM et al (2013) Endometrial stem cell differentiation into smooth muscle cell: A novel approach for bladder tissue engineering in women. BJU Int 112:854–863. https://doi.org/10.1111/bju.12195
41. Snyder EY, Loring JF (2005) A role for stem cell biology in the physiological and pathological aspects of aging. J Am Geriatr Soc 53:287–291. https://doi.org/10.1111/j.1532-5415.2005. 53491.x
42. Lu X, Lin F, Fang H et al (2011) Expression of a putative stem cell marker Musashi-1 in endometrium. Histol Histopathol 26:1127–1133. https://doi.org/10.14670/HH-26.1127
43. Theise ND, Nimmakayalu M, Gardner R et al (2000) Liver from bone marrow in humans. Hepatology 32:11–16. https://doi.org/10.1053/jhep.2000.9124
44. Orlic D, Kajstura J, Chimenti S et al (2001) Bone marrow cells regenerate infarcted myocardium. Nature 410:701–705. https://doi.org/10.1038/35070587
45. Blau HM, Brazelton TR, Weimann JM (2001) The evolving concept of a stem cell: entity or function? Cell 105:829–841. https://doi.org/10.1016/S0092-8674(01)00409-3
46. Taylor HS (2004) Endometrial cells derived from donor stem cells in bone marrow transplant recipients. JAMA 292:81–85
47. Cervelló I, Gil-Sanchis C, Mas A et al (2012) Bone marrow-derived cells from male donors do not contribute to the endometrial side population of the recipient. PLoS ONE 7. https:// doi.org/10.1371/journal.pone.0030260
48. Eftekhar M, Sayadi M, Arabjahvani F (2014) Transvaginal perfusion of G-CSF for infertile women with thin endometrium in frozen ET program: a non-randomized clinical trial. Iran J Reprod Med 12:661–666
49. Barad DH, Yu Y, Ph D et al (2014) A randomized clinical trial of endometrial perfusion with factor in in vitro fertilization cycles: impact on endometrial thickness and clinical pregnancy rates. Fertil Steril 101:710–715. https://doi.org/10.1016/j.fertnstert.2013.12.016
50. Xie Y, Tian Z, Zhang J et al (2017) Efficacy of intrauterine perfusion of granulocyte stimulating factor (GCSF) for Infertile women with thin endometrium: a systematic review and metaanalysis. Am J Reprod Immunol 78:1–10. https://doi.org/10.1111/aji.12701
51. Du H, Taylor HS (2007) Contribution of bone marrow-derived stem cells to endometrium and endometriosis. Stem Cells 25:2082–2086. https://doi.org/10.1634/stemcells.2006-0828
52. Ikoma T, Kyo S, Maida Y, Ozaki S (2009) Bone marrow – derived cells from male donors can compose endometrial glands in female transplant recipients. Am J Obstet Gynecholgy 201:608.e1-608.e8. https://doi.org/10.1016/j.ajog.2009.07.026
53. Mints M, Jansson M, Sadeghi B et al (2008) Endometrial endothelial cells are derived from donor stem cells in a bone marrow transplant recipient. Hum Reprod 23:139–143
54. Kearns M, Lala PK (1982) Bone marrow origin of decidual cell precursors uterus in the pseudopregnant mouse uterus. J Exp Med 1155(5):1537–1554
55. Nagori C, Panchal S, Patel H (2011) Endometrial regeneration using autologous adult stem cells followed by conception by in vitro fertilization in a patient of severe Ashermans syndrome. J Hum Reprod Sci 4:43–48. https://doi.org/10.4103/0974-1208.82360
56. Cervelló I, Gil-Sanchis C, Santamaría X et al (2015) Human CD133+ bone marrow-derived stem cells promote endometrial proliferation in a murine model of Asherman syndrome. Fertil Steril 104:1552–1560. https://doi.org/10.1016/j.fertnstert.2015.08.032
57. Santamaria X, Cabanillas S, Cervelló I et al (2016) Autologous cell therapy with CD133+ bone marrow-derived stem cells for refractory Asherman's syndrome and endometrial atrophy: a pilot cohort study. Hum Reprod 31:1087–1096. https://doi.org/10.1093/humrep/dew042
58. de Miguel-Gómez L, Ferrero H, López-Martínez S et al (2019) Stem cell paracrine actions in tissue regeneration and potential therapeutic effect in human endometrium: a retrospective study. BJOG 127:551–560. https://doi.org/10.1111/1471-0528.16078
59. Singh N, Mohanty S, Seth T et al (2014) Autologous stem cell transplantation in refractory Asherman's syndrome: a novel cell based therapy. J Hum Reprod Sci 7:93–98. https://doi. org/10.4103/0974-1208.138864

60. Alawadhi F, Du H, Cakmak H, Taylor HS (2014) Bone Marrow-Derived Stem Cell (BMDSC) transplantation improves fertility in a murine model of Asherman' s syndrome. PLoS ONE 9:1–6. https://doi.org/10.1371/journal.pone.0096662
61. Zhao Y, Wang A, Tang X et al (2013) Intrauterine transplantation of autologous bone marrow derived mesenchymal stem cells followed by conception in a patient of severe intrauterine adhesions. Open J Obstet Gynecol 3:377–380. https://doi.org/10.4236/ojog.2013.33069
62. Jing Z, Qiong Z, Yonggang W, Yanping L (2014) Rat bone marrow mesenchymal stem cells improve regeneration of thin endometrium in rat. Fertil Steril 101:587–594. https://doi.org/ 10.1016/j.fertnstert.2013.10.053
63. Wang J, Ju B, Pan C et al (2016) Application of bone marrow-derived mesenchymal stem cells in the treatment of intrauterine adhesions in rats. Cell Physiol Biochem 39:1553–1560. https://doi.org/10.1159/000447857
64. Gao L, Huang Z, Lin H et al (2019) Bone Marrow Mesenchymal Stem Cells (BMSCs) restore functional endometrium in the rat model for severe Asherman syndrome. Reprod Sci 26:436–444. https://doi.org/10.1177/1933719118799201
65. Nikolova MP, Chavali MS (2019) Recent advances in biomaterials for 3D scaffolds: a review. Bioactive Materials 4:271–292. https://doi.org/10.1016/j.bioactmat.2019.10.005
66. Ding L, Sun H, Su J et al (2014) Biomaterials Transplantation of bone marrow mesenchymal stem cells on collagen scaffolds for the functional regeneration of injured rat uterus. Biomaterials 35:4888–4900. https://doi.org/10.1016/j.biomaterials.2014.02.046
67. Xiao B, Yang W, Lei D et al (2019) PGS scaffolds promote the in vivo survival and directional differentiation of bone marrow mesenchymal stem cells restoring the morphology and function of wounded rat uterus. Adv Healthc Mater 8:1–14. https://doi.org/10.1002/adhm.201801455
68. Ahmed EM (2015) Hydrogel : Preparation, characterization, and applications: a review. J Adv Res 6:105–121. https://doi.org/10.1016/j.jare.2013.07.006
69. Yang H, Wu S, Feng R et al (2017) Vitamin C plus hydrogel facilitates bone marrow stromal cell-mediated endometrium regeneration in rats. Stem Cell Res Ther 8. https://doi.org/10. 1186/s13287-017-0718-8
70. Miana VV, Prieto González EA (2018) Adipose tissue stem cells in regenerative medicine. Ecancermedicalscience 12:1–14. https://doi.org/10.3332/ecancer.2018.822
71. Kilic S, Yuksel B, Pinarli F, Albayrak A (2014) Effect of stem cell application on Asherman syndrome, an experimental rat model. J Assist Reprod Genet 31:975–982. https://doi.org/10. 1007/s10815-014-0268-2
72. Çil N, Yaka M, Ünal MS et al (2020) Adipose derived mesenchymal stem cell treatment in experimental Asherman syndrome induced rats. Mol Biol Rep 47:4541–4552. https://doi.org/ 10.1007/s11033-020-05505-4
73. Yotsumoto F, Iwaguro H, Harada Y et al (2020) Adipose tissue-derived regenerative cells improve implantation of fertilized eggs in thin endometrium. Regen Med 15:1891–1904. https://doi.org/10.2217/rme-2020-0037
74. Han X, Ma Y, Lu X et al (2020) Transplantation of human adipose stem cells using acel-lular human amniotic membrane improves angiogenesis in injured endometrial tissue in a rat intrauterine adhesion model. Cell Transplant 29:1–11. https://doi.org/10.1177/096368972 0952055
75. Sudoma I, Pylyp L, Kremenska Y (2019) Application of autologous adipose- derived stem cells for thin endometrium treatment in patients with failed ART programs. J Stem Cell Ther Transplant 3:001–008. https://doi.org/10.29328/journal.jsctt.1001013
76. Lee SY, Shin JE, Kwon H et al (2020) Effect of autologous adipose-derived stromal vascular fraction transplantation on endometrial regeneration in patients of Asherman' s syndrome: a pilot study. Reprod Sci 27:561–568. https://doi.org/10.1007/s43032-019-00055-y
77. Tang YQ, Gan L, Xu Q et al (2016) Effects of human umbilical cord mesenchymal stem cells on intrauterine adhesions in a rat model. Int J Clin Exp Pathol 9:12119–12129
78. Zhang L, Li Y, Guan CY et al (2018) Therapeutic effect of human umbilical cord-derived mesenchymal stem cells on injured rat endometrium during its chronic phase. Stem Cell Res Ther 9:1–15. https://doi.org/10.1186/s13287-018-0777-5

79. Cao Y, Sun H, Zhu H et al (2018) Allogeneic cell therapy using umbilical cord MSCs on collagen scaffolds for patients with recurrent uterine adhesion: a phase I clinical trial. Stem Cell Res Ther 9:1–10. https://doi.org/10.1186/s13287-018-0904-3
80. Zhao G, Cao Y, Zhu X et al (2017) Transplantation of collagen scaffold with autologous bone marrow mononuclear cells promotes functional endometrium reconstruction via downregulating Np63 expression in Asherman's syndrome. Sci China Life Sci 60:404–416. https:// doi.org/10.1007/s11427-016-0328-y
81. Xu L, Ding L, Wang L et al (2017) Umbilical cord-derived mesenchymal stem cells on scaffolds facilitate collagen degradation via upregulation of MMP-9 in rat uterine scars. Stem Cell Res Ther 8:1–13. https://doi.org/10.1186/s13287-017-0535-0
82. Xin L, Lin X, Pan Y et al (2019) A collagen scaffold loaded with human umbilical cord-derived mesenchymal stem cells facilitates endometrial regeneration and restores fertility. Acta Biomater 92:160–171. https://doi.org/10.1016/j.actbio.2019.05.012
83. Tan J, Li P, Wang Q et al (2016) Autologous menstrual blood-derived stromal cells trans-plantation for severe Asherman's syndrome. Hum Reprod 31:2723–2729. https://doi.org/10. 1093/humrep/dew235
84. Zhang S, Li P, Yuan Z, Tan J (2018) Effects of platelet-rich plasma on the activity of human menstrual blood-derived stromal cells in vitro. Stem Cell Res Ther 9:48. https://doi.org/10. 1186/s13287-018-0795-3
85. Zhang S, Li P, Yuan Z, Tan J (2019) Platelet-rich plasma improves therapeutic effects of menstrual blood-derived stromal cells in rat model of intrauterine adhesion. Stem Cell Res Ther 10:1–12. https://doi.org/10.1186/s13287-019-1155-7
86. Ma H, Liu M, Li Y et al (2020) Intrauterine transplantation of autologous menstrual blood stem cells increases endometrial thickness and pregnancy potential in patients with refrac- tory intrauterine adhesion. J Obstet Gynaecol Res 46:2347–2355. https://doi.org/10.1111/jog. 14449
87. Hu J, Song K, Zhang J et al (2019) Effects of menstrual blood-derived stem cells on endometrial injury repair. Mol Med Rep 19:813–820. https://doi.org/10.3892/mmr.2018.9744
88. Chen L, Guo L, Chen F et al (2020) Transplantation of menstrual blood-derived mesenchymal stem cells (MbMSCs) promotes the regeneration of mechanical injuried endometrium. Am J Transl Res 12:4941–4954
89. Meng X, Ichim TE, Zhong J et al (2007) Endometrial regenerative cells: A novel stem cell population. J Transl Med 5:57. https://doi.org/10.1186/1479-5876-5-57
90. Sapozhak IM, Gubar S, Rodnichenko AE, Zlatska AV (2020) Application of autologous endometrial mesenchymal stromal/stem cells increases thin endometrium receptivity: a case report. J Med Case Rep 14:190. https://doi.org/10.1186/s13256-020-02515-5
91. Tersoglio AE, Tersoglio S, Salatino DR et al (2020) Regenerative therapy by endometrial mesenchymal stem cells in thin endometrium with repeated implantation failure. A novel strategy. J Bras Reprod Assist 24:118–127. https://doi.org/10.5935/1518-0557.20190061
92. Gan L, Duan H, Xu Q et al (2017) Human amniotic mesenchymal stromal cell transplantation improves endometrial regeneration in rodent models of intrauterine adhesions. Cytotherapy 19:603–616. https://doi.org/10.1016/j.jcyt.2017.02.003
93. Shao X, Ai G, Wang L et al (2019) Adipose-derived stem cells transplantation improves endometrial injury repair. Zygote 1–8. https://doi.org/10.1017/S096719941900042X
94. Li B, Zhang Q, Sun J, Lai D (2019) Human amniotic epithelial cells improve fertility in an intrauterine adhesion mouse model. Stem Cell Res Ther 10:1–14. https://doi.org/10.1186/s13 287-019-1368-9
95. Ouyang X, You S, Zhang Y et al (2020) Transplantation of human amnion epithelial cells improves endometrial regeneration in rat model of intrauterine adhesions. Stem Cells Dev 29:1346–1362. https://doi.org/10.1089/scd.2019.0246
96. Bai X, Liu J, Yuan W et al (2020) Therapeutic effect of human amniotic epithelial cells in rat models of intrauterine adhesions. Cell Transplant 29:1–12. https://doi.org/10.1177/096368 9720908495
97. Ji W, Hou B, Lin W et al (2020) 3D Bioprinting a human iPSC-derived MSC-loaded scaffold for repair of the

uterine endometrium. Acta Biomater 116:268–284. https://doi.org/10.1016/ j.actbio.2020.09.012

98. Tögel F, Weiss K, Yang Y et al (2007) Vasculotropic, paracrine actions of infused mesenchymal stem cells are important to the recovery from acute kidney injury. Am J Physiol Ren Physiol 292:1626–1635. https://doi.org/10.1152/ajprenal.00339.2006
99. Mirotsou M, Jayawardena TM, Schmeckpeper J et al (2011) Paracrine mechanisms of stem cell reparative and regenerative actions in the heart. J Mol Cell Cardiol 50:280–289
100. Gnecchi M, Danieli P, Malpasso G, Ciuffreda MC (2016) Paracrine mechanisms of mesenchymal stem cells in tissue repair. Methods Mol Biol 1416:123–146. https://doi.org/ 10.1007/978-1-4939-3584-0
101. Musiał-Wysocka A, Kot M, Majka M (2019) The pros and cons of mesenchymal stem cell- based therapies. Cell Transplant 28:801–812
102. Zhang B, Yin Y, Lai RC, Tan SS, Choo AB, Lim SK (2014) Mesenchymal stem cells secrete immunologically active exosomes. Stem Cells Dev 23:1233–1244. https://doi.org/10.1089/ scd.2013.0479
103. Liu F, Hu S, Yang H et al (2019) Hyaluronic acid hydrogel integrated with mesenchymal stem cell-secretome to treat endometrial injury in a rat model of Asherman's syndrome. Adv Healthc Mater 8. https://doi.org/10.1002/adhm.201900411
104. Zhao S, Qi W, Zheng J et al (2020) Exosomes derived from adipose mesenchymal stem cells restore functional endometrium in a rat model of intrauterine adhesions. Reprod Sci 27:1266–1275. https://doi.org/10.1007/s43032-019-00112-6
105. Yao Y, Chen R, Wang G et al (2019) Exosomes derived from mesenchymal stem cells reverse EMT via TGF-β1/ Smad pathway and promote repair of damaged endometrium. Stem Cell Res Ther 10:1–17. https://doi.org/10.1186/s13287-019-1332-8
106. Xin L, Lin X, Zhou F et al (2020) A scaffold laden with mesenchymal stem cell-derived exosomes for promoting endometrium regeneration and fertility restoration through macrophage immunomodulation. Acta Biomater 113:252–266. https://doi.org/10.1016/j.act bio.2020.06.029
107. Saribas GS, Ozogul C, Tiryaki M et al (2020) Effects of uterus derived mesenchymal stem cells and their exosomes on Asherman's syndrome. Acta Histochem 122. https://doi.org/10. 1016/j.acthis.2019.151465
108. Oskowitz A, McFerrin H, Gutschow M et al (2011) Serum-deprived human multipotent mesenchymal stromal cells (MSCs) are highly angiogenic. Stem Cell Res 6:215–225. https:// doi.org/10.1016/j.scr.2011.01.004
109. Mussano F, Genova T, Corsalini M et al (2017) Cytokine, chemokine, and growth factor profile characterization of undifferentiated and osteoinduced human adipose-derived stem cells. Stem Cells Int 2017:6202783. https://doi.org/10.1155/2017/6202783
110. An SY, Jang YJ, Lim HJ et al (2017) Milk fat globule-EGF factor 8, secreted by mesenchymal stem cells, protects against liver fibrosis in mice. Gastroenterology 152:1174–1186. https:// doi.org/10.1053/j.gastro.2016.12.003
111. Yoshida S, Matsumoto K, Tomioka D et al (2004) Recombinant hepatocyte growth factor accelerates cutaneous wound healing in a diabetic mouse model recombinant hepatocyte growth factor accelerates cutaneous wound healing in a diabetic mouse model. Growth Factors 22:111–119. https://doi.org/10.1080/08977190410001701005
112. Nasu K, Ph D, Nishida M et al (2005) Regulation of proliferation, motility, and contractivity of cultured human endometrial stromal cells by transforming growth factor-beta isoforms. Fertil Steril 84:1114–1123. https://doi.org/10.1016/j.fertnstert.2005.02.055
113. Matsumoto H, Nasu K, Nishida M et al (2005) Regulation of proliferation, motility, and contractility of human endometrial stromal cells by platelet-derived growth factor. J Clin Endocrinol Metab 90:3560–3567. https://doi.org/10.1210/jc.2004-1918
114. Gargett CE, Chan RWS, Schwab KE (2008) Hormone and growth factor signaling in endome-trial renewal: role of stem/progenitor cells. Mol Cell Endocrinol 288:22–29. https://doi.org/ 10.1016/j.mce.2008.02.026
115. Andia I (2016) Clinical indications and treatment protocols with platelet-rich plasma in dermatology. Ediciones Mayo, Barcelona
116. Sommeling CE, Heyneman A, Hoeksema H et al (2013) The use of platelet-rich plasma in plastic surgery: a

systematic review. J Plast Reconstr Aesthetic Surg 66:301–311. https://doi. org/10.1016/j.bjps.2012.11.009

117. Bernuzzi G, Petraglia F, Pedrini MF et al (2014) Use of platelet-rich plasma in the care of sports injuries: our experience with ultrasound-guided injection. Blood Transfus 12:s229– s234. https://doi.org/10.2450/2013.0293-12
118. Tsachiridi M, Galyfos G, Andreou A et al (2019) Autologous platelet-rich plasma for nonhealing ulcers: a comparative study. Vasc Spec Int 35:22–27. https://doi.org/10.5758/ vsi.2019.35.1.22
119. Mussano F, Genova T, Munaron L et al (2016) Cytokine, chemokine, and growth factor profile of platelet-rich plasma. Platelets 27:467–471. https://doi.org/10.3109/09537104.2016. 1143922
120. Anitua E, de la Fuente M, Ferrando M et al (2016) Biological effects of plasma rich in growth factors (PRGF) on human endometrial fibroblasts. Eur J Obstet Gynecol Reprod Biol 206:125–130. https://doi.org/10.1016/j.ejogrb.2016.09.024
121. Aghajanova L, Houshdaran S, Balayan S et al (2018) In vitro evidence that platelet-rich plasma stimulates cellular processes involved in endometrial regeneration. J Assist Reprod Genet 35:757–770. https://doi.org/10.1007/s10815-018-1130-8
122. Jang HY, Myoung SM, Choe JM et al (2017) Effects of autologous platelet-rich plasma on regeneration of damaged endometrium in female rats. Yonsei Med J 58:1195–1203. https:// doi.org/10.3349/ymj.2017.58.6.1195
123. Kim JH, Park M, Paek JY et al (2020) Intrauterine infusion of human platelet-rich plasma improves endometrial regeneration and pregnancy outcomes in a murine model of Asherman's syndrome. Front Physiol 11:1–9. https://doi.org/10.3389/fphys.2020.00105
124. de Miguel-Gómez L, López-Martínez S, Campo H et al (2020) Comparison of different sources of platelet-rich plasma as treatment option for infertility-causing endometrial pathologies. Fertil Steril 1–10. https://doi.org/10.1016/j.fertnstert.2020.07.053
125. Nazari L, Salehpour S, Hoseini S et al (2016) Effects of autologous platelet-rich plasma on implantation and pregnancy in repeated implantation failure: a pilot study. Int J Reprod Biomed 14:625–628. https://doi.org/10.29252/ijrm.14.10.625
126. Tandulwadkar S, Naralkar M, Surana A et al (2017) Autologous intrauterine platelet-rich plasma instillation for suboptimal endometrium in frozen embryo transfer cycles: a pilot study. J Hum Reprod Sci 10:208–212. https://doi.org/10.4103/jhrs.JHRS_28_17
127. Molina AM, Sánchez J, Sánchez W, Vielma V (2018) Platelet-rich plasma as an adjuvant in the endometrial preparation of patients with refractory endometrium. J Bras Reprod Assist 22:42–48. https://doi.org/10.5935/1518-0557.20180009
128. Chang Y, Li J, Wei LN et al (2019) Autologous platelet-rich plasma infusion improves clinical pregnancy rate in frozen embryo transfer cycles for women with thin endometrium. Medicine (Baltimore) 98. https://doi.org/10.1097/MD.0000000000014062
129. Kim H, Shin JE, Koo HS et al (2019) Effect of autologous platelet-rich plasma treatment on refractory thin endometrium during the frozen embryo transfer cycle : a pilot study. Front Endocrinol (Lausanne) 10:1–9. https://doi.org/10.3389/fendo.2019.00061
130. Zadehmodarres S, Salehpour S, Saharkhiz N, Nazari L (2017) Treatment of thin endometrium with autologous platelet-rich plasma: a pilot study. J Bras Reprod Assist 21:54–56. https:// doi.org/10.5935/1518-0557.20170013
131. Eftekhar M, Tabibnejad N, Alsadat A (2018) The thin endometrium in assisted reproductive technology: an ongoing challenge. Middle East Fertil Soc J 23:1–7. https://doi.org/10.1016/ j.mefs.2017.12.006
132. Javaheri A, Kianfar K, Pourmasumi S, Eftekhar M (2020) Platelet-rich plasma in the manage- ment of Asherman's syndrome: An RCT. Int J Reprod Biomed 18:113–120. https://doi.org/ 10.18502/ijrm.v18i2.6423
133. Zhou Y, Shen H, Wu Y et al (2020) Platelet-rich plasma therapy enhances the beneficial effect of bone marrow stem cell transplant on endometrial regeneration. 8:1–11. https://doi.org/10. 3389/fcell.2020.00052
134. Yi KW, Mamillapalli R, Sahin C et al (2019) Bone marrow-derived cells or C-X-C motif chemokine 12 (CXCL12) treatment improve thin endometrium in a mouse model. Biol Reprod 100:61–70. https://doi.org/10.1093/biolre/ioy175

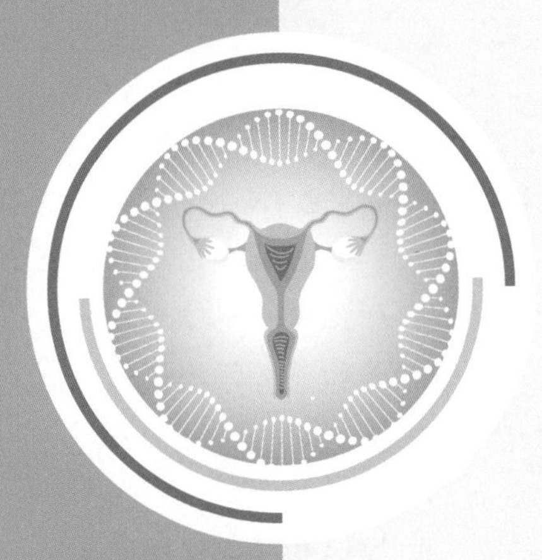

第11章

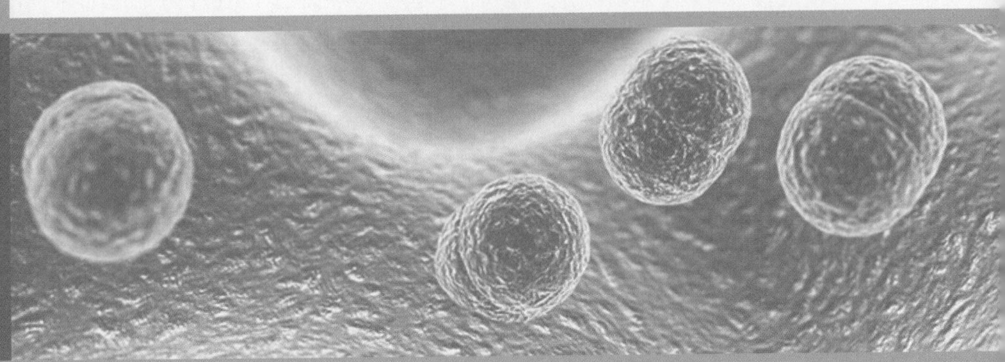

极小胚胎样干细胞的生殖起源：与原始生殖细胞的关系

Mariusz Z. Ratajczak, Janina Ratajczak, Magda Kucia

摘要

导言：从进化角度而言，生殖细胞系具有遗传永恒性，能够将DNA及线粒体传递至子代。哺乳动物（包括其多种干细胞区室）由原始生殖细胞（PGCs）分化而来的配子（卵母细胞和精子）融合后发育形成。在胚胎发育早期，原始生殖细胞作为首个被确定的独立干细胞群，定位于近轴外胚层区域。随后，这些细胞迁移至胚外中胚层，经历转向后通过原条再次进入胚胎内部，最终抵达主动脉–性腺–中肾区（AGM），并定居于生殖嵴中以参与性腺的发育过程。

方法：在本章中，我们将提出一个具有挑战性的概念，即PGCs在迁移过程中可分化为一群极小胚胎样干细胞（VSELs），这类细胞在胚胎发育阶段定植于各发育器官中，作为单能组织定向干细胞的后备细胞群，并发挥相应作用。同时，我们还将对成体干细胞区室提出新见解，并揭示这些早期发育相关细胞在出生后组织中的存在，这些发现对当前成体干细胞区室层级结构的传统理论构成挑战。

结果：VSELs可表达多能干细胞特征性基因及晚期迁移阶段PGCs的若干特异性标志物。由于父系印记基因上不同甲基化位点的擦除，该类细胞处于静止状态。在应激状态下，VSELs被激活并动员进入外周循环系统。研究显示，这些细胞的数量会随着年龄的增长而减少。

结论：所有实验结果及文献数据均提示，VSELs起源于PGCs，并长期存留于成体组织器官中。

关键词：成体干细胞、主动脉–性腺–中肾区、胚胎发生、外胚层、*Igf2-H19*基因座、印记基因、原始生殖细胞、组织再生、肿瘤发生、极小胚胎样干细胞

专业术语中英文对照

英文缩写	英文全称	中　文
AGM	Aorta-gonad-mesonephros region	主动脉–性腺–中肾区
BFU-E	Erythroid progenitors	红细胞祖细胞
BLIMP1	B-Lymphocyte-induced maturation protein 1（PRDM1）	B淋巴细胞诱导成熟蛋白1（PRDM1）
BM	Bone marrow	骨髓
BMP-4	Bone morphogenetic protein-4	骨形态发生蛋白-4
BrdU	Bromodeoxyuridine	溴脱氧尿苷
CD	Cluster of differentiation	分化群
CD34	CD34 molecule，antigen	CD34分子，抗原
CD45	CD45 antigen（PTPRC）	CD45抗原（PTPRC）
CD133	CD133 antigen	CD133抗原
CFU	Colony formation unit	菌落形成单位
CFU-GM	Granulocyte-monocytic colony formation units	粒细胞–单核细胞集落形成单位
CFU-Meg	Megakaryocytic colony formation unit	巨核细胞集落形成单位

续表

英文缩写	英文全称	中　文
CFU-Mix	Multilineage progenitor cell colony formation units	多系祖细胞集落形成单位
CpG	Cytosine and guanine nucleotide sites	胞嘧啶和鸟嘌呤核苷酸位点
CTCF	CCCTC-binding factor	CCCTC结合因子
DAZL	Deleted in azoospermia like	无精子症中的删除因子
DDX4	DEAD-box helicase 4（VASA）	DEAD盒解旋酶4（VASA）
DMEM	Dulbecco's modified eagle medium	杜氏改良eagle培养基
DMR	Differently methylated region	不同甲基化区域
DNA	Deoxyribonucleic acid	脱氧核糖核酸
DND1	DND microRNA-mediated repression inhibitor 1	DND微小RNA介导的抑制抑制因子1
DNMT3L	DNA methyltransferase 3 like	DNA甲基转移酶3样体
DPPA3	Developmental pluripotency associated 3（STELLA）	发育多能性相关3型（STELLA）
EPC	Endothelial progenitor cell	内皮祖细胞
ESC	Embryonic stem cell	胚胎干细胞
FGF2	Fibroblat growth factor 2	成纤维细胞生长因子2
FGF5	Fibroblast growth factor 5	成纤维细胞生长因子5
PRDM1	PR/SET domain 1	PR/SET结构域1
FSH	Follicle-stimulating hormone	促卵泡激素
GBX2	Gastrulation brain homeobox 2	胚胎发育脑同源框2
GEF	Guanine nucleotide exchange factor	鸟苷酸交换因子
H19	H19 imprinted maternally expressed transcript	H19印迹母系表达转录本
HSC	Hematopoietic stem cell	造血干细胞
IFITM1	Interferon induced transmembrane protein 1	干扰素诱导跨膜蛋白1
IGF-1	Insulin-like growth factor 1	胰岛素样生长因子1
IGF-2	Insulin-like growth factor 2	胰岛素样生长因子2
IGF-1R	Insulin-like growth factor 1 receptor	胰岛素样生长因子1受体
IGF-2R	Insulin-like growth factor 2 receptor	胰岛素样生长因子2受体
Igf2–H19	Insulin-like growth factor 2–H19 imprinted maternally expressed transcript	胰岛素样生长因子2-H19母系印迹表达转录本
iPSC	Induced pluripotent stem cell	诱导多能干细胞
KL	Klotho	克老素
LIN-28	Lin-28 homolog A	LIN-28同源物A
LH	Luteinizing hormone	促黄体生成素
MASC	Multipotent adult stem cell	多能成体干细胞
MIAMI	Marrow-isolated adult multilineage-inducible（cells）	骨髓分离的成体多系诱导（细胞）
MPC	Multipotent progenitor cell	多能祖细胞
mRNA	Messenger ribonucleic acid	信使核糖核酸
MSC	Mesenchymal stem cell	间充质干细胞
NANOG	Nanog homeobox	NANOG同源染色体
NANOS3	Nanos C2HC-Type Zinc Finger 3	NANOS C2HC型锌指3

续表

英文缩写	英文全称	中 文
NODAL	Nodal growth differentiation factor	NODAL结节生长分化因子
OCT4	Octamer-binding transcription factor 4	八聚体结合转录因子4
PB	Peripheral blood	外周血
PGC	Primordial germ cell	原始生殖细胞
POU5F1	POU class 5 homeobox 1	POU第5类同源染色体1
PRDM14	PR/SET domain 14	PR/SET结构域14
PRL	Prolactin	催乳素
RASGRF1	Ras protein specific guanine nucleotide releasing factor 1	Ras蛋白特异性鸟嘌呤核苷酸释放因子1
RNA	Ribonucleic acid	核糖核酸
SCA-1	Spinocerebellar ataxia type 1 protein（ATXN1）	脊髓小脑共济失调1型蛋白（ATXN1）
SIRT1	Sirtuin 1	沉默调节蛋白1抗体
STRA8	Stimulated by retinoic acid 8	视黄酸刺激因子8
SSEA-1	Stage-specific embryonic antigen-1	阶段特异性胚胎抗原-1
TCSC	Mono-potent tissue-committed stem cells	单能组织定向干细胞
UCB	Umbilical cord blood	脐带血
UM177	Small molecule UM177	小分子UM177
USSC	Unrestricted somatic stem cell	非限制性体细胞干细胞
VSEL	Very small embryonic-like stem cell	极小胚胎样干细胞

一、导言

再生医学正在寻找一种潜在的候选多能/多潜能干细胞，这种干细胞能够跨胚层分化，并能安全地用于细胞疗法再生器官和组织。遗憾的是，除了造血干细胞50年来一直用于血液学应用外，目前干细胞在组织器官再生方面的临床结果令人失望；从胚胎干细胞和诱导多能干细胞建立的更原始的永生细胞系的潜在临床应用令人沮丧，因为这两种细胞类型都表现出一些问题，包括基因组不稳定、畸胎瘤形成的风险以及免疫系统排斥的可能性。

迄今为止，再生医学中唯一安全的干细胞是组织相容性单能干细胞，如造血干细胞或从出生后组织中分离出来的间充质干细胞。然而，它们的单能性和有限的分化潜力阻碍了它们在临床上的广泛应用。此外，造血干细胞可在移植后恢复造血功能，而间充质干细胞则主要是通过释放可溶性因子和细胞外微囊泡来发挥旁分泌作用，从而促进受损器官的再生。

有趣的是，研究结果表明，成人组织中含有罕见的早期发育干细胞，即VSELs，它们可以分化成来自一个以上生殖层的细胞。因此，这些最初从造血组织中分离出来的细胞符合多能性的一些标准。这些最原始、休眠、产后组织来源的干细胞受某些亲代印记基因表达的表观遗传学变化的调控，这种分子现象以前已被很好地描述为使PGCs处于静止状态。具体来说，VSELs在重要的*Igf2-H19*基因座上表现出亲代印记被抹除的现象，而*Igf2-H19*基因座可调控细胞增殖，这种表观遗传修饰使它们处于静止状态。在迁移的PGCs中也会出现类似的擦除父系印记基因的现象。迄今为止，至少有35个独立实验室证实了这些细胞存在于出生后的成人组织中。将这些细胞用于临床的障碍之一是它们处于静止状态，缺乏有效的体内外扩增方案。我们的最新数据表明，通过烟酰胺处理，在*Igf2-H19*基因座重建体细胞印记后，VSELs在体内和体外都能在垂体促性腺激素（卵泡刺激素、黄体生成素和催乳素）、性腺雄激素和雌激素等刺激下扩增。在小分子UM177的作用下，这些小细胞也能成功地进行体外扩增。目前，从人类和小鼠骨髓、脐带血，以及卵巢表面上皮细胞和睾丸中分离出来的VSELs都实现了扩增。重要的是很好地证明了VSELs正在进行不对称分裂，这是干细胞的一个特征，可使其数量保持恒定。在本章中，我们将介绍从成人组织中分离出的VSELs的最新研究进展，并讨论它们与PGCs的潜在关系。这是一个重要的话题，根据卵巢与睾丸研究领域的开创性论文所提出，这些细胞被认为是配子的前体，并且可能在未来被用作治疗不孕症的功能性配子的来源。

二、需要解决的两个主要问题

成人组织中干细胞区系的层次结构仍不完全清楚。目前已有研究报道，存在于出生后器官中的各种类型干细胞具有多胚层定向分化潜能。这可能是由于从出生后组织中分离出的发育早期细胞具有相似的重叠群体，而这些细胞在分离过程中被赋予了不同的名称。这类细胞包括孢子样干细胞、多能成体干细胞、间充质干细胞、非限制性体细胞干细胞、骨髓分离的成体多系诱导（MIAMI）细胞或多能祖细胞。我们还推测，VSELs是上述各种干细胞重叠群体的顶层，具有多能/多潜能分化潜能，应进行并排比较研究。因此，成体组织中存在一类具有多胚层分化潜能的罕见细胞，这一生物学现象的确证引出了本章拟探讨的两个核心科学问题。

我们提出的第一个问题与众所周知的事实有关，即在小鼠和人类胚胎发育过程中，最早明确的干细胞是PGCs。在此基础上，我们可以问：胚胎发育阶段的一些干细胞是否与PGCs有关，并沉积到处于静止状态的成体组织中？这一新兴概念表明，干细胞区系中存在一个发育连续体，从受精卵到成体组织中的单能干细胞。我们还会问，包括VSELs群体在内的成体干细胞中还存在多少生殖潜能？第二个问题是：是什么机制使这些表达多能性标记的发育早期干细胞在成体组织中处于静止状态，从而不会形成畸胎瘤？为了解决这个问题，我们证明沉积在成体组织中的VSELs与迁移的PGCs一样，通过某些父系印记基因的表达变化保持静止状态，而这些基因的正确表达对胚胎发生的启动和细胞增殖至关重要。

我们将讨论所有这些问题，并提出证据表明，发育早期的VSELs与PGCs和上胚层细胞有一些共同的标记，它们存在于出生后的组织中。我们将重点关注从骨髓分离出来的细胞，因为有证据表明，骨髓驻留的VSELs可被分化为造血干细胞、内皮祖细胞（EPCs）、间充质干细胞（MSCs）和其他类型的单细胞组织定向干细胞。我们还将参考一些开创性的论文，这些论文显示，从卵巢表面上皮或睾丸中分离出来的VSELs有可能成为配子的前体。

问题1：是否存在PGCs前体的VSELs?

从发育的角度来看，原始生殖细胞（PGCs）是最重要的高度特化干细胞，是配子的前体3。PGCs经过减数分裂后在性腺中发育成单倍体精子和卵子，在受精和形成合子的过程中可产生新的生物体。这些细胞具有发育全能性，可向下一代传递遗传和表观遗传信息及线粒体，确保物种的繁衍和生存。基于此，我们可以推测PGCs在进化过程中形成永生特性，并通过胚胎产生终末分化的体细胞，从而协助其在成体阶段完成将基因传递至子代的生物学使命。

这些细胞在原肠胚形成前不久的发育早期，在发育中胚胎的近端外胚层中形成一小群细胞，可通过高碱性磷酸酶活性进行识别。PGCs由此迁移至胚外中胚层，继而经原条（primitive streak）重新进入胚胎，最终通过后内胚层移至AGM，定居于发育中性腺的生殖嵴上。PGCs在雄性睾丸和雌性卵巢发育过程中的分化时间不同，最近的分子研究表明，最终的决定发生在这些细胞定植于发育中的性腺之后。PGCs表达多能干细胞的特征标记，包括碱性磷酸酶、OCT4（POU5F1）、FRAGILIS（IFITM1）、STELLA（DPPA3）、DAZL和VASA（DDX4）。这种细胞群中多能性的维持可防止孤雌生殖和畸胎瘤的形成，其原理是通过对亲代印记基因（如上述*Igf2-H19*串联基因位点）的表观遗传学修饰来实现的，不同甲基化区域（DMR）上的抹除可抑制体细胞分化程序。

我们的研究小组最初在出生后小鼠和人类骨髓中发现的VSELs表达多能性标记和晚期迁移PGCs的特征基因。它们也是一种高度迁移的细胞群，并可能被特异化，如转化为组织定向的单能造血干细胞和内皮祖细胞。因此，它们在某种程度上符合血管母细胞的定义标准，即造血和内皮谱系的干细胞。同样重要的是，当最初的原始造血干细胞和内皮祖细胞在卵黄囊底部的胚胎外中胚层中被鉴定出来时，PGCs的迁移路线与时间和空间重叠，后来在AGM区域被鉴定出来，在AGM区域，定型造血干细胞从背主动脉周围区域产生。PGCs的发育路线与第一批原始造血干细胞的出现，在时间和空间上重叠，先是在卵黄囊底部的所谓血岛，然后是在发育胚胎的AGM区域出现确定的造血干细胞。很有可能，在这两个启动原始造血和最终造血的地方，VSELs都来源于迁移的PGCs，并可能通过血管母细胞成为造血和内皮前体（图11.1）。我们设想PGCs衍生的VSELs群体可能会沉积在发育中的器官中，作为单能组织定向干细胞的后备群体，一直存活到成年。正如几篇优秀论文所证明的，VSELs也可以在性腺中存活到成年，成为配子的前体细胞。

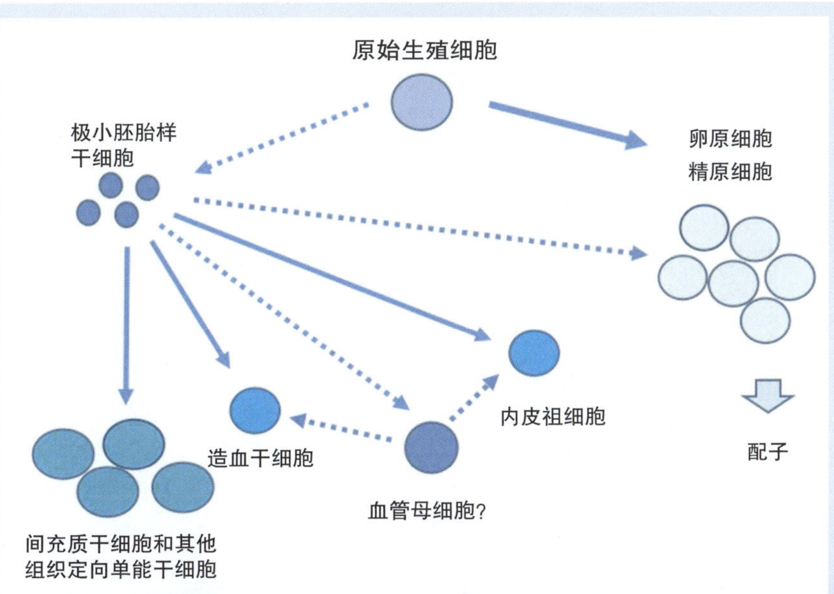

我们认为，迁移性 PGCs 除了在配子形成过程中发挥重要作用外，还可能是 VSELs 的来源，VSELs 在骨髓中可产生 HSCs、EPCs、MSCs 和其他单能组织定向干细胞（TCSCs）。VSELs 向 HSCs 和 EPCs 的分化可能涉及作为中间前体细胞的推定血管母细胞。正如精液论文中推测的那样，VSELs 也可能是生殖干细胞（性腺细胞）– 卵原细胞和精原细胞前期阶段配子的直接前体（虚线路径仍在研究中）。

图 11.1 原始生殖细胞（PGCs）、极小胚胎样干细胞（VSELs）、造血干细胞（HSCs）、内皮祖细胞（EPCs）、间充质干细胞（MSCs）和其他单能组织定向干细胞之间拟议的发育相互关系

成体骨髓上有多少生殖系潜能——PGCs、VSELs和HSCs之间拟议的潜在发育联系

PGCs和VSELs之间的潜在发育关系及其在发育中骨髓中的沉积得到了一些观察结果的支持，这些观察结果表明该器官中存在生殖潜能。因此，用抗SSEA-1免疫磁珠从小鼠骨髓中分离出的SSEA-1^{+}OCT4^{+}STELLA^{+}Mvh^{+}细胞，经BMP-4（骨形态发生因子4）刺激后可分化为配子前体。同样，在化疗绝育的小鼠体内，来源于骨髓的OCT4^{+}Mvh^{+}DAZL^{+}STELLA^{+}假性生殖细胞会影响卵子的再生。在一项出色的研究中，从雄性STRA8-GFP转基因小鼠的骨髓中分离出的OCT4^{+}Mvh^{+}STELLA^{+}细胞群表达了精原干细胞和不同精原细胞的多个分子标记。在最近一项出色的研究中，小鼠生精细胞分化成了生殖细胞。在我们的研究中，从人类脐带血或骨髓中纯化的VSELs也能在垂体性激素存在下体内外扩增成高表达STELLA和Mvh等种系标志物的细胞（图11.2）。在直接诱变研究中也证明，暴露于致癌物质（甲基氯蒽）的骨髓细胞可能会产生生殖系肿瘤。除了骨髓和性腺，还从其他组织和器官中分离出了具有生殖系特征的早期发育干细胞，包括皮肤、心脏、肝脏、大脑、胰腺和肾脏。然而，它们与从造血组织中纯化的VSELs的关系还需要进一步的比较研究。

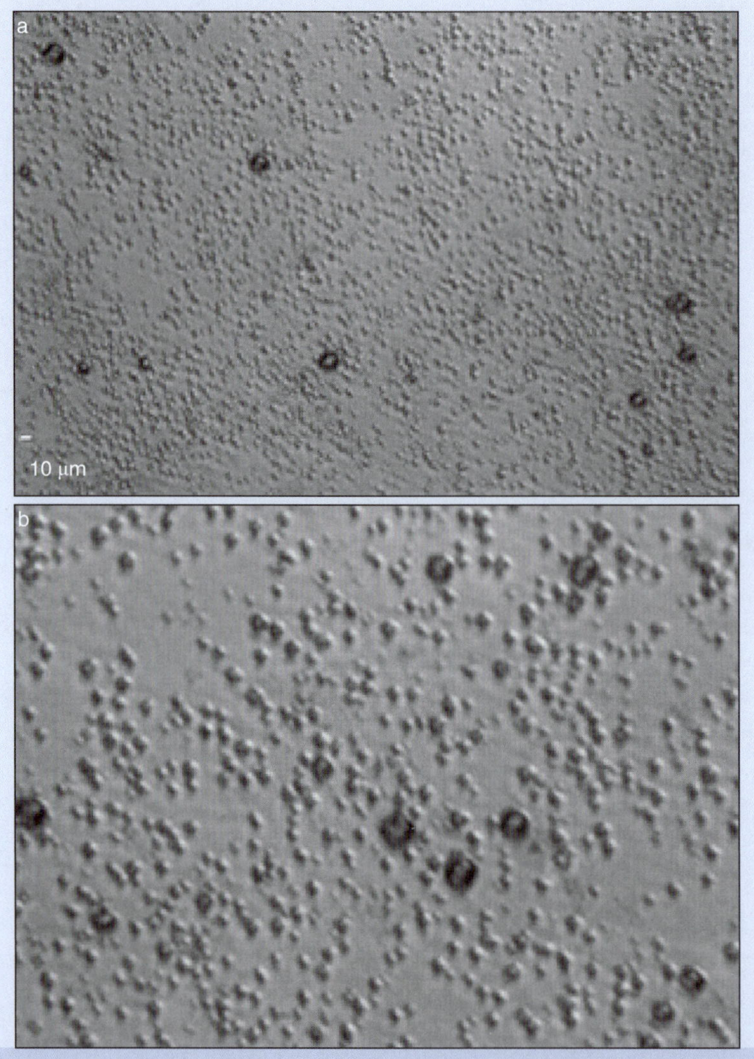

将新鲜分选的 VSELs（5×10^2）培养在 0.2 mL DMEM+10% 人工血清中，并添加 NMA 和两种垂体性激素（FSH 和 LH）以及 BMP-4、IGF-2 和 KL。细胞培养 1 个月，每 7 天更换一半培养基。

图 11.2　人类脐带血来源 VSELs 扩增实例

VSELs与生殖细胞的潜在发育关系促使我们对小鼠和人类VSELs进行了性激素受体表达表型分析，并分析了这些细胞中垂体促卵泡激素、促黄体生成素、催乳素和性腺（雄激素、雌激素和孕激素）受体的表达情况。我们观察到，VSELs表达了所有这些受体。更重要的是，我们发现给小鼠注射每种垂体或性腺性激素10天，都会直接刺激VSELs的增殖，这是用结合溴脱氧尿苷的细胞百分比来评估的。具体来说，静止的BrdU阳性VSELs的百分比从2%增加到15% ~ 40%。雌性和雄性细胞对LH、FSH和达那唑的反应最高，雌性细胞对PRL的反应最高。同时，我们确定了性激素受体在鼠和人造血干细胞中的表达，并注意到这些激素能刺激造血干细胞增殖。为了支持这一观点，给小鼠注射性激素可加速其放疗后外周血细胞数量的恢复，并轻微动员了造血干细胞从BM中进入血液循环。最后，在对纯化的小鼠和人类祖细胞进行直接体外克隆生成实验时，我们观察到这些激素在次优剂量的集落刺激因子存在的情况下对克隆生成潜能有刺激作用，可使多系祖细胞、红细胞祖细胞、巨核细胞和粒细胞–单核细胞集落生长。

我们的数据表明，垂体和性腺分泌的SexHs可直接刺激BM中干细胞的扩增。根据我们的数据，PGCs和HSCs之间的联系更加紧密，人类和小鼠生殖系衍生的畸胎癌细胞系，以及卵巢癌细胞系表达功能性红细胞生成素受体对造血具有特异性，这些细胞对红细胞生成素的反应是趋化性、黏附性增强及MAPKp42/44和Akt的磷酸化。

这些观察结果支持在出生后的BM中存在来源于PGCs的VSELs，以及该器官中PGCs、VSELs和HSCs之间潜在的发育联系。据报道，从BM或UCB中纯化的VSELs可特定为EPCs和MSCs。这些数据支持造血组织中干细胞分层的存在，其中位于顶层的是PGCs衍生的VSELs，而驻留在BM中的干细胞对种系介质有反应。

问题2：控制VSELs增殖并将其转化为组织定向单能干细胞的机制是什么？

二十年前，有人提出有组织定向的干细胞（如HSCs），可以改变命运，分化为其他系的干细胞，如心脏干细胞。然而，这种所谓“干细胞可塑性”的概念经不起批判性的检验。我的团队从一开始就提出，干细胞的可塑性，以及为什么有时在移植骨髓细胞后的不同组织中观察到某种程度的嵌合现象，可以用成人骨髓含有早期发育的多/全能干细胞这一事实来解释。为了支持这一具有挑战性的观点，我们成功地从成年小鼠的骨髓细胞中分离出比红细胞稍小并表达如OCT4和NANOG多能性标志物的细胞，并将其命名为VSELs。其他研究小组也从卵巢表面上皮细胞和睾丸中分离出了与骨髓衍生的VSELs类似的细胞。

通过多参数分选法分离出的小鼠骨髓纯化的VSELs（小$SCA\text{-}1^{+}LIN^{-}CD45^{-}$细胞）建立的基因库的分子分析表明，尽管这些细胞具有类似于早期发育细胞的小体积和原始形态特征，但它们是异质性的。为了证实这一点，我们发现至少有三种不同类型的文库是由单个分选的VSELs生成的，它们表现出强烈的类似外胚层PGC样或混合的基因表达模式。为了支持PGCs与外胚层的联系，我们观察到小鼠骨髓衍生的VSELs表达了几个具有外胚层SCs特征的基因（*GBX2*、*FGF5*和*NODAL*），更重要的是，这些基因还表达了生殖系规格化和迁移的PGCs特征的基因（*STELLA*、*PRDM14*、*FRAGILIS*、*BLIMP1*、*NANOS3*和*DND1*）。重要的是其中一些关键基因的表达，这些基因中存在转录活跃的未甲基化启动子，并与促进转录的组蛋白修饰有关，从而证实了这一点。重要的是，如上所述，体内骨髓驻留的小鼠VSELs及其来源于人类脐带血的对应细胞（分选为小的$CD133^{+}CD34^{+}LIN^{-}CD45^{-}$细胞）对垂体和性腺性激素的刺激有反应，体内溴脱氧尿苷蓄积试验证明了这一点。此外，基因表达分析和免疫组化染色证实这些细胞表达多种性激素受体。

如上所述，有证据表明VSELs具有广泛的跨胚层分化能力和多/全能潜能。尽管如此，要称某一干细胞为“多能干细胞”，仍有一些体外和体内标准。就体外标准而言，多能干细胞候选者必须表现出未分化的形态、细胞核中存在异染色质，以及较高的核/细胞质比率。多能干细胞还应表达多能性标记，如OCT4、NANOG和SSEA，并在编码重要发育、含同源框转录因子的基因启动子中显示二价结构域。此外，从雌性干细胞中分离出的多能干细胞应重新激活X染色体。最重要的是，多能干细胞应在适当的培养条件下分化成3个胚层（中胚层、外胚层和内胚层）的细胞。与此同时，还提出了适用于已建立多能性的ESCs和iPSCs的体内标准。这些标准包括在体内试验中，将其注射到免疫缺陷小鼠体内后，它们能够补充囊胚发育和生长畸胎瘤。

从造血组织中纯化的VSELs符合所有体外标准。不过，由于它们在培养过程中高度静止，因此需要一些特殊的检测方法和程序才能将它们分化成各种组织的细胞。但与此同时，与已建立的永生化ESCs和iPSCs细胞系相比，VSELs不符合体内标准，因为它们不能完成囊胚发育，也不能长出畸胎瘤。这是一个很好也很重要的信息，因为这些细胞是从成人组织中分离出来的正常细胞。

VSELs与PGCs类似，处于静止状态的主要原因是某些父系印记基因的表达发生了改变。迄今为止，哺乳动物基因组中已发现50～100个父系印记基因，这些基因只在母体或父系染色体上表达。这些基因在胚胎发育过程中发挥着重要作用，其中一些基因，如串联基因胰岛素样生长因子2（*Igf2*）–*H19*，对维持合子的全能性状态、启动胚胎发生、胎儿生长和发育早期干细胞的多能性尤为重要。

为了解释父系印记基因在发育过程中发挥作用背后的分子机制，哺乳动物的发育需要这些父系印记基因适当的基因剂量，而印记基因的作用就是使单个父系等位基因（母系或父系）在细胞中以适当的水平表达。因此，基因组印记现象是一种表观遗传学程序，它能确保印记基因的父源特异性单平行转录。这导致细胞内只表达来自母亲或父亲的两条父系染色体之一的印记基因，从而确保了“遗传信息的适当剂量”。

调控印记基因表达的表观遗传学原理是，在不同的甲基化区域（DMRs，即基因座内富含CpG的顺式元件）内通过DNA甲基化施加表观遗传标记。这些施加在雌性生殖系中DMRs上的表观遗传标记会作用于印记基因的启动子，从而导致母体染色体上的特定基因受到遗传性抑制。相比之下，在雄性种系中，染色体的甲基化对表观遗传标记的施加并不发生在启动子上，而是发生在基因间区域，如位于*Igf2*的基因编码mRNA和*H19*长非编码mRNA之间的*Igf2-H19* DMR位点。图11.3a显示了*Igf2*和*H19*基因座之间DMR的位置，以及该串联基因的表达受远端增强子调控的事实，该图还显示了这两个基因座在来自母系（M）或父系（P）染色体的正常体细胞中的不同表达。由于该串联基因DMR上的母体印记在母体（M）染色体上被清除（空白的棒棒糖），因此该DMR与CTCF蛋白（绝缘体）结合，在*Igf2*和*H19*之间形成物理屏障，从而阻止远端增强子激活母系等位基因*Igf2*的mRNA转录。在这种情况下，远端增强子会促进来自*H19*基因座的长非编码mRNA的mRNA转录。相比之下，父系染色体（P）上的DMR区域则被印记（甲基化），表现为填充的棒棒糖。这种表观遗传修饰阻止了CTCF与父系染色体上的DMR结合。因此，远端增强子会促进父系等位基因*Igf2*mRNA的转录。在母体染色体上有印记DMR的体细胞中，*Igf2*的mRNA和*H19*的mRNA之间的转录平衡被打破。由于*Igf2-H19*基因座对*Igf2*mRNA翻译转录的不同调节，产生了一种促进增殖的强效生长因子（IGF-2）。与此相反，长非编码mRNA *H19*被剪接成几种miRNA，对细胞增殖产生负面影响，干扰胰岛素样生长因子的信号传导。然而，由于体细胞核中正常、平衡的父系印记，促进细胞增殖的IGF-2和具有相反作用的*H19* miRNA的表达是平衡的。

与此相反，*Igf2-H19*基因座DMR的基因组印记被擦除（图11.3b），母系和父系DMR都与CTCF绝缘蛋白结合，远端增强子激活了来自双亲等位基因*H19*的转录。受这种表观遗传机制影响的细胞不会表达促进增殖的IGF-2，而是过量表达非编码的*H19*mRNA，从而通过产生的抑制性miRNA对细胞增殖产生负面影响。这种阻止*Igf2-H19*基因座表达的表观遗传变化同时发生在PGCs和VSELs中，解释了为什么这些细胞保持静止状态。这种机制还阻止了PGCs和VSELs参与囊胚的形成和畸胎瘤的形成，而且还注意到这两种细胞类型的细胞核在核移植到去核卵母细胞后并不参与克隆的形成。不过，这种机制可以通过DNA甲基转移酶对被抹除的DMR位点进行再甲基化来逆转。在配子发生过程中，PGCs在第一次减数分裂后对被清除的基因座进行再甲基化，而VSELs在对烟酰胺（NAM）（一

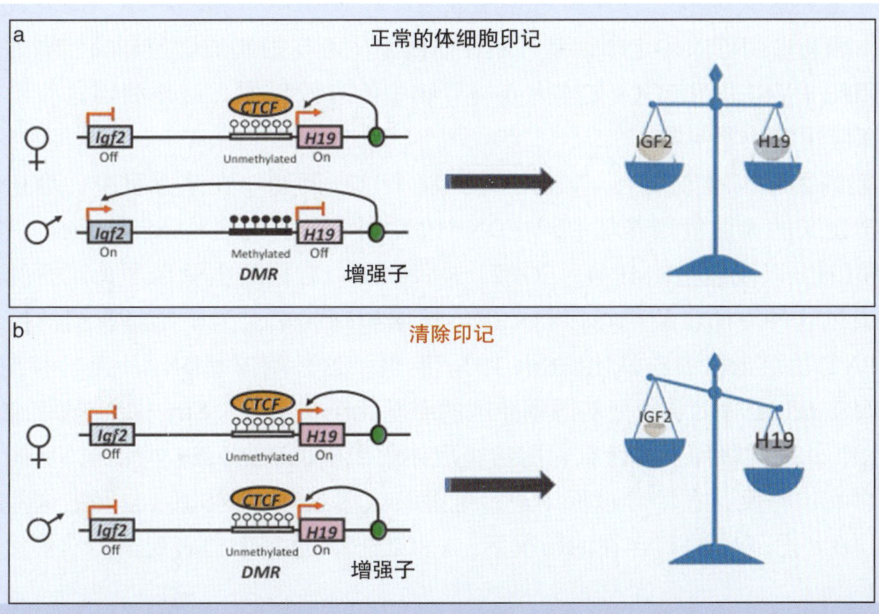

a. *Igf2* 和 *H19* 编码区被一个不同的甲基化区域（DMR）隔开，该区域在母体染色体（M）上未甲基化（空白的棒棒糖），在父体染色体（P）上甲基化（填充的棒棒糖）。这两个基因的表达都受绿色的 3' 远端增强子调控。由于 DMR 在母体染色体上未甲基化，它与 CTCF 结合，从而阻止了远端增强子对 *Igf2* 启动子的激活。因此，只有 *H19* mRNA 从母体染色体转录（红色箭头）。相比之下，父方染色体上 DMR 的甲基化会阻止 CTCF 绝缘蛋白的结合，使远端增强子激活 *Igf2* 启动子，并从父方染色体转录 *Igf2* mRNA（红色箭头）。在所有体细胞中观察到的正常体细胞印记导致来自父方染色体的 *Igf2* 和来自母方染色体的 *H19* 正常平衡表达。b. 在 PGCs 和 VSELs 中，*Igf2-H19* 基因座的印记被抹除，导致母本和父本染色体上的 DMR 都与 CTCF 结合，3' 远端增强子仅激活来自两条染色体的 *H19* 的转录。因此，消除 *Igf2-H19* 基因座上的印记会导致抑制增殖的 *H19* mRNA 过表达。我们注意到，在将 VSELs 暴露于烟酰胺后，该基因座上适当的体细胞印记会重新建立。

图 11.3　*Igf2-H19* 串联基因的表达调控

种维生素B_3）或丙戊酸（VPA）的反应中对被清除的基因座进行再甲基化。

要全面了解这些表观遗传学变化及其对细胞增殖的影响，*Igf2-H19*基因座上的印记清除并不是唯一的表观遗传学变化。正如我们所证实的那样，小鼠骨髓驻留的VSELs也会清除RasGrf1的DMR位点上父系甲基化的印记。与此同时，它们还会使胰岛素样生长因子2受体基因（*IGF-2R*）的母体甲基化DMR发生高甲基化。

所有这些表观遗传学变化都会使VSELs（如PGCs）对胰岛素/胰岛素样生长因子信号产生抗性。这些变化导致IGF-2（一种参与细胞增殖的自分泌因子）和RasGRF1［一种GTP交换因子，对激活的类胰岛素生长因子1受体（IGF-1R）和胰岛素受体（InsR）发出信号至关重要］的表达下调。此外，由于IGF-2R是一种诱饵受体，可阻止IGF-2与IGF-1R结合，因此编码IGF-2R的母体染色体上的DMRs的超甲基化会导致该基因过度表达，从而对IGF-2通过IGF-1R发出信号产生额外的负面影响。我们预计，人类VSELs不仅在骨髓中处于静止状态，而且在成体组织中也很可能处于静止状态，这也是一种非常相似的机制。

总之，上述这些对印记基因座（包括*Igf2-H19*、*RasGRF1*和*IGF-2R*）的表观遗传修饰非常重要，因为它们可以防止印记基因座在体内发生不受控制的增殖和畸胎瘤的形成。另外，这也阻碍了VSELs和PGCs在体内外培养物中的有效扩增。这是利用这些稀有细胞进行潜在临床应用的主要问题。

在我们的体外扩增方案中，VSELs却解决了这一问题。在该方案中，静止的VSELs被迫在化学定义的无血清培养基中，在DNA改性剂（如上述的NAM或VPA）、特定性激素（FSH和LH）以及包括BMP-4、FGF2、KL和IGF-1在内的生长因子鸡尾酒的作用下进行扩增。通过这种方法，我们可以将VSELs扩增到3000倍。为了解释我们的扩增方法，NMA或VPA都是组蛋白去乙酰化酶Sirt-1的抑制剂。这种酶抑制DNA甲基转移酶DnmT3L的活性，而DnmT3L对父系印记基因调控区的甲基化至关重要。Sirt-1能维持细胞内较低的DnmT3L水平，这就解释了为什么它能防止成体组织中的VSELs过早耗竭，从而对长寿产生有益的影响。相反，在培养过程中通过烟酰胺或丙戊酸下调Sirt-1会促进这些细胞的体内外扩增。在小分子UM177存在的情况下，VSELs扩增过程中的表观遗传学变化目前尚不清楚。

三、成人组织中存在VSELs的其他意义

除了在造血和血管生成中发挥作用外，VSELs还参与了其他一些过程。有令人信服的证据表明，VSELs可从年轻女性和绝经后女性的卵巢表面上皮细胞及睾丸中分离出来。这可能对治疗不孕症（包括接受过放疗/化疗的患者）具有重要意义。与其他干细胞群相比，VSELs对此类治疗更具抵抗力。有人提出并得到实验证据的支持：从性腺中分离出的VSELs可分化为类似配子的细胞。最近，一份出色的报告指出，卵巢分离的VSELs在精子细胞的作用下分化成卵母细胞样细胞，并释放透明带，这是受精过程的第一步。迄今为止，由ESCs或iPSCs衍生的卵母细胞样细胞尚未实现这一目标。

VSELs在衰老过程中也发挥着重要作用。在某些长寿小鼠品系中，VSELs的数量与寿命相关，如Laron侏儒小鼠或Ames侏儒小鼠，它们的外周血中检测不到低水平的循环IGF-1。正如我们通过限制热量、定期锻炼和服用DNA修饰剂（如烟酰胺或丙戊酸）所证明的那样，实验动物中的IGF-1数量可以增加。这些细胞对现代药物学来说是一个挑战，需要开发出能提高它们在成体组织中存活率的化合物。最重要的目标是改善胰岛素/类胰岛素生长因子信号传导。我们推测，VSELs在成年后会在“胰岛素/胰岛素样生长因子信号传递之火”中燃烧殆尽。有趣的是，服用二甲双胍可抑制胰岛素对细胞的影响，对这些细胞有益。与此相反，动物暴露于胰岛素/类胰岛素生长因子信号的增加则会导致过早衰老和组织中VSELs的耗竭。因此，VSELs对胰岛素/胰岛素样生长因子信号的敏感性、热量限制的积极作用，以及规律的体育锻炼对人类的生育能力也有好处，这再次纠正了PGCs、VSELs和配子具有共同发育起源的概念。

最后，在多个组织/器官损伤的实验模型中，VSELs都被证明有利于再生。已有多篇论文显示，在适当的体内模型中，注射纯化的VSELs对造血、成骨、血管生成，以及心肌、肝脏、骨骼和肺泡上皮都有贡献。注射这些细胞后，多个器官出现嵌合现象，这表明这些细胞具有跨生殖层分化的潜力。我们预计，应用体内外扩增的VSELs后，这些效果将更加明显。我们目前正在研究这一具有挑战性的课题。

四、结论

越来越多的证据表明，PGCs、VSELs和组织定向干细胞（包括造血干细胞和间充质干细胞）之间存在着发育联系，这为成人血液干细胞中干细胞部分的发育层次提供了新的线索。性腺中的PGCs、VSELs，以及卵母细胞和精子干细胞之间也存在类似的重要关系。我们的研究小组在成体组织中发现了VSELs，并证明这些细胞中某些印记基因的表观遗传修饰在控制其增殖方面起着至关重要的作用。另外，逆转这种印记机制对于将这些细胞用于再生医学至关重要。令人鼓舞的数据表明，在NAM和FSH、LH、BMP-4和KL鸡尾酒的作用下，我们能够在无血清培养基中扩增约3×10^3个VSELs。最重要的是，在这种化学定义的培养基中，VSELs进行不对称分裂，这是原始干细胞的一个重要标志。此外，另一个研究小组在嘧啶-吲哚衍生物小分子UM177的作用下，成功扩增了体内静止的VSELs。总之，目前，至少有35个独立实验室证实了产后成人组织中存在VSELs或VSELs样细胞。我们认为，这些细胞是再生医学的希望所在，因为它们没有畸胎瘤形成的风险。我们还希望它们有朝一日能成为治疗不孕症的配子来源。

致谢：本研究得到了美国国立卫生研究院（NIH）2R01 DK074720号基金，以及斯特拉和亨利捐赠基金（Stella and Henry Endowment to MZR）的支持。

参考文献

1. Shin DM et al (2009) Novel epigenetic mechanisms that control pluripotency and quiescence of adult bone marrow-derived Oct4(+) very small embryonic-like stem cells. Leukemia 23:2042– 2051. https://doi.org/10.1038/leu.2009.153
2. Hayashi K, de Sousa Lopes SM, Surani MA (2007) Germ cell specification in mice. Science 316:394–396. https://doi.org/10.1126/science.1137545
3. McLaren A (2003) Primordial germ cells in the mouse. Dev Biol 262:1–15. https://doi.org/10. 1016/s0012-1606(03)00214-8
4. Chang YJ, Tien KE, Wen CH, Hsieh TB, Hwang SM (2014) Recovery of CD45(−)/Lin(−)/SSEA-4(+) very small embryonic-like stem cells by cord blood bank standard operating procedures. Cytotherapy 16:560–565. https://doi.org/10.1016/j.jcyt.2013.10.009
5. Ganguly R, Metkari S, Bhartiya D (2018) Dynamics of bone marrow VSELs and HSCs in response to treatment with gonadotropin and steroid hormones, during pregnancy and evidence to support their asymmetric/symmetric cell divisions. Stem Cell Rev Rep 14:110–124. https:// doi.org/10.1007/s12015-017-9781-x
6. Guerin CL et al (2015) Bone-marrow-derived very small embryonic-like stem cells in patients with critical leg ischaemia: evidence of vasculogenic potential. Thromb Haemost 113:1084– 1094. https://doi.org/10.1160/TH14-09-0748
7. Havens AM et al (2013) Human very small embryonic-like cells generate skeletal structures, in vivo. Stem Cells Dev 22:622–630. https://doi.org/10.1089/scd.2012.0327
8. Kassmer SH et al (2013) Very small embryonic-like stem cells from the murine bone marrow differentiate into epithelial cells of the lung. Stem Cells 31:2759–2766. https://doi.org/10.1002/ stem.1413
9. Kuruca SE, Celik DD, Ozerkan D, Erdemir G (2019) Characterization and isolation of very small embryonic-like (VSEL) stem cells obtained from various human hematopoietic cell sources. Stem Cell Rev Rep 15:730–742. https://doi.org/10.1007/s12015-019-09896-1
10. Monti M et al (2017) (2017) A novel method for isolation of pluripotent stem cells from human umbilical cord blood. Stem Cells Dev 26:1258–1269. https://doi.org/10.1089/scd.2017.0012
11. Shaikh A, Nagvenkar P, Pethe P, Hinduja I, Bhartiya D (2015) Molecular and phenotypic characterization of CD133 and SSEA4 enriched very small embryonic-like stem cells in human cord blood. Leukemia 29:1909–1917. https://doi.org/10.1038/leu.2015.100
12. Virant-Klun I (2018) Functional testing of primitive oocyte-like cells developed in ovarian surface epithelium cell culture from small VSEL-like stem cells: can they be fertilized one day? Stem Cell Rev Rep 14:715–721. https://doi.org/10.1007/s12015-018-9832-y
13. McGuckin C, Jurga M, Ali H, Strbad M, Forraz N (2008) Culture of embryonic-like stem cells from human umbilical cord blood and onward differentiation to neural cells in vitro. Nat Protoc 3:1046–1055. https://doi.org/10.1038/nprot.2008.69
14. Dyce PW et al (2011) (2011) In vitro and in vivo germ line potential of stem cells derived from newborn mouse skin. PLoS One 6:e20339. https://doi.org/10.1371/journal.pone.0020339
15. Wu JH, Wang HJ, Tan YZ, Li ZH (2012) Characterization of rat very small embryonic-like stem cells and cardiac repair after cell transplantation for myocardial infarction. Stem Cells Dev 21:1367–1379. https://doi.org/10.1089/scd.2011.0280
16. Iskovich S et al (2012) Elutriated stem cells derived from the adult bone marrow differentiate into insulin-producing cells in vivo and reverse chemical diabetes. Stem Cells Dev 21:86–96. https://doi.org/10.1089/scd.2011.0057
17. Shirazi R et al (2012) BMP4 can generate primordial germ cells from bone-marrow-derived pluripotent stem cells. Cell Biol Int 36:1185–1193. https://doi.org/10.1042/CBI2011065
18. Igura K, Okada M, Kim HW, Ashraf M (2013) Identification of small juvenile stem cells in aged bone marrow

and their therapeutic potential for repair of the ischemic heart. Am J Physiol Heart Circ Physiol 305:H1354-1362. https://doi.org/10.1152/ajpheart.00379.2013

19. Lee SJ et al (2014) Adult stem cells from the hyaluronic acid-rich node and duct system differentiate into neuronal cells and repair brain injury. Stem Cells Dev 23:2831–2840. https:// doi.org/10.1089/scd.2014.0142
20. Hwang S et al (2014) Nonmarrow hematopoiesis occurs in a hyaluronic-acid-rich node and duct system in mice. Stem Cells Dev 23:2661–2671. https://doi.org/10.1089/scd.2014.0075
21. Gounari E et al (2019) Isolation of a novel embryonic stem cell cord blood-derived population with in vitro hematopoietic capacity in the presence of Wharton's jelly-derived mesenchymal stromal cells. Cytotherapy 21:246–259. https://doi.org/10.1016/j.jcyt.2018.11.00
22. Golipoor Z et al (2016) Migration of bone marrow-derived very small embryonic-like stem cells toward an injured spinal cord. Cell J 17:639–647. https://doi.org/10.22074/cellj.2016. 3836
23. Nakatsuka R et al (2016) Identification and characterization of lineage(−)CD45(−)Sca-1(+) VSEL phenotypic cells residing in adult mouse bone tissue. Stem Cells Dev 25:27–42. https://doi.org/10.1089/scd.2015.0168
24. Lo Sicco C et al (2015) Identification of a new cell population constitutively circulating in healthy conditions and endowed with a homing ability toward injured sites. Sci Rep 5:16574. https://doi.org/10.1038/srep16574
25. Makar T et al (2018) A subset of mobilized human hematopoietic stem cells express germ layer lineage genes which can be modulated by culture conditions. Stem Cell Res Ther 9:127. https://doi.org/10.1186/s13287-018-0858-5
26. Virant-Klun I, Skerl P, Novakovic S, Vrtacnik-Bokal E, Smrkolj S (2019) Similar population of CD133+ and DDX4+ VSEL-like stem cells sorted from human embryonic stem cell, ovarian, and ovarian cancer ascites cell cultures: the real embryonic stem cells? Cells 8:706. https://doi. org/10.3390/cells8070706
27. Mierzejewska K et al (2015) Hematopoietic stem/progenitor cells express several functional sex hormone receptors-novel evidence for a potential developmental link between hematopoiesis and primordial germ cells. Stem Cells Dev 24:927–937. https://doi.org/10.1089/scd.2014.0546
28. Ratajczak MZ et al (2017) A novel view of the adult stem cell compartment from the perspective of a quiescent population of very small embryonic-like stem cells. Circ Res 120:166–178. https://doi.org/10.1161/CIRCRESAHA.116.309362
29. Lahlil R et al (2018) VSELs Maintain their Pluripotency and Competence to Differentiate after Enhanced Ex Vivo Expansion. Stem Cell Rev Rep 14:510–524. https://doi.org/10.1007/s12 015-018-9821-1
30. Ratajczak MZ (2015) A novel view of the adult bone marrow stem cell hierarchy and stem cell trafficking. Leukemia 29:776–782. https://doi.org/10.1038/leu.2014.346
31. Vacanti MP, Roy A, Cortiella J, Bonassar L, Vacanti CA (2001) Identification and initial characterization of spore-like cells in adult mammals. J Cell Biochem 80:455–460
32. Seandel M et al (2007) Generation of functional multipotent adult stem cells from GPR125+ germline progenitors. Nature 449:346–350. https://doi.org/10.1038/nature06129
33. Jiang Y et al (2002) Pluripotency of mesenchymal stem cells derived from adult marrow. Nature 418: 41–49. https://doi.org/10.1038/nature00870
34. Kogler G et al (2004) A new human somatic stem cell from placental cord blood with intrinsic pluripotent differentiation potential. J Exp Med 200:123–135. https://doi.org/10.1084/jem.200 40440
35. D'Ippolito G et al (2004) Marrow-isolated adult multilineage inducible (MIAMI) cells, a unique population of postnatal young and old human cells with extensive expansion and differentiation potential. J Cell Sci 117:2971–2981. https://doi.org/10.1242/jcs.01103
36. Prockop DJ (1997) Marrow stromal cells as stem cells for nonhematopoietic tissues. Science 276: 71–74. https://doi.org/10.1126/science.276.5309.71
37. Howell JC et al (2003) Pluripotent stem cells identified in multiple murine tissues. Ann N Y Acad Sci 996:158–173. https://doi.org/10.1111/j.1749-6632.2003.tb03244.x
38. Ratajczak MZ, Ratajczak J, Kucia M (2019) Very small embryonic-like stem cells (VSELs). Circ Res 124:208–210. https://doi.org/10.1161/CIRCRESAHA.118.314287

39. Shin DM et al (2012) Global gene expression analysis of very small embryonic-like stem cells reveals that the Ezh2-dependent bivalent domain mechanism contributes to their pluripotent state. Stem Cells Dev 21:1639–1652. https://doi.org/10.1089/scd.2011.0389
40. Surani MA (2007) Germ cells: the eternal link between generations. C R Biol 330:474–478. https://doi.org/10.1016/j.crvi.2007.03.009
41. Molyneaux K, Wylie C (2004) Primordial germ cell migration. Int J Dev Biol 48:537–544. https://doi.org/10.1387/ijdb.041833km
42. Kucia M et al (2006) A population of very small embryonic-like (VSEL) CXCR4(+)SSEA-1(+)Oct-4+ stem cells identified in adult bone marrow. Leukemia 20:857–869. https://doi.org/ 10.1038/sj.leu.2404171
43. Kucia M et al (2007) Morphological and molecular characterization of novel population of CXCR4+ SSEA-4+ Oct-4+ very small embryonic-like cells purified from human cord blood: preliminary report. Leukemia 21:297–303. https://doi.org/10.1038/sj.leu.2404470
44. Shin DM et al (2010) Molecular signature of adult bone marrow-purified very small embryonic-like stem cells supports their developmental epiblast/germ line origin. Leukemia 24:1450–1461. https://doi.org/10.1038/leu.2010.121
45. Ratajczak J et al (2011) Hematopoietic differentiation of umbilical cord blood-derived very small embryonic/epiblast-like stem cells. Leukemia 25:1278–1285. https://doi.org/10.1038/ leu.2011.73
46. Ratajczak J et al (2011) Adult murine bone marrow-derived very small embryonic-like stem cells differentiate into the hematopoietic lineage after coculture over OP9 stromal cells. Exp Hematol 39:225–237. https://doi.org/10.1016/j.exphem.2010.10.007
47. Lacaud G, Kouskoff V (2017) Hemangioblast, hemogenic endothelium, and primitive versus definitive hematopoiesis. Exp Hematol 49:19–24. https://doi.org/10.1016/j.exphem.2016. 12.009
48. Lis R et al (2017) Conversion of adult endothelium to immunocompetent haematopoietic stem cells. Nature 545:439–445. https://doi.org/10.1038/nature22326
49. Park C, Ma YD, Choi K (2005) Evidence for the hemangioblast. Exp Hematol 33:965–970. https://doi.org/10.1016/j.exphem.2005.06.003
50. Ribatti D (2008) Hemangioblast does exist. Leuk Res 32:850–854. https://doi.org/10.1016/j. leukres.2007.12.001
51. Mizuochi C et al (2012) Intra-aortic clusters undergo endothelial to hematopoietic phenotypic transition during early embryogenesis. PLoS One 7:e35763. https://doi.org/10.1371/journal. pone.0035763
52. Mikkola HK, Orkin SH (2006) The journey of developing hematopoietic stem cells. Development 133:3733–3744. https://doi.org/10.1242/dev.02568
53. Sriraman K, Bhartiya D, Anand S, Bhutda S (2015) Mouse ovarian very small embryonic- like stem cells resist chemotherapy and retain ability to initiate oocyte-specific differentiation. Reprod Sci 22:884–903. https://doi.org/10.1177/1933719115576727
54. Anand S, Patel H, Bhartiya D (2015) Chemoablated mouse seminiferous tubular cells enriched for very small embryonic-like stem cells undergo spontaneous spermatogenesis in vitro. Reprod Biol Endocrinol 13:33. https://doi.org/10.1186/s12958-015-0031-2
55. Nayernia K et al (2006) Derivation of male germ cells from bone marrow stem cells. Lab Invest 86:654–663. https://doi.org/10.1038/labinvest.3700429
56. Johnson J et al (2005) Oocyte generation in adult mammalian ovaries by putative germ cells in bone marrow and peripheral blood. Cell 122:303–315. https://doi.org/10.1016/j.cell.2005. 06.031
57. Liu C, Chen Z, Chen Z, Zhang T, Lu Y (2006) Multiple tumor types may originate from bone marrow-derived cells. Neoplasia 8:716–724. https://doi.org/10.1593/neo.06253
58. Cheng L (2004) Establishing a germ cell origin for metastatic tumors using OCT4 immuno- histochemistry. Cancer 101:2006–2010. https://doi.org/10.1002/cncr.20566
59. Mezey E, Chandross KJ, Harta G, Maki RA, McKercher SR (2000) Turning blood into brain: cells bearing neuronal antigens generated in vivo from bone marrow. Science 290:1779–1782. https://doi.org/10.1126/

science.290.5497.1779

60. Orlic D et al (2001) Bone marrow cells regenerate infarcted myocardium. Nature 410:701–705. https://doi.org/10.1038/35070587
61. Castro RF et al (2002) Failure of bone marrow cells to transdifferentiate into neural cells in vivo. Science 297:1299. https://doi.org/10.1126/science.297.5585.1299
62. Murry CE et al (2004) Haematopoietic stem cells do not transdifferentiate into cardiac myocytes in myocardial infarcts. Nature 428:664–668. https://doi.org/10.1038/nature02446
63. Ratajczak MZ et al (2004) Stem cell plasticity revisited: CXCR4-positive cells expressing mRNA for early muscle, liver and neural cells 'hide out' in the bone marrow. Leukemia 18:29–40. https://doi.org/10.1038/sj.leu.2403184
64. Virant-Klun I et al (2008) Putative stem cells with an embryonic character isolated from the ovarian surface epithelium of women with no naturally present follicles and oocytes. Differentiation 76:843–856. https://doi.org/10.1089/scd.2007.0238
65. Parte S et al (2011) (2011) Detection, characterization, and spontaneous differentiation in vitro of very small embryonic-like putative stem cells in adult mammalian ovary. Stem Cells Dev 20:1451–1464. https://doi.org/10.1089/scd.2010.0461
66. Surani MA, Hayashi K, Hajkova P (2007) Genetic and epigenetic regulators of pluripotency. Cell 128:747–762. https://doi.org/10.1016/j.cell.2007.02.010
67. Maatouk DM et al (2006) DNA methylation is a primary mechanism for silencing postmigratory primordial germ cell genes in both germ cell and somatic cell lineages. Development 133:3411– 3418. https://doi.org/10.1242/dev.02500
68. Bartolomei MS, Ferguson-Smith AC (2011) Mammalian genomic imprinting. Cold Spring Harb Perspect Biol 3:a002592. https://doi.org/10.1101/cshperspect.a002592
69. Mann MR, Bartolomei MS (2002) Epigenetic reprogramming in the mammalian embryo: struggle of the clones. Genome Biol 3:REVIEWS1003. https://doi.org/10.1186/gb-2002-3-2- reviews1003
70. Zemel S, Bartolomei MS, Tilghman SM (1992) Physical linkage of two mammalian imprinted genes, H19 and insulin-like growth factor 2. Nat Genet 2:61–65. https://doi.org/10.1038/ng0 992-61
71. Kono T et al (2004) Birth of parthenogenetic mice that can develop to adulthood. Nature 428:860–864. https://doi.org/10.1038/nature02402
72. Reik W, Walter J (2001) Genomic imprinting: parental influence on the genome. Nat Rev Genet 2:21–32. https://doi.org/10.1038/35047554
73. Delaval K, Feil R (2004) Epigenetic regulation of mammalian genomic imprinting. Curr Opin Genet Dev 14:188–195. https://doi.org/10.1016/j.gde.2004.01.00
74. Keniry A et al (2012) The H19 lincRNA is a developmental reservoir of miR-675 that suppresses growth and Igf1r. Nat Cell Biol 14:659–665. https://doi.org/10.1038/ncb2521
75. Surani MA, Durcova-Hills G, Hajkova P, Hayashi K, Tee WW (2008) Germ line, stem cells, and epigenetic reprogramming. Cold Spring Harb Symp Quant Biol 73:9–15. https://doi.org/ 10.1101/sqb.2008.73.015
76. Durcova-Hills G, Tang F, Doody G, Tooze R, Surani MA (2008) Reprogramming primordial germ cells into pluripotent stem cells. PLoS One 3:e3531. https://doi.org/10.1371/journal.pone. 0003531
77. Ratajczak MZ, Shin DM, Schneider G, Ratajczak J, Kucia M (2013) Parental imprinting regu- lates insulin-like growth factor signaling: a Rosetta Stone for understanding the biology of pluripotent stem cells, aging and cancerogenesis. Leukemia 27:773–779. https://doi.org/10. 1038/leu.2012.322
78. Heo J et al (2017) Sirt1 regulates DNA methylation and differentiation potential of embryonic stem cells by antagonizing Dnmt3l. Cell Rep 18:1930–1945. https://doi.org/10.1016/j.celrep. 2017.01.074
79. Chaurasia P, Gajzer DC, Schaniel C, D'Souza S, Hoffman R (2014) Epigenetic reprogramming induces the expansion of cord blood stem cells. J Clin Invest 124:2378–2395. https://doi.org/ 10.1172/JCI70313
80. Broxmeyer HE (2014) Inhibiting HDAC for human hematopoietic stem cell expansion. J Clin Invest 124:2365–2368. https://doi.org/10.1172/JCI75803

81. Peled T et al (2012) Nicotinamide, a SIRT1 inhibitor, inhibits differentiation and facili- tates expansion of hematopoietic progenitor cells with enhanced bone marrow homing and engraftment. Exp Hematol 40:342-355. e341. https://doi.org/10.1016/j.exphem.2011.12.005
82. Ou X et al (2011) SIRT1 deficiency compromises mouse embryonic stem cell hematopoietic differentiation, and embryonic and adult hematopoiesis in the mouse. Blood 117:440–450. https://doi.org/10.1182/blood-2010-03-273011
83. Singh SK et al (2013) Sirt1 ablation promotes stress-induced loss of epigenetic and genomic hematopoietic stem and progenitor cell maintenance. J Exp Med 210:987–1001. https://doi. org/10.1084/jem.20121608
84. Virant-Klun I, Bui HT, Ratajczak MZ (2016) Challenges in translating germinal stem cell research and therapy. Stem Cells Int 2016:4687378. https://doi.org/10.1155/2016/4687378
85. Virant-Klun I, Stimpfel M, Cvjeticanin B, Vrtacnik-Bokal E, Skutella T (2013) Small SSEA- 4-positive cells from human ovarian cell cultures: related to embryonic stem cells and germinal lineage? J Ovarian Res 6:24. https://doi.org/10.1186/1757-2215-6-24
86. Kucia M et al (2011) Reduced number of VSELs in the bone marrow of growth hormone trans- genic mice indicates that chronically elevated Igf1 level accelerates age-dependent exhaustion of pluripotent stem cell pool: a novel view on aging. Leukemia 25:1370–1374. https://doi.org/ 10.1038/leu.2011.98
87. Kucia M et al (2013) The negative effect of prolonged somatotrophic/insulin signaling on an adult bone marrow-residing population of pluripotent very small embryonic-like stem cells (VSELs). Age (Dordr) 35:315–330. https://doi.org/10.1007/s11357-011-9364-8
88. Grymula K et al (2014) Positive effects of prolonged caloric restriction on the population of very small embryonic-like stem cells—hematopoietic and ovarian implications. J Ovarian Res 7:68. https://doi.org/10.1186/1757-2215-7-68
89. Marycz K et al (2016) Endurance exercise mobilizes developmentally early stem cells into peripheral blood and increases their number in bone marrow: implications for tissue regeneration. Stem Cells Int 2016:5756901. https://doi.org/10.1155/2016/5756901
90. Chen ZH et al (2015) Hepatic regenerative potential of mouse bone marrow very small embryonic-like stem cells. J Cell Physiol 230:1852–1861. https://doi.org/10.1002/jcp.24913
91. Wojakowski W et al (2009) Mobilization of bone marrow-derived Oct-4+ SSEA-+ very small embryonic-like stem cells in patients with acute myocardial infarction. J Am Coll Cardiol 53:1–9. https://doi.org/10.1016/j.jacc.2008.09.029
92. Dawn B et al (2008) Transplantation of bone marrow-derived very small embryonic-like stem cells attenuates left ventricular dysfunction and remodeling after myocardial infarction. Stem Cells 26:1646–1655. https://doi.org/10.1634/stemcells.2007-0715

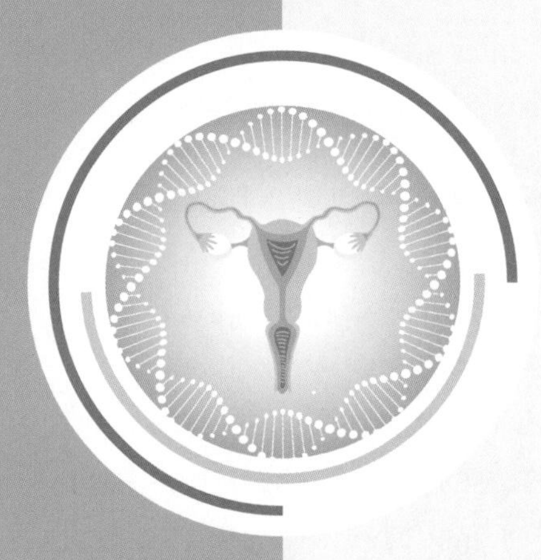

第12章

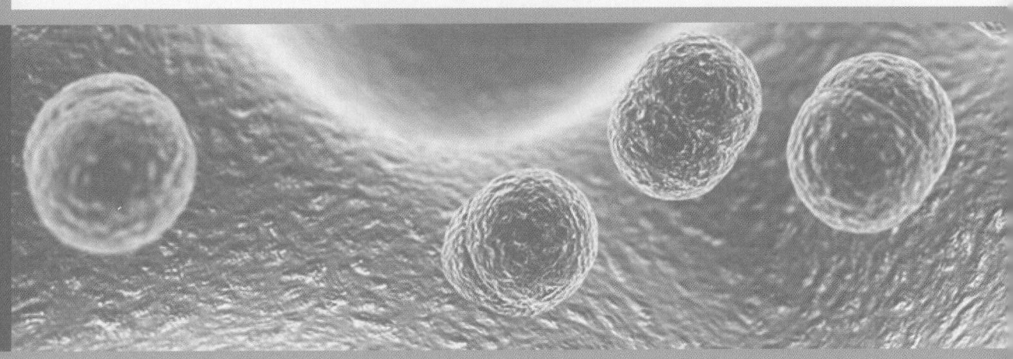

极小胚胎样干细胞在生殖组织中的作用

Deepa Bhartiya, Pushpa Singh, Ankita Kaushik, Diksha Sharma

摘要

导言： 睾丸、卵巢和子宫等成人生殖组织中蕴藏着两类干细胞，即极小胚胎样干细胞（VSELs）和组织特异性祖细胞（VSELs的直系后代），睾丸中的精原干细胞（SSCs）、卵巢中的卵原干细胞（OSCs）和子宫中的子宫内膜干细胞（EnSCs）。

方法： 我们总结了有关生殖组织和器官中VSELs的新知识。

结果： VSELs体积小（2～6 μm），具有多能性（表达胚胎标记并在体外分化为3个胚层），可通过流式细胞术研究小鼠的$LIN^{-}CD45^{-}SCA\text{-}1^{+}$和人类的$LIN^{-}CD45^{-}CD133^{+}$细胞表面特征。它们进行不对称细胞分裂，产生稍大的祖细胞（SSCs、OSCs和EnSCs），这些祖细胞以对称方式快速分裂，并在开始分化前进行克隆扩增。卵巢和睾丸中的VSELs具有静止特性，可以在肿瘤治疗中存活，在双侧卵巢切除术后，它们也可以在萎缩的子宫中存活。通过移植间充质基质细胞（MSCs）“旁分泌提供者”、细胞外囊泡或间充质基质细胞分泌的外泌体，可使无功能的性腺和子宫恢复活力。当细胞悬浮液以200～600 g的离心力收集细胞用于各种研究时，干细胞不会沉降（保持浮力）。这种低速离心是为了确保体细胞的活力，但干细胞却在不知不觉中被丢弃。干细胞可以通过将上清液进一步离心1000 g来富集。不同研究小组通过单细胞RNA测序对成人组织中的干细胞进行了阴性数据报告，这是因为他们在实验中以较低的速度旋转细胞，在不知情的情况下丢弃了干细胞。

结论： VSELs可作为组织定向祖细胞的后备库，进一步分化，从而终生维持组织稳态。干细胞区的任何破坏都会导致包括癌症在内的各种病症。

关键词： 癌症、不育症、卵巢、干细胞、睾丸、子宫、极小胚胎样干细胞（VSELs）

专业术语中英文对照

英文缩写	英文全称	中　文
ABCG2	ATP binding cassette subfamily G member 2（Junior blood group）	ATP结合盒亚家族G成员2（初级血型）
ACD	Asymmetrical cell division	不对称细胞分裂
Axin-2	Axin 2	轴突蛋白2
BMI1	BMI1 proto-oncogene，polycomb ring finger	BMI1原癌基因，多梳环指蛋白
CD	Cluster of differentiation	分化群
CD45	CD45 antigen（PTPRC）	CD45抗原（PTPRC）
CD133	CD133 antigen，prominin 1（PROM1）	CD133抗原，原蛋白1（PROM1）
CK18	Cytokeratin 18	细胞角蛋白18
c-Kit	Kit proto-oncogene，receptor tyrosine kinase	Kit原癌基因，受体酪氨酸激酶
CXCR4	C-X-C motif chemokine receptor 4	C-X-C motif趋化因子受体4
DAZL	Deleted in azoospermia like	无精子症中的删除因子
DDX4	DEAD-box helicase 4	DEAD盒子解旋酶4

续表

英文缩写	英文全称	中　文
DES	Diethylstilbestrol	己烯雌酚
DNA	Deoxyribonucleic acid	脱氧核糖核酸
E	Estrogen	雌激素
EnSC	Endometrial stem cell	子宫内膜干细胞
ER	Estrogen receptor	雌激素受体
ER-α	Estrogen receptor alpha	雌激素受体α
ESC	Embryonic stem cell	胚胎干细胞
FGF	Fibroblast growth factor	成纤维细胞生长因子
FGSC	Female germ-line stem cell	雌性生殖干细胞
FSH	Follicle-stimulating hormone	促卵泡激素
FSHR	Follicle-stimulating hormone receptor	卵泡刺激素受体
FSHR1	Follicle-stimulating hormone receptor 1	卵泡刺激素受体1
FSHR3	Follicle-stimulating hormone receptor 3	卵泡刺激素受体3
GFP	Green fluorescent protein	绿色荧光蛋白
GFRα	GDNF family receptor alpha	GDNF家族受体α
GnRH	Gonadotropin-releasing hormone	促性腺激素释放激素
H&E	Hematoxylin and eosin（staining）	苏木精和伊红（染色）
IGF-1	Insulin like growth factor 1	胰岛素样生长因子1
iPSC	Induced pluripotent stem cell	诱导多能干细胞
LH	Luteinizing hormone	促黄体生成素
MSC	Mesenchymal stem cell	间充质干细胞
Mvh	Human VASA（DDX4）homolog	人类VASA（DDX4）同源物
NP95	Ubiquitin like with PHD and ring finger domains 1	具有PHD和环指结构域的类泛素1
NANOG	Nanog homeobox	纳米同源染色体
NOD/SCID	Non-obese diabetic/severe combined immunodeficiency（mouse）	非肥胖糖尿病/严重联合免疫缺陷症（小鼠）
NUMB	NUMB endocytic adaptor protein	NUMB内细胞适配蛋白
OCT4	Octamer-binding transcription factor 4	八聚体结合转录因子4
OSC	Ovarian stem cell	卵原干细胞
OSE	Ovarian surface epithelium	卵巢表面上皮
P	Progesterone	孕酮
PCNA	Proliferating cell nuclear antigen	增殖细胞核抗原
PCOS	Polycystic ovary syndrome	多囊卵巢综合征
PGC	Primordial germ cell	原始生殖细胞
PGCLC	Primordial germ cell-like cell	原始生殖细胞样细胞
POF	Premature ovarian failure	卵巢早衰
RNA	Ribonucleic acid	核糖核酸
RNAseq	RNA sequencing	RNA测序
RT-PCR	Reverse transcription polymerase chain reaction	逆转录聚合酶链式反应
SCA-1	Stem cell antigen-1	干细胞抗原-1

续表

英文缩写	英文全称	中　文
SCD	Symmetrical cell division	对称细胞分裂
scRNAseq	Single-cell RNA sequencing	单细胞RNA测序
SOX2	SRY-box transcription factor 2	SRY盒转录因子2
SP	Side population	侧群干细胞
SSEA-1	Stage-specific embryonic antigen-1	阶段特异性胚胎抗原-1
SSEA-4	Stage-specific embryonic antigen-4	阶段特异性胚胎抗原-4
SSC	Spermatogonial stem cell	精原干细胞
DPPA3	Developmental pluripotency associated 3（STELLA）	发育多能性相关蛋白3（STELLA）
STRA8	Stimulated by retinoic acid 8	视黄酸刺激因子8
VSEL	Very small embryonic-like stem cell	极小胚胎样干细胞

一、导言

组织驻留的成体干细胞对于在生理条件下维持终身稳态，以及在任何类型的损伤后再生组织至关重要。干细胞的寿命是无限的，预计其性质相对静止（脱离细胞周期并处于低代谢状态），很少以不对称方式分裂，即通过分裂进行自我更新，并在开始分化前产生体积稍大、寿命有限的“祖细胞”，这些“祖细胞”进行快速、对称的细胞分裂和克隆扩增（细胞分裂时细胞分裂不完全）。原始干细胞的静止特性可保护它们在DNA复制过程中不积累突变，而活跃分裂的祖细胞则具有快速分化的能力，以维持体内平衡和替代受损组织。大约十年前，人们就对成人组织中存在的两类干细胞进行了详细讨论。事实证明很难从成人组织中分离出作为物理实体的静止干细胞，因此有人认为，与其说是干细胞，不如说是成熟细胞向干细胞样状态进行了去分化。最近的单细胞RNA测序研究也未能在人类卵巢、睾丸、前列腺和子宫中检测到干细胞。不过，这些阴性数据可能有技术上的依据，我们在卵巢和前列腺干细胞的研究中也指出了这一点。干细胞与成熟细胞相比体积较小，因此作为一个独特的群体存在。子宫是最具可塑性的器官之一，会定期发生分解和重塑，但经过三十多年的研究，子宫干细胞的真实身份仍然未知。有人提出间充质干细胞（MSCs）是子宫干细胞，这一观点受到了我们小组的质疑。间充质干细胞不是干细胞，而是“旁分泌提供者”。

我们十多年的研究表明，睾丸、卵巢和子宫中存在两种干细胞群，包括最原始的极小胚胎样干细胞（VSELs）和组织特异性祖细胞，其中包括睾丸中的精原干细胞（SSCs）、卵巢中的卵原干细胞（OSCs）和子宫中的子宫内膜干细胞（EnSCs）。我们早前发表了一篇综述，介绍了卵巢和睾丸中VSELs的各个方面。我们讨论了睾丸中VSELs与SSCs的存在，并报告了睾丸、卵巢和子宫中VSELs的存在。VSELs存在于生殖组织中，在卵巢癌和睾丸癌中数量也有所增加。本章主要介绍生殖组织中VSELs的生物学特性、分离方法、功能及其在引发癌症等疾病中的作用。

二、从睾丸、卵巢和子宫分离出两个干细胞群

通过流式细胞术研究，VSELs是小尺寸（2～6 μm）细胞，小鼠表面表型为$LIN^-CD45^-SCA\text{-}1^+$，人类表面表型为$LIN^-CD45^-CD133^+$。然而，2013年出现了争议，因为少数研究小组无法按照公布的方案检测到这些干细胞。人们指出了验证研究中的不足之处，但损害已经造成，并对该领域产生了不利影响。VSELs仍难以得到广泛认可。目前已有50多个独立小组承认它们存在于各种成人组织中。十多年来，我们小组一直致力于研究生殖组织中的VSELs，第一篇论文是关于人类睾丸VSELs的。最近，我们小组报告了一种从包括生殖组织在内的任何实体组织中富集这些干细胞的强大方案，任何人都可以轻松复制，而且不需要使用复杂的仪器。在酶解任何固体组织后获得的单细胞悬浮液，先以200～400 g的离心力离心15分钟，此时大部分体成熟细胞会沉淀下来。不过，干细胞仍然悬浮在上清液中，可以通过进一步将上清液以1000 g的速度离心来富集干细胞。与成熟的体细胞相比，干细胞的细胞质极少，而成熟的体细胞则有丰富的细胞质，其中含有多个维持其活性代谢状态所需的细胞器。

利用这种方法，我们最近报告了从多种成人组织、成人胰腺、睾丸和子宫中富集出两种干细胞群。富集的干细胞可进一步用于详细表征。对富集细胞群的流式细胞术研究表明，1000 g离心后，干细胞富集了近10倍。干细胞位于卵巢表面上皮细胞中，可通过轻轻刮取卵巢表面的细胞收集到培养皿中。小鼠卵巢体积小，可通过温和的胰蛋白酶化卵巢表面来收集干细胞。单细胞RNA测序研究未能检测到卵巢、睾丸、子宫和前列腺中的干细胞，主要原因是细胞总是通过200～400 g离心收集，干细胞在不知情的情况下被丢弃，从而未进行单细胞RNA测序研究。

三、生殖组织中VSELs的特征

按上述方法富集的干细胞经H&E染色后可观察到，干细胞体积小，呈明显球形，核质比高，核染色呈深蓝色。这些干细胞表达多能性标记，包括核OCT4、SOX2、NANOG、SSEA-1（人类为SSEA-4），以及原始生殖细胞特异性标记（STELLA、FRAGILIS），还有SCA-1和c-Kit。根据干细胞的大小和OCT4的表达，很容易区分两种干细胞群，较小的VSELs表达核OCT4A，而稍大的祖细胞则表达胞质OCT4B。作为一种转录因子，核OCT4对维持VSELs的多能状态至关重要，一旦它们开始分化，就不再需要核OCT4A，而是转移到细胞质中，最终随着细胞进一步分化而降解。细胞质中的OCT4、SCA-1和c-Kit由居住在不同组织中的祖细胞表达。不过，“祖细胞”具有组织特异性并表达特定标记，包括卵巢中的Mvh、睾丸中的GFRα和子宫中的Axin-2。还可以从富集的干细胞群体中分离出DNA/RNA/蛋白质，用于OMICS研究。我们通过RT-PCR定期检测到多能细胞（OCT4A、SOX2、NANOG）和原始生殖细胞特异性标记（STELLA、FRAGILIS），这表明多能干细胞的存在与文献中提到的PGCs有发育联系。祖细胞表达OCT4B、SCA-1、c-Kit和组织特异性转录本（Mvh、GFRα、AXIN-2）。这些富集的干

细胞/祖细胞也可通过流式细胞术研究，其表面表型为$LIN^-CD45^-SCA\text{-}1^+$（2～6 μm）有活力的细胞。有报道称其是骨髓VSELs的超微结构，也有报道称其是人类卵巢中小体积SSEA-4阳性VSELs的基因表达谱。应采用包括单细胞RNA测序在内的先进技术分析整个转录组/表观基因组，以进一步了解这些干细胞/祖细胞。生殖组织中VSELs的存在需要得到科学界的认可。Virant-Klun研究组和我们的研究组都曾报告过卵巢VSELs，最近Tilly研究组在小鼠卵巢中和Silvestris等人在人类卵巢中证实了它们的存在。

四、生殖组织中VSELs的功能潜力

1.卵巢中的VSELs和OSCs

Tilly的研究小组最近证实，成年小鼠卵巢中存在$LIN^-CD45^-SCA\text{-}1^+$ VSELs，并通过流式细胞术进一步表明，VSELs对Mvh呈阴性。Tilly的研究小组和该领域的其他研究人员对Mvh阳性的雌性生殖干细胞（FGSCs）进行了研究，这种干细胞也被称为OSCs，可在培养物中扩增，分化成卵母细胞，移植后有活产报告。因此，他们对卵巢VSELs的生物学相关性提出了质疑。Silvestris等人也评论说，在培养物中观察到小尺寸干细胞，在体外不会随时间改变。我们需要明白，体外和体内的情况是截然不同的。FGSCs/OSCs或许能在体外复制数月，但一旦它们在体内扩增并开始分化，就很可能进入不归路。如上所述，卵巢祖细胞OSCs的寿命是固定的，在体内通过不对称的细胞分裂，由永生的VSELs不断补充。因此，VSELs是进一步分化成卵母细胞的OSCs的唯一和无限来源。讨论和比较VSELs和OSCs分化成卵母细胞的潜力是不正确的，因为VSELs的唯一作用就是分化成OSCs，而OSCs会进一步分化成卵母细胞。此外，VSELs表达核Mvh，而OSCs则表达在细胞表面。核表达Mvh是Tilly研究小组未能检测到Mvh阳性VSELs的原因。VSELs中Mvh的表达也加强了VSELs在发育上与PGCs相关的推测，因为Mvh（DDX-4）在人类和小鼠的移行原始生殖细胞中也有表达。DDX-4在FGSCs/OSCs上的表达一直存在争议，但它已被用于富集OSCs，因为它在细胞表面表达，而不像卵母细胞那样在细胞质中表达。在图12.1中，我们可以看到经H&E染色的VSELs，这些VSELs是通过刮取卵巢表面上皮（OSE）获得的。

原始生殖细胞是配子的天然前体。如上所述，VSELs在发育上等同于PGCs，可自发分化成卵母细胞样结构，无须添加任何额外的生长因子/细胞因子。Virant-Klun和我们的研究小组报告称，寄居在OSE中的VSELs可在体外分化成卵母细胞样结构。这与使用胚胎/诱导多能干细胞/多能干细胞分化成卵母细胞不同，后者需要一种生长因子的混合物。体外获得的卵母细胞能在精子存在的情况下发生皮质反应。DDX-4阳性造血干细胞可在体外长期保持和扩增，分化成卵母细胞，移植后，GFP阳性造血干细胞分化成卵母细胞和受精卵，产生可存活的后代。试图将ES/iPSC细胞分化成配子的主要瓶颈是它们成熟为PGC样细胞，因此VSELs（相当于PGCs）是分化成卵母细胞的新型候选干细胞。

在图12.2中，我们可以看到卵巢表面上皮（OSE）细胞涂片中干细胞的OCT4和卵泡刺激素受体（FSHR）表达。

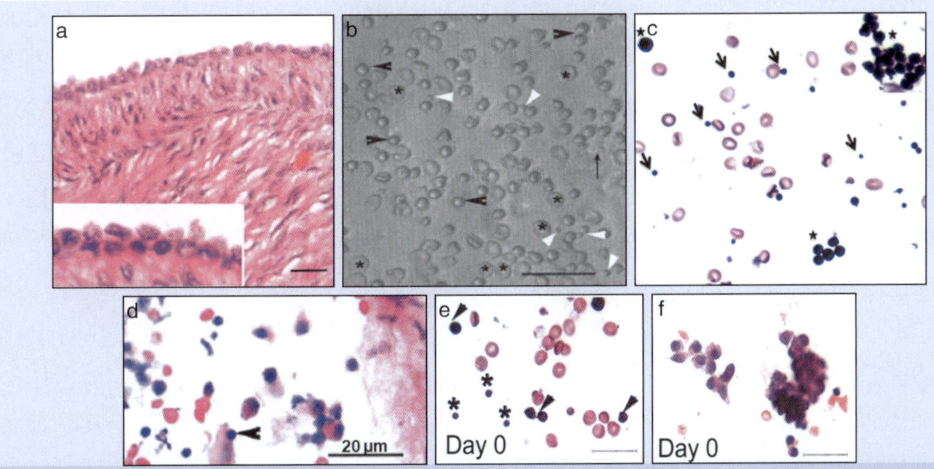

a. 经 H&E 染色的成人卵巢切片显示无卵泡，但卵巢表面上皮突出。b. 在平皿中轻轻刮取卵巢表面，可清晰观察到干细胞，包括 VSELs（白色箭头）、OSCs（黑色箭头）和红细胞（星号）。c. 涂片经 H&E 染色，干细胞清晰可见。VSELs（黑色箭头）、OSCs（星号）清晰可见。d ~ f. 其他区域显示卵巢表面上皮细胞涂片中的干细胞。干细胞呈明显球形，直径达 5 μm。标尺：20 μm。

图 12.1　成年人（围绝经期）卵巢中的干细胞

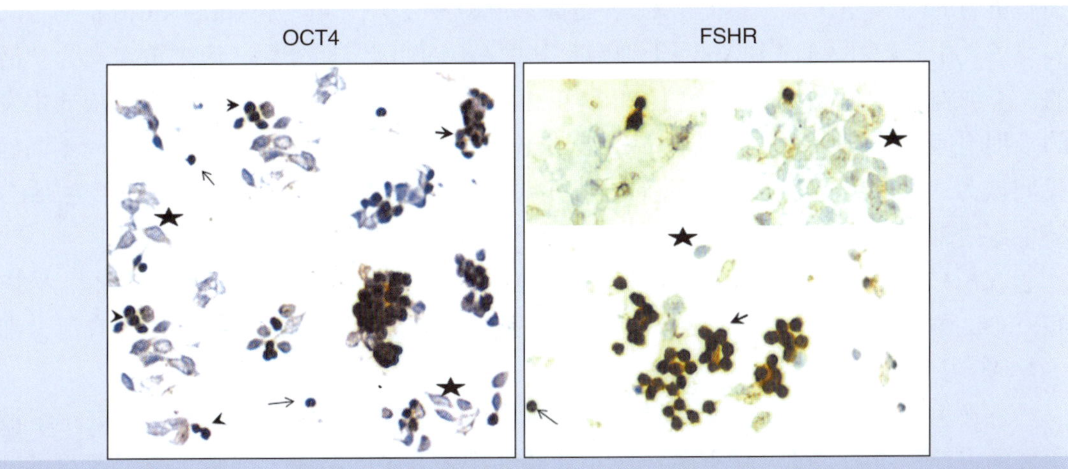

卵巢表面上皮细胞涂片中干细胞的 OCT4 和 FSHR 免疫表达。很明显，干细胞的 OCT4 和 FSHR 呈阳性，而上皮细胞则明显呈阴性。这些表达 OCT4 和 FSHR 的干细胞极有可能引发卵巢癌，因为有报告称癌细胞表达 OCT4 和 FSHR。

图 12.2　卵巢表面上皮的干细胞

由于VSELs具有静止的特性，Ratajczak的研究小组最初发现小鼠骨髓中的骨髓VSELs可在全身照射后存活下来，我们后来又报告了VSELs经化疗后在成人卵巢中存活的情况。Virant-Klun小组也报告了卵巢中存在干细胞，但无明显卵泡。这些存活在无功能卵巢中的干细胞可以通过移植“旁分泌提供者”间充质基质细胞来恢复卵巢功能。比起Tilly研究小组主张的通过移植从干细胞中收集的线粒体来使衰老的卵子恢复活力，最理想的方法是通过操纵内源性、组织常驻的VSELs来再生无功能的卵巢。这一点在已发表的文献中显而易见，因为有几项研究报告称，通过在动物模型和人体中移植“旁分泌提供者”或MSCs（来自不同来源），卵巢功能得到了改善。通过在无功能的卵巢中移植自体MSCs，一个婴儿也诞生了。通过移植MSCs治疗卵巢早衰（POF）女性的临床试验也已注册（NCT02603744）。间充质干细胞只能帮助内源性干细胞恢复活力，并帮助内源性干细胞制造新的卵泡，这一点从以下事实中得到进一步证明：与MSCs相比，从间充质干细胞中获得的细胞外囊泡也有助于改善卵巢功能。

卵巢中干细胞的存在受到少数人的质疑，他们不明白为什么干细胞存在时会出现更年期。其机制在于，尽管干细胞持续存在，但随着年龄增长，调控干细胞功能（增殖/分化）的生态位发生退行性改变，最终导致绝经发生。我们必须将干细胞置于其功能依赖性生态位的框架中进行系统性考量。文献对此进行了详细讨论。有研究显示，将衰老卵巢的干细胞移植到年轻卵巢中，可正常分化产生卵母细胞。同样，在无功能的老年卵巢中移植间充质基质细胞也有益处。

2.睾丸中的VSELs和SSCs

我们最近回顾了睾丸干细胞及其在精子发生、不育和癌症中的作用。人们提出了各种精原干细胞生物学模型，包括As模型、碎裂模型和分层模型。小鼠精原细胞增殖和干细胞更新的As模型认为，As是SSCs（储备，很少分裂），可产生Apr和Aal精原细胞。在人类睾丸中，存在Adark和Apale干细胞，其中Apale细胞定期分裂，历来被定义为“活跃的”干细胞池。这两种新模式包括“碎裂”模式和“分层”模式，由于在这些模式中发现的干细胞远离曲细精管的基底层（睾丸干细胞的天然龛位），因此这两种模式尚不明确。我们认为，VSELs是睾丸中最原始的干细胞，它们经过ACD自我更新，并产生SSCs，SSCs经过SCD和进一步克隆扩增，然后开始产生精子。

在图12.3中，我们可以看到在第15天（D15）睾丸涂片中存在2种干细胞群：VSELs和SSCs。根据细胞大小和SCA-1表达，流式细胞术将这两类睾丸干细胞作为有活力细胞（7AAD阴性）进行研究（图12.4）。

在睾丸干细胞领域，科学界并不想超越精原干细胞（SSCs）。Schlatt研究小组最近发表的一篇大主题综述，重点关注成年哺乳动物睾丸中的精原干细胞。我们撰写了一篇评论，得到的回应令人非常沮丧。他们的结论是，PGCs表达多能标记，只存在于胎儿性腺中，而SSCs是成体睾丸中最原始的干细胞。我们同意这一观点，但有数据表明，PGCs在成体睾丸中作为更原始的VSELs一个独特的群体存活下来，并在整个生命过程中通过与上述卵巢中类似的不对称细胞分裂产生SSCs。很明显，对于我们十年前发表的描述成年人类睾丸中除存在SSCs外还存在VSELs的研究结果，该领域存在着完全的不信任。VSELs具有多能性、相对静止、体积小、表达核OCT4A，而SSC则分裂迅速，表达细胞质OCT-4B，并形成链（克隆扩增）。由于目前只有一个（我们的）研究小组报告了睾丸VSELs的情况，因此人们对研究结果的真实性产生了相当大的怀疑。眼见为实，我们在前面讨论了从成人睾丸中富集VSELs的方法。

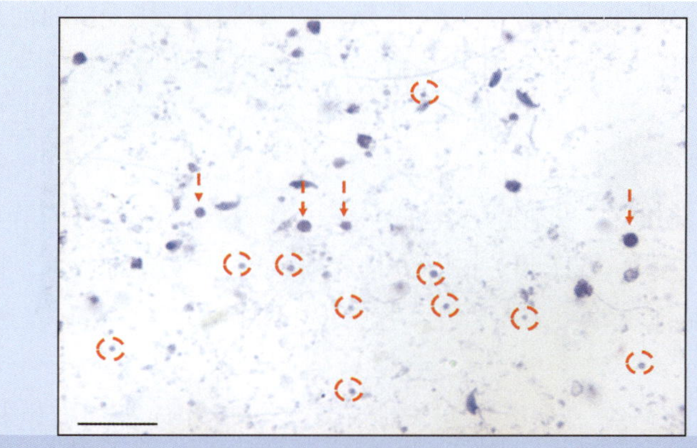

从 D15 睾丸中获得的睾丸涂片中存在 2 种干细胞群，较小的 VSELs 在红色圆圈中，而 SSCs 则用红色箭头标记。制备这些涂片的详细方法已于近期发表。标尺：20 μm。

图 12.3　睾丸干细胞

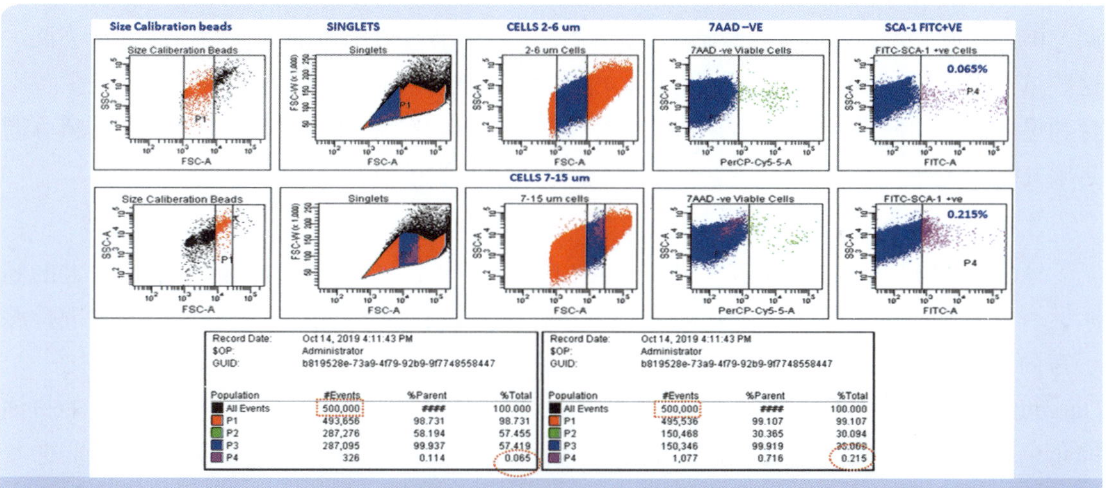

VSELs 的大小范围为 2 ~ 6 μm，而 SSCs 则大于 7 μm。显而易见，在对 50 万个事件进行评估后，VSELs（0.065%）的数量少于 SSCs（0.215%）。这些结果近期已发表。

图 12.4　根据大小和 SCA–1 表达，用流式细胞术将两组睾丸干细胞研究为存活细胞（7AAD 阴性）

小鼠和人类的睾丸VSELs处于静止状态，能在肿瘤治疗中存活。Anand等人报告说，通过流式细胞术，化疗小鼠睾丸中的VSELs不仅存活下来，而且数量翻了一番。通过芯片分析，从化疗睾丸中富集的Sertoli细胞的功能也受到了影响。因此，移植间充质基质细胞“旁分泌提供者”成功地恢复了化疗睾丸的生精功能。目前已有多个研究小组报告了在无功能睾丸中移植间充质干细胞的有益效果。此外，研究表明VSELs和SSCs表达FSHR和ER。VSELs经过不对称细胞分裂进行自我更新，并产生SSCs，SSCs又进行对称分裂和克隆扩增。化疗小鼠睾丸中的VSELs数量在FSH治疗后有所增加。

最近有报告称，男性不育症的治疗方法是使用FSH。在不孕不育诊所就诊的大量男性伴侣都患有“特发性不育症”，只有性腺功能减退的亚群才会接受FSH、LH和GnRH治疗。但现在有人主张，即使是患有特发性不育症的男性也应接受FSH治疗，就像FSH被广泛用于女性以激活卵巢一样。将从白消安处理的小鼠睾丸中富集的睾丸VSELs放在Sertoli细胞床上培养，它们会自发分化成精子。初步观察发现，VSELs经过不对称细胞分裂产生SSCs，SSCs进一步分化成精子。耐人寻味的是，精子的体外分化不需要额外的生长因子。相反，事实证明将hES/iPS细胞分化成配子极其困难，而将它们分化成PGCLCs的主要瓶颈仍然存在。为了进一步证明VSELs分化成雄性生殖细胞的潜力，将从骨髓中富集的VSELs放在Sertoli细胞床上培养2周。培养物中检测到雄性生殖细胞表达GFRα、DAZL和STRA8。

我们的研究小组还研究了小鼠睾丸干细胞在成年后如何受到新生儿期接触内分泌干扰化学物质（包括雌二醇和己烯雌酚）的影响。大量来自实验、流行病学和动物研究的证据表明，在生长发育的关键时期接触这些化学物质会导致成年后发病。迄今为止，人们对干扰内分泌的化学物质导致后代受到不良影响的内在机制知之甚少。内分泌干扰的结果是VSELs数量增加，它们向c-Kit阳性精原细胞的分化受阻，减数分裂特异性转录物也被下调，但没有凋亡的迹象，p53水平降低，NP95（一种染色质调节剂）的表达被大量下调。这些结果表明，VSELs过度自我更新和分化受损是导致精子发生障碍、精子数量减少、不育和癌症诱发的原因，近年来在年轻男性中也有报道。睾丸中VSELs的广泛自我更新可能是睾丸癌的先兆。同时，干细胞分化受阻会导致精子数量减少和不育。

3.子宫中的VSELs和EnSCs

子宫是最具可塑性的器官之一，子宫内膜在其中生长、分化，以接受不断长大的胚胎，否则就会定期脱落。三十年前就有报道称子宫内存在干细胞，但至今仍未发现检测子宫内膜干细胞的特异性标记。Taylor小组证明，骨髓可能是子宫干细胞的来源之一。Gargett的研究小组为人们了解子宫和经血中的干细胞、它们在子宫内膜异位症中可能扮演的角色，以及它们的再生潜力做出了巨大贡献。他们的研究重点仍然是间充质干细胞/基质细胞，并开发了无血清培养物，用于体外扩增子宫内膜间充质干细胞，以实现临床转化。他们还汇编了各种文献，发现经血有能力分化成多系细胞（神经元：神经元和类神经胶质细胞；内胚层：肝细胞），这表明经血具有多能潜能和可塑性。

间充质干细胞作为周细胞存在于多种成人组织中。我们早前曾讨论过，间充质干细胞不可能是真正的子宫内膜干细胞，因为人们预期间充质干细胞会进行不对称细胞分裂以自我更新，并在开始分化前产生数量进一步扩大的祖细胞。间充质干细胞不是干细胞，而是具有再生特性并充当“旁分泌提供者”的细胞。任何来源的间充质干细胞，如脂肪组织、脐带血、骨髓等，都可以通过移植实现再生。

间充质干细胞是生长因子/细胞因子的来源，对内源性干细胞的再生至关重要。除了间充质干细胞，间充质干细胞分泌的细胞外囊泡或外泌体也对多种成人组织产生了类似的有益作用，包括子宫内膜。Esfandyari等人讨论了间充质干细胞作为一种生物器官治疗女性不孕症的问题，包括PCOS、POF、子宫内膜异位症、AS和子痫前期。间充质干细胞通过向组织驻留干细胞/祖细胞提供旁分泌支持，对男性和女性都有益处。需要了解的是，间充质干细胞（或由间充质干细胞衍生的细胞外囊泡）将有助于恢复活力，而组织驻留干细胞将确保再生。因此，必须区分干细胞和提供龛位的基质细胞（间充质干细胞），这一点已有讨论。

我们的研究小组报告称，在成年小鼠子宫中存在两种干细胞群，包括VSELs和稍大的祖细胞EnSCs（子宫内膜干细胞）。这些干细胞表达OCT4和FSHR（图12.5）。我们最近公布了从成体子宫中分离这些干细胞的可靠方案。VSELs经过不对称细胞分裂自我更新，产生EnSCs，EnSCs快速扩增，在细胞分裂不完全的情况下克隆扩增，并进一步分化为上皮细胞和子宫肌细胞。通过研究OCT4阳性子宫干细胞分裂双倍体中NUMB的表达，可以清楚地看到不对称分裂和对称分裂。子宫干细胞表达ER-α、ER-β、PR和FSHR，因此可直接对这些激素做出反应。有人在双侧卵巢切除的小鼠中研究了子宫干细胞如何受到生理水平的雌二醇（E_2）和孕酮（P）的影响，以及药物水平的激素（E_2、P和FSH）对子宫肌层和子宫内膜的影响。也有报告称，在正常生理条件下，VSELs在整个发情周期都会发生变化。

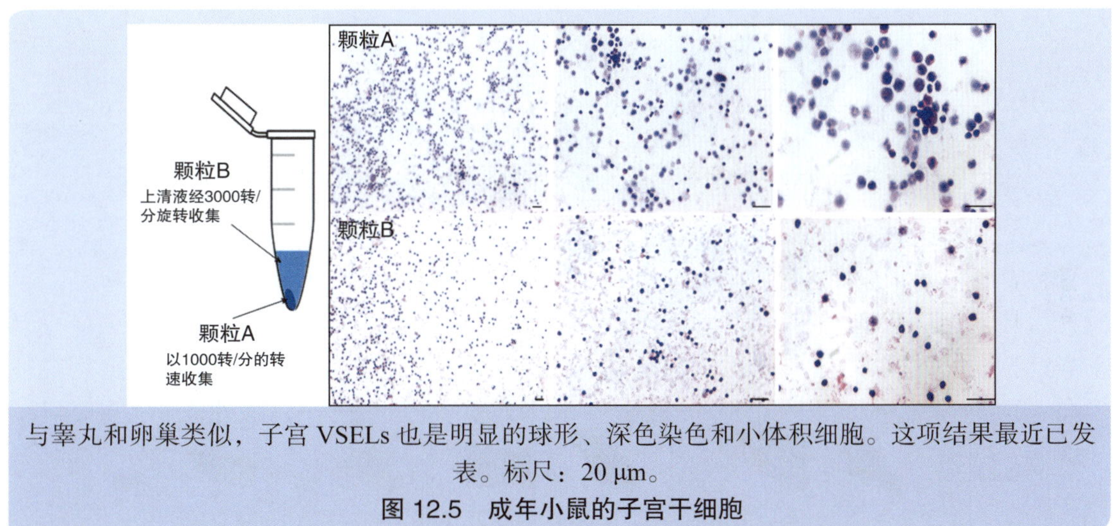

与睾丸和卵巢类似，子宫 VSELs 也是明显的球形、深色染色和小体积细胞。这项结果最近已发表。标尺：20 μm。

图 12.5　成年小鼠的子宫干细胞

子宫干细胞可通过离心法富集（图12.6），并通过流式细胞仪检测（图12.7）。Gunjal等人根据小鼠子宫干细胞的大小和OCT4表达，报告了包括VSELs和EnSCs在内的两种干细胞群。干细胞呈明显的球形，用苏木精染色呈深色，细胞核–细胞质比率高，细胞质极少。通过流式细胞术研究了VSELs的$LIN^-CD45^-SCA\text{-}1^+$细胞，并通过RT-PCR研究了干细胞特异性转录物OCT4、OCT4A、SOX2、NANOG和SCA-1。萎缩小鼠子宫中的VSELs在双侧卵巢切除术后存活下来，与未处理双侧卵巢切除组相比，在E_2、P、E+P处理后和停用E_2+P 48小时后，VSELs表现出明显的变化。停用E_2+P后，检测到OCT4A和SCA-1阳性的VSELs数量增加（＞2倍），而E_2+P处理组的EnSCs数量最多（＞10倍）。

为了研究E_2、P和FSH对子宫内膜和子宫肌干细胞的影响，我们用E_2（2 μg/ d）、P［1 μg/（kg·d）］或FSH（5 IU/d）处理双侧卵巢切除的小鼠各7天。在子宫肌层中检测到OCT4A阳性的VSELs，其细胞核呈深色苏木精染色。PCNA和细胞质OCT4的表达在各

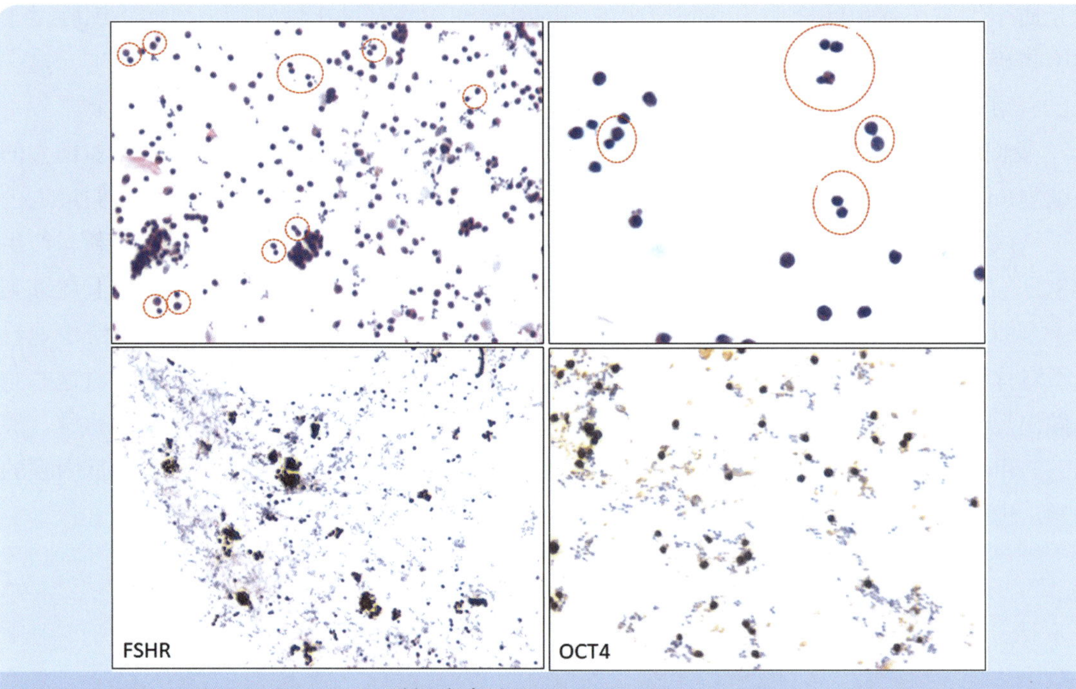

干细胞表达 FSHR 和 OCT4。

图 12.6　子宫干细胞涂片显示正在分裂的干细胞和少数细胞团块，显示克隆扩增

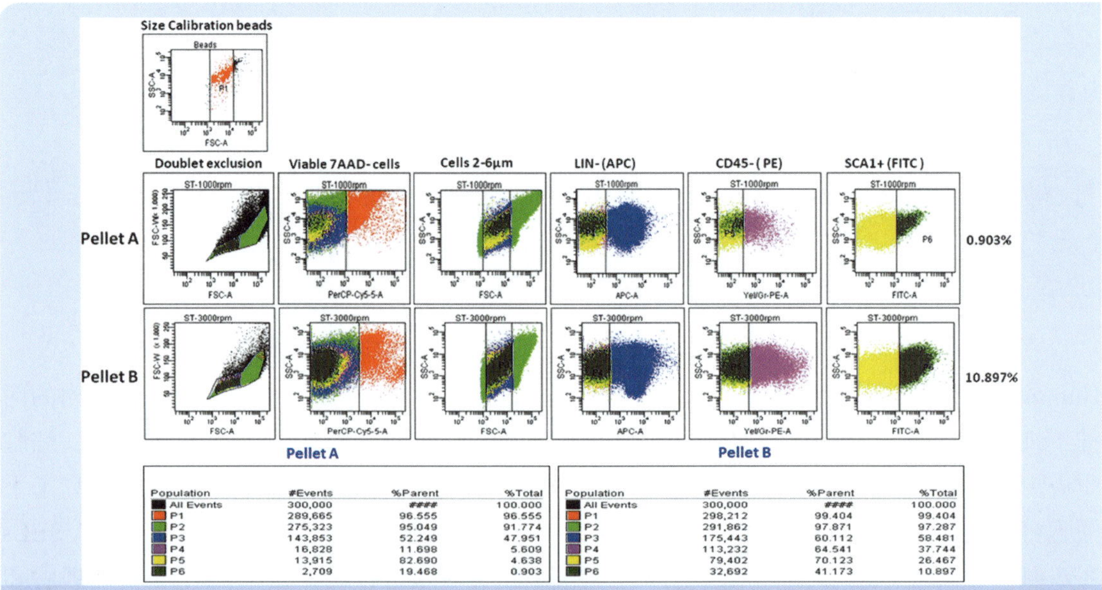

Pellet A

Population	#Events	%Parent	%Total
All Events	300,000	####	100.000
P1	289,665	96.555	96.555
P2	275,323	95.049	91.774
P3	143,853	52.249	47.951
P4	16,828	11.698	5.609
P5	13,915	82.690	4.638
P6	2,709	19.468	0.903

Pellet B

Population	#Events	%Parent	%Total
All Events	300,000	####	100.000
P1	298,212	99.404	99.404
P2	291,862	97.871	97.287
P3	175,443	60.112	58.481
P4	113,232	64.541	37.744
P5	79,402	70.123	26.467
P6	32,692	41.173	10.897

VSELs（2 ~ 6 μm）作为表面表型为 $LIN^-CD45^-SCA\text{-}1^+$ 的有活力细胞（7 AAD：7- 氨基放线菌素 D 阴性），经双倍暴露后进行研究。在 300 g 和 1000 g 离心收集的两个颗粒中，研究了 30 万个事件。通过 1000 g 离心，VSELs 富集了近 10 倍。这项结果最近已发表。

图 12.7　通过流式细胞术检测成人子宫中的 VSELs

种处理后都有所增加，与E_2相比，P和FSH处理后VSELs的数量增加得更多。因此，我们认为VSELs可能是子宫肌瘤的始作俑者。

类似的小鼠模型被用来研究这些激素对子宫内膜干细胞的影响。组织学研究、免疫定位和RT-PCR均证实了卵巢切除的子宫中存在VSELs。雌二醇处理会导致上皮细胞肥大。用P和FSH处理会导致上皮细胞明显增生和过度拥挤。干细胞经1000 g离心富集后进行RT-PCT检测，检测到OCT4A、ER-α、PR、FSHR1和FSHR3的特异性转录本。交替剪接的FSHR转录本的存在通过Western印迹得到了进一步证实。经P和FSH处理后，干细胞的数量大大增加，并发现干细胞表达OCT4、PCNA和FSHR。我们还成功地发现，VSELs通过不对称细胞分裂进行自我更新，并产生EnSCs，EnSCs在进一步分化为上皮细胞之前会进行对称细胞分裂和克隆扩增。EnSCs中NUMB（分化标记）的选择性表达进一步证实了ACD和SCD，而表达OCT4的VSELs对NUMB的表达仍为阴性。

在生理条件下，VSELs的数量也有明显变化。根据流式细胞术和qRT-PCR研究，在发情周期的发情期和发情后期检测到VSELs数量最多。FSHR在子宫干细胞上的表达很有趣，支持FSH的性腺外作用。另一个有趣的观察结果是，E_2、P和FSH直接作用于子宫内膜干细胞。目前的理解是，雌激素间接作用于上皮细胞，导致其增殖。雌激素作用于基质细胞，基质细胞分泌生长因子，包括IGF-1和FGF，刺激上皮细胞增殖。我们的研究结果表明，激素直接作用于位于内衬管腔和腺体的上皮细胞基底区，以及子宫肌层的干细胞，而基质细胞则为干细胞提供了一个龛位，是干细胞增殖/分化所必需的生长因子/细胞因子的来源。

五、VSELs在引发包括癌症在内的生殖健康相关疾病中的作用

不孕症和各种与生殖健康有关的疾病，包括多囊卵巢综合征、子宫内膜异位症、子宫肌瘤和生殖系统癌症的发病率近年来有所上升。全球为确定各种病症的遗传基础所做的努力，以及各种OMICS研究都没有产生任何具有临床意义的令人信服的数据。除了种系/遗传的基因变化外，目前研究的重点是体细胞/获得性突变，以了解导致子宫内膜异位症的潜在病因。很大一部分不育男性仍然是特发性不育，近年来精子数量减少的根本原因仍然是个谜。此外，通常被认为是老年病的癌症近年来也开始影响年轻男性和女性。胎儿期和围产期的内分泌干扰被认为是这些疾病发病率增加的原因，一些研究报告称，不孕症、多囊卵巢综合征、子宫内膜异位症等患者血液循环中的内分泌干扰化学物质水平升高。

由于干细胞只占细胞总数的不到1%，因此从完整组织中分离DNA/RNA/蛋白质时很难发现干细胞。干细胞表达雌激素受体，成为内分泌干扰物的直接目标。我们小组对小鼠进行的研究表明，围产期暴露于内分泌干扰物影响的是正常身体组织驻留的干细胞，它们的增殖/分化改变会导致成年后的各种病变，包括癌症（后续将讨论）。

干细胞以一种微妙的方式维持着生命组织的平衡。干细胞偶尔会发生不对称分裂，小的VSELs通过分裂自我更新，并产生稍大的祖细胞。祖细胞在开始分化之前又会进行快速的对称分裂和克隆扩增。干细胞的活动受生态位或微环境的调节，微环境为干细胞的增

殖/分化提供了重要的旁分泌支持。我们需要把干细胞和它们的“生态位”一起视为“种子和土壤”。睾丸中的Sertoli细胞为睾丸干细胞提供“生态位”，卵巢表面上皮细胞为卵巢干细胞提供“生态位”，间充质干细胞为子宫干细胞提供“生态位”。随着年龄的增长，干细胞龛受到破坏，导致干细胞失控扩张，引发癌症。

除胚胎发育外，OCT4还是多能状态的主要调节因子，在肿瘤发生过程中也发挥着重要作用。越来越多的证据表明，OCT4在癌细胞和肿瘤始发细胞中发挥作用。细胞核OCT4和其他胚胎标志物在成体组织中由VSELs表达，而细胞质OCT4则由直系后代或特定组织祖细胞表达，并最终随着细胞的进一步分化而降解。由于包括OCT4在内的胚胎标志物在包括癌症在内的各种病症中上调，因此可以推断，VSELs生物学紊乱会导致各种病症。全球已经开展了广泛的工作，有报告称多个基因与各种病症有关，但我们在后文中将重点放在OCT4在各种病症中的可能影响上，旨在将各种病症与VSELs功能紊乱联系起来。

1.OCT4与睾丸癌

Kaushik等人通过流式细胞术发现，小鼠幼崽在新生儿期接触己烯雌酚（DES，2 μg/d，第1～5天接触）后，VSELs数量增加了近7倍，c-Kit阳性精原细胞减少了5倍。这与OCT4A上调9倍、OCT4上调14倍、SOX2和NANOG上调40多倍有关。此外，还发现c-Kit和减数分裂特异性转录本减少（5倍）。结果表明，VSELs过度自我更新会引发睾丸癌，而分化受阻则会导致精子数量减少和不育。我们早前曾讨论过睾丸癌可能由VSELs引发。早前的报告进一步证实了这一点，即OCT4是管内生殖细胞瘤变的敏感而特异的标志物。

2.OCT4与卵巢癌

卵巢癌是导致死亡的主要原因，影响着全球大部分女性。据报道，在人类卵巢癌的边缘病例中，VSELs的数量也有类似的增加。约90%的卵巢癌发生在卵巢表面上皮，属于恶性肿瘤。如上所述，卵巢表面上皮也含有卵巢干细胞（VSELs和OSCs）。在卵巢浆液性癌切片中也观察到大量类似的小干细胞。Zuber等人讨论了卵巢癌干细胞胚胎标志物的表达。人类成年卵巢中的干细胞对生殖医学具有重大意义，可提高人们对多囊卵巢综合征（PCOS）或卵巢早衰（POF）和癌症导致卵巢性不孕的机制的认识。正常卵巢组织中的VSELs保持静止状态，并在体外分化成卵母细胞样结构，而卵巢癌中的VSELs则迅速分裂并增加数量。了解从正常组织和癌症组织中分离出来的VSELs之间有何不同，可以揭示癌症是如何发生的，并为治疗提供更好的见解。尽管进行了大量研究，但PCOS和POF的潜在病因以及是否属于干细胞疾病仍有待了解。

3.OCT4和子宫内膜异位症

子宫内膜异位症是一种慢性、良性和炎症性疾病，会导致子宫内膜在子宫腔外生长，异位部位主要是盆腔腹膜、卵巢和直肠阴道隔。6%～10%的育龄女性患有此病，并伴有痛经、排便困难、慢性盆腔疼痛、不规则子宫出血和（或）不孕症。子宫内膜异位症的发病机理有多种推测，包括逆行性月经、子宫内膜移位症、免疫功能障碍、激素失衡、氧化应激、炎症和干细胞/祖细胞。人类子宫内膜侧群干细胞（SP）可在NOD-SCID小鼠肾囊下生成子宫内膜样组织，支持该疾病的干细胞来源。异位子宫内膜表达的多能性标志物OCT4、SSEA-1、SOX2、NANOG、MUSASHI、c-Kit水平明显更高。

4.OCT4和子宫肌瘤

子宫肌瘤又称子宫纤维瘤或肌瘤，是影响育龄女性子宫肌层的最常见的良性妇科肿瘤。临床和小鼠研究均表明，子宫肌瘤有干细胞基础。在子宫肌瘤中发现了侧群细胞，这些细胞移植到小鼠体内后会产生子宫肌瘤。Ono等人报告称，从18名子宫切除术患者的人体子宫组织中分离出的子宫SP细胞中，OCT4A（而非细胞质OCT4B）表达较高，并得出结论：OCT4A阳性细胞可能参与子宫生物学和病理学过程。

5.OCT4与子宫内膜癌

子宫内膜癌是最常见的妇科恶性肿瘤。OCT4在子宫内膜癌中过度表达。Sun等人发现，$CD133^{+}$和$CXCR4^{+}$的子宫内膜癌细胞表现出更强的胚胎标志物表达，包括c-MYC、SOX2、NANOG、OCT4A、ABCG2、BMI-1、CK-18和NESTIN。

很明显，各种病症都与OCT4表达紊乱有关，这表明VSELs和组织定向祖细胞可能参与了疾病的发生。我们需要对此进行研究，希望单细胞RNA测序能够在未来帮助我们揭开这些大自然的秘密。

图12.8简要概括了本章的重点内容。本章提交后，我们发表了两篇相关文章，读者可参考。

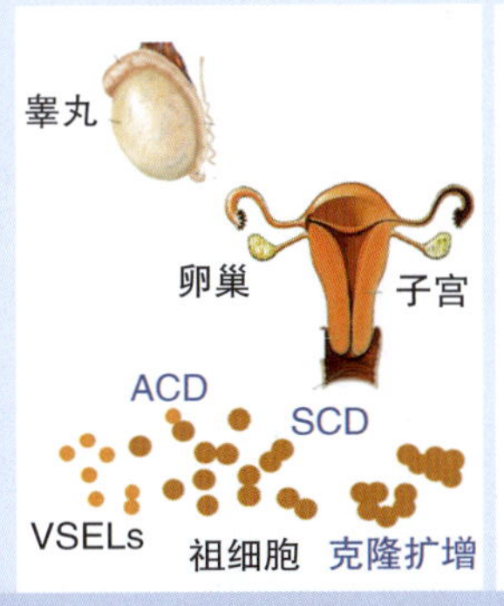

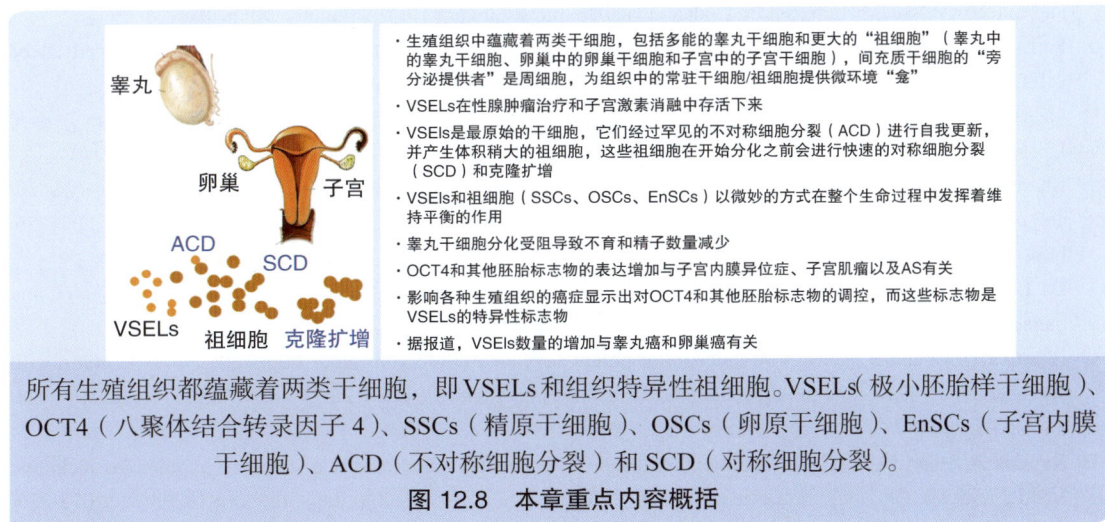

- 生殖组织中蕴藏着两类干细胞，包括多能的睾丸干细胞和更大的“祖细胞”（睾丸中的睾丸干细胞、卵巢中的卵巢干细胞和子宫中的子宫干细胞），间充质干细胞的“旁分泌提供者”是周细胞，为组织中的常驻干细胞/祖细胞提供微环境“龛”
- VSELs在性腺肿瘤治疗和子宫激素消融中存活下来
- VSEls是最原始的干细胞，它们经过罕见的不对称细胞分裂（ACD）进行自我更新，并产生体积稍大的祖细胞，这些祖细胞在开始分化之前会进行快速的对称细胞分裂（SCD）和克隆扩增
- VSEls和祖细胞（SSCs、OSCs、EnSCs）以微妙的方式在整个生命过程中发挥着维持平衡的作用
- 睾丸干细胞分化受阻导致不育和精子数量减少
- OCT4和其他胚胎标志物的表达增加与子宫内膜异位症、子宫肌瘤以及AS有关
- 影响各种生殖组织的癌症显示出对OCT4和其他胚胎标志物的调控，而这些标志物是VSELs的特异性标志物
- 据报道，VSEls数量的增加与睾丸癌和卵巢癌有关

所有生殖组织都蕴藏着两类干细胞，即VSELs和组织特异性祖细胞。VSELs(极小胚胎样干细胞)、OCT4（八聚体结合转录因子 4）、SSCs（精原干细胞）、OSCs（卵原干细胞）、EnSCs（子宫内膜干细胞）、ACD（不对称细胞分裂）和 SCD（对称细胞分裂）。

图 12.8　本章重点内容概括

致谢：我们感谢对本章所总结的生物学各方面做出贡献的同事，但我们可能没有引用他们的工作成果，因为我们收录的是最新的文章。NIRRH编号OTH/995/11-2020。

参考文献

1. Li L, Clevers H (2010) Coexistence of quiescent and active adult stem cells in mammals. Science 327:542–545. https://doi.org/10.1126/science.1180794
2. De Rosa L, De Luca M (2012) Cell biology: dormant and restless skin stem cells. Nature 489:215–217. https://doi.org/10.1038/489215a
3. Post Y, Clevers H (2019) Defining adult stem cell function at its simplest: the ability to replace lost cells through mitosis. Cell Stem Cell 25:174–183. https://doi.org/10.1016/j.stem.2019. 07.002
4. Wagner DE, Klein AM (2020) Lineage tracing meets single-cell omics: opportunities and challenges. Nat Rev Genet 21:410–427. https://doi.org/10.1038/s41576-020-0223-2
5. Suzuki S, Diaz VD, Hermann BP (2019) What has single-cell RNA-seq taught us about mammalian spermatogenesis? Biol Reprod 101:617–634. https://doi.org/10.1093/biolre/ ioz088
6. Karthaus WR, Hofree M, Choi D, Linton EL, Turkekul M, Bejnood A, Carver B, Gopalan A, Abida W, Laudone V, Biton M, Chaudhary O, Xu T, Masilionis I, Manova K, Mazutis L, Pe'er D, Regev A, Sawyers CL (2020) Regenerative potential of prostate luminal cells revealed by single-cell analysis. Science 368:497–505. https://doi.org/10.1126/science.aay0267
7. Saatcioglu HD, Kano M, Horn H, Zhang L, Samore W, Nagykery N, Meinsohn M-C, Hyun M, Suliman R, Poulo J, Hsu J, Sacha C, Wang D, Gao G, Lage K, Oliva E, Morris Sabatini ME, Donahoe PK, Pépin D (2019) Single-cell sequencing of neonatal uterus reveals an Misr2+ endometrial progenitor indispensable for fertility. eLife 8:e46349. https://doi.org/10.7554/ eLife.46349
8. Bhartiya D, Sharma D (2020) Ovary does harbor stem cells—size of the cells matter! J Ovarian Res 13:39. https://doi.org/10.1186/s13048-020-00647-2
9. Bhartiya D, Kausik A, Singh P, Sharma D (2020) Will single-cell RNAseq decipher stem cells biology in normal and cancerous tissues? Hum Reprod Update dmaa058. https://doi.org/10. 1093/humupd/dmaa058
10. Santamaria X, Mas A, Cervelló I, Taylor H, Simon C (2018) Uterine stem cells: from basic research to advanced cell therapies. Hum Reprod Update 24:673–693. https://doi.org/10.1093/ humupd/dmy028
11. Gargett CE, Schwab KE, Deane JA (2016) Endometrial stem/progenitor cells: the first 10 years. Hum Reprod Update 22:137–163. https://doi.org/10.1093/humupd/dmv051
12. Bhartiya D, Shaikh A, Anand S, Patel H, Kapoor S, Sriraman K, Parte S, Unni S (2016) Endogenous, very small embryonic-like stem cells: critical review, therapeutic potential and a look ahead. Hum Reprod Update 23:41–76. https://doi.org/10.1093/humupd/dmw030
13. De Luca M, Aiuti A, Cossu G, Parmar M, Pellegrini G, Robey PG (2019) Advances in stem cell research and therapeutic development. Nat Cell Biol 21:801–811. https://doi.org/10.1038/ s41556-019-0344-z
14. Bhartiya D, Anand S, Kaushik A (2020) Pluripotent very small embryonic-like stem cells co- exist along with spermatogonial stem cells in adult mammalian testis. Hum Reprod Update 26:136–137. https://doi.org/10.1093/humupd/dmz030
15. Kaushik A, Bhartiya D (2020) Additional evidence to establish existence of two stem cell populations including VSELs and SSCs in adult mouse testes. Stem Cell Rev Rep 16:992– 1004. https://doi.org/10.1007/s12015-020-09993-6
16. Bhartiya D, Patel H (2018) Ovarian stem cells-resolving controversies. J Assist Reprod Genet 35:393–398. https://doi.org/10.1007/s10815-017-1080-6
17. Singh P, Bhartiya D (2021) Pluripotent stem (VSELs) and progenitor (EnSCs) cells exist in adult mouse uterus and show cyclic changes across estrus cycle. Reprod Sci 28:278–290. https://doi.org/10.1007/s43032-020-00250-2
18. James K, Bhartiya D, Ganguly R, Kaushik A, Gala K, Singh P, Metkari SM (2018) Gonadotropin and steroid hormones regulate pluripotent very small embryonic-like stem cells in adult mouse uterine endometrium. J Ovarian Res 11:83. https://doi.org/10.1186/s13 048-018-0454-4

19. Gunjal P, Bhartiya D, Metkari S, Manjramkar D, Patel H (2015) Very small embryonic-like stem cells are the elusive mouse endometrial stem cells–a pilot study. J Ovarian Res 8:9. https://doi.org/10.1186/s13048-015-0138-2
20. Bhartiya D, James K (2017) Very small embryonic-like stem cells (VSELs) in adult mouse uterine perimetrium and myometrium. J Ovarian Res 10:29. https://doi.org/10.1186/s13048- 017-0324-5
21. Kenda Suster N, Virant-Klun I (2019) Presence and role of stem cells in ovarian cancer. World J Stem Cells 11:383–397. https://doi.org/10.4252/wjsc.v11.i7.383
22. Kaushik A, Anand S, Bhartiya D (2020) Altered biology of Testicular VSELs and SSCs by neonatal endocrine disruption results in defective spermatogenesis, reduced fertility and tumor initiation in adult mice. Stem Cell Rev Rep 16:893–908. https://doi.org/10.1007/s12 015-020-09996-3
23. Abbott A (2013) Doubt cast over tiny stem cells. Nature 499:390. https://doi.org/10.1038/499 390a
24. Ratajczak MZ, Zuba-Surma E, Wojakowski W, Suszynska M, Mierzejewska K, Liu R, Rata- jczak J, Shin DM, Kucia M (2014) Very small embryonic-like stem cells (VSELs) represent a real challenge in stem cell biology: recent pros and cons in the midst of a lively debate. Leukemia 28:473–484. https://doi.org/10.1038/leu.2013.255
25. Bhartiya D (2017) Pluripotent stem cells in adult tissues: struggling to be acknowledged over two decades. Stem Cell Rev Rep 13:713–724. https://doi.org/10.1007/s12015-017-9756-y
26. Ratajczak MZ, Ratajczak J, Kucia M (2019) Very small embryonic-like stem cells (VSELs)— an update and future directions. Circ Res 124:208–210. https://doi.org/10.1161/CIRCRE SAHA.118.314287
27. Bhartiya D, Kasiviswanathan S, Unni SK, Pethe P, Dhabalia JV, Patwardhan S, Tongaonkar HB (2010) Newer insights into premeiotic development of germ cells in adult human testis using Oct-4 as a stem cell marker. J Histochem Cytochem 58:1093–1106. https://doi.org/10. 1369/jhc.2010.956870
28. Bhartiya D, Ali Mohammad S, Guha A, Singh P, Sharma D, Kaushik A (2019) Evolving definition of adult stem/ progenitor cells. Stem Cell Rev Rep 15:456–458. https://doi.org/10. 1007/s12015-019-09879-2
29. Mohammad SA, Metkari S, Bhartiya D (2020) Mouse pancreas stem/progenitor cells get augmented by streptozotocin and regenerate diabetic pancreas after partial pancreatectomy. Stem Cell Rev Rep 16:144–158. https://doi.org/10.1007/s12015-019-09919-x
30. Parte S, Patel H, Sriraman K, Bhartiya D (2015) Isolation and characterization of stem cells in the adult mammalian ovary. Methods Mol Biol 1235:203–229. https://doi.org/10.1007/978- 1-4939-1785-3_16
31. Kucia M, Halasa M, Wysoczynski M, Baskiewicz-Masiuk M, Moldenhawer S, Zuba-Surma E, Czajka R, Wojakowski W, Machalinski B, Ratajczak MZ (2007) Morphological and molecular characterization of novel population of CXCR4+ SSEA-4+ Oct-4+ very small embryonic-like cells purified from human cord blood: preliminary report. Leukemia 21:297–303. https://doi. org/10.1038/sj.leu.2404470
32. Virant-Klun I, Stimpfel M, Skutella T (2012) Stem cells in adult human ovaries: from female fertility to ovarian cancer. Curr Pharm Des 18:283–292. https://doi.org/10.2174/138161212 799040394
33. Martin JJ, Woods DC, Tilly JL (2019) Implications and current limitations of oogenesis from female germline or oogonial stem cells in adult mammalian ovaries. Cells 8:93. https://doi. org/10.3390/cells8020093
34. Silvestris E, Cafforio P, D'Oronzo S, Felici C, Silvestris F, Loverro G (2018) In vitro differenti- ation of human oocyte-like cells from oogonial stem cells: single-cell isolation and molecular characterization. Hum Reprod 33:464–473. https://doi.org/10.1093/humrep/dex377
35. Castrillon DH, Quade BJ, Wang TY, Quigley C, Crum CP (2000) The human VASA gene is specifically expressed in the germ cell lineage. Proc Natl Acad Sci USA 97:9585–9590. https://doi.org/10.1073/pnas.160274797
36. Toyooka Y, Tsunekawa N, Takahashi Y, Matsui Y, Satoh M, Noce T (2000) Expression and intracellular localization of mouse Vasa-homologue protein during germ cell development. Mech Dev 93:139–149. https://doi.org/10.1016/ s0925-4773(00)00283-5
37. Zarate-Garcia L, Lane SIR, Merriman JA, Jones KT (2016) FACS-sorted putative oogonial stem cells from the ovary are neither DDX4-positive nor germ cells. Sci Rep 6:27991. https:// doi.org/10.1038/srep27991
38. Woods DC, Tilly JL (2013) Isolation, characterization and propagation of mitotically active germ cells from adult mouse and human ovaries. Nat Protoc 8:966–988. https://doi.org/10. 1038/nprot.2013.047

39. Woods DC, Tilly JL (2013) An evolutionary perspective on adult female germline stem cell function from flies to humans. Semin Reprod Med 31:24–32. https://doi.org/10.1055/s-0032- 1331794
40. Magnúsdóttir E, Surani MA (2014) How to make a primordial germ cell. Development 141:245–252. https://doi.org/10.1242/dev.098269
41. Virant-Klun I, Zech N, Rozman P, Vogler A, Cvjeticanin B, Klemenc P, Malicev E, Meden- Vrtovec H (2008) Putative stem cells with an embryonic character isolated from the ovarian surface epithelium of women with no naturally present follicles and oocytes. Differ Res Biol Divers 76:843–856. https://doi.org/10.1111/j.1432-0436.2008.00268.x
42. Parte S, Bhartiya D, Telang J, Daithankar V, Salvi V, Zaveri K, Hinduja I (2011) Detection, characterization, and spontaneous differentiation in vitro of very small embryonic-like puta- tive stem cells in adult mammalian ovary. Stem Cells Dev 20:1451–1464. https://doi.org/10. 1089/scd.2010.0461
43. Bhartiya D, Patel H, Parte S (2018) Improved understanding of very small embryonic-like stem cells in adult mammalian ovary. Hum Reprod 33:978–979. https://doi.org/10.1093/hum rep/dey039
44. Virant-Klun I (2018) Functional testing of primitive oocyte-like cells developed in ovarian surface epithelium cell culture from small VSEL-like stem cells: can they be fertilized one day? Stem Cell Rev Rep 14:715–721. https://doi.org/10.1007/s12015-018-9832-y
45. Zou K, Yuan Z, Yang Z, Luo H, Sun K, Zhou L, Xiang J, Shi L, Yu Q, Zhang Y, Hou R, Wu J (2009) Production of offspring from a germline stem cell line derived from neonatal ovaries. Nat Cell Biol 11:631–636. https://doi.org/10.1038/ncb1869
46. Bhartiya D, Anand S, Patel H, Parte S (2017) Making gametes from alternate sources of stem cells: past, present and future. Reprod Biol Endocrinol 15:89. https://doi.org/10.1186/s12958- 017-0308-8
47. Ratajczak J, Wysoczynski M, Zuba-Surma E, Wan W, Kucia M, Yoder MC, Ratajczak MZ (2011) Adult murine bone marrow-derived very small embryonic-like stem cells differentiate into the hematopoietic lineage after coculture over OP9 stromal cells. Exp Hematol 39:225–237. https://doi.org/10.1016/j.exphem.2010.10.007
48. Sriraman K, Bhartiya D, Anand S, Bhutda S (2015) Mouse ovarian very small embryonic- like stem cells resist chemotherapy and retain ability to initiate oocyte-specific differentiation. Reprod Sci 22:884–903. https://doi.org/10.1177/1933719115576727
49. Truman AM, Tilly JL, Woods DC (2017) Ovarian regeneration: The potential for stem cell contribution in the postnatal ovary to sustained endocrine function. Mol Cell Endocrinol 445:74–84. https://doi.org/10.1016/j.mce.2016.10.012
50. Bhartiya D (2017) Letter to the editor: rejuvenate eggs or regenerate ovary? Mol Cell Endocrinol 446:111–113. https://doi.org/10.1016/j.mce.2017.03.008
51. Bhartiya D (2019) Fertility preservation for female cancer patients by manipulating ovarian stem cells that survive oncotherapy. Onco Fertil J 2:53. https://doi.org/10.4103/tofj.tofj_1 2_19
52. Na J, Kim GJ (2020) Recent trends in stem cell therapy for premature ovarian insufficiency and its therapeutic potential: a review. J Ovarian Res 13:74. https://doi.org/10.1186/s13048- 020-00671-2
53. Wang Z, Wei Q, Wang H, Han L, Dai H, Qian X, Yu H, Yin M, Shi F, Qi N (2020) Mesenchymal stem cell therapy using human umbilical cord in a rat model of autoimmune-induced premature ovarian failure. Stem Cells Int 2020:3249495. https://doi.org/10.1155/2020/3249495
54. Malard PF, Peixer MAS, Grazia JG, Brunel H dos SS, Feres LF, Villarroel CL, Siqueira LGB, Dode MAN, Pogue R, Viana JHM, Carvalho JL (2020) Intraovarian injection of mesenchymal stem cells improves oocyte yield and in vitro embryo production in a bovine model of fertility loss. Sci Rep 10:8018. https://doi.org/10.1038/s41598-020-64810-x
55. Edessy M, Hosni H, Shady Y, Waf Y, Bakry S, Kamel M (2016) Autologous stem cells therapy, the first baby of idiopathic premature ovarian failure. Acta Medial Int 3:19–23. https://doi. org/10.5530/ami.2016.1.7
56. Bahrehbar K, Rezazadeh Valojerdi M, Esfandiari F, Fathi R, Hassani S-N, Baharvand H (2020) Human embryonic stem cell-derived mesenchymal stem cells improved premature ovarian failure. World J Stem Cells 12:857–878.

https://doi.org/10.4252/wjsc.v12.i8.857

57. Zhang Q, Sun J, Huang Y, Bu S, Guo Y, Gu T, Li B, Wang C, Lai D (2019) Human amniotic epithelial cell-derived exosomes restore ovarian function by transferring microRNAs against apoptosis. Mol Ther Nucleic Acids 16:407–418. https://doi.org/10.1016/j.omtn.2019.03.008
58. Ferraro F, Celso CL, Scadden D (2010) Adult stem cels and their niches. Adv Exp Med Biol 695:155–168. https://doi.org/10.1007/978-1-4419-7037-4_11
59. Spradling A, Drummond-Barbosa D, Kai T (2001) Stem cells find their niche. Nature 414:98–104. https://doi.org/10.1038/35102160
60. Niikura Y, Niikura T, Tilly JL (2009) Aged mouse ovaries possess rare premeiotic germ cells that can generate oocytes following transplantation into a young host environment. Aging 1:971–978. https://doi.org/10.18632/aging.100105
61. de Rooij DG (2017) The nature and dynamics of spermatogonial stem cells. Development 144:3022–3030. https://doi.org/10.1242/dev.146571
62. Bhartiya D, Anand S, Patel H, Kaushik A, Pramodh S (2019) Testicular stem cells, sper- matogenesis and infertility. In: Singh R (ed) Molecular mechanisms in spermatogenesis and infertility, 1st edn. CRC Press, Boca Raton, pp 17–29
63. Sharma S, Wistuba J, Pock T, Schlatt S, Neuhaus N (2019) Spermatogonial stem cells: updates from specification to clinical relevance. Hum Reprod Update 25:275–297. https://doi.org/10. 1093/humupd/dmz006
64. Sharma S, Wistuba J, Neuhaus N, Schlatt S (2020) Reply: Pluripotent very small embryonic- like stem cells co-exist along with spermatogonial stem cells in adult mammalian testis. Hum Reprod Update 26:138. https://doi.org/10.1093/humupd/dmz031
65. Anand S, Bhartiya D, Sriraman K, Mallick A (2016) Underlying mechanisms that restore spermatogenesis on transplanting healthy niche cells in busulphan treated mouse testis. Stem Cell Rev Rep 12:682–697. https://doi.org/10.1007/s12015-016-9685-1
66. Patel H, Bhartiya D (2016) Testicular stem cells express follicle-stimulating hormone recep- tors and are directly modulated by FSH. Reprod Sci 23:1493–1508. https://doi.org/10.1177/ 1933719116643593
67. Kurkure P, Prasad M, Dhamankar V, Bakshi G (2015) Very small embryonic-like stem cells (VSELs) detected in azoospermic testicular biopsies of adult survivors of childhood cancer. Reprod Biol Endocrinol 13:122. https://doi.org/10.1186/s12958-015-0121-1
68. Eliyasi Dashtaki M, Hemadi M, Saki G, Mohammadiasl J, Khodadadi A (2020) Spermatogen- esis recovery potentials after transplantation of adipose tissue-derived mesenchymal stem cells cultured with growth factors in experimental azoospermic mouse models. Cell J 21:401–409. https://doi.org/10.22074/cellj.2020.6055
69. Sagaradze GD, Basalova NA, Efimenko AYu, Tkachuk VA (2020) Mesenchymal stromal cells as critical contributors to tissue regeneration. Front Cell Dev Biol 8:576176. https://doi.org/ 10.3389/fcell.2020.576176
70. Bhartiya D (2018) Stem cells survive oncotherapy & can regenerate non-functional gonads: a paradigm shift for oncofertility. Indian J Med Res 148:S38–S49. https://doi.org/10.4103/ ijmr.IJMR_2065_17
71. Behre HM (2019) Clinical Use of FSH in Male Infertility. Front Endocrinol 10:322. https:// doi.org/10.3389/fendo.2019.00322
72. Simoni M, Brigante G, Rochira V, Santi D, Casarini L (2020) Prospects for FSH treatment of male infertility. J Clin Endocrinol Metab 105:2105–2118. https://doi.org/10.1210/clinem/ dgaa243
73. Simoni M, Santi D (2020) FSH treatment of male idiopathic infertility: time for a paradigm change. Andrology 8:535–544. https://doi.org/10.1111/andr.12746
74. Anand S, Patel H, Bhartiya D (2015) Chemoablated mouse seminiferous tubular cells enriched for very small embryonic-like stem cells undergo spontaneous spermatogenesis in vitro. Reprod Biol Endocrinol 13:33. https://doi.org/10.1186/s12958-015-0031-2
75. Shaikh A, Anand S, Kapoor S, Ganguly R, Bhartiya D (2017) Mouse bone marrow VSELs exhibit differentiation into three embryonic germ lineages and germ & hematopoietic cells in culture. Stem Cell Rev Rep 13:202–216.

https://doi.org/10.1007/s12015-016-9714-0

76. Bhartiya D, Kaushik A (2021) Testicular stem cell dysfunction due to environmental insults could be responsible for deteriorating reproductive health of men. Reprod Sci 28:649–658. https://doi.org/10.1007/s43032-020-00411-3
77. Padykula HA (1991) Regeneration in the primate uterus: the role of stem cells. Ann N Y Acad Sci 622:47–56. https://doi.org/10.1111/j.1749-6632.1991.tb37849.x
78. Taylor HS (2004) Endometrial cells derived from donor stem cells in bone marrow transplant recipients. J Am Med Assoc 292:81–85. https://doi.org/10.1001/jama.292.1.81
79. Bozorgmehr M, Gurung S, Darzi S, Nikoo S, Kazemnejad S, Zarnani A-H, Gargett CE (2020) Endometrial and menstrual blood mesenchymal stem/stromal cells: biological properties and clinical application. Front Cell Dev Biol 8:497. https://doi.org/10.3389/fcell.2020.00497
80. Cousins FL, Dorien FO, Gargett CE (2018) Endometrial stem/progenitor cells and their role in the pathogenesis of endometriosis. Best Pract Res Clin Obstet Gynaecol 50:27–38. https:// doi.org/10.1016/j.bpobgyn.2018.01.01
81. Crisan M, Yap S, Casteilla L, Chen C-W, Corselli M, Park TS, Andriolo G, Sun B, Zheng B, Zhang L, Norotte C, Teng P-N, Traas J, Schugar R, Deasy BM, Badylak S, Buhring H-J, Giacobino J-P, Lazzari L, Huard J, Péault B (2008) A perivascular origin for mesenchymal stem cells in multiple human organs. Cell Stem Cell 3:301–313. https://doi.org/10.1016/j. stem.2008.07.003
82. Caplan AI (2008) All MSCs are pericytes? Cell Stem Cell 3:229–230. https://doi.org/10.1016/ j.stem.2008.08.008
83. Bhartiya D (2013) Are mesenchymal cells indeed pluripotent stem cells or just stromal cells? OCT-4 and VSELs biology has led to better understanding. Stem Cells Int 2013:547501. https://doi.org/10.1155/2013/547501
84. Bhartiya D (2016) An update on endometrial stem cells and progenitors. Hum Reprod Update 22:529–530. https:// doi.org/10.1093/humupd/dmw010
85. Abbaszadeh H, Ghorbani F, Derakhshani M, Movassaghpour A, Yousefi M (2020) Human umbilical cord mesenchymal stem cell-derived extracellular vesicles: a novel therapeutic paradigm. J Cell Physiol 235:706–717. https://doi.org/10.1002/jcp.29004
86. Zhao R, Chen X, Song H, Bie Q, Zhang B (2020) Dual role of MSC-derived exosomes in tumor development. Stem Cells Int 2020:8844730. https://doi.org/10.1155/2020/8844730
87. Marinaro F, Sánchez-Margallo FM, Álvarez V, López E, Tarazona R, Brun MV, Blázquez R, Casado JG (2019) Meshes in a mess: mesenchymal stem cell-based therapies for soft tissue reinforcement. Acta Biomater 85:60–74. https://doi.org/10.1016/j.actbio.2018.11.042
88. Esfandyari S, Chugh RM, Park H-S, Hobeika E, Ulin M, Al-Hendy A (2020) Mesenchymal stem cells as a bio organ for treatment of female infertility. Cells 9:2253. https://doi.org/10. 3390/cells9102253
89. Yin P, Ono M, Moravek MB, Coon JS, Navarro A, Monsivais D, Dyson MT, Druschitz SA, Malpani SS, Serna VA, Qiang W, Chakravarti D, Kim JJ, Bulun SE (2015) Human uterine leiomyoma stem/progenitor cells expressing CD34 and CD49b initiate tumors in vivo. J Clin Endocrinol Metab 100:E601-606. https://doi.org/10.1210/jc.2014-2134
90. Bhartiya D (2017) Shifting gears from embryonic to very small embryonic-like stem cells for regenerative medicine. Indian J Med Res 146:15–21. https://doi.org/10.4103/ijmr.IJMR_1 485_16
91. Marquardt RM, Kim TH, Shin J-H, Jeong J-W (2019) Progesterone and estrogen signaling in the endometrium: what goes wrong in endometriosis? Int J Mol Sci 20:3822. https://doi. org/10.3390/ijms20153822
92. Pierro E, Minici F, Alesiani O, Miceli F, Proto C, Screpanti I, Mancuso S, Lanzone A (2001) Stromal-epithelial interactions modulate estrogen responsiveness in normal human endometrium. Biol Reprod 64:831–838. https:// doi.org/10.1095/biolreprod64.3.831
93. Cooke PS, Buchanan DL, Young P, Setiawan T, Brody J, Korach KS, Taylor J, Lubahn DB, Cunha GR (1997) Stromal estrogen receptors mediate mitogenic effects of estradiol on uterine epithelium. Proc Natl Acad Sci U S A 94:6535–6540. https://doi.org/10.1073/pnas.94.12.6535
94. Montgomery GW, Mortlock S, Giudice LC (2020) Should genetics now be considered the pre-eminent etiologic factor in endometriosis? J Minim Invasive Gynecol 27:280–286. https:// doi.org/10.1016/j.jmig.2019.10.020

95. Pasquier J, Rafii A (2012) Role of the microenvironment in ovarian cancer stem cell maintenance. BioMed Res Int 2013:e630782. https://doi.org/10.1155/2013/630782
96. Trosko JE (2006) From adult stem cells to cancer stem cells: Oct-4 gene, cell-cell communi- cation, and hormones during tumor promotion. Ann N Y Acad Sci 1089:36–58. https://doi. org/10.1196/annals.1386.018
97. Tai M-H, Chang C-C, Kiupel M, Webster JD, Olson LK, Trosko JE (2005) Oct4 expression in adult human stem cells: evidence in support of the stem cell theory of carcinogenesis. Carcinogenesis 26:495–502. https://doi. org/10.1093/carcin/bgh321
98. Looijenga LHJ, Van der Kwast TH, Grignon D, Egevad L, Kristiansen G, Kao C-S, Idrees MT (2020) Report from the International Society of Urological Pathology (ISUP) consultation conference on molecular pathology of urogenital cancers: IV: current and future utilization of molecular-genetic tests for testicular germ cell tumors. Am J Surg Pathol 44:e66–e79. https:// doi.org/10.1097/PAS.0000000000001465
99. Oosterhuis JW, Looijenga LHJ (2019) Human germ cell tumours from a developmental perspective. Nat Rev Cancer 19:522–537. https://doi.org/10.1038/s41568-019-0178-9
100. Jones TD, Ulbright TM, Eble JN, Cheng L (2004) OCT4: a sensitive and specific biomarker for intratubular germ cell neoplasia of the testis. Clin Cancer Res Off J Am Assoc Cancer Res 10:8544–8547. https://doi. org/10.1158/1078-0432.CCR-04-0688
101. Virant-Klun I, Leicht S, Hughes C, Krijgsveld J (2016) Identification of maturation-specific proteins by single-cell proteomics of human oocytes. Mol Cell Proteomics MCP 15:2616– 2627. https://doi.org/10.1074/mcp. M115.056887
102. Virant-Klun I, Stimpfel M (2016) Novel population of small tumour-initiating stem cells in the ovaries of women with borderline ovarian cancer. Sci Rep 6:34730. https://doi.org/10. 1038/srep34730
103. Kenda Šuster N, Frković Grazio S, Virant-Klun I, Verdenik I, Smrkolj Š (2017) Cancer stem cell-related marker NANOG expression in ovarian serous tumors: a clinicopathological study of 159 cases. Int J Gynecol Cancer Off J Int Gynecol Cancer Soc 27:2006–2013. https://doi. org/10.1097/IGC.0000000000001105
104. Zuber E, Schweitzer D, Allen D, Parte S, Kakar SS (2020) Stem cells in ovarian cancer and potential therapies. Proc Stem Cell Res Oncog 8:e1001. 14343/PSCRO:2020.8e1001
105. Laganà AS, Garzon S, Götte M, Viganò P, Franchi M, Ghezzi F, Martin DC (2019) The pathogenesis of endometriosis: molecular and cell biology insights. Int J Mol Sci 20:5615. https://doi.org/10.3390/ijms20225615
106. Masuda H, Matsuzaki Y, Hiratsu E, Ono M, Nagashima T, Kajitani T, Arase T, Oda H, Uchida H, Asada H, Ito M, Yoshimura Y, Maruyama T, Okano H (2010) Stem cell-like properties of the endometrial side population: implication in endometrial regeneration. PloS One 5:e10387. https://doi.org/10.1371/journal.pone.0010387
107. Othman ER, Meligy FY, Sayed AA-R, El-Mokhtar MA, Refaiy AM (2018) Stem cell markers describe a transition from somatic to pluripotent cell states in a rat model of endometriosis. Reprod Sci 25:873–881. https://doi. org/10.1177/1933719117697124
108. Song Y, Xiao L, Fu J, Huang W, Wang Q, Zhang X, Yang S (2014) Increased expression of the pluripotency markers sex-determining region Y-box 2 and Nanog homeobox in ovarian endometriosis. Reprod Biol Endocrinol 12:42. https://doi.org/10.1186/1477-7827-12-42
109. Prusinski Fernung LE, Yang Q, Sakamuro D, Kumari A, Mas A, Al-Hendy A (2018) Endocrine disruptor exposure during development increases incidence of uterine fibroids by altering DNA repair in myometrial stem cells. Biol Reprod 99:735–748. https://doi.org/10.1093/bio lre/ioy097
110. Brakta S, Mas A, Al-Hendy A (2018) The ontogeny of myometrial stem cells in OCT4- GFP transgenic mouse model. Stem Cell Res Ther 9:333. https://doi.org/10.1186/s13287- 018-1079-7
111. Mas A, Stone L, O'Connor PM, Yang Q, Kleven D, Simon C, Walker CL, Al-Hendy A (2017) Developmental exposure to endocrine disruptors expands murine myometrial stem cell compartment as a prerequisite to leiomyoma tumorigenesis. Stem Cells 35:666–678. https://doi.org/10.1002/stem.2519
112. Ono M, Kajitani T, Uchida H, Arase T, Oda H, Nishikawa-Uchida S, Masuda H, Nagashima T, Yoshimura Y, Maruyama T (2010) OCT4 expression in human uterine myometrial stem/progenitor cells. Hum Reprod 25:2059–

2067. https://doi.org/10.1093/humrep/deq163

113. Zhang R, Jiao J, Chu H, Yang H, Wang L, Gao N (2018) Expression of microRNA-145, OCT4, and SOX2 in double primary endometrioid endometrial and ovarian carcinomas. Histol Histopathol 33:859–870. https://doi.org/10.14670/HH-11-986
114. Pityn´ski K, Banas T, Pietrus M, Milian-Ciesielska K, Ludwin A, Okon K (2015) SOX-2, but not Oct4, is highly expressed in early-stage endometrial adenocarcinoma and is related to tumour grading. Int J Clin Exp Pathol 8:8189–8198
115. Sun Y, Yoshida T, Okabe M, Zhou K, Wang F, Soko C, Saito S, Nikaido T (2017) Isolation of stem-like cancer cells in primary endometrial cancer using cell surface markers CD133 and CXCR4. Transl Oncol 10:976–987. https://doi.org/10.1016/j.tranon.2017.07.007
116. Bhartiya D, Kaushik A (2021) Testicular stem cell dysfunction due to environmental insults could be responsible for deteriorating reproductive health of men. Reprod Sci 28(3):649–658
117. Bhartiya D, Patel H, Kaushik A, Singh P, Sharma D (2021) Endogenous, tissue-resident stem/ progenitor cells in gonads and bone marrow express FSHR and respond to FSH via FSHR-3. J Ovarian Res 14(1):145. https://doi.org/10.1186/s13048-021-00883-0

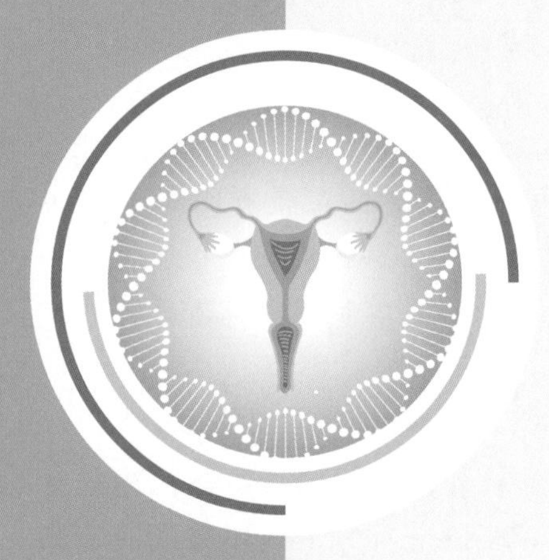

第13章

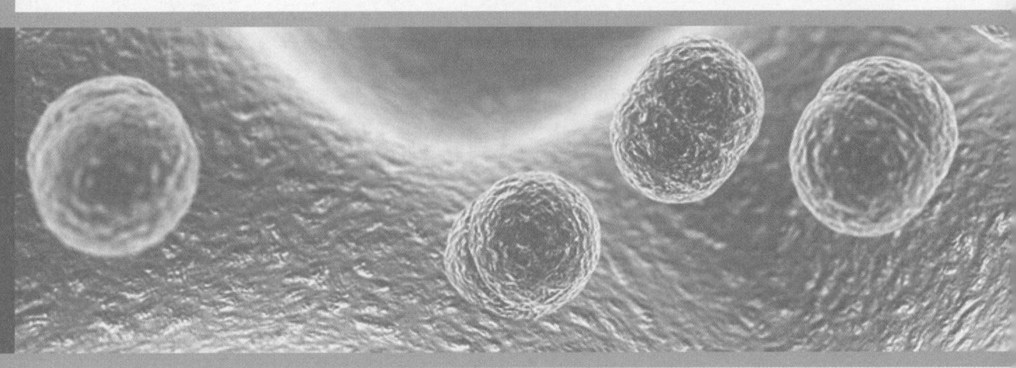

羊膜：一种兼具干细胞样细胞与细胞外基质的独特组织——再生医学中不可或缺的潜力载体

Taja Ramuta Železnik, Larisa Tratnjek, Mateja Kreft Erdani

摘要

导言：人羊膜（hAM）在临床上应用已有100年的历史，特别是在眼科和皮肤科。在这一章中，我们揭示了hAM的独特性质，如促进上皮化，去瘢痕化和纤维化，促血管生成和抗血管生成、低免疫原性、免疫调节活性，以及其抗癌和抗菌等特性，这些都有利于其在再生医学中的应用。

方法：我们总结了关于羊膜在再生医学中潜在用途的新知识。

结果：我们揭示了hAM是一种干细胞样细胞和细胞外基质的独特组合，其容易获得且在伦理上是可接受使用的，这进一步证明了其在再生医学中具有不可或缺的潜力。此外，我们还介绍了hAM衍生的制剂，这些制剂正处于开发和测试中，主要在组织工程学和再生医学等多个领域中起到治疗或药物运载的作用。其中包括hAM衍生的细胞和组织、hAM混合液、hAM提取物、含hAM的水凝胶，以及条件培养基或细胞外囊泡形式的hAM分泌体。

结论：尽管近期关于hAM衍生制剂的体外和体内研究都显示出良好的实验结果，但未来应特别关注这些制剂的功能表征、标准化和储存，以确保hAM衍生产品的高质量，并加快其从实验室到临床应用的转化。

关键词：羊膜、癌症、细胞外基质、感染、再生医学、干细胞、组织工程

专业术语中英文对照

英文缩写	英文全称	中 文
bFGF	Basic fibroblast growth factor	碱性成纤维细胞生长因子
Cdk4	Cyclin-dependent kinase 4	细胞周期蛋白依赖性激酶4
DPPA3	Developmental pluripotency protein 3（STELLA）	发育多能性相关蛋白3（STELLA）
ECM	Extracellular matrix	细胞外基质
EGF	Epidermal growth factor	表皮生长因子
hAEC	Human amniotic membrane epithelial cells	人羊膜上皮细胞
hAM	Human amniotic membrane	人羊膜
hAMSC	Human amniotic membrane mesenchymal stromal cells	人羊膜间充质基质细胞
HGF	Hepatocyte growth factor	肝细胞生长因子
HGFR	Hepatocyte growth factor receptor	肝细胞生长因子受体
HLA	Human leukocyte antigen	人类白细胞抗原
hPAM	Human placental amniotic membrane	人胎盘羊膜
hRAM	Human reflected amniotic membrane	人体反射羊膜
hUC-AM	Human umbilical cord amniotic membrane	人脐带羊膜
IL-1	Interleukin 1	白细胞介素1
KGF	Keratinocyte growth factor	角质细胞生长因子
KLF4	Krüppel-like factor-4	Krüppel样因子4

续表

英文缩写	英文全称	中　文
MHC	Major histocompatibility complex	主要组织相容性复合物
MIG	Monokine induced by gamma interferon	γ干扰素诱导的单核因子
MIP1α	Macrophage inflammatory protein 1α	巨噬细胞炎症蛋白1α
OCT4	Octamer-binding transcription factor 4	八聚体结合转录因子4
PBMC	Peripheral blood mononuclear cells	外周血单核细胞
PDGF	Platelet-derived growth factor	血小板衍生生长因子
PEDF	Pigment epithelium-derived factor	色素上皮衍生因子
PROM1	Prominin 1	普罗敏1
SOX2	Sex-determining region Y（SRY）-related HMG-box gene 2	性别决定区Y（SRY）相关HMG-box基因2
SSEA-3	Stage-specific embryonic antigens 3	阶段特异性胚胎抗原-3
TDGF-1	Teratocarcinoma-derived growth factor 1	畸胎瘤衍生生长因子1
TGF-α	Transforming growth factor α	转化生长因子α
TGF-β	Transforming growth factor β	转化生长因子-β
Th1	T helper 1 cell	辅助T细胞1
TIMP	Tissue inhibitor of metalloproteinases	金属蛋白酶抑制剂
TRA	Tumor rejection antigens	肿瘤排斥抗原
VEGF	Vascular endothelial growth factor	血管内皮生长因子

一、导言

对公共卫生事业而言，用于器官移植的组织和器官短缺是一项重大的挑战，由于难以获得足够的组织［每年只有146 840个器官被移植（引自全球捐赠和移植观察站，2018）］和患者存在免疫系统排斥的风险，因此非常需要结合再生组织的新疗法从而减少对移植的依赖。再生医学是一个快速发展的领域，它结合了生物学、工程学和医学知识，用于细胞、组织或器官的开发和临床应用，采用跨学科的方法来替代受损组织或刺激原始组织的再生。再生医学在临床上的4种主要治疗方法分别是基于生物载体（支架）、细胞、生物载体和细胞的组合，即组织工程学，以及分泌蛋白组。

生产能够改善或促进组织再生功能的新型生物材料或生物运载体是许多研究内容的重点。hAM是组织工程学和再生医学应用中最具潜力的材料之一，它是胎盘的最内层，具有许多特性，如促进上皮化，抑制纤维化和免疫调节等特性，适合用于再生医学。

二、人羊膜的结构

hAM由人羊膜上皮细胞（hAEC）、基底层和hAM间质组成（图13.1）。后者又分为致密层、人羊膜间充质细胞层和海绵状层。尽管结构一致，但根据其在胎盘中的解

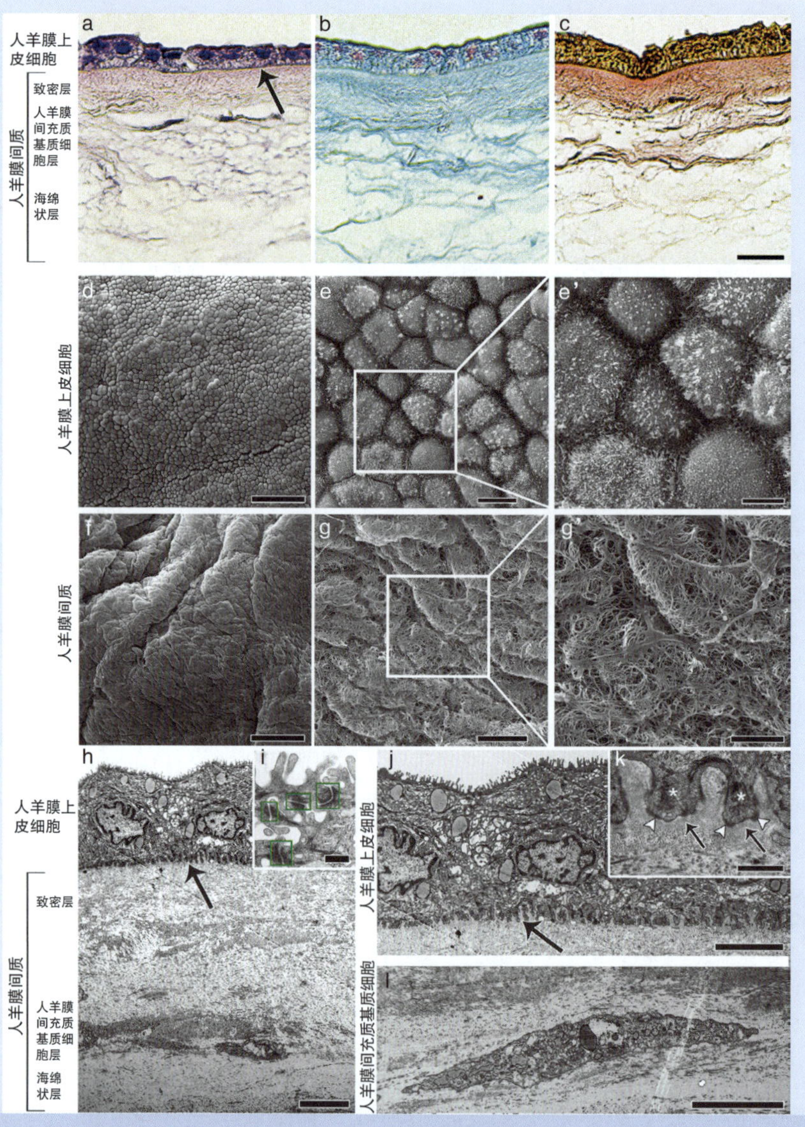

hAM 由单层 hAEC、基膜（黑色箭头所示）和人羊膜间质组成，其中人羊膜间质进一步由致密层、hAMSC 层和海绵层构成。hAM 的苏木精 - 伊红染色（a）显示，人羊膜上皮细胞和人羊膜间充质干细胞的细胞核被染成蓝色，羊膜基膜较厚（箭头所示），其下方为人羊膜间质。Alcian 蓝染色（b）和 Weigert-Van Gieson 染色（c）显示了酸性蛋白聚糖（蓝色，b）和胶原纤维（浅红色，c）在人羊膜间质中的分布位置。扫描电子显微镜显示人羊膜上皮细胞的顶面有微绒毛，呈放大状态（d ~ e'）。胶原纤维在人羊膜间质的致密层中密集排列（f ~ g'）。透射电子显微镜显示人羊膜上皮细胞和人羊膜间质的横截面，二者被较厚的基膜分隔开（黑色箭头，h、j、k）。人羊膜上皮细胞在顶面有大量微绒毛，细胞核不规则，细胞质内含有大量囊泡（h、j）。相邻的人羊膜上皮细胞通过大量桥粒相连（绿色方块，i）。人羊膜上皮细胞基底质膜表面因足突（星号，k）而扩大，并通过半桥粒（箭头，j）附着于基膜（黑色箭头，h、j、k）。构成人羊膜间充质干细胞层的细胞大多呈梭形（l）。图 e 和 g 中的白色框选区域分别在图 e' 和 g' 中以放大视图显示。比例尺：20 μm（a ~ c）、100 μm（d、f）、10 μm（e、g）、5 μm（e'、g'）、6 μm（h、j、l）、400 nm（i）和 600 nm（k）。

图 13.1 阴道足月分娩 hAM 的结构，使用标准组织学技术（a ~ c）、扫描电子显微镜（d ~ g'）和透射电子显微镜（h ~ l）进行检查

剖区域，hAM还是存在一定差异。即hAM在解剖学上分为附着于胎盘面的人胎盘羊膜（hPAM）、附着于胎膜面的人反射羊膜（hRAM）和附着于脐带的人脐带羊膜（hUC-AM）。Han等关于足月hAM的研究表明，hPAM和hRAM在足月时基因表达存在明显差异，同时也发现了足月hAM区域中microRNAome和miR-143对前列腺素内过氧化物合酶2调节的差异。同样，Centurione等证明了hAM从不同区分离的hAEC中多能标志物八聚体结合转录因子4（OCT4）和性别决定区Y（SRY）相关的HMG-box基因2（*SOX2*）表达的异质性。Banerjee等人证明了hPAM和hRAM的hAEC在形态、线粒体活性、活性氧含量、ATP和乳酸浓度方面存在差异。这些发现表明，在评估hAM的再生效果时，应特别注意hAM采集的区域，以保证hAM的再生效果最好。

1.人羊膜上皮细胞

hAEC形成单层立方体细胞，与羊水接触（图13.1a～e、j、k）。这些细胞表达以下标志物：CD9、CD10、CD13、CD24、CD29、CD44、CD49e、CD54、CD73、CD79、CD90、CD105、CD140b、CD166、CD324，以及POU5F1、CFC1、DPPA3、PROM1和PAX6。由于hAM是在原肠胚形成之前由外胚层形成的，因此hAEC保留了早期外胚层细胞的一些多能性。经多个研究组证实，hAEC能表达胚胎干细胞表面标志物，即肿瘤排斥抗原1-60（TRA1-60）、TRA1-81、阶段特异性胚胎抗原-3（SSEA-3）、SSEA-4、畸胎癌衍生生长因子1（TDGF-1）和GCTM-2。此外，研究人员还发现hAEC表达了干细胞特有的转录因子：OCT4，NANOG，SOX2和SOX3。

hAEC大多在妊娠中早期表达干细胞表面标志物，只有一小部分hAEC在足月胎盘表达。此外，妊娠足月时，只有1%～3%的hAEC表达NANOG，9%表达SSEA-3，44%表达SSEA-4，10%表达TRA标志物，只有4%的hAEC同时表达SSEA-4、TRA1-60和TRA1-81。在现阶段培养条件下，hAEC干细胞标志物阳性的百分占比从再分化第4代开始逐步下降。

hAEC能够分化为3个胚层：外胚层、中胚层和内胚层。研究表明，它们能够在体外分化为成骨、心脏、肝脏、软骨、骨骼肌、胰腺和脂肪。此外，研究人员还能够将hAEC分化为神经元及神经胶质细胞，产生表面活性物质的肺泡上皮细胞，以及分泌胰岛素的胰腺β细胞。有趣的是，培养的hAEC可以通过成骨能力、脂肪形成和软骨分化，以及表达细胞表面标志物CD73、CD90和CD105获得间充质干细胞样表型。另外，hAEC不表达造血细胞表面标志物CD45、CD34、CD14、CD79和HLA-DR。

2.人羊膜间充质基质细胞

在hAMSC层有两种细胞群，即人羊膜间充质间质细胞（hAMSC）和成纤维细胞（图13.1a～c、h、l）。这两种细胞群都表达细胞表面标志物CD29、CD44、CD79、CD90和CD105，但这两个细胞群可以根据CD34是否表达来区分，因为hAMSC是表达细胞表面标志物CD34的，而成纤维细胞不表达。此外，hAMSC还表达CD73、CD90、CD105、CD117、CD133、CD146、CD201和Globo H标志物，而文献中关于CD271的表达存在一些不同观点。与hAEC相似，hAMSC的一个亚群表达了一些多能细胞的标志物，即OCT3、

OCT4、SSEA-1、SSEA-3、SSEA-4、SOX2、NANOG、KLF4和REX-1。然而，多能标志物的表达在培养过程中逐步下降，如SOX2、NANOG和KLF4。

有研究表明，hAMSC仅表达低水平的TRA1-60和TRA1-80，甚至根本不表达。关于hAMSC中SSEA-3和SSEA-4的表达，研究结果存在相互矛盾，有的显示hAMSC仅表达一小部分这些标志物，而有的研究却多达43%。

hAMSC具有分化为3个胚层的能力。研究表明，它们具有脂肪生成、软骨生成、成骨生成、骨骼肌生成、血管生成、神经生成、胰腺生成和心肌生成的分化潜能。

3.hAM细胞外基质

hAM的完整性和机械强度是由其细胞外基质（ECM）提供的，它在hAM基质的结缔组织中非常丰富（图13.1a～c，f～h），而位于上皮的hAEC层中则少得多。在hAM间质致密层中，以Ⅰ、Ⅲ、Ⅴ、Ⅵ型胶原和纤维连接蛋白为主，而hAMSC层中含有Ⅰ、Ⅲ、Ⅵ型胶原、巢蛋白、层粘连蛋白-5和细胞外的纤连蛋白。海绵层由松散排列的ECM成分组成，即Ⅰ、Ⅲ和Ⅳ型胶原蛋白、蛋白聚糖和透明质酸。

hAM的另一个重要组成部分也是ECM的一种特殊形式，即基底层（图13.1a、h、j、k），它位于hAM的上皮组织和结缔组织之间，由Ⅲ、Ⅳ和Ⅴ型胶原、层粘连蛋白-5、纤维连接蛋白和氮素组成，它们紧密相连。

三、什么使hAM适用于临床实践？

hAM是一种多功能性组织，其在再生医学中的应用潜力在一个多世纪前就已得到证实。hAM是一种生物屏障，它通过构成一个解剖学上、生理学上和免疫学上的特殊空间来支持胎儿的生长发育。同ECM一样，hAM的衍生细胞提供了一种分子混合物，进而促进组织再生，且不会或仅轻微诱导宿主产生免疫反应（表13.1）。

1.hAM促上皮化

组织再生是不同细胞类型相互作用的结果，这取决于目标组织（如上皮细胞、免疫细胞、成纤维细胞、血小板）和ECM的成分。它受生化介质（即细胞因子和生长因子）的调节。hAM表达大量有助于上皮形成的分子，即表皮生长因子（EGF）、转化生长因子（TGF-α、TGF-β）、肝细胞生长因子（HGF）、HGF受体（HGFR）、角化细胞生长因子（KGF）、KGF受体（KGFR）、碱性成纤维细胞生长因子（bFGF）和血小板衍生生长因子（PDGF）。Koizumi等人和Gicquel等人证明，这些分子存在于原始的hAM和去上皮化的hAM中，然而，后者的浓度要低得多，这表明它们起源于hAEC。此外，Jin等研究表明，hAEC条件培养基也能显著促进细胞迁移，这也说明上述大多数生长因子都参与了旁分泌信号传导。hAM中的ECM为修复上皮组织提供了结构支持，在伤口愈合中起着重要作用。因此，hAM可以作为促进上皮细胞增殖和分化的支架。

表 13.1　hAM 衍生细胞表达或分泌的分子以及 hAM 中的 ECM 组成成分，这些成分的特性便是 hAM 在再生医学中所具备的价值

hAM 对其他细胞的作用	hAM 衍生细胞	细胞外基质
促上皮化	表皮生长因子	Ⅰ、Ⅲ、Ⅳ、Ⅴ、Ⅵ型胶原
	TGF-α	纤维连接蛋白
	TGF-β	弹性蛋白
	HGF	巢蛋白
	HGFR	
	KGF	
	KGFR	透明质酸
	bFGF	
	PDGF	
去瘢痕和纤维化	TIMP1-4	透明质酸
	抑制靶细胞中的IL-1、IL-6、IL-8，TGF-β	
促血管生成作用	VEGF	
	血管生成素	
	血管生成素-2	
	IL-2	
	IL-8	
	干扰素-γ	
	bFGF	
	EGF	
	HGF	
	PDGF	
抗血管生成作用	血小板反应素1	
	硫酸肝素蛋白多糖	
	PEDF	
	内皮他丁	
	金属蛋白酶抑制剂1 ~ 4	
抑菌作用	α-防御素（HNP1 ~ 3）	
	β-防御素（HBD1 ~ 3）	
	SLPI	
	Elafin	
	H2A、H2B组蛋白	

2.hAM去瘢痕化和纤维化

伤口愈合不良和（或）不适当的组织修复可导致瘢痕和纤维化，从而导致组织功能障碍。研究人员正在研究使用各种干细胞，包括hAM衍生的干细胞样细胞，来促进伤口愈

合，同时最大限度地减少纤维化。

纤维化的特征是ECM过度沉积。一些蛋白酶，如金属蛋白酶-9、金属蛋白酶-12、金属蛋白酶-13，可具有促纤维化功能，而hAM通过分泌金属蛋白酶抑制剂TIMP-1、TIMP-2、TIMP-3、TIMP-4来抑制纤维化。hAEC和hAMSC均能分泌这4种TIMP。此外，hAM的抗炎活性也对其抗纤维化有支持作用，因为hAM可抑制靶细胞中IL-1、IL-6、IL-8和TGF-β的表达。

3.hAM的促血管生成和抗血管生成活性

hAEC分泌一些促血管生成因子，即血管内皮生长因子（VEGF）、血管生成素、血管生成素-2、IL-6、IL-8、干扰素-γ、bFGF、EGF、HGF和PDGF。有趣的是，hAEC还分泌抗血管生成因子，如血栓反应蛋白-1、硫酸肝素蛋白多糖、色素上皮衍生因子（PEDF）和内皮抑制素。此外，hAM衍生细胞分泌的TIMP-1～TIMP-4也具有抗血管生成的作用。重要的是，Wolbank等人证明了hAM释放的血管生成因子取决于其制备方式，即hAM是未进行保存（完整/新鲜）、甘油保存还是冷冻保存。他们还表明，在制备hAM期间细胞活力的丧失与hAM分泌的细胞因子的丧失相关。

Niknejad等人在雄性大鼠身上进行了背侧皮褶室模拟实验，实验将雄鼠背侧的一层皮肤去除，植入hAM的上皮或间充质。他们证明了hAM基质在血管芽的数量和长度上有促进作用，而与hAEC接触的部分具有抗血管生成的作用。他们还进行了体外主动脉环生成试验，结果表明，只有从hAM中去除hAEC时，才能检测到血管生成。随后，Danieli等人进行了hAMSC对梗死大鼠心脏再生的影响研究，他们证明，将hAMSC条件培养基注射到梗死大鼠心脏中，可以限制梗死面积，减少心肌细胞凋亡和心室重构，并促进梗死边界区毛细血管形成。Nasiry等人最近的一项研究也证明了hAM的促血管生成活性，他们发现生物工程3D hAM支架通过改善血管长度密度来促进1型糖尿病大鼠缺血性伤口的愈合。

4.hAM低免疫原性

hAM受体不会引发同种异体或异种间的免疫反应。hAM细胞表达的主要组织相容性复合体（MHC）为Ⅰa类抗原（即HLA-A、HLA-B、HLA-C）和Ⅰb类抗原（HLA-G和HLA-E）。此外由于MHCⅡ类抗原，即HLA-DR和共刺激分子（CD80、CD86、CD275）的低表达或有限性表达，这些细胞被认为免疫原性较差。Magatti等人指出，hAM衍生的干细胞可能不具有免疫特性，并且免疫耐性性可能不是它们缺乏免疫原的结果，而是它们自身具备免疫抑制特性。

5.hAM的免疫调节活性

hAM衍生细胞通过减少中性粒细胞和巨噬细胞的迁移、抑制NK细胞的细胞毒性和减少IFN-γ表达来控制炎症。它们还抑制树突状细胞和（或）炎症性M1巨噬细胞的生成和成熟，并将巨噬细胞的分化转向抗炎性M2表型。此外，hAM衍生细胞的治疗会导致促炎细胞因子（IL-1α、IL-1β、IL-12、IL-8、TNF-α、MIP1α、MIP1β、MIG、Rantes、IP-10）的分泌减少，以及抗炎细胞因子IL-10的分泌增加。研究人员还发现，与hAM衍生细胞或其条件培养基共培养会导致共刺激蛋白（CD80、CD86、CD40）的表达降低。

在体外条件下，即在细胞–细胞接触、transwell系统或条件培养基处理时，hAM衍生细胞能够以剂量依赖的方式抑制活化的T辅助细胞（$CD4^+$）和T细胞毒性细胞（$CD8^+$）的增殖。此外，hAM衍生的细胞减少了T细胞数量，即Th1、Th9和Th17，以及相关细胞因子的数量，同时在混合淋巴细胞培养中促进了调节性T细胞的诱导。因此，hAM衍生的细胞往往有利于调节性T细胞的出现。另外，hAEC条件培养基能诱导小鼠B细胞凋亡，抑制脂多糖诱导的B细胞增殖。

有趣的是，hAM衍生的细胞同时具备免疫刺激能力。当低浓度的hAEC和hAMSC与未受刺激的异体外周血单核细胞（PBMC）一起培养时，hAM衍生的细胞刺激了PBMC的增殖。同样，低浓度的hAM衍生细胞也能明显地诱导T细胞增殖（表13.2）。

表13.2 hAM的免疫调节活性（基于微环境，hAM能够抑制或刺激免疫系统导致其促炎或抗炎活性）

hAM的免疫调节作用	内 容
抑制炎症	抑制靶细胞中的IL-1α、IL-1β、IL-12、IL-8、TNF-α、MIP1α、MIP1β、MIG、Rantes、IP-10
	靶细胞中共刺激蛋白（CD80、CD86、CD40）的表达减少
	促进靶细胞中IL-10的表达
	抑制活化的T辅助细胞（$CD4^+$）和T细胞毒性细胞（$CD8^+$）的增殖
	Th1、Th9和Th17细胞数量及相关细胞因子的减少
	促进调节性T细胞的诱导
免疫刺激	刺激PBMC和T细胞增殖

总之，这些研究证明了hAM的矛盾性质，它既能抑制也能刺激免疫系统。这需要进一步的研究来推断微环境中哪些因素决定了hAM在应用当中是促炎还是抗炎特性。此外，应特别注意这些研究中涉及的所有免疫细胞的特性。

6.hAM抗肿瘤活性

hAEC和hAMSC能够诱导癌细胞的细胞周期阻滞。Bu等人在荷瘤裸鼠模拟实验中表明，hAEC诱导上皮性卵巢癌细胞在G_0/G_1期细胞周期阻滞，并抑制这些细胞的生长。类似地，Magatti等人证明hAMSC通过诱导细胞周期阻滞在G_0/G_1期来降低造血和非造血来源的癌细胞的增殖。此外，hAMSC阻碍了与细胞周期进程相关的蛋白编码基因（*cyclin D2*、*cyclin E1*、*cyclin H*、*CDK4*、*CDK6*、*CDK2*）的表达，促进了细胞周期负调控因子的表达（p15，p21）。最近，我们证明了hAM衍生的细胞和hAM支架减少了肌肉侵袭性膀胱癌细胞的增殖，hAM支架降低了膀胱癌细胞的侵袭潜能和上皮–间质转化标志物的表达。重要的是，在hAM支架上生长的单个膀胱癌细胞甚至表达上皮标志物E-钙黏蛋白和闭合蛋白。肿瘤细胞新血管的发育和其对免疫系统的操纵，在肿瘤的生长和转移中至关重要，否则免疫系统便会阻止肿瘤的侵袭。hAM还通过其抗血管生成和免疫调节活性来阻止肿瘤转移。

不仅是细胞，hAM条件培养基也能诱导DNA合成的抑制，降低肝癌细胞的活力和数量，通过减少细胞周期蛋白D1和Ki67的表达并促进p53和p21的表达，来诱导细胞周期停滞在G_2/M期。另外，在小鼠异种移植模拟实验中，hAM衍生的细胞及其条件培养基影响癌细胞代谢活性和诱导多种癌细胞系凋亡。

Kim等人用hAMSC条件培养基处理乳腺癌细胞系MCF-7和MDA-MB-231，并证明该处理增加了癌细胞的增殖和迁移能力。Meng等人用hAMSC条件培养基处理肺腺癌细胞SPC-A-1和胃癌细胞系BGC-823，实验证明其在降低癌细胞运动能力的同时增强了癌细胞的增殖能力。总之，这些结果再次证明了hAM衍生制剂的矛盾性质，并指出需要进一步研究，利用成熟的相关仿生体外模拟实验来阐明hAM促癌和抗癌活性背后的确切机制。

7.hAM的抗菌活性

hAM分泌天然抗菌肽，是保护妊娠免受细菌、真菌和病毒感染所必需的。hAM及其衍生物（如hAM衍生细胞、混合液、提取物）的抗菌活性已被证明对几种革兰阳性和革兰阴性细菌及真菌具有抗菌活性。hAEC分泌人α-防御素和β-防御素，它们是在先天免疫中起重要作用的小抗菌肽，而hAMSC只分泌人β-防御素-3（HBD-3）。β-防御素是在促炎细胞因子或细菌产物（如HBD-2）存在的情况下组成性表达（如HBD-1）或诱导表达。此外，hAEC还分泌含有乳清酸性肽（WAP）基元的蛋白，即分泌白细胞蛋白酶抑制剂（SLPI）和弹性蛋白酶抑制剂。hAM的额外抗菌活性是由H2A和H2B组蛋白提供的，这些组蛋白由hAEC分泌，能够中和内毒素。

四、应用hAM作为治疗剂的新方法

1910年报道了hAM在皮肤移植中的首次应用。如今，hAM最常用于眼科，即治疗眼表伤口、角膜溃疡、翼状胬肉、青光眼、瘤变、斜视、角膜缘干细胞缺乏症和眼整形。另外，hAM也经常用于伤口愈合，特别是在急慢性伤口、烧伤、慢性下肢糖尿病性溃疡、瘘管、下肢静脉性溃疡等患者中。有趣的是，hAM也被用于腹膜，口腔内及生殖器重建、泌尿外科、牙科、韧带和肌腱愈合、软骨修复、骨关节炎和血管重建中。由于hAM在眼科、伤口愈合和骨科中的应用已经在几篇综述文章中得到了广泛的报告，因此我们只关注在再生医学中具有临床应用潜力的新型hAM衍生制剂，如图13.2所示。

（一）hAM衍生细胞

hAEC和hAMSC是胚胎干细胞或骨髓干细胞的良好替代品，而胚胎干细胞或骨髓干细胞更难获得，并可能引起伦理不安。由于其干细胞样分化能力、免疫调节活性和低免疫原性，hAM衍生的干细胞样细胞在再生医学中具有巨大的应用潜力。有几项研究证明了hAEC和hAMSC对肝脏、肺、心脏和肾脏再生的促进作用。下面我们重点介绍hAEC和hAMSC的两个新的研究领域，即生殖道再生医学和神经系统再生医学。

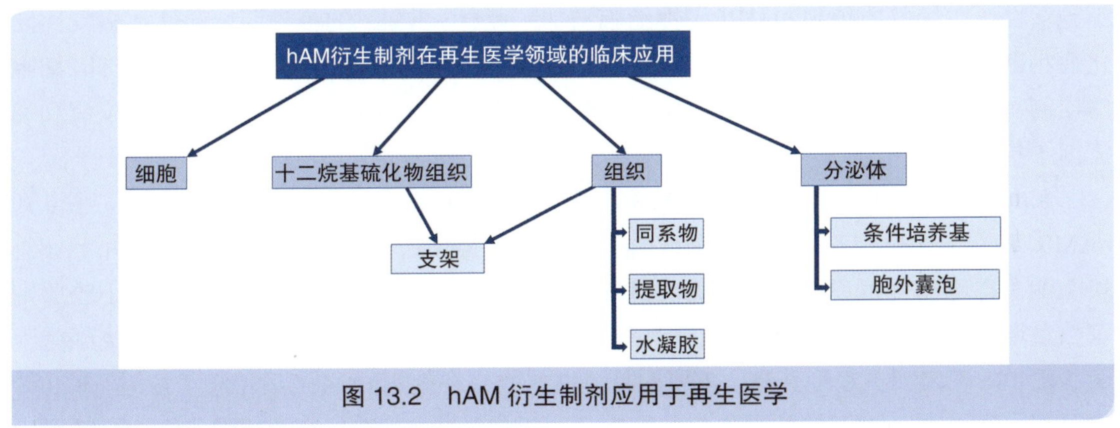

图 13.2 hAM 衍生制剂应用于再生医学

1. hAM衍生细胞在不孕症治疗中的潜力

8%～12%的育龄夫妇患有不孕症。来自不同来源的干细胞被认为是治疗不孕症的潜在候选细胞，一些研究也阐明了hAM衍生的细胞在生殖系统中的再生潜力。确实，干细胞对卵巢早衰有抑制功能。考虑其干细胞样的特性，Ding使用hAM衍生细胞进行了改善小鼠因化疗（环磷酰胺）而受损的卵巢功能的模拟实验。即将hAEC和hAMSC静脉注射到小鼠的尾静脉中，结果表明hAM衍生细胞恢复卵泡数量的能力取决于化疗药物引起的损伤的严重程度，总体而言，hAMSC比hAEC更能有效地将卵泡数量恢复到正常水平。此外，hAMSC在提高患者卵巢颗粒细胞增殖率方面比hAEC更有效。

Liu等人的研究进一步支持了这些结论，他们证明通过腹腔注射给药，hAMSC可以改善卵泡微环境，恢复卵巢早衰小鼠的卵巢功能，即hAMSC移植后，其恢复了发情周期、生育力和卵泡数量。此外，新生小鼠表现出正常的生长发育，也具有生育能力。

子宫腔粘连小鼠模拟实验表明，hAEC可用于改善其生育能力。子宫腔粘连是子宫内膜损伤的结果，通常伴有纤维化，导致子宫腔或宫颈管完全或部分阻塞。子宫机械损伤后，通过腹腔注射移植hAEC，能使子宫内膜增厚，子宫内膜腺体数量增加，纤维化减少，微血管生成增加。另外，治疗后的小鼠血管生成改善，基质细胞增殖增加，妊娠率和胎儿数量也增加，这表明hAEC具有修复损伤后子宫的潜力。

2. hAM衍生细胞治疗神经系统疾病的潜力

干细胞在治疗几种神经系统疾病方面也显示出巨大的潜力。研究表明，干细胞具有修复或替代受损或退行性神经元的功能，从而改善神经功能。在hAEC用于急性缺血（小鼠、大鼠和猕猴）和脑出血（大鼠和家兔）的中风模拟实验中发现，其减少了脑凋亡和炎症发生的情况，具备诱导神经分化，全身免疫抑制，小胶质细胞活化减少，神经细胞存活和再生增加的功能。在脊髓损伤的体内（大鼠、猴子）模拟实验中，应用hAEC可促进轴突生长和再生、存活、神经分化和神经纤维的再髓鞘形成，抑制轴突切除的红核萎缩，减少损伤部位的小胶质细胞活化、胶质瘢痕形成和免疫反应。hAEC移植在帕金森病大鼠模拟实验中也证明了其具有有益作用。在脑瘫的体内（早产羊和围产期小鼠）模拟实验中，hAEC的应用导致小胶质细胞活化、凋亡和星形胶质细胞增生的减少，血管渗漏和小胶质细胞活性、少突胶质细胞和MBP阳性细胞增加。此外，hAEC的免疫调节活性在多发性硬化症小鼠模拟实验中证明是有益的，因为hAEC抑制脾细胞和T细胞的增殖，增加Th2细胞的比例，以及Treg和幼稚$CD4^+$ T细胞的数量，增加IL-2和IL-5的产生并降低T细胞反应和炎症因子。

Kimetal进行了尾静脉注射hAMSC对阿尔茨海默病小鼠影响的模拟实验，并得到hAMSC治疗的小鼠在空间学习能力改善的证据，这与大脑中观察到的β淀粉样蛋白（Aβ斑块）的有毒细胞外沉积物较少有关。此外，他们还记录到与Aβ斑块相关的吞噬小胶质细胞数量增加，Aβ降解酶数量增加，促炎细胞因子（IL-1、TNF-α）水平降低，抗炎细胞因子（IL-10、TGF-β）水平升高。重要的是，这些效果在施用hAMSC后持续了12周。Kim等人证实，通过在*Tg2576*转基因阿尔茨海默病小鼠中脑内注射hAEC可减轻认知功能障碍。hAMSC也被用于多发性硬化症的动物体内的模拟实验（实验性自身免疫性脑脊髓炎小鼠模拟实验），其结果表明显著改善了疾病严重程度，抑制了促炎细胞因子，降低了$CD4^+$和$CD8^+$T细胞的数量，促进了中枢神经系统神经元修复因子的产生。

总之，体外和体内实验研究表明，hAM衍生的干细胞在再生医学中具有很大的应用潜力。为了确保最佳的临床结果，有必要标准化hAM衍生干细胞的表征、制备和应用程序。应特别注意适合临床使用的细胞传代范围、对hAM干细胞的充分表达细胞进行标记和功能测试。

（二）hAM作为支架

适合用于组织工程学和再生医学的生物材料必须模拟天然ECM的微环境，因此它们必须具有适当的生化和生物物理特性，如分子相容性、高孔隙率和适当的机械强度。目前已经有一些关于hAM作为支架进行的研究，较其他有益的特性而言，使用hAM作为支架的另一个优点是它的生物来源，因为生物移植物比合成移植物更不容易造成感染。

hAM可以以几种方式用作支架。本课题组将正常猪尿路上皮细胞（NPU）分别接种于hAM的hAEC、hAM的基底层和hAM的基质上。在培养3周后，我们发现所有的hAM支架都促进了尿路上皮的发育。然而，当生长在hAM基质上时，NPU细胞生长最快，分化水平最高，可与天然尿路上皮相媲美。最近，我们还证明，hAM可以将膀胱成纤维细胞整合到其基质中，并在体外形成分化的尿路上皮组织，这可用于伤口敷料时促进尿路上皮的再生。我们课题组的另一项研究表明，hAM支架可以降低肌肉侵袭性膀胱癌细胞的增殖、侵袭潜能和上皮间质标志物的表达，这表明在泌尿外科中hAM支架对膀胱癌的治疗和尿路上皮再生具有潜力。

Iranpour等人将脂肪源性基质（ASC）细胞和人永生化角质形成细胞系（HaCaT）接种在真皮hAM的基底层和hAM的基质上，并将构建体培养3周。他们证明，ASC和HaCaT在裸露的hAM支架上的生长和活性最高。

hAM已被用作软骨细胞的支架，并用于体外软骨修复实验。将分离自人关节软骨的软骨细胞植入hAM的hAEC和hAM间质。虽然它们不能在hAM的上皮侧生长，但hAM基质被证明是一种合适的支架，可以维持软骨表型。此外，体外人骨关节炎软骨修复试验表明，新组织的整合性良好，这表明hAM支持软骨细胞增殖。

hAM也被用作干细胞的支架。研究人员比较了深皮化hAM和猪小肠黏膜下层作为支架来种植从角膜缘基质中分离的间充质干细胞的适用性。两种支架均能维持细胞活力、肌动蛋白细胞骨架、细胞核形态和间充质表型，且不会导致细胞死亡。他们的结果表明，裸露的hAM更适合长期培养，因为它更能成功地维持间充质干细胞的表型。Dorazehi将骨髓间充质干细胞接种到真皮化的hAM上，并用附壁胚胎脑脊液处理。他们发现，将hAM与附壁胚胎脑脊液结合，可以促进骨髓间充质干细胞的培养和分化。Parveen等人也证明了hAM作为干细胞来源组织支架的适用性，他们证明hAM能促进分化并改善人类诱导干细胞衍生的心肌细胞。

总之，可能没有适合所有细胞类型的最佳hAM支架，最合适支架的选择可能取决于靶组织。

（三）hAM提取物、hAM混合液和hAM衍生的细胞外囊泡

hAM是一种容易折叠和撕裂的薄膜，这是将hAM纳入常规临床应用时的一个限制。因此，研究人员正在开发新的hAM制剂，如hAM提取物、hAM混合液和hAM衍生的细胞外囊泡（EVs），这些对临床医生来说更有吸引力。

Choi等人制备了一种hAM提取物负载的双层伤口敷料，该敷料由聚乙烯醇（PVA）溶液和海藻酸钠组成。与单层市售创面敷料相比，hAM提取物负载创面敷料用于大鼠背部全层创面，可提高创面愈合效果。

hAM提取物也可作为细胞培养中生长因子的丰富来源。Vojdani等人研究了hAM提取物对脐带间充质干细胞的影响，他们报告了添加hAM提取物可提高脐带间充质干细胞增殖率，缩短复制时间，且细胞形态未发生变化。研究人员得出结论，hAM提取物可用于支持在细胞治疗方法中脐带间充质干细胞的制备。

受损组织的细菌感染是再生医学中的一个严重并发症。我们的研究小组制备了一种hAM混合液，其对革兰阳性和革兰阴性尿路致病菌方面具有广谱抗菌活性，同时对一些多重耐药的临床菌株也具备抗菌性。我们已经证明，制备和储存方式对其抗菌活性有重要影响，这表明选择合适的储存程序对于确保hAM混合液的最佳抗菌效果至关重要。

EVs是脂质膜囊泡，含有多种RNA、胞质蛋白和跨膜蛋白。EVs可以介导细胞间通讯，并参与多种过程，如细胞分化、增殖、应激反应和免疫信号传导，因此它们在再生医学中显示出巨大的应用潜力。Gao等人从hAMSC中分离出外泌体，即起源于多泡体的EVs，并将其注射到大鼠的伤口中。他们的结果显示，与对照组的治疗相比，实验组伤口愈合得到改善，他们将其归因于来自hAMSC EVs的microRNA miR-135a。

hAM提取物、hAM混合液和hAM衍生EVs在组织工程学和再生医学中具有巨大的应用潜力，特别是与新型生物材料结合使用时。另外，更易于使用的新型hAM衍生制剂也将促进hAM衍生产品更快地向临床转化。

（四）含hAM的水凝胶

水凝胶可以模仿天然ECM 3D支架，并支持细胞生长，这使其成为组织工程学相关生物材料之一。Rahman等人开发了一种含有hAM粉和芦荟粉的水凝胶，可作为烧伤创面愈合产品。他们证明，这种水凝胶对盐水虾（丰年虫）没有细胞毒性并能促进来自人皮肤的HaCaT细胞系和来自人成纤维细胞的HFF1细胞系的细胞附着和增殖。在体外划痕实验中，该制剂还促进了HaCaT细胞的迁移。之后，他们将水凝胶用于治疗烧伤的大鼠模拟实验中，并证明该制剂通过再上皮化和伤口收缩加速了伤口愈合，同时也促进血管生成。这种处理导致再生表皮更厚，血管数量增加，表皮中角质形成细胞增殖更多。在一个类似的研究中，研究人员制备了一种以hAM和胶原蛋白为基础的水凝胶，并用于观察大鼠皮肤烧伤伤口的愈合情况。他们表明，这种水凝胶无细胞毒性，且与人体血细胞兼容，不会对皮肤造成刺激。此外，水凝胶通过再上皮化和伤口收缩促进伤口快速愈合。

Chen等人测试了载有hAM提取物的明胶甲基丙烯酰水凝胶眼垫对家兔眼睑粘连的预防作用。即眼睛碱烧伤后，第一组用hAM浸膏水凝胶处理，第二组用hAM移植处理，第三组不处理。1周后，各给药组家兔上皮细胞愈合率较高，3～4周后，hAM提取物水凝胶处理家兔未见睑球粘连，其余两组家兔均见睑球粘连。因此，研究人员得出结论，在化学损伤后，用hAM提取物负载水凝胶处理可以预防兔眼睑粘连。

Murphy等人开发了一种可溶解的hAM，并将其与透明质酸水凝胶结合。他们将该复合材料用于治疗全层小鼠伤口模拟实验中，并证明该制剂促进了再上皮化，防止了伤口收缩，从而加速了伤口愈合。另外，处理过的伤口具有更厚的再生皮肤，更高的血管计数和表皮内更多增殖角化细胞。该研究小组进行了另一项研究，他们分别将溶解的hAM混有透明质酸水凝胶和冻干的hAM粉用于治疗全层猪皮肤伤口实验模型。他们证明，这两种制剂都促进了伤口的快速愈合，因为它们增加了再上皮化和限制了收缩，从而形成了与健康皮肤相当的成熟表皮和真皮。

五、使用hAM作为药物输送工具的新方法

药物传递系统的目的是提高治疗药物的药理活性，减少其不良反应，克服溶解度有限、生物利用度低和选择性缺乏等问题。

Li等人研究了冻干双层纤维蛋白结合hAM形成的给药系统，进行了青光眼兔术后抗纤维化作用的模拟实验。他们在hAM中加入氟尿嘧啶，并将其应用于接受眼小梁切除术后的实验性兔子中。他们的研究结果表明，应用负载氟尿嘧啶的hAM是有效果的，因为它导致伤口愈合并且没有瘢痕形成。Hu等人评估了负载氟尿嘧啶聚乳酸–羟基乙酸（乳酸共乙醇酸）（PLGA）纳米颗粒的hAM在实验性兔小梁切除术中的作用。他们得出结论，hAM制剂可以作为一种有效的抗瘢痕植入物，并有可能改善长期手术效果。

Francisco等人将15-脱氧-12，14-前列腺素J2（15d-J2）加载去细胞化的hAM为支架，并进行了比较梗死后心室功能障碍大鼠在改善心室功能的模拟实验。他们得出结论，使用

脱细胞hAM+15d-J2导致射血分数增加，并防止大鼠心室扩张。

Bonomi等人研究了hAMSC是否可以作为癌症治疗的药物载体。因为间充质干细胞有一个重要特性就是它们能够回到损伤部位，因此hAMSC具有作为药物运载体的巨大潜力。研究人员证明，在紫杉醇应用而引发的细胞毒性作用中，hAMSC对其具有高度的抵抗力，同时促进药物吸收，并且在药物缓释递送系统中发挥作用。更重要的是，hAMSC能够释放出足够量的紫杉醇来抑制肿瘤细胞的增殖。

一些研究者研究了hAM是否可以作为抗生素递送的工具。Kim等人评估hAM移植后家兔局部滴注氟喹诺酮类抗生素氧氟沙星后，比较眼部药物的渗透性和泪液中的药物浓度。结果表明，hAM移植后增强了氧氟沙星在实验兔体内的渗透性。Mencucci等人在应用氨基糖苷类抗生素奈替米星浸透hAM贴片实验中，发现抗生素摄取呈剂量依赖性且发展迅速，而负载奈替米星的hAM贴片在治疗后3天仍可检测到抗菌效果。之后，Resch等人将3%氧氟沙星眼用溶液加载到hAM贴片中进行实验，并证明了它们可以作为药物载体，因为它们可以在体外缓释长达7小时。Yelchuri等人研究表明，hAM是另一种氟喹诺酮类抗生素莫西沙星的合适载体。他们的研究结果表明，浸润了抗生素的hAM贴片在体外条件下允许莫西沙星的持续释放长达7周。hAM也可以作为β-内酰胺类抗生素头孢唑林的运载体，因为用含头孢唑林的hAM贴片治疗3小时后，药物会被高度包裹，并允许药物持续释放达5天。我们研究小组的一项研究也表明，hAM贴片有助于氨基糖苷类抗生素庆大霉素的吸收和长时间保留。

药物运载体必须具有足够的生物相容性和生物降解性、良好的载药能力、低毒性和在生理条件下具有良好的稳定性。hAM具有成为一种合适的药物运载体的潜力，尤其它还具有利于组织再生的特性。

六、临床使用hAM的优点和潜在的缺陷

目前，hAM最常以贴片或支架的形式用于临床，但最近的调查表明，许多新型的hAM衍生制剂正在开发中，可能在未来几年内进入市场。新型hAM衍生制剂不仅注重保留hAM有益的生物学特性，而且着力于优化这些产品的管理，这也将加速它们进入临床的转化。

使用hAM和hAM衍生制剂有许多优点。除了具有适用于组织工程学和再生医学的许多有利特性之外，hAM临床应用也是一种具有成本效益的方案。此外，hAM的使用在道德上是可以接受的，这是一个主要的优势，可以有助于更快、更顺利地将hAM和hAM衍生制剂转化至临床。相较于使用那些不知道是从哪里分离出来的干细胞因而引起伦理上的不安，hAM则通常在分娩后就被丢弃，因此引发的伦理上的担忧较少。重要的是，与胚胎干细胞不同，hAM衍生的细胞在体内移植时不会形成畸胎瘤，这是计划将hAM用于治疗目的时至关重要的原因。

不同的hAM衍生制剂可以显现hAM的不同有益特性，如hAM支架和hAM水凝胶最适

合伤口愈合，而hAM衍生的干细胞样细胞更适用于神经、心脏或生殖器官的再生。因此，必须特别注意选择最合适的hAM衍生制剂，以达到最佳的临床结果。

我们也必须解决hAM使用中的潜在缺陷。也就是说，由于hAM是一种生物材料，因此在供体之间存在一定的差异。这可以通过标准化来最大限度地减少这种情况，即纳入年龄、孕龄相似的捐献者，并排除患有任何既往病史或疾病（如糖尿病）和胎儿先天异常的捐献者。此外，我们还必须规范hAM的制备和储存程序，以确保高质量的hAM衍生制剂。

综上所述，hAM是干细胞样细胞和ECM的独特组合。开发易于临床使用的新型hAM衍生制剂，以及其制备和储存程序的标准化将确保hAM和hAM衍生制剂充分发挥潜力，才能使其成为再生医学中真正不可或缺的材料。

人类iPSC细胞生成人工配子仍然是一个遥远的设想。

参考文献

1. Dzobo K, Thomford NE, Senthebane DA, Shipanga H, Rowe A, Dandara C, Pillay M, Motaung KSCM (2018) Advances in regenerative medicine and tissue engineering: innova- tion and transformation of medicine. Stem Cells Int 2018:2495848. https://doi.org/10.1155/ 2018/2495848
2. Wassmer C-H, Berishvili E (2020) Immunomodulatory properties of amniotic membrane derivatives and their potential in regenerative medicine. Curr Diab Rep 20:31. https://doi.org/ 10.1007/s11892-020-01316-w
3. Giwa S, Lewis JK, Alvarez L, Langer R, Roth AE, Church GM, Markmann JF, Sachs DH, Chandraker A, Wertheim JA, Rothblatt M, Boyden ES, Eidbo E, Lee WPA, Pomahac B, Brandacher G, Weinstock DM, Elliott G, Nelson D, Acker JP, Uygun K, Schmalz B, Weegman BP, Tocchio A, Fahy GM, Storey KB, Rubinsky B, Bischof J, Elliott JAW, Woodruff TK, Morris GJ, Demirci U, Brockbank KGM, Woods EJ, Ben RN, Baust JG, Gao D, Fuller B, Rabin Y, Kravitz DC, Taylor MJ, Toner M (2017) The promise of organ and tissue preservation to transform medicine. Nat Biotechnol 35:530–542. https://doi.org/10.1038/nbt.3889
4. Mao AS, Mooney DJ (2015) Regenerative medicine: current therapies and future directions. Proc Natl Acad Sci U S A 112:14452–14459. https://doi.org/10.1073/pnas.1508520112
5. Atala A (2012) Regenerative medicine strategies. J Pediatr Surg 47:17–28. https://doi.org/10. 1016/j.jpedsurg.2011.10.013
6. Parolini O, Alviano F, Bagnara GP, Bilic G, Bühring H-J, Evangelista M, Hennerbichler S, Liu B, Magatti M, Mao N, Miki T, Marongiu F, Nakajima H, Nikaido T, Portmann-Lanz CB, Sankar V, Soncini M, Stadler G, Surbek D, Takahashi TA, Redl H, Sakuragawa N, Wolbank S, Zeisberger S, Zisch A, Strom SC (2008) Concise review: isolation and characterization of cells from human term placenta: outcome of the first international Workshop on Placenta derived stem cells. Stem Cells 26:300–311. https://doi.org/10.1634/stemcells.2007-0594
7. Ramuta TŽ, Kreft ME (2018) Human amniotic membrane and amniotic membrane-derived cells: how far are we from their use in regenerative and reconstructive urology? Cell Transplant 27:77–92. https://doi.org/10.1177/0963689717725528
8. Han YM, Romero R, Kim J-S, Tarca AL, Kim SK, Draghici S, Kusanovic JP, Gotsch F, Mittal P, Hassan SS, Kim CJ (2008) Region-specific gene expression profiling: novel evidence for biological heterogeneity of the human amnion. Biol Reprod 79:954–961. https://doi.org/10. 1095/biolreprod.108.069260
9. Kim SY, Romero R, Tarca AL, Bhatti G, Lee J, Chaiworapongsa T, Hassan SS, Kim CJ (2011) miR-143 regulation of prostaglandin-endoperoxidase synthase 2 in the amnion: implications for human parturition at term. PloS One 6:e24131. https://doi.org/10.1371/journal.pone.002 4131

10. Centurione L, Passaretta F, Centurione MA, Munari SD, Vertua E, Silini A, Liberati M, Parolini O, Di Pietro R (2018) Mapping of the human placenta: experimental evidence of amniotic epithelial cell heterogeneity. Cell Transplant 27:12–22, https://doi.org/10.1177/096 3689717725078
11. Banerjee A, Weidinger A, Hofer M, Steinborn R, Lindenmair A, Hennerbichler-Lugscheider S, Eibl J, Redl H, Kozlov AV, Wolbank S (2015) Different metabolic activity in placental and reflected regions of the human amniotic membrane. Placenta 36:1329–1332. https://doi.org/ 10.1016/j.placenta.2015.08.015
12. Banerjee A, Lindenmair A, Hennerbichler S, Steindorf P, Steinborn R, Kozlov AV, Redl H, Wolbank S, Weidinger A (2018) Cellular and site-specific mitochondrial characterization of vital human amniotic membrane. Cell Transplant 27:3–11. https://doi.org/10.1177/096368 9717735332
13. Miki T, Lehmann T, Cai H, Stolz DB, Strom SC (2005) Stem cell characteristics of amniotic epithelial cells. Stem Cells 23:1549–1559. https://doi.org/10.1634/stemcells.2004-0357
14. Portmann-Lanz CB, Schoeberlein A, Huber A, Sager R, Malek A, Holzgreve W, Surbek DV (2006) Placental mesenchymal stem cells as potential autologous graft for pre- and perinatal neuroregeneration. Am J Obstet Gynecol 194:664–673. https://doi.org/10.1016/j.ajog.2006. 01.101
15. Wolbank S, Peterbauer A, Fahrner M, Hennerbichler S, van Griensven M, Stadler G, Redl H, Gabriel C (2007) Dose-dependent immunomodulatory effect of human stem cells from amniotic membrane: a comparison with human mesenchymal stem cells from adipose tissue. Tissue Eng 13:1173–1183. https://doi.org/10.1089/ten.2006.0313
16. Ilancheran S, Michalska A, Peh G, Wallace EM, Pera M, Manuelpillai U (2007) Stem cells derived from human fetal membranes display multilineage differentiation potential. Biol Reprod 77:577–588. https://doi.org/10.1095/biolreprod.106.055244
17. Bilic G, Zeisberger SM, Mallik AS, Zimmermann R, Zisch AH (2008) Comparative char- acterization of cultured human term amnion epithelial and mesenchymal stromal cells for application in cell therapy. Cell Transplant 17:955–968. https://doi.org/10.3727/096368908 786576507
18. Stadler G, Hennerbichler S, Lindenmair A, Peterbauer A, Hofer K, van Griensven M, Gabriel C, Redl H, Wolbank S (2008) Phenotypic shift of human amniotic epithelial cells in culture is associated with reduced osteogenic differentiation in vitro. Cytotherapy 10:743–752. https:// doi.org/10.1080/14653240802345804
19. Evron A, Goldman S, Shalev E (2011) Human amniotic epithelial cells cultured in substitute serum medium maintain their stem cell characteristics for up to four passages. Int J Stem Cells 4:123–132. https://doi.org/10.15283/ijsc.2011.4.2.123
20. Bryzek A, Czekaj P, Plewka D, Komarska H, Tomsia M, Lesiak M, Sieron´ AL, Sikora J, Kopaczka K (2013) Expression and co-expression of surface markers of pluripotency on human amniotic cells cultured in different growth media. Ginekol Pol 84:1012–1024. https:// doi.org/10.17772/gp/1673
21. García-Castro IL, García-López G, Ávila-González D, Flores-Herrera H, Molina-Hernández A, Portillo W, Ramón-Gallegos E, Díaz NF (2015) Markers of pluripotency in human amni- otic epithelial cells and their differentiation to progenitor of cortical neurons. PLoS One 10:e0146082. https://doi.org/10.1371/journal.pone.0146082
22. Resca E, Zavatti M, Maraldi T, Bertoni L, Beretti F, Guida M, La Sala GB, Guillot PV, David AL, Sebire NJ, De Pol A, De Coppi P (2015) Enrichment in c-Kit improved differentiation potential of amniotic membrane progenitor/stem cells. Placenta 36:18–26. https://doi.org/10. 1016/j.placenta.2014.11.002
23. Ding C, Li H, Wang Y, Wang F, Wu H, Chen R, Lv J, Wang W, Huang B (2017) Different therapeutic effects of cells derived from human amniotic membrane on premature ovarian aging depend on distinct cellular biological characteristics. Stem Cell Res Ther 8:173. https:// doi.org/10.1186/s13287-017-0613-3
24. Jiang L-W, Chen H, Lu H (2016) Using human epithelial amnion cells in human de- epidermized dermis for skin regeneration. J Dermatol Sci 81:26–34. https://doi.org/10.1016/ j.jdermsci.2015.10.018
25. Maymó JL, Riedel R, Pérez-Pérez A, Magatti M, Maskin B, Dueñas JL, Parolini O, Sánchez- Margalet V, Varone CL (2018) Proliferation and survival of human amniotic epithelial cells during their hepatic differentiation. PloS One 13:e0191489. https://doi.org/10.1371/journal. pone.0191489

26. Simat SF, Chua KH, Abdul Rahman H, Tan AE, Tan GC (2008) The stemness gene expression of cultured human amniotic epithelial cells in serial passages. Med J Malaysia 63 Suppl A:53–54
27. Liu T, Wu J, Huang Q, Hou Y, Jiang Z, Zang S, Guo L (2008) Human amniotic epithelial cells ameliorate behavioral dysfunction and reduce infarct size in the rat middle cerebral artery occlusion model. Shock 29:603–611. https://doi.org/10.1097/SHK.0b013e318157e845
28. Zhou K, Koike C, Yoshida T, Okabe M, Fathy M, Kyo S, Kiyono T, Saito S, Nikaido T (2013) Establishment and characterization of immortalized human amniotic epithelial cells. Cell Reprogramm 15:55–67. https://doi.org/10.1089/cell.2012.0021
29. Kim M-S, Yu JH, Lee M-Y, Kim AL, Jo MH, Kim M, Cho S-R, Kim Y-H (2016) Differential expression of extracellular matrix and adhesion molecules in fetal-origin amniotic epithelial cells of preeclamptic pregnancy. PLoS One 11:e0156038. https://doi.org/10.1371/journal. pone.0156038
30. Zou G, Liu T, Guo L, Huang Y, Feng Y, Duan T (2018) MicroRNA-32 silences WWP2 expression to maintain the pluripotency of human amniotic epithelial stem cells and β islet- like cell differentiation. Int J Mol Med 41:1983–1991. https://doi.org/10.3892/ijmm.2018. 3436
31. Miki T, Mitamura K, Ross MA, Stolz DB, Strom SC (2007) Identification of stem cell marker- positive cells by immunofluorescence in term human amnion. J Reprod Immunol 75:91–96. https://doi.org/10.1016/j.jri.2007.03.017
32. Izumi M, Pazin BJ, Minervini CF, Gerlach J, Ross MA, Stolz DB, Turner ME, Thompson RL, Miki T (2009) Quantitative comparison of stem cell marker-positive cells in fetal and term human amnion. J Reprod Immunol 81:39–43. https://doi.org/10.1016/j.jri.2009.02.007
33. Miki T (2018) Stem cell characteristics and the therapeutic potential of amniotic epithelial cells. Am J Reprod Immunol 80:e13003. https://doi.org/10.1111/aji.13003
34. Cargnoni A, Di Marcello M, Campagnol M, Nassuato C, Albertini A, Parolini O (2009) Amniotic membrane patching promotes ischemic rat heart repair. Cell Transplant 18:1147– 1159. https://doi.org/10.3727/096368909X12483162196764
35. Kakishita K, Nakao N, Sakuragawa N, Itakura T (2003) Implantation of human amni- otic epithelial cells prevents the degeneration of nigral dopamine neurons in rats with 6- hydroxydopamine lesions. Brain Res 980:48–56. https://doi.org/10.1016/s0006-8993(03)028 75-0
36. Sakuragawa N, Enosawa S, Ishii T, Thangavel R, Tashiro T, Okuyama T, Suzuki S (2000) Human amniotic epithelial cells are promising transgene carriers for allogeneic cell transplantation into liver. J Hum Genet 45:171–176. https://doi.org/10.1007/s100380050205
37. Takashima S, Ise H, Zhao P, Akaike T, Nikaido T (2004) Human amniotic epithelial cells possess hepatocyte-like characteristics and functions. Cell Struct Funct 29:73–84. https://doi. org/10.1247/csf.29.73
38. Strom SC, Bruzzone P, Cai H, Ellis E, Lehmann T, Mitamura K, Miki T (2006) Hepatocyte transplantation: clinical experience and potential for future use. Cell Transplant 15(Suppl 1):S105-110. https://doi.org/10.3727/000000006783982395
39. Miki T, Marongiu F, Ellis ECS, Dorko K, Mitamura K, Ranade A, Gramignoli R, Davila J, Strom SC (2009) Production of hepatocyte-like cells from human amnion. Methods Mol Biol 481:155–168. https://doi.org/10.1007/978-1-59745-201-4_13
40. Zhou J, Yu G, Cao C, Pang J, Chen X (2011) Bone morphogenetic protein-7 promotes chon- drogenesis in human amniotic epithelial cells. Int Orthop 35:941–948. https://doi.org/10.1007/ s00264-010-1116-3
41. Sakuragawa N, Kakinuma K, Kikuchi A, Okano H, Uchida S, Kamo I, Kobayashi M, Yokoyama Y (2004) Human amnion mesenchyme cells express phenotypes of neuroglial progenitor cells. J Neurosci Res 78:208–214. https://doi.org/10.1002/jnr.20257
42. Sankar V, Muthusamy R (2003) Role of human amniotic epithelial cell transplantation in spinal cord injury repair research. Neuroscience 118:11–17. https://doi.org/10.1016/s0306- 4522(02)00929-6
43. Kakishita K, Elwan MA, Nakao N, Itakura T, Sakuragawa N (2000) Human amniotic epithe- lial cells produce dopamine and survive after implantation into the striatum of a rat model of Parkinson's disease: a potential source

of donor for transplantation therapy. Exp Neurol 165:27–34. https://doi.org/10.1006/exnr.2000.7449

44. Elwan MA, Sakuragawa N (1997) Evidence for synthesis and release of catecholamines by human amniotic epithelial cells. Neuroreport 8:3435–3438. https://doi.org/10.1097/000 01756-199711100-00004
45. Carbone A, Paracchini V, Castellani S, Di Gioia S, Seia M, Colombo C, Conese M (2014) Human amnion-derived cells: prospects for the treatment of lung diseases. Curr Stem Cell Res Ther 9:297–305. https://doi.org/10.2174/1574888x0904140429142451
46. Wei JP, Zhang TS, Kawa S, Aizawa T, Ota M, Akaike T, Kato K, Konishi I, Nikaido T (2003) Human amnion-isolated cells normalize blood glucose in streptozotocin-induced diabetic mice. Cell Transplant 12:545–552. https://doi.org/10.3727/000000003108747000
47. Díaz-Prado S, Rendal-Vázquez ME, Muiños-López E, Hermida-Gómez T, Rodríguez- Cabarcos M, Fuentes-Boquete I, de Toro FJ, Blanco FJ (2010) Potential use of the human amni- otic membrane as a scaffold in human articular cartilage repair. Cell Tissue Bank 11:183–195. https://doi.org/10.1007/s10561-009-9144-1
48. Koike C, Zhou K, Takeda Y, Fathy M, Okabe M, Yoshida T, Nakamura Y, Kato Y, Nikaido T (2014) Characterization of amniotic stem cells. Cell Reprogramm 16:298–305. https://doi. org/10.1089/cell.2013.0090
49. Tabatabaei M, Mosaffa N, Nikoo S, Bozorgmehr M, Ghods R, Kazemnejad S, Rezania S, Keshavarzi B, Arefi S, Ramezani-Tehrani F, Mirzadegan E, Zarnani A-H (2014) Isolation and partial characterization of human amniotic epithelial cells: the effect of trypsin. Avicenna J Med Biotechnol 6:10–20
50. Yu S-C, Xu Y-Y, Li Y, Xu B, Sun Q, Li F, Zhang X-G (2015) Construction of tissue engineered skin with human amniotic mesenchymal stem cells and human amniotic epithelial cells. Eur Rev Med Pharmacol Sci 19:4627–4635
51. Roy R, Kukucka M, Messroghli D, Kunkel D, Brodarac A, Klose K, Geißler S, Becher PM, Kang SK, Choi Y-H, Stamm C (2015) Epithelial-to-mesenchymal transition enhances the cardioprotective capacity of human amniotic epithelial cells. Cell Transplant 24:985–1002. https://doi.org/10.3727/096368913X675151
52. Topoluk N, Hawkins R, Tokish J, Mercuri J (2017) Amniotic mesenchymal stromal cells exhibit preferential osteogenic and chondrogenic differentiation and enhanced matrix produc- tion compared with adipose mesenchymal stromal cells. Am J Sports Med 45:2637–2646. https://doi.org/10.1177/0363546517706138
53. Pratama G, Vaghjiani V, Tee JY, Liu YH, Chan J, Tan C, Murthi P, Gargett C, Manuelpillai U (2011) Changes in culture expanded human amniotic epithelial cells: implications for potential therapeutic applications. PLoS One 6:e26136. https://doi.org/10.1371/journal.pone.0026136
54. Dominici M, Le Blanc K, Mueller I, Slaper-Cortenbach I, Marini F, Krause D, Deans R, Keating A, Prockop D, Horwitz E (2006) Minimal criteria for defining multipotent mesenchymal stromal cells. The International Society for Cellular Therapy position statement. Cytotherapy 8:315–317. https://doi.org/10.1080/14653240600855905
55. Niknejad H, Peirovi H, Jorjani M, Ahmadiani A, Ghanavi J, Seifalian AM (2008) Properties of the amniotic membrane for potential use in tissue engineering. Eur Cell Mater 15:88–99. https://doi.org/10.22203/ecm.v015a07
56. Lee P-H, Tu C-T, Hsiao C-C, Tsai M-S, Ho C-M, Cheng N-C, Hung T-M, Shih DT-B (2016) Antifibrotic activity of human placental amnion membrane-derived CD34+ mesenchymal stem/progenitor cell transplantation in mice with thioacetamide-induced liver injury. Stem Cells Transl Med 5:1473–1484. https://doi.org/10.5966/sctm.2015-0343
57. Soncini M, Vertua E, Gibelli L, Zorzi F, Denegri M, Albertini A, Wengler GS, Parolini O (2007) Isolation and characterization of mesenchymal cells from human fetal membranes. J Tissue Eng Regen Med 1:296–305. https://doi.org/10.1002/term.40
58. Alviano F, Fossati V, Marchionni C, Arpinati M, Bonsi L, Franchina M, Lanzoni G, Cantoni S, Cavallini C, Bianchi F, Tazzari PL, Pasquinelli G, Foroni L, Ventura C, Grossi A, Bagnara GP (2007) Term amniotic membrane is a high throughput source for multipotent mesenchymal stem cells with the ability to differentiate into endothelial cells in vitro. BMC Dev Biol 7:11. https://doi.org/10.1186/1471-213X-7-11
59. Zhao P, Ise H, Hongo M, Ota M, Konishi I, Nikaido T (2005) Human amniotic mesenchymal cells have some characteristics of cardiomyocytes. Transplantation 79:528–535. https://doi. org/10.1097/01.tp.0000149503.92433.39
60. Kim J, Kang HM, Kim H, Kim MR, Kwon HC, Gye MC, Kang SG, Yang HS, You J (2007) Ex vivo characteristics of human amniotic membrane-derived stem cells. Cloning Stem Cells 9:581–594. https://doi.org/10.1089/

clo.2007.0027

61. Iaffaldano L, Nardelli C, Raia M, Mariotti E, Ferrigno M, Quaglia F, Labruna G, Capobianco V, Capone A, Maruotti GM, Pastore L, Di Noto R, Martinelli P, Sacchetti L, Del Vecchio L (2013) High aminopeptidase N/CD13 levels characterize human amniotic mesenchymal stem cells and drive their increased adipogenic potential in obese women. Stem Cells Dev 22:2287–2297. https://doi.org/10.1089/scd.2012.0499
62. Battula VL, Treml S, Abele H, Bühring H-J (2008) Prospective isolation and characteriza-tion of mesenchymal stem cells from human placenta using a frizzled-9-specific monoclonal antibody. Differ Res Biol Divers 76:326–336. https://doi.org/10.1111/j.1432-0436.2007.002 25.x
63. Nogami M, Tsuno H, Koike C, Okabe M, Yoshida T, Seki S, Matsui Y, Kimura T, Nikaido T (2012) Isolation and characterization of human amniotic mesenchymal stem cells and their chondrogenic differentiation. Transplantation 93:1221–1228. https://doi.org/10.1097/TP.0b0 13e3182529b76
64. Ghamari S-H, Abbasi-Kangevari M, Tayebi T, Bahrami S, Niknejad H (2020) The bottlenecks in translating placenta-derived amniotic epithelial and mesenchymal stromal cells into the clinic: current discrepancies in marker reports. Front Bioeng Biotechnol 8:180. https://doi. org/10.3389/fbioe.2020.00180
65. Roubelakis M, Trohatou O, Anagnou N (2012) Amniotic fluid and amniotic membrane stem cells: marker discovery. Stem Cells Int 2012:107836. https://doi.org/10.1155/2012/107836
66. Magatti M, Pianta S, Silini A, Parolini O (2016) Isolation, culture, and phenotypic charac- terization of mesenchymal stromal cells from the amniotic membrane of the human term placenta. Methods Mol Biol 1416:233–244. https://doi.org/10.1007/978-1-4939-3584-0_13
67. Wei JP, Nawata M, Wakitani S, Kametani K, Ota M, Toda A, Konishi I, Ebara S, Nikaido T (2009) Human amniotic mesenchymal cells differentiate into chondrocytes. Clon Stem Cells 11:19–26. https://doi.org/10.1089/clo.2008.0027
68. Naseer N, Bashir S, Latief N, Latif F, Khan SN, Riazuddin S (2018) Human amniotic membrane as differentiating matrix for in vitro chondrogenesis. Regen Med 13:821–832. https://doi.org/10.2217/rme-2018-0017
69. Ventura C, Cantoni S, Bianchi F, Lionetti V, Cavallini C, Scarlata I, Foroni L, Maioli M, Bonsi L, Alviano F, Fossati V, Bagnara GP, Pasquinelli G, Recchia FA, Perbellini A (2007) Hyaluronan mixed esters of butyric and retinoic Acid drive cardiac and endothelial fate in term placenta human mesenchymal stem cells and enhance cardiac repair in infarcted rat hearts. J Biol Chem 282:14243–14252. https://doi.org/10.1074/jbc.M609350200
70. Arrizabalaga JH, Nollert MU (2018) Human amniotic membrane: a versatile scaffold for tissue engineering. ACS Biomater Sci Eng 4:2226–2236. https://doi.org/10.1021/acsbiomat erials.8b00015
71. Cirman T, Beltram M, Schollmayer P, Rožman P, Kreft ME (2014) Amniotic membrane properties and current practice of amniotic membrane use in ophthalmology in Slovenia. Cell Tissue Bank 15:177–192. https://doi.org/10.1007/s10561-013-9417-6
72. Parry S, Strauss JF (1998) Premature rupture of the fetal membranes. N Engl J Med 338:663–670. https://doi.org/10.1056/NEJM199803053381006
73. Lei J, Priddy LB, Lim JJ, Massee M, Koob TJ (2017) Identification of extracellular matrix components and biological factors in micronized dehydrated human amnion/chorion membrane. Adv Wound Care 6:43–53. https://doi.org/10.1089/wound.2016.0699
74. Meinert M, Eriksen GV, Petersen AC, Helmig RB, Laurent C, Uldbjerg N, Malmström A (2001) Proteoglycans and hyaluronan in human fetal membranes. Am J Obstet Gynecol 184:679–685. https://doi.org/10.1067/mob.2001.110294
75. Takashima S, Yasuo M, Sanzen N, Sekiguchi K, Okabe M, Yoshida T, Toda A, Nikaido T (2008) Characterization of laminin isoforms in human amnion. Tissue Cell 40:75–81. https:// doi.org/10.1016/j.tice.2007.09.001
76. Malak TM, Ockleford CD, Bell SC, Dalgleish R, Bright N, Macvicar J (1993) Confocal immunofluorescence localization of collagen types I, III, IV, V and VI and their ultrastructural organization in term human fetal membranes. Placenta 14:385–406. https://doi.org/10.1016/ s0143-4004(05)80460-6
77. Alitalo K, Kurkinen M, Vaheri A, Krieg T, Timpl R (1980) Extracellular matrix components synthesized by human

amniotic epithelial cells in culture. Cell 19:1053–1062. https://doi.org/ 10.1016/0092-8674(80)90096-3

78. Hieber AD, Corcino D, Motosue J, Sandberg LB, Roos PJ, Yu SY, Csiszar K, Kagan HM, Boyd CD, Bryant-Greenwood GD (1997) Detection of elastin in the human fetal membranes: proposed molecular basis for elasticity. Placenta 18:301–312. https://doi.org/10.1016/s0143- 4004(97)80065-3
79. Niknejad H, Khayat-Khoei M, Peirovi H, Abolghasemi H (2014) Human amniotic epithelial cells induce apoptosis of cancer cells: a new anti-tumor therapeutic strategy. Cytotherapy 16:33–40. https://doi.org/10.1016/j.jcyt.2013.07.005
80. Kubo M, Sonoda Y, Muramatsu R, Usui M (2001) Immunogenicity of human amniotic membrane in experimental xenotransplantation. Invest Ophthalmol Vis Sci 42:1539–1546
81. Magatti M, Vertua E, Cargnoni A, Silini A, Parolini O (2018) The immunomodulatory prop- erties of amniotic cells: the two sides of the coin. Cell Transplant 27:31–44. https://doi.org/ 10.1177/0963689717742819
82. Olczyk P, Mencner Ł, Komosinska-Vassev K (2014) The role of the extracellular matrix components in cutaneous wound healing. BioMed Res Int 2014:747584. https://doi.org/10. 1155/2014/747584
83. Broughton G, Janis JE, Attinger CE (2006) The basic science of wound healing. Plast Reconstr Surg 117:12S-34S. https://doi.org/10.1097/01.prs.0000225430.42531.c2
84. Koizumi NJ, Inatomi TJ, Sotozono CJ, Fullwood NJ, Quantock AJ, Kinoshita S (2000) Growth factor mRNA and protein in preserved human amniotic membrane. Curr Eye Res 20:173–177
85. Jin E, Kim T-H, Han S, Kim S-W (2016) Amniotic epithelial cells promote wound healing in mice through high epithelialization and engraftment. J Tissue Eng Regen Med 10:613–622. https://doi.org/10.1002/term.2069
86. Gicquel J-J, Dua HS, Brodie A, Mohammed I, Suleman H, Lazutina E, James DK, Hopkinson A (2009) Epidermal growth factor variations in amniotic membrane used for ex vivo tissue constructs. Tissue Eng Part A 15:1919–1927. https://doi.org/10.1089/ten.tea.2008.0432
87. Hodde JP, Johnson CE (2007) Extracellular matrix as a strategy for treating chronic wounds. Am J Clin Dermatol 8:61–66. https://doi.org/10.2165/00128071-200708020-00001
88. Insausti CL, Alcaraz A, García-Vizcaíno EM, Mrowiec A, López-Martínez MC, Blanquer M, Piñero A, Majado MJ, Moraleda JM, Castellanos G, Nicolás FJ (2010) Amniotic membrane induces epithelialization in massive posttraumatic wounds. Wound Repair Regen Off Publ Wound Heal Soc Eur Tissue Repair Soc 18:368–377. https://doi.org/10.1111/j.1524-475X. 2010.00604.x
89. Riau AK, Beuerman RW, Lim LS, Mehta JS (2010) Preservation, sterilization and de- epithelialization of human amniotic membrane for use in ocular surface reconstruction. Biomaterials 31:216–225. https://doi.org/10.1016/j.biomaterials.2009.09.034
90. Rahman MS, Islam R, Rana MM, Spitzhorn L-S, Rahman MS, Adjaye J, Asaduzzaman SM (2019) Characterization of burn wound healing gel prepared from human amniotic membrane and Aloe vera extract. BMC Complement Altern Med 19:115. https://doi.org/10.1186/s12906- 019-2525-5
91. Rana MM, Rahman MS, Ullah MA, Siddika A, Hossain ML, Akhter MS, Hasan MZ, Asaduz- zaman SM (2020) Amnion and collagen-based blended hydrogel improves burn healing effi- cacy on a rat skin wound model in the presence of wound dressing biomembrane. Biomed Mater Eng 31:1–17. https://doi.org/10.3233/BME-201076
92. Jones RE, Foster DS, Hu MS, Longaker MT (2019) Wound healing and fibrosis: current stem cell therapies. Transfusion (Paris) 59:884–892. https://doi.org/10.1111/trf.14836
93. White ES, Mantovani AR (2013) Inflammation, wound repair, and fibrosis: reassessing the spectrum of tissue injury and resolution. J Pathol 229:141–144. https://doi.org/10.1002/path. 4126
94. Giannandrea M, Parks WC (2014) Diverse functions of matrix metalloproteinases during fibrosis. Dis Model Mech 7:193–203. https://doi.org/10.1242/dmm.012062
95. Koh JW, Shin YJ, Oh JY, Kim MK, Ko JH, Hwang JM, Wee WR, Lee JH (2007) The expression of TIMPs in cryo-preserved and freeze-dried amniotic membrane. Curr Eye Res 32:611–616. https://doi.org/10.1080/02713680701459441
96. Hao Y, Ma DH, Hwang DG, Kim WS, Zhang F (2000) Identification of antiangiogenic and antiinflammatory

proteins in human amniotic membrane. Cornea 19:348–352. https://doi.org/ 10.1097/00003226-200005000-00018

97. Rowe TF, King LA, MacDonald PC, Casey ML (1997) Tissue inhibitor of metalloproteinase- 1 and tissue inhibitor of metalloproteinase-2 expression in human amnion mesenchymal and epithelial cells. Am J Obstet Gynecol 176:915–921. https://doi.org/10.1016/s0002-937 8(97)70621-5
98. Riley SC, Leask R, Denison FC, Wisely K, Calder AA, Howe DC (1999) Secretion of tissue inhibitors of matrix metalloproteinases by human fetal membranes, decidua and placenta at parturition. J Endocrinol 162:351–359. https://doi.org/10.1677/joe.0.1620351
99. SantAnna LB, Hage R, Cardoso MAG, Arisawa EAL, Cruz MM, Parolini O, Cargnoni A, SantAnna N (2016) Antifibrotic effects of human amniotic membrane transplantation in estab- lished biliary fibrosis induced in rats. Cell Transplant 25:2245–2257. https://doi.org/10.3727/ 096368916X692645
100. Tseng SC, Li DQ, Ma X (1999) Suppression of transforming growth factor-beta isoforms, TGF-beta receptor type II, and myofibroblast differentiation in cultured human corneal and limbal fibroblasts by amniotic membrane matrix. J Cell Physiol 179:325–335. https://doi.org/ 10.1002/(SICI)1097-4652(199906)179:3%3c325::AID-JCP10%3e3.0.CO;2-X
101. Solomon A, Wajngarten M, Alviano F, Anteby I, Elchalal U, Pe'er J, Levi-Schaffer F (2005) Suppression of inflammatory and fibrotic responses in allergic inflammation by the amniotic membrane stromal matrix. Clin Exp Allergy J Br Soc Allergy Clin Immunol 35:941–948. https://doi.org/10.1111/j.1365-2222.2005.02285.x
102. Tseng SCG, Espana EM, Kawakita T, Di Pascuale MA, Li W, He H, Liu T-S, Cho T-H, Gao Y-Y, Yeh L-K, Liu C-Y (2004) How does amniotic membrane work? Ocul Surf 2:177–187. https://doi.org/10.1016/s1542-0124(12)70059-9
103. Hortensius RA, Ebens JH, Harley BAC (2016) Immunomodulatory effects of amniotic membrane matrix incorporated into collagen scaffolds. J Biomed Mater Res A 104:1332– 1342. https://doi.org/10.1002/jbm.a.35663
104. Wolbank S, Hildner F, Redl H, van Griensven M, Gabriel C, Hennerbichler S (2009) Impact of human amniotic membrane preparation on release of angiogenic factors. J Tissue Eng Regen Med 3:651–654. https://doi.org/10.1002/term.207
105. Burgos H (1986) Angiogenic factor from human term placenta. Purification and partial characterization. Eur J Clin Invest 16:486–493. https://doi.org/10.1111/j.1365-2362.1986. tb02166.x
106. Niknejad H, Paeini-Vayghan G, Tehrani FA, Khayat-Khoei M, Peirovi H (2013) Side depen-dent effects of the human amnion on angiogenesis. Placenta 34:340–345. https://doi.org/10. 1016/j.placenta.2013.02.001
107. Koob TJ, Lim JJ, Massee M, Zabek N, Denozière G (2014) Properties of dehydrated human amnion/chorion composite grafts: Implications for wound repair and soft tissue regeneration. J Biomed Mater Res B Appl Biomater 102:1353–1362. https://doi.org/10.1002/jbm.b.33141
108. Danieli P, Malpasso G, Ciuffreda MC, Cervio E, Calvillo L, Copes F, Pisano F, Mura M, Kleijn L, de Boer RA, Viarengo G, Rosti V, Spinillo A, Roccio M, Gnecchi M (2015) Conditioned medium from human amniotic mesenchymal stromal cells limits infarct size and enhances angiogenesis. Stem Cells Transl Med 4:448–458. https://doi.org/10.5966/sctm.2014-0253
109. Nasiry D, Khalatbary AR, Abdollahifar M-A, Amini A, Bayat M, Noori A, Piryaei A (2020) Engraftment of bioengineered three-dimensional scaffold from human amniotic membrane- derived extracellular matrix accelerates ischemic diabetic wound healing. Arch Dermatol Res. https://doi.org/10.1007/s00403-020-02137-3
110. Magatti M, Caruso M, De Munari S, Vertua E, De D, Manuelpillai U, Parolini O (2015) Human amniotic membrane-derived mesenchymal and epithelial cells exert different effects on monocyte-derived dendritic cell differentiation and function. Cell Transplant 24:1733– 1752. https://doi.org/10.3727/096368914X684033
111. Banas RA, Trumpower C, Bentlejewski C, Marshall V, Sing G, Zeevi A (2008) Immuno-genicity and immunomodulatory effects of amnion-derived multipotent progenitor cells. Hum Immunol 69:321–328. https://doi.org/10.1016/j.humimm.2008.04.007
112. Houlihan JM, Biro PA, Harper HM, Jenkinson HJ, Holmes CH (1995) The human amnion is a site of MHC class Ib expression: evidence for the expression of HLA-E and HLA-G. J Immunol 154:5665–5674
113. Insausti CL, Blanquer M, García-Hernández AM, Castellanos G, Moraleda JM (2014) Amniotic membrane-derived

stem cells: immunomodulatory properties and potential clin- ical application. Stem Cells Cloning Adv Appl 7:53–63. https://doi.org/10.2147/SCCAA. S58696

114. Magatti M, Vertua E, De Munari S, Caro M, Caruso M, Silini A, Delgado M, Parolini O (2017) Human amnion favours tissue repair by inducing the M1-to-M2 switch and enhancing M2 macrophage features. J Tissue Eng Regen Med 11:2895–2911. https://doi.org/10.1002/ term.2193
115. Li H, Niederkorn JY, Neelam S, Mayhew E, Word RA, McCulley JP, Alizadeh H (2005) Immunosuppressive factors secreted by human amniotic epithelial cells. Invest Ophthalmol Vis Sci 46:900–907. https://doi.org/10.1167/iovs.04-0495
116. Navas A, Magaña-Guerrero FS, Domínguez-López A, Chávez-García C, Partido G, Graue- Hernández EO, Sánchez-García FJ, Garfias Y (2018) Anti-inflammatory and anti-fibrotic effects of human amniotic membrane mesenchymal stem cells and their potential in corneal repair. Stem Cells Transl Med 7:906–917. https://doi.org/10.1002/sctm.18-0042
117. Li J, Koike-Soko C, Sugimoto J, Yoshida T, Okabe M, Nikaido T (2015) Human amnion- derived stem cells have immunosuppressive properties on NK cells and monocytes. Cell Transplant 24:2065–2076. https://doi.org/10.3727/096368914X685230
118. Liu YH, Vaghjiani V, Tee JY, To K, Cui P, Oh DY, Manuelpillai U, Toh B-H, Chan J (2012) Amniotic epithelial cells from the human placenta potently suppress a mouse model of multiple sclerosis. PloS One 7:e35758. https://doi.org/10.1371/journal.pone.0035758
119. Moodley Y, Ilancheran S, Samuel C, Vaghjiani V, Atienza D, Williams ED, Jenkin G, Wallace E, Trounson A, Manuelpillai U (2010) Human amnion epithelial cell transplantation abrogates lung fibrosis and augments repair. Am J Respir Crit Care Med 182:643–651. https://doi.org/ 10.1164/rccm.201001-0014OC
120. Alhomrani M, Correia J, Zavou M, Leaw B, Kuk N, Xu R, Saad MI, Hodge A, Greening DW, Lim R, Sievert W (2017) The human amnion epithelial cell secretome decreases hepatic fibrosis in mice with chronic liver fibrosis. Front Pharmacol 8:748. https://doi.org/10.3389/ fphar.2017.00748
121. Tan JL, Chan ST, Wallace EM, Lim R (2014) Human amnion epithelial cells mediate lung repair by directly modulating macrophage recruitment and polarization. Cell Transplant 23:319–328. https://doi.org/10.3727/096368912X661409
122. Magatti M, De Munari S, Vertua E, Gibelli L, Wengler GS, Parolini O (2008) Human amnion mesenchyme harbors cells with allogeneic T-cell suppression and stimulation capabilities. Stem Cells 26:182–192. https://doi.org/10.1634/stemcells.2007-0491
123. Roelen DL, van der Mast BJ, in't Anker PS, Kleijburg C, Eikmans M, van Beelen E, de Groot-Swings GMJS, Fibbe WE, Kanhai HHH, Scherjon SA, Claas FHJ (2009) Differential immunomodulatory effects of fetal versus maternal multipotent stromal cells. Hum Immunol 70:16–23. https://doi.org/10.1016/j.humimm.2008.10.016
124. Pianta S, Bonassi Signoroni P, Muradore I, Rodrigues MF, Rossi D, Silini A, Parolini O (2015) Amniotic membrane mesenchymal cells-derived factors skew T cell polarization toward treg and downregulate Th1 and Th17 cells subsets. Stem Cell Rev 11:394–407. https://doi.org/10. 1007/s12015-014-9558-4
125. Parolini O, Souza-Moreira L, O'Valle F, Magatti M, Hernandez-Cortes P, Gonzalez-Rey E, Delgado M (2014) Therapeutic effect of human amniotic membrane-derived cells on exper- imental arthritis and other inflammatory disorders. Arthritis Rheumatol 66:327–339. https:// doi.org/10.1002/art.38206
126. Pianta S, Magatti M, Vertua E, Bonassi Signoroni P, Muradore I, Nuzzo AM, Rolfo A, Silini A, Quaglia F, Todros T, Parolini O (2016) Amniotic mesenchymal cells from pre-eclamptic placentae maintain immunomodulatory features as healthy controls. J Cell Mol Med 20:157–169. https://doi.org/10.1111/jcmm.12715
127. Kang JW, Koo HC, Hwang SY, Kang SK, Ra JC, Lee MH, Park YH (2012) Immunomodulatory effects of human amniotic membrane-derived mesenchymal stem cells. J Vet Sci 13:23–31. https://doi.org/10.4142/jvs.2012.13.1.23
128. Karlsson H, Erkers T, Nava S, Ruhm S, Westgren M, Ringdén O (2012) Stromal cells from term fetal membrane are highly suppressive in allogeneic settings in vitro. Clin Exp Immunol 167:543–555. https://doi.org/10.1111/j.1365-2249.2011.04540.x

129. Bu S, Zhang Q, Wang Q, Lai D (2017) Human amniotic epithelial cells inhibit growth of epithelial ovarian cancer cells via TGF-β1-mediated cell cycle arrest. Int J Oncol 51:1405– 1414. https://doi.org/10.3892/ijo.2017.4123
130. Magatti M, De Munari S, Vertua E, Parolini O (2012) Amniotic membrane-derived cells inhibit proliferation of cancer cell lines by inducing cell cycle arrest. J Cell Mol Med 16:2208–2218. https://doi.org/10.1111/j.1582-4934.2012.01531.x
131. Ramuta TŽ, Jerman UD, Tratnjek L, Janev A, Magatti M, Vertua E, Bonassi Signoroni P, Silini AR, Parolini O, Kreft ME (2020) The cells and extracellular matrix of human amniotic membrane hinder the growth and invasive potential of bladder urothelial cancer cells. Front Bioeng Biotechnol 8:554530. https://doi.org/10.3389/fbioe.2020.554530
132. Riedel R, Pérez-Pérez A, Carmona-Fernández A, Jaime M, Casale R, Dueñas JL, Guadix P, Sánchez-Margalet V, Varone CL, Maymó JL (2019) Human amniotic membrane condi- tioned medium inhibits proliferation and modulates related microRNAs expression in hepatocarcinoma cells. Sci Rep 9:14193. https://doi.org/10.1038/s41598-019-50648-5
133. Mamede AC, Laranjo M, Carvalho MJ, Abrantes AM, Pires AS, Brito AF, Moura P, Maia CJ, Botelho MF (2014) Effect of amniotic membrane proteins in human cancer cell lines: an exploratory study. J Membr Biol 247:357–360. https://doi.org/10.1007/s00232-014-9642-3
134. Mamede AC, Guerra S, Laranjo M, Carvalho MJ, Oliveira RC, Gonçalves AC, Alves R, Prado Castro L, Sarmento-Ribeiro AB, Moura P, Abrantes AM, Maia CJ, Botelho MF (2015) Selective cytotoxicity and cell death induced by human amniotic membrane in hepatocellular carcinoma. Med Oncol 32:257. https://doi.org/10.1007/s12032-015-0702-z
135. Mamede AC, Guerra S, Laranjo M, Santos K, Carvalho MJ, Carvalheiro T, Moura P, Paiva A, Abrantes AM, Maia CJ, Botelho MF (2016) Oxidative stress, DNA, Cell Cycle/Cell cycle associated proteins and multidrug resistance proteins: targets of human amniotic membrane in hepatocellular carcinoma. Pathol Oncol Res 22:689–697. https://doi.org/10.1007/s12253- 016-0053-x
136. Niknejad H, Yazdanpanah G, Ahmadiani A (2016) Induction of apoptosis, stimulation of cell-cycle arrest and inhibition of angiogenesis make human amnion-derived cells promising sources for cell therapy of cancer. Cell Tissue Res 363:599–608. https://doi.org/10.1007/s00 441-016-2364-3
137. Kang N-H, Yi B-R, Lim SY, Hwang K-A, Baek YS, Kang K-S, Choi K-C (2012) Human amniotic membrane-derived epithelial stem cells display anticancer activity in BALB/c female nude mice bearing disseminated breast cancer xenografts. Int J Oncol 40:2022–2028. https:// doi.org/10.3892/ijo.2012.1372
138. Niknejad H, Yazdanpanah G, Mirmasoumi M, Abolghasemi H, Peirovi H, Ahmadiani A (2013) Inhibition of HSP90 could be possible mechanism for anti-cancer property of amniotic membrane. Med Hypotheses 81:862–865. https://doi.org/10.1016/j.mehy.2013.08.018
139. Kim S-H, Bang SH, Kang SY, Park KD, Eom JH, Oh IU, Yoo SH, Kim C-W, Baek SY (2015) Human amniotic membrane-derived stromal cells (hAMSC) interact depending on breast cancer cell type through secreted molecules. Tissue Cell 47:10–16. https://doi.org/10. 1016/j.tice.2014.10.003
140. Meng M-Y, Li L, Wang W-J, Liu F-F, Song J, Yang S-L, Tan J, Gao H, Zhao Y-Y, Tang W-W, Han R, Zhu K, Liao L-W, Hou Z-L (2019) Assessment of tumor promoting effects of amniotic and umbilical cord mesenchymal stem cells in vitro and in vivo. J Cancer Res Clin Oncol 145:1133–1146. https://doi.org/10.1007/s00432-019-02859-6
141. Tehrani FA, Modaresifar K, Azizian S, Niknejad H (2017) Induction of antimicrobial peptides secretion by IL-1β enhances human amniotic membrane for regenerative medicine. Sci Rep 7:17022. https://doi.org/10.1038/s41598-017-17210-7
142. King AE, Paltoo A, Kelly RW, Sallenave J-M, Bocking AD, Challis JRG (2007) Expression of natural antimicrobials by human placenta and fetal membranes. Placenta 28:161–169. https:// doi.org/10.1016/j.placenta.2006.01.006
143. Ramuta TŽ, Starčič Erjavec M, Kreft ME (2020) Amniotic Membrane Preparation Crucially Affects Its Broad-Spectrum Activity Against Uropathogenic Bacteria. Front Microbiol 11:469. https://doi.org/10.3389/

fmicb.2020.00469

144. Šket T, Ramuta TŽ, Starčič Erjavec M, Kreft ME (2019) Different effects of amniotic membrane homogenate on the growth of uropathogenic Escherichia coli, Staphylococcus aureus and Serratia marcescens. Infect Drug Resist 12:3365–3375. https://doi.org/10.2147/ IDR.S215006
145. Talmi YP, Sigler L, Inge E, Finkelstein Y, Zohar Y (1991) Antibacterial properties of human amniotic membranes. Placenta 12:285–288. https://doi.org/10.1016/0143-4004(91)90010-d
146. Tehrani FA, Ahmadiani A, Niknejad H (2013) The effects of preservation procedures on antibacterial property of amniotic membrane. Cryobiology 67:293–298. https://doi.org/10. 1016/j.cryobiol.2013.08.010
147. Yadav MK, Go YY, Kim SH, Chae S-W, Song J-J (2017) Antimicrobial and antibiofilm effects of human amniotic/ chorionic membrane extract on Streptococcus pneumoniae. Front Microbiol 8:1948. https://doi.org/10.3389/ fmicb.2017.01948
148. Mao Y, Hoffman T, Johnson A, Arnold Y, Danilkovitch A, Kohn J (2016) Human cryop- reserved viable amniotic membrane inhibits the growth of bacteria associated with chronic wounds. J Diabet Complications 8:23–30
149. Mao Y, Hoffman T, Singh-Varma A, Duan-Arnold Y, Moorman M, Danilkovitch A, Kohn J (2017) Antimicrobial peptides secreted from human cryopreserved viable amniotic membrane contribute to its antibacterial activity. Sci Rep 7:13722. https://doi.org/10.1038/s41598-017- 13310-6
150. Mao Y, Singh-Varma A, Hoffman T, Dhall S, Danilkovitch A, Kohn J (2018) The effect of cryopreserved human placental tissues on biofilm formation of wound-associated pathogens. J Funct Biomater 9:3. https://doi. org/10.3390/jfb9010003
151. Kjaergaard N, Hein M, Hyttel L, Helmig RB, Schønheyder HC, Uldbjerg N, Madsen H (2001) Antibacterial properties of human amnion and chorion in vitro. Eur J Obstet Gynecol Reprod Biol 94:224–229. https://doi. org/10.1016/s0301-2115(00)00345-6
152. Wang X, Xie J, Tan L, Huo J, Xie H (2012) Epithelium of human fresh amniotic membrane has antimicrobial effects in vitro. Afr J Microbiol Res 6:4533–4537. https://doi.org/10.5897/ AJMR12.127
153. Klotman ME, Chang TL (2006) Defensins in innate antiviral immunity. Nat Rev Immunol 6:447–456. https://doi. org/10.1038/nri1860
154. Svinarich DM, Gomez R, Romero R (1997) Detection of human defensins in the placenta. Am J Reprod Immunol 38:252–255. https://doi.org/10.1111/j.1600-0897.1997.tb00511.x
155. Buhimschi IA, Jabr M, Buhimschi CS, Petkova AP, Weiner CP, Saed GM (2004) The novel antimicrobial peptide beta3-defensin is produced by the amnion: a possible role of the fetal membranes in innate immunity of the amniotic cavity. Am J Obstet Gynecol 191:1678–1687. https://doi.org/10.1016/j.ajog.2004.03.081
156. Denison FC, Kelly RW, Calder AA, Riley SC (1999) Secretory leukocyte protease inhibitor concentration increases in amniotic fluid with the onset of labour in women: characterization of sites of release within the uterus. J Endocrinol 161:299–306. https://doi.org/10.1677/joe. 0.1610299
157. Zaga-Clavellina V, Ruiz M, Flores-Espinosa P, Vega-Sanchez R, Flores-Pliego A, Estrada- Gutierrez G, Sosa-Gonzalez I, Morales-Méndez I, Osorio-Caballero M (2012) Tissue-specific human beta-defensins (HBD)-1, HBD-2 and HBD-3 secretion profile from human amnio- chorionic membranes stimulated with Candida albicans in a two-compartment tissue culture system. Reprod Biol Endocrinol 10:70. https://doi.org/10.1186/1477-7827-10-70
158. Harder J, Meyer-Hoffert U, Teran LM, Schwichtenberg L, Bartels J, Maune S, Schröder JM (2000) Mucoid Pseudomonas aeruginosa, TNF-alpha, and IL-1beta, but not IL-6, induce human beta-defensin-2 in respiratory epithelia. Am J Respir Cell Mol Biol 22:714–721. https:// doi.org/10.1165/ajrcmb.22.6.4023
159. Krisanaprakornkit S, Weinberg A, Perez CN, Dale BA (1998) Expression of the peptide antibiotic human beta-defensin 1 in cultured gingival epithelial cells and gingival tissue. Infect Immun 66:4222–4228
160. Zhang Q, Shimoya K, Moriyama A, Yamanaka K, Nakajima A, Nobunaga T, Koyama M, Azuma C, Murata Y (2001) Production of secretory leukocyte protease inhibitor by human amniotic membranes and regulation of its concentration in amniotic fluid. Mol Hum Reprod 7:573–579. https://doi.org/10.1093/molehr/7.6.573
161. Kim HS, Cho JH, Park HW, Yoon H, Kim MS, Kim SC (2002) Endotoxin-neutralizing antimi- crobial proteins of

the human placenta. J Immunol 168:2356–2364. https://doi.org/10.4049/ jimmunol.168.5.2356

162. Malhotra C, Jain AK (2014) Human amniotic membrane transplantation: different modalities of its use in ophthalmology. World J Transplant 4:111–121. https://doi.org/10.5500/wjt.v4. i2.111
163. Silini AR, Cargnoni A, Magatti M, Pianta S, Parolini O (2015) The long path of human placenta, and its derivatives, in regenerative medicine. Front Bioeng Biotechnol 3:162. https:// doi.org/10.3389/fbioe.2015.00162
164. Walkden A (2020) Amniotic membrane transplantation in ophthalmology: an updated perspective. Clin Ophthalmol 14:2057–2072. https://doi.org/10.2147/OPTH.S208008
165. Kogan S, Sood A, Granick MS (2018) Amniotic membrane adjuncts and clinical applications in wound healing: a review of the literature. Wounds Compend Clin Res Pract 30:168–173
166. ElHeneidy H, Omran E, Halwagy A, Al-Inany H, Al-Ansary M, Gad A (2016) Amniotic membrane can be a valid source for wound healing. Int J Womens Health 8:225–231. https:// doi.org/10.2147/IJWH.S96636
167. Su Y-N, Zhao D-Y, Li Y-H, Yu T-Q, Sun H, Wu X-Y, Zhou X-Q, Li J (2020) Human amniotic membrane allograft, a novel treatment for chronic diabetic foot ulcers: a systematic review and meta-analysis of randomised controlled trials. Int Wound J 17:753–764. https://doi.org/ 10.1111/iwj.13318
168. Fairbairn NG, Randolph MA, Redmond RW (2014) The clinical applications of human amnion in plastic surgery. J Plast Reconstr Aesthetic Surg JPRAS 67:662–675. https://doi.org/10. 1016/j.bjps.2014.01.031
169. Riboh JC, Saltzman BM, Yanke AB, Cole BJ (2016) Human amniotic membrane-derived products in sports medicine: basic science, early results, and potential clinical applications. Am J Sports Med 44:2425–2434. https://doi.org/10.1177/0363546515612750
170. Huddleston HP, Cohn MR, Haunschild ED, Wong SE, Farr J, Yanke AB (2020) Amniotic product treatments: clinical and basic science evidence. Curr Rev Musculoskelet Med 13:148–154. https://doi.org/10.1007/s12178-020-09614-2
171. Xu H, Zhang J, Tsang KS, Yang H, Gao W-Q (2019) Therapeutic potential of human amni- otic epithelial cells on injuries and disorders in the central nervous system. In: Stem Cells International. https://www.hindawi.com/journals/sci/2019/5432301/. Accessed 11 Feb 2021
172. Miki T (2016) A rational strategy for the use of amniotic epithelial stem cell therapy for liver diseases. Stem Cells Transl Med 5:405–409. https://doi.org/10.5966/sctm.2015-0304
173. Pietrosi G, Fernández-Iglesias A, Pampalone M, Ortega-Ribera M, Lozano JJ, García-Calderó H, Abad-Jordà L, Conaldi PG, Parolini O, Vizzini G, Luca A, Bosch J, Gracia-Sancho J (2020) Human amniotic stem cells improve hepatic microvascular dysfunction and portal hypertension in cirrhotic rats. Liver Int Off J Int Assoc Study Liver 40:2500–2514. https:// doi.org/10.1111/liv.14610
174. Hodges R, Lim R, Jenkin G, Wallace E (2012) Amnion epithelial cells as a candidate therapy for acute and chronic lung injury. Stem Cells Int 2012:709763. https://doi.org/10.1155/2012/ 709763
175. Razavi Tousi SMT, Faghihi M, Nobakht M, Molazem M, Kalantari E, Darbandi Azar A, Aboutaleb N (2016) Improvement of heart failure by human amniotic mesenchymal stromal cell transplantation in Rats. J Tehran Heart Cent 11:123–138
176. Bollini S, Silini AR, Banerjee A, Wolbank S, Balbi C, Parolini O (2018) Cardiac restoration stemming from the placenta tree: insights from fetal and perinatal cell biology. Front Physiol 9:385. https://doi.org/10.3389/fphys.2018.00385
177. Cetinkaya B, Unek G, Kipmen-Korgun D, Koksoy S, Korgun ET (2019) Effects of human placental amnion derived mesenchymal stem cells on proliferation and apoptosis mechanisms in chronic kidney disease in the rat. Int J Stem Cells 12:151–161. https://doi.org/10.15283/ijs c18067
178. Volarevic V, Bojic S, Nurkovic J, Volarevic A, Ljujic B, Arsenijevic N, Lako M, Stojkovic M (2014) Stem cells as new agents for the treatment of infertility: current and future perspectives and challenges. BioMed Res Int 2014:507234. https://doi.org/10.1155/2014/507234
179. Wang J, Liu C, Fujino M, Tong G, Zhang Q, Li X-K, Yan H (2019) Stem cells as a resource for treatment of infertility-related diseases. Curr Mol Med 19:539–546. https://doi.org/10.2174/ 1566524019666190709172636

180. Liu R, Zhang X, Fan Z, Wang Y, Yao G, Wan X, Liu Z, Yang B, Yu L (2019) Human amniotic mesenchymal stem cells improve the follicular microenvironment to recover ovarian function in premature ovarian failure mice. Stem Cell Res Ther 10:299. https://doi.org/10.1186/s13 287-019-1315-9
181. Li B, Zhang Q, Sun J, Lai D (2019) Human amniotic epithelial cells improve fertility in an intrauterine adhesion mouse model. Stem Cell Res Ther 10:257. https://doi.org/10.1186/s13 287-019-1368-9
182. Song C-G, Zhang Y-Z, Wu H-N, Cao X-L, Guo C-J, Li Y-Q, Zheng M-H, Han H (2018) Stem cells: a promising candidate to treat neurological disorders. Neural Regen Res 13:1294–1304. https://doi.org/10.4103/1673-5374.235085
183. Teo L, Bourne JA (2014) A reproducible and translatable model of focal ischemia in the visual cortex of infant and adult marmoset monkeys. Brain Pathol 24:459–474. https://doi.org/10. 1111/bpa.12129
184. Dong W, Chen H, Yang X, Guo L, Hui G (2010) Treatment of intracerebral haemorrhage in rats with intraventricular transplantation of human amniotic epithelial cells. Cell Biol Int 34:573–577. https://doi.org/10.1042/CBI20090248
185. Zhou H, Mu Z, Chen X, Shi Z, Zha Z, Liu Y, Xu Z (2015) HAEC in the treatment of brain hemorrhage: a preliminary observation in rabbits. Int J Clin Exp Pathol 8:6772–6778
186. Wu Z, Hui G, Lu Y, Wu X, Guo L (2006) Transplantation of human amniotic epithelial cells improves hindlimb function in rats with spinal cord injury. Chin Med J (Engl) 119:2101–2107
187. Roh D-H, Seo M-S, Choi H-S, Park S-B, Han H-J, Beitz AJ, Kang K-S, Lee J-H (2013) Transplantation of human umbilical cord blood or amniotic epithelial stem cells alleviates mechanical allodynia after spinal cord injury in rats. Cell Transplant 22:1577–1590. https:// doi.org/10.3727/096368912X659907
188. Meng X, Li C, Dong Z, Liu J, Li W, Liu Y, Xue H, Chen D (2008) Co-transplantation of bFGF-expressing amniotic epithelial cells and neural stem cells promotes functional recovery in spinal cord-injured rats. Cell Biol Int 32:1546–1558. https://doi.org/10.1016/j.cellbi.2008. 09.001
189. Xue H, Zhang X-Y, Liu J-M, Song Y, Li Y-F, Chen D (2013) Development of a chemically extracted acellular muscle scaffold seeded with amniotic epithelial cells to promote spinal cord repair. J Biomed Mater Res A 101:145–156. https://doi.org/10.1002/jbm.a.34311
190. Wang T-G, Xu J, Zhu A-H, Lu H, Miao Z-N, Zhao P, Hui G-Z, Wu W-J (2016) Human amniotic epithelial cells combined with silk fibroin scaffold in the repair of spinal cord injury. Neural Regen Res 11:1670–1677. https://doi.org/10.4103/1673-5374.193249
191. Yang X, Xue S, Dong W, Kong Y (2009) Therapeutic effect of human amniotic epithelial cell transplantation into the lateral ventricle of hemiparkinsonian rats. Chin Med J (Engl) 122:2449–2454
192. Yang X, Song L, Wu N, Liu Z, Xue S, Hui G (2010) An experimental study on intracere- broventricular transplantation of human amniotic epithelial cells in a rat model of Parkinson's disease. Neurol Res 32:1054–1059. https://doi.org/10.1179/016164110X12681290831207
193. Leaw B, Zhu D, Tan J, Muljadi R, Saad MI, Mockler JC, Wallace EM, Lim R, Tolcos M (2017) Human amnion epithelial cells rescue cell death via immunomodulation of microglia in a mouse model of perinatal brain injury. Stem Cell Res Ther 8:46. https://doi.org/10.1186/ s13287-017-0496-3
194. Yawno T, Schuilwerve J, Moss TJM, Vosdoganes P, Westover AJ, Afandi E, Jenkin G, Wallace EM, Miller SL (2013) Human amnion epithelial cells reduce fetal brain injury in response to intrauterine inflammation. Dev Neurosci 35:272–282. https://doi.org/10.1159/000346683
195. Yawno T, Sabaretnam T, Li J, McDonald C, Lim R, Jenkin G, Wallace EM, Miller SL (2017) Human amnion epithelial cells protect against white matter brain injury after repeated endo- toxin exposure in the preterm ovine fetus. Cell Transplant 26:541–553. https://doi.org/10. 3727/096368916X693572
196. Barton SK, Melville JM, Tolcos M, Polglase GR, McDougall ARA, Azhan A, Crossley KJ, Jenkin G, Moss TJM (2015) Human amnion epithelial cells modulate ventilation-induced white matter pathology in preterm lambs. Dev Neurosci 37:338–348. https://doi.org/10.1159/ 000371415
197. Liu Y-H, Chan J, Vaghjiani V, Murthi P, Manuelpillai U, Toh B-H (2014) Human amniotic epithelial cells suppress relapse of corticosteroid-remitted experimental autoimmune disease. Cytotherapy 16:535–544. https://doi.

org/10.1016/j.jcyt.2013.10.007

198. McDonald CA, Payne NL, Sun G, Moussa L, Siatskas C, Lim R, Wallace EM, Jenkin G, Bernard CCA (2015) Immunosuppressive potential of human amnion epithelial cells in the treatment of experimental autoimmune encephalomyelitis. J Neuroinflammation 12:112. https://doi.org/10.1186/s12974-015-0322-8
199. Kim K-S, Kim HS, Park J-M, Kim HW, Park M-K, Lee H-S, Lim DS, Lee TH, Chopp M, Moon J (2013) Long-term immunomodulatory effect of amniotic stem cells in an Alzheimer's disease model. Neurobiol Aging 34:2408–2420. https://doi.org/10.1016/j.neurobiolaging. 2013.03.029
200. Kim KY, Suh Y-H, Chang K-A (2020) Therapeutic effects of human amniotic epithelial stem cells in a transgenic mouse model of alzheimer's disease. Int J Mol Sci 21:2658. https://doi. org/10.3390/ijms21072658
201. Shu J, He X, Li H, Liu X, Qiu X, Zhou T, Wang P, Huang X (2018) The beneficial effect of human amnion mesenchymal cells in inhibition of inflammation and induction of neuronal repair in EAE mice. J Immunol Res 2018:5083797. https://doi.org/10.1155/2018/5083797
202. Xu Y, Chen C, Hellwarth PB, Bao X (2019) Biomaterials for stem cell engineering and biomanufacturing. Bioact Mater 4:366–379. https://doi.org/10.1016/j.bioactmat.2019.11.002
203. Rahmati M, Pennisi CP, Budd E, Mobasheri A, Mozafari M (2018) Biomaterials for regen- erative medicine: historical perspectives and current trends. Adv Exp Med Biol 1119:1–19. https://doi.org/10.1007/5584_2018_278
204. Brennan EP, Reing J, Chew D, Myers-Irvin JM, Young EJ, Badylak SF (2006) Antibacterial activity within degradation products of biological scaffolds composed of extracellular matrix. Tissue Eng 12:2949–2955. https://doi.org/10.1089/ten.2006.12.2949
205. FitzGerald JF, Kumar AS (2014) Biologic versus synthetic mesh reinforcement: what are the Pros and Cons? Clin Colon Rectal Surg 27:140–148. https://doi.org/10.1055/s-0034-1394155
206. Jerman UD, Veranič P, Kreft ME (2014) Amniotic membrane scaffolds enable the develop- ment of tissue-engineered urothelium with molecular and ultrastructural properties compa- rable to that of native urothelium. Tissue Eng Part C Methods 20:317–327. https://doi.org/10. 1089/ten.TEC.2013.0298
207. Jerman UD, Veranič P, Cirman T, Kreft ME (2020) Human amniotic membrane enriched with urinary bladder fibroblasts promote the re-epithelization of urothelial injury. Cell Transplant 29:963689720946668. https://doi.org/10.1177/0963689720946668
208. Iranpour S, Mahdavi-Shahri N, Miri R, Hasanzadeh H, Bidkhori HR, Naderi-Meshkin H, Zahabi E, Matin MM (2018) Supportive properties of basement membrane layer of human amniotic membrane enable development of tissue engineering applications. Cell Tissue Bank 19:357–371. https://doi.org/10.1007/s10561-017-9680-z
209. Sous Naasani LI, Rodrigues C, Azevedo JG, Damo Souza AF, Buchner S, Wink MR (2018) Comparison of human denuded amniotic membrane and porcine small intestine submucosa as scaffolds for limbal mesenchymal stem cells. Stem Cell Rev Rep 14:744–754. https://doi. org/10.1007/s12015-018-9819-8
210. Dorazehi F, Nabiuni M, Jalali H (2018) Potential use of amniotic membrane—derived scaffold for cerebrospinal fluid applications. Int J Mol Cell Med 7:91–101. https://doi.org/10.22088/ IJMCM.BUMS.7.2.91
211. Parveen S, Singh SP, Panicker MM, Gupta PK (2019) Amniotic membrane as novel scaffold for human iPSC-derived cardiomyogenesis. In Vitro Cell Dev Biol Anim 55:272–284. https:// doi.org/10.1007/s11626-019-00321-y
212. Murphy SV, Skardal A, Song L, Sutton K, Haug R, Mack DL, Jackson J, Soker S, Atala A (2017) Solubilized amnion membrane hyaluronic acid hydrogel accelerates full-thickness wound healing. Stem Cells Transl Med 6:2020–2032. https://doi.org/10.1002/sctm.17-0053
213. Choi WY, Jeon HG, Chung Y, Lim JJ, Shin DH, Kim JM, Ki BS, Song S-H, Choi S-J, Park K-H, Shim SH, Moon J, Jung SJ, Kang HM, Park S, Chung HM, Ko JJ, Cha KY, Yoon TK, Kim H, Lee DR (2013) Isolation and characterization of novel, highly proliferative human CD34/CD73-double-positive testis-derived stem cells for cell therapy. Stem Cells Dev 22:2158–2173. https://doi.org/10.1089/scd.2012.0385
214. Vojdani Z, Babaei A, Vasaghi A, Habibagahi M, Talaei-Khozani T (2016) The effect of amniotic membrane extract on umbilical cord blood mesenchymal stem cell expansion: is there any need to save the amniotic membrane besides the umbilical cord blood? Iran J Basic Med Sci 19:89–96

215. Johnson CT, García AJ (2015) Scaffold-based anti-infection strategies in bone repair. Ann Biomed Eng 43:515–528. https://doi.org/10.1007/s10439-014-1205-3
216. Ahmed W, Zhai Z, Gao C (2019) Adaptive antibacterial biomaterial surfaces and their applications. Mater Today Bio 2:100017. https://doi.org/10.1016/j.mtbio.2019.100017
217. De Jong OG, Van Balkom BWM, Schiffelers RM, Bouten CVC, Verhaar MC (2014) Extra- cellular vesicles: potential roles in regenerative medicine. Front Immunol 5:608. https://doi. org/10.3389/fimmu.2014.00608
218. Gao S, Chen T, Hao Y, Zhang F, Tang X, Wang D, Wei Z, Qi J (2020) Exosomal miR-135a derived from human amnion mesenchymal stem cells promotes cutaneous wound healing in rats and fibroblast migration by directly inhibiting LATS2 expression. Stem Cell Res Ther 11:56. https://doi.org/10.1186/s13287-020-1570-9
219. Mantha S, Pillai S, Khayambashi P, Upadhyay A, Zhang Y, Tao O, Pham HM, Tran SD (2019) Smart hydrogels in tissue engineering and regenerative medicine. Mater Basel 12:3323. https:// doi.org/10.3390/ma12203323
220. Guan X, Avci-Adali M, Alarçin E, Cheng H, Kashaf SS, Li Y, Chawla A, Jang HL, Khademhosseini A (2017) Development of hydrogels for regenerative engineering. Biotechnol J 12:10. https://doi.org/10.1002/biot.201600394
221. Chen J, Wang M-W, Xu J-J, Wu X-Y, Yao J (2020) Gelatin methacryloyl hydrogel eye pad loaded with amniotic extract prevents symblepharon in rabbit eyes. Eur Rev Med Pharmacol Sci 24:10134–10142. https://doi. org/10.26355/eurrev_202010_23233
222. Murphy SV, Skardal A, Nelson RA, Sunnon K, Reid T, Clouse C, Kock ND, Jackson J, Soker S, Atala A (2020) Amnion membrane hydrogel and amnion membrane powder accelerate wound healing in a full thickness porcine skin wound model. Stem Cells Transl Med 9:80–92. https:// doi.org/10.1002/sctm.19-0101
223. Li C, Wang J, Wang Y, Gao H, Wei G, Huang Y, Yu H, Gan Y, Wang Y, Mei L, Chen H, Hu H, Zhang Z, Jin Y (2019) Recent progress in drug delivery. Acta Pharm Sin B 9:1145–1162. https://doi.org/10.1016/j.apsb.2019.08.003
224. Tiwari G, Tiwari R, Sriwastawa B, Bhati L, Pandey S, Pandey P, Bannerjee SK (2012) Drug delivery systems: an updated review. Int J Pharm Investig 2:2–11. https://doi.org/10.4103/ 2230-973X.96920
225. Li W, Chen W-J, Liu W, Liang L, Zhang M-C (2012) Homemade lyophilized cross linking amniotic sustained-release drug membrane with anti-scarring role after filtering surgery in rabbit eyes. Int J Ophthalmol 5:555–561. https://doi.org/10.3980/j.issn.2222-3959.2012. 05.03
226. Hu F, Zeng X-Y, Xie Z-L, Liu L-L, Huang L (2015) Clinical outcomes of amniotic membrane loaded with 5-FU PLGA nanoparticles in experimental trabeculectomy. Int J Ophthalmol 8:29–34. https://doi.org/10.3980/ j.issn.2222-3959.2015.01.05
227. Francisco JC, Uemura L, Simeoni RB, da Cunha RC, Mogharbel BF, Simeoni PRB, Naves G, Napimoga MH, Noronha L, Carvalho KAT, Moreira LFP, Guarita-Souza LC (2020) Acellular human amniotic membrane scaffold with 15d-PGJ2 nanoparticles in postinfarct rat model. Tissue Eng Part A 26:1128–1137. https://doi.org/10.1089/ten. TEA.2019.0340
228. Bonomi A, Silini A, Vertua E, Signoroni PB, Coccè V, Cavicchini L, Sisto F, Alessandri G, Pessina A, Parolini O (2015) Human amniotic mesenchymal stromal cells (hAMSCs) as potential vehicles for drug delivery in cancer therapy: an in vitro study. Stem Cell Res Ther 6:155. https://doi.org/10.1186/s13287-015-0140-z
229. Resch MD, Resch BE, Csizmazia E, Imre L, Németh J, Révész P, Csányi E (2010) Permeability of human amniotic membrane to ofloxacin in vitro. Invest Ophthalmol Vis Sci 51:1024–1027. https://doi.org/10.1167/iovs.09-4254
230. Resch MD, Resch BE, Csizmazia E, Imre L, Németh J, Szabó-Révész P, Csányi E (2011) Drug reservoir function of human amniotic membrane. J Ocul Pharmacol Ther Off J Assoc Ocul Pharmacol Ther 27:323–326. https://doi. org/10.1089/jop.2011.0007
231. Kim HS, Sah WJ, Kim YJ, Kim JC, Hahn TW (2001) Amniotic membrane, tear film, corneal, and aqueous levels of ofloxacin in rabbit eyes after amniotic membrane transplantation. Cornea 20:628–634. https://doi. org/10.1097/00003226-200108000-00014
232. Yelchuri ML, Madhavi B, Gohil N, Sajeev HS, Venkatesh Prajna N, Srinivasan S (2017) In vitro evaluation of the drug reservoir function of human amniotic membrane using moxi- floxacin as a model drug. Cornea 36:594–599. https://doi.org/10.1097/ICO.000000000000 1168

233. Mencucci R, Menchini U, Dei R (2006) Antimicrobial activity of antibiotic-treated amniotic membrane: an in vitro study. Cornea 25:428–431. https://doi.org/10.1097/01.ico.0000214207. 06952.23
234. Sara SH, Prajna NV, Senthilkumari S (2019) Human amniotic membrane as a drug carrier—an in-vitro study using fortified cefazolin ophthalmic solution. Indian J Ophthalmol 67:472–475. https://doi.org/10.4103/ijo.IJO_1336_18
235. Liu D, Yang F, Xiong F, Gu N (2016) The smart drug delivery system and its clinical potential. Theranostics 6:1306–1323. https://doi.org/10.7150/thno.14858
236. Rennie K, Gruslin A, Hengstschläger M, Pei D, Cai J, Nikaido T, Bani-Yaghoub M (2012) Applications of amniotic membrane and fluid in stem cell biology and regenerative medicine. Stem Cells Int 2012:721538. https://doi.org/10.1155/2012/721538

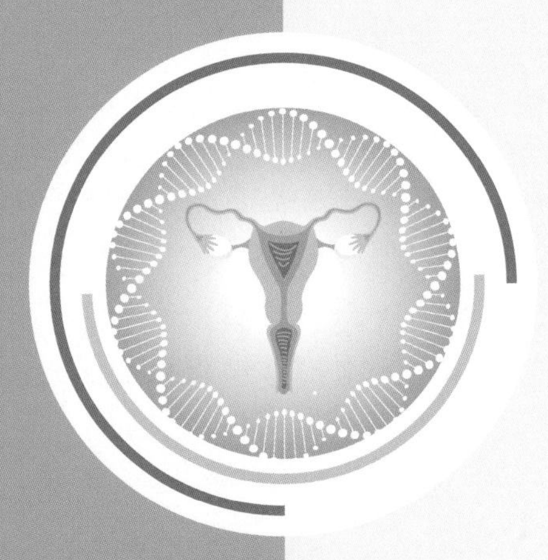

第 14 章

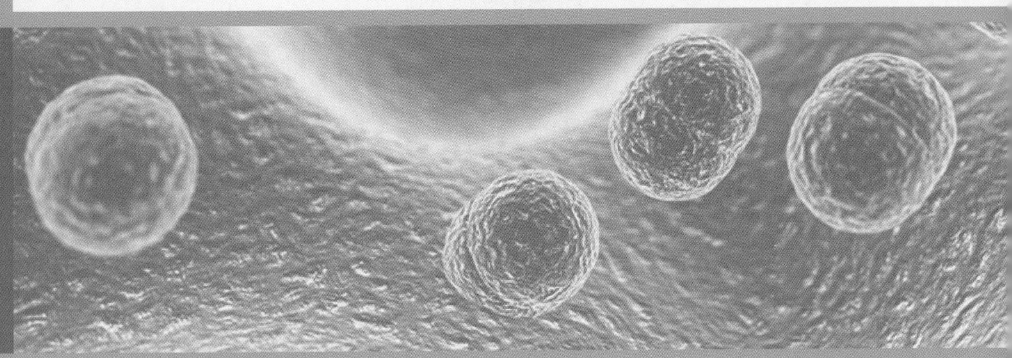

肾损伤动物模型中的人脐带血间充质干细胞移植：系统性评述

Martina Perše, Željka Večerić-Haler

摘要

导言：肾病是一个全球性的健康问题，死亡率很高。现有疗法主要是支持性疗法。近年来，再生医学在肾脏修复领域展现出巨大潜力。基于技术的可行性与伦理优势，源自人脐带的间充质干细胞（hUC-MSCs）已成为首选的干细胞类型。为了深入了解脐带间充质干细胞对肾损伤的治疗效应，我们回顾了在各种肾损伤动物模型中使用脐带间充质干细胞的文献。

方法：以“肾损伤”“干细胞”“脐带血”为关键词，在PubMed和Scopus数据库中进行检索。从106篇潜在相关文献中筛选出35篇纳入分析。

结果：表明人脐带间充质干细胞可延长各种肾损伤动物模型的存活时间，并改善其肾脏的功能和形态学指标。然而，间充质干细胞治疗的结果受多种因素影响，如动物模型的特征、干细胞制造工艺、间充质干细胞治疗时机、途径或剂量等。重要的是，目前还缺乏对间充质干细胞的多种治疗效果，以及这些疗法可能产生的不良反应进行评估的报告。

结论：肾损伤动物模型的异质性、对所使用的间充质干细胞组成质量控制和报告的不一致性，以及缺乏对可能不良反应的报告，导致许多研究结果无法重复、无法进行严格评估或向临床转化。为了确保质量和可重复性，避免不必要的动物实验，有必要建立一个系统性的计划，确保在临床前研究中使用的干细胞产品达到最低标准，并经过与临床和商业使用所需的相同质量控制程序。

关键词：动物模型、肾损伤、脐带血、干细胞

专业术语中英文对照

英文缩写	英文全称	中　文
Ad-MSC	Adipose mesenchymal stem cells	脂肪间充质干细胞
AKI	Acute kidney injury	急性肾损伤
pAkt	Serine-threonine kinase Akt	丝氨酸–苏氨酸激酶Akt
AQP2	Aquaporin 2	水通道蛋白2
ASK1	Apoptosis signal-regulating kinase 1	凋亡信号调节激酶1
BAX	Bcl-2-associated X protein	Bcl-2相关X蛋白
Bcl-2	B-cell lymphoma-2	B细胞淋巴瘤-2
Bcl-XL	B-cell lymphoma-extra large	特大型B淋巴细胞瘤
BM-MSC	Bone marrow-derived mesenchymal stem cells	骨髓间充质干细胞
BMP-7	Bone morphogenic protein-7	骨形态发生蛋白-7
BUN	Blood urea nitrogen test	血尿氮素检测
BW	Body weight	体重
ECFC	Endothelial colony-forming cells	内皮集落形成细胞
CAT	Catalase	过氧化氢酶
CD	Cluster of differentiation	分化群

续表

英文缩写	英文全称	中　文
CK	Cytokeratin	细胞角蛋白
CKD	Chronic kidney disease	慢性肾病
CM	Culture medium	培养基
CM-Dil	Cell tracker fluorescent dye	细胞示踪荧光染料
Cr	Creatinine	肌酐
DIO	3，3’-Dioctadecyloxacarbocyanine perchlorate ［DiOC18（3）］	3，3’-二-N-十八烷基氧代羰花青高氯酸盐［DiOC18（3）］
DNA	Deoxyribonucleic acid	脱氧核糖核酸
EGF	Epidermal growth factor	表皮生长因子
EMT	Epithelial-mesenchymal transition	上皮−间质转化
EV	Extracellular vesicle	细胞外囊泡
Ex	Exosome	外泌体
FAPα	Fibroblast activation protein alpha	成纤维细胞活化蛋白α
FEN	Flap structure-specific endonuclease	瓣结构特异性核酸内切酶
FGF	Fibroblast growth factor	成纤维细胞生长因子
HGF	Hepatocyte growth factor	肝细胞生长因子
GFP	Green fluorescent protein	绿色荧光蛋白
GFR	Glomerular filtration rate	肾小球滤过率
GSH	Glutathione	谷胱甘肽
GVHD	Graft-versus-host disease	移植物抗宿主病
HO-1	Heme oxygenase-1	血红素加氧酶-1
GST	Glutathione-S-transferase	谷胱甘肽S移换酶
H	Human	人
HIF-1A	Hypoxia inducible factor-1A	低氧诱导因子-1A
HLA	Human leukocyte antigen	人类白细胞抗原
HLA-A	Major histocompatibility complex，Class Ⅰ，A	Ⅰ类主要组织相容性复合体A
HLA-DR	Major histocompatibility complex，Class Ⅱ，DR	Ⅱ类主要组织相容性复合体DR
HLA-Ⅱ	HLA，Class Ⅱ antigen	Ⅱ类人白细胞抗原
HMGB1	High mobility group protein B1	高迁移率族蛋白B1
Hsp 47	Heat shock protein 47	热休克蛋白47
hUC	Human umbilical cord	人脐带
IA	Intraarterially	动脉注射
IGF-1	Insulin like growth factor 1	胰岛素样生长因子1
IL	Interleukin	白细胞介素
IFN-γ	Interferon gamma	干扰素-γ
IR	Ischemia reperfusion	缺血−再灌注
ISCT	International Society for Cellular Therapy	国际细胞治疗协会
IV	Intravenouslly	静脉注射
LC3β	Microtubule associated protein 1 light chain 3 beta	微管相关蛋白1轻链3β

续表

英文缩写	英文全称	中　文
mALB	Microalbumin	微量白蛋白
β_2 mG	Macroglobulin	巨球蛋白
miRNA	Micro RNA	微小核糖核酸
MCP-1	Monocyte chemoattractant factor 1	单核细胞趋化蛋白-1
MDA	Malondialdehyde	丙二醛
MSC	Mesenchymal stem cell	间充质干细胞
NF-κB	Nuclear factor-kappa B	核因子κB
NK	Natural killer cells	自然杀伤细胞
NOD/SCID	Nonobese diabetes/Severe combined immunodeficient（mice）	非肥胖型糖尿病/严重联合免疫缺陷（小鼠）
MAPK	Mitogen-activated protein kinase	丝裂原活化蛋白激酶
MnSOD	Manganese superoxide dismutase	锰超氧化物歧化酶
p38MAPK	P38 Mitogen-activated protein kinase	P38丝裂原活化蛋白激酶
PCNA	Proliferating cell nuclear antigen	增殖细胞核抗原
PCR	Polymerase chain reaction	聚合酶链式反应
PKH26	Red fluorescent cell linker kit for general cell membrane	红色荧光细胞连接试剂盒
PUMA	P53-Upregulated modulator of apoptosis（BBC3）	P53-正向细胞凋亡调控因子（BBC3）
RAGE	Advanced glycation end product receptor	晚期糖基化终末产物
RANTES	C-C motif chemokine ligand 5（CCL5）	趋化因子配体5（CCL5）
RNA	Ribonucleic acid	核糖核酸
ROS	Reactive oxygen species	活性氧
RSC	Subcapsular	被膜下
SC	Subcutaneously	皮下注射
SIRT3	Sirtuin 3	去乙酰化酶3
α-SMA	α-Smooth muscle actin	α-平滑肌肌动蛋白
TNF-α	Tumor necrosis factor alpha	肿瘤坏死因子α
βTRCP	PIkappaBalpha-E3 receptor subunit（BTRC）	β-转导素重复序列包含蛋白
TREG	Regulatory T cells	调节性T细胞
TUNEL	Transferase-mediated dUTP nick-end labeling assay	转移酶介导的dUTP缺口末端标记
TXNIP	Thioredoxin-interacting protein	硫氧还蛋白互作蛋白
UC	Umbilical cord	脐带
UC-MSC	Umbilical cord blood mesenchymal stem cell	脐带间充质干细胞
STZ	Streptozotocin	链脲佐菌素
S100A4	S100 calcium-binding protein A4	S100钙结合蛋白A4
TGF-β	Transforming growth factor beta	转化生长因子-β
VEGF	Vascular endothelial growth factor	血管内皮生长因子
WJ-EPC	Wharton's jelly endothelial progenitor cells	华通胶内皮祖细胞
WT1	Wilms Tumor gene 1	肾母细胞瘤基因1
YAP	Yes1 associated transcriptional regulator	Yes1关联转录调节因子

一、导言

急性肾损伤（AKI）是全球最常见的肾科问题，患病率和死亡率都很高。AKI发生突然并导致一系列肾脏损伤，从轻微的肾功能变化到终末期肾病，相比之下，慢性肾病（CKD）发展缓慢，病程可长达数月至数年时间。AKI康复的患者有更高的风险发展成CKD，特别是那些患有心血管疾病、糖尿病或高血压的老年人。当前治疗以支持性治疗为主，在终末期肾病的情况下需要开始肾脏替代治疗，即血液透析或肾脏移植。尽管肾脏替代治疗近年来有了显著进步，但AKI患者的5年死亡率仍超过50%。因此，迫切需要新的治疗干预措施和策略来提高肾功能衰竭患者的生存机会。

自20世纪70年代首次描述骨髓间充质干细胞（BM-MSCs）以来，间充质干细胞（MSCs）研究取得了诸多进展。如今，间充质干细胞可从多种组织中分离出来，如脂肪、牙齿、外周血、唾液腺、皮肤、滑膜液、胎盘、脐带血、羊水等。目前，尽管存在伦理、技术和健康方面的限制，BM-MSCs仍然是使用最广泛的MSCs之一。另外，UC-MSCs是一种安全的大量干细胞来源，可通过无创方法轻松获得，没有伦理问题，且与BM-MSCs具有相似的特性。

多年来，干细胞疗法在治疗肾脏疾病方面获得了极大的关注。间充质干细胞的治疗潜力已在许多动物模型中进行了研究。许多动物实验报告了间充质干细胞在治疗肾损伤方面的有益和保护作用。间充质干细胞在动物模型中的有益治疗效果促使许多临床试验获得批准，但其结果却呈现显著异质性。事实上，最近发表的一些文章提出了一些在解读临床前研究结果时需要考虑的重要问题。

本章简要总结了有关人脐带间充质干细胞对肾损伤影响的动物研究，旨在对动物研究的质量进行重新评估，并确定在解释此类结果时需要考虑的因素。基于上述原因，我们将研究重点放在了人脐带间充质干细胞上。

二、动物模型中的人脐带间充质干细胞与肾损伤

我们使用关键词“肾损伤”“干细胞”“脐带血”进行了PubMed和Scopus检索，发现了106篇可能相关的出版物（2020年7月至9月）。对所有出版物的标题和摘要进行了审阅。其中，35篇文献研究了hUC-MSCs或hUC-MSCs衍生的条件培养基（CM）或外泌体（Ex）对肾损伤动物模型的影响。还从相关文章中选取了其他参考文献。

在已发表的文献中使用的动物种类包括小鼠和大鼠。hUC-MSCs治疗效果已在各种啮齿动物肾损伤模型中进行了研究，如顺铂肾毒性、缺血/再灌注肾损伤、输尿管梗阻模型、脓毒症引起的肾损伤、狼疮性肾炎、糖尿病肾病或其他诱导的肾病。

1.hUC-MSCs治疗可改善动物模型的肾损伤

在35项研究中，只有少数研究发现hUC-MSCs没有肾保护作用，没有研究报告了负面影响。大多数情况下，发现hUC-MSCs可改善肾功能［通过血尿素氮（BUN）、血清肌酐

（Cr）、肾小球滤过率（GFR）评估］和肾脏的形态学变化。一些研究调查了hUC-MSCs对存活率的影响，发现hUC-MSCs可延长存活期。

hUC-MSCs减少了毛细血管的改变和中性粒细胞在肾间质中的浸润，但对淋巴细胞（$CD3^+$）的数量、肾内总淋巴细胞比例、总T细胞、总B细胞、$CD4^+$和$CD8^+$ T细胞、活化的$CD4^+$和$CD8^+$ T细胞，以及活化的B细胞没有影响。一些研究报告了hUC-MSCs对巨噬细胞/单核细胞（$CD68^+$）数量有抑制作用，而另一项研究发现hUC-MSCs对肾内巨噬细胞的百分比没有影响。然而，hUC-MSCs显著降低了受损肾脏中自然杀伤细胞（NK）的百分比，并增加了调节性$CD4^+$ $CD25^+$ T细胞的百分比，这些细胞在肾损伤的发病机制中发挥有益作用。

研究发现，hUC-MSCs治疗可减少凋亡细胞数量（通过TUNEL或Caspase-3检测）并增加肾小管细胞增殖［通过染色和定量PCNA或Ki67（一种肾再生指标）来显示］（表14.1～表14.3）。

hUC-MSCs治疗影响了多种与凋亡信号通路相关的基因和蛋白的表达，如高迁移率族蛋白B1（HMGB1）、硫氧还蛋白互作蛋白（TXNIP）、凋亡信号调节激酶1（ASK1）、P38 MAPK、Bcl-xl、Bax、Bcl-2、细胞色素C、丝氨酸–苏氨酸激酶Akt（pAkt）、线粒体质量和功能、线粒体生物发生、去乙酰化酶3（SIRT3）活性、抗氧化防御和能量供给（ATP产生）。hUC-MSCs降低了如丙二醛（MDA，脂质过氧化的标志物）或过氧亚硝盐酸（蛋白氧化的标志物）等氧化应激标志物，并增强了抗氧化酶如谷胱甘肽（GSH）、过氧化氢酶（CAT）、谷胱甘肽转移酶（GST）、血红素加氧酶-1（HO-1）和锰超氧化物歧化酶（MnSOD）的活性。hUC-MSCs还影响肾组织中Klotho蛋白的表达和某些与衰老相关的miR的表达（主要是miR-29a和miR-34a）。

研究表明，hUC-MSCs通过调节众多参与肾损伤发病机制的促炎和抗炎因子的复杂网络，调节炎症状态。然而，这些研究中关于细胞因子和其他炎症因子的结果并不一致（表14.1～表14.3）。

研究发现，hUC-MSC对胶原蛋白积累、促纤维化因子（TGF-β）也有保护作用，hUC-MSCs可恢复几种上皮–间质转化相关基因如*Slug*、*Vimentin*和*E-cadherin*的表达（表14.3）。

2.提高人脐带间充质干细胞肾保护作用的策略

为了改善肾保护特性，研究人员研究了各种策略，如将hUC-MSCs与维生素E或白藜芦醇联合注射，可提高间充质干细胞的肾保护作用。研究发现，与白藜芦醇联合使用时，hUC-MSCs可保护细胞功能，增加荚膜细胞相关蛋白（肾素、WT1），减少炎症因子（MCP-1、RAGE、NF-κB）。用淫羊藿苷预处理hUC-MSCs也能改善效果，而用聚肌苷酸胞苷酸（I：C）预处理hUC-MSCs则无益处。在使用免疫抑制疗法时，hUC-MSCs的肾脏保护作用得到了增强。

表 14.1　缺血再灌注（IR）动物模型中的 hUC-MSCs 治疗实例

品系，缺血再灌注诱导	MSCs 剂量，体积，给药方式	治疗结束后时间	研究参数及结果与未经缺血再灌注诱导处理动物的比较	参考文献
Wistar h0：左单侧 60分钟	H：0.2 mL生理盐水中 1 × 10^6，iv	D30	· 血：↓BUN，↓Cr（正常水平）（可逆） · 尿液：↓尿酸，↓尿白蛋白（正常水平） · 肾脏：形态正常，↓MDA，↑GSH，↑GST，↑CTA	[21]
Wistar-Kyoto h0：双侧 45分钟	P3-P5 h6：0.2 mL生理盐水中 1 × 10^6，ip	D2 D7 D49	· D2：峰值（BUN、Cr），D7：恢复，D49：长期影响 · 血液：BUN、Cr；尿液：Cr清除率，↓FENa · 肾脏：↓组织学评分，↑AQP2，↓*CD68$^+$、CD3$^+$，↓TGF-β1、≈β-gal，↑Klotho蛋白，↑HO-1，↑MnSOD，↑miR-29a，↑miR-34a，≈p21，↓p16，↑PCNA · 血液：BUN、Cr；尿液：Cr清除率，↓FENa · 肾脏：↓组织学评分，↑AQP2，↓*CD68$^+$，≈TGF-β1，≈β-gal，≈HO-1，≈MnSOD，≈p21，↓p16，≈PCNA · 血液：BUN、Cr；尿液：Cr清除率，↓FENa，↑渗透压肾 · 肾脏：↓组织学评分，↓*CD68$^+$、CD3$^+$，↑β-gal，↑Klotho蛋白，↑HO-1，↑MnSOD，↑miR-29a，↑miR-34a，≈TGF-β1，≈p21，≈p16，↑PCNA	[22]
Sprague-Dawley h0：双侧 60分钟	P3-P6，MV h0：0.5 mL vehicle中 30 μg，iv	D2 Wk2	· D1：↓TUNEL，↑PCNA，↑Vimentin，↑HGF，≈TGF-β1，≈IGF-1，≈EGF · Wk2：血液：↓BUN，↓Cr（可逆模型–加速肾脏恢复） · 肾脏：↓胶原沉积（Masson），↓αSMA	[23]
NOD.CB17-Prkdc^{scid}/J D0：双侧30分钟	hECFCs P3-P4 100 μL PBS中10^6	D1 D3	· D1：血液：↓BUN，↓Cr；（可逆模型–加速肾脏恢复） · 肾脏：↓组织学评分，↓αSMA，↑巨蛋白，≈巨噬细胞（F4/80），≈PCNA，↓TUNEL，↓胱天蛋白酶-3，≈超氧化物生成 · D3：血液：≈BUN，↓Cr · 肾脏：↓组织学评分，↓αSMA，↑巨蛋白，↓巨噬细胞（F4/80） · ↓PCNA，↑TUNEL，≈胱天蛋白酶-3，≈超氧化物生产	[24]
C57BL/6 D0：单侧左肾切除术后 40分钟	hWJ-EPC 5 × 10^5，rsc	H12 D7	· 血液：↓BUN，↓Cr（仅显示时间点12小时的结果） · 肾脏：↓组织学评分，↓TUNEL，↓ROS，↓MIP-2，↓KC，↓S100A4（成纤维细胞标志物），↓PUMA，↑Bcl-2	[25]

续表

品系，缺血再灌注诱导	MSCs 剂量，体积，给药方式	治疗结束后时间	研究参数及结果与未经缺血再灌注诱导处理动物的比较	参考文献
C57BL/6 D0:双侧 27分钟	0小时和24小时:体积 1×10^6 nr ip	D1 D2	·血液：D1、D2，↓BUN，↓Cr（比基线水平高4倍） ·肾脏：≈组织学评分；≈CD45$^+$（白细胞浸润） ·IL-2，IL-6，IL-10，IL-17，MCP-1，RANTES，TNF-α，↓TNF-γ，↑VEGF；≈T ·和B细胞、CD4$^+$CD8$^+$T细胞，↓NK，↑Treg	[26]
Sprague–Dawley h0：双侧 60分钟	P4（16小时）：在0.5 mL生理盐水中1×10^6，ia	D72 D3	·0小时、16小时、24小时、48小时、72小时血液：从24小时开始↓BUN、Cr（对照组在72小时也出现过下降——可逆） ·肾脏：↓hystology评分，↑PCNA，↓胱天蛋白酶-3，↓IL-1β≈IL-6，↓TNF-α	[28]

注：h.小时；D.天；UC.脐带血；ip.腹腔注射；CM.培养基；sc.皮下注射；rsc.被膜下注射；ia.动脉注射；iv.静脉注射；TUNEL.转移酶介导的dUTP缺口末端标记；PCNA.增值细胞核抗原；EMT.上皮–间质转化；BW.体重；WJ-EPC.华通胶内皮祖细胞；ECFC.内皮细胞集落形成细胞。

表 14.2 hUC-MSCs 在肾毒素诱导的动物模型中的治疗实例

品系，肾毒素诱导	MSCs 剂量、给药方式、体积	治疗结束后时间	与未进行顺铂处理的动物进行比较的研究参数和结果	参考文献
NOD-SCID C57BL6 × 129 D0：16 mg/kg顺铂，sc	D1：5×10^5，P6，iv	D4	·血液：↓BUN ·肾脏：↓组织学评分，↑线粒体形态	[12]
SIRT3$^{-/-}$ D0：16 mg/kg顺铂，sc	D1：5×10^5，P6，iv	D4	·SIRT3$^{-/-}$严重肾功能障碍，未发现影响 ·血液：BUN，肾脏：组织学评分	[12]
BALB/cOlaHsd D0：17 mg/kg顺铂，ip	D1：0.2 mL中5×10^5，iv	D4 D14	·未经ATG预处理的MSCs无此作用 ·ATG预处理的MSCs改善了存活和肾脏功能和结构参数；血液：≈Bun，↓Cr；肾脏：↓组织学评分，≈Casp-3；↑HO-1，Gpx，↓Sod-1，SAA3	[15]
D0：18 mg/kg顺铂，ip	hUCB-CM D1：CM 0.5 mL（1x）D0，D1，D3（3x）2x/天，持续5天	D4	·血液：≈BUN、Cr、组织学评分、↓体重 ·使用了3种不同的hUC-CM方案（D0、D1、D3或每天重复2次，共5天）——无影响 ·Bi等人的研究结果在他们的实验室中不可重复	[20]

续表

品系，肾毒素诱导	MSCs 剂量、给药方式、体积	治疗结束后时间	与未进行顺铂处理的动物进行比较的研究参数和结果	参考文献
C57BL/6 D0：22 mg/kg顺铂（D6的死亡率为20%），sc	D1：1×10^6，P6（hUC）iv *vs.*ip	D3	· 血液：↓BUN；肾脏：组织学评分，↓MCP-1，IL-6，TNF-α，↑IL-10、VEGF、≈IL-2、↓胱天蛋白酶-3；↑肾脏和脾脏中的Treg肾脏：≈T和B细胞总数、≈$CD4^+$T细胞、≈$CD8^+$T细胞、≈巨噬细胞（D3、D6）	[13]
C57BL/6 D0：20 mg/kg顺铂，sc	D1 *vs.*D3：1×10^6，P6	D3 *vs.* D6	· 血液：↓BUN，Cr，TNF-α，IL-1β，IL-6 · 肾脏：↓组织学评分，TUNEL，PCNA↑，Bax、LC3β、Bcl-2（自噬）	[13]
Sprague-Dawley D0：5 mg/kg顺铂，ip	hUC外泌体0.5小时前顺铂 0.2 mg，rsc	D3	· 血液：↓BUN、Cr、TNF-α、IL-1β、IL-6 · 肾脏：↓组织学评分、TUNEL、↑PCNA、Bax、LC3β、Bcl-2（自噬作用）	[14]
Rat D0：6 mg/kg顺铂，ip	D1：0.5 mL生理盐水中 2×10^6，iv	D5 D10 6周 8周	·（D0、D2、D3、D5）血液：↓BUN、Cr；肾脏：↑PCNA，Bcl-2，↓TUNEL↓胱天蛋白酶-3，Bax，IL-1β，TNF-α，MDA，↓组织学评分，↓MDA，↑细胞色素C（在线粒体中） · D10：两组均恢复到基线水平（BUN、Cr） · 6周和8周：MSCs后结构恢复较好，↑Bax/Bcl-2比值，↓TGF-β1，↓胶原沉积（Masson），↓Mmra波形蛋白，↓N-钙黏蛋白，↓Slu，↑E-钙黏蛋白	[16]
Sprauge Dawley D0：6 mg/kg顺铂，ip	D1：200 μg Ex 40～100 nm，rsc	D5	· D3～D5：↓Cr，↓BUN（递增3倍峰值） · D5：肾脏：↓组织学评分，↑Bcl-2，↓Bax，↓p38MSPK，↓胱天蛋白酶-3，↓TUNEL，↑GSH，↓MDA，↓8- OH6G	[17]
NOD-SCID D0：12.7 mg/kg顺铂，sc	D1：5×10^5，P6，iv	D4	· 血液：↓包子；肾脏：↓组织学评分↓TUNEL，↓过氧亚硝酸盐（氧化应激），pAkt；↓PCNA，EM：管周血管毛细血管变化；生存期D9～D14；hUC（86%）与对照组（0）	[19]
Wistar大鼠 Adenine 4周可逆，ig	hUC *vs.*ICAhUC D0：1 mL生理盐水中 8×10^6，P4，iv	D3 D7 D14	· 最终自我恢复——可逆模型 · 血液：↓BUN，↓Cr，↑IL-10，↓IL-6，↓TNF-α · 肾脏：组织学，↑IL-10，↓IL-6，↓TNF-α，↑bFGF，↑BMP-7 · icahUC几乎在所有时间点都优于MSC	[43]
D0：0.05 mL/kg全身CCl4	hUC *vs.*hUC + G-CFS 6小时或24小时：2×10^6，ip	D2	· 血液：↓BUN，≈Cr，≈Na，≈钾肾脏：≈组织学评分↓，GST系统	[44]

注：h.小时；D.天；UC.脐带血；CM.培养基；sc.皮下注射；rsc.被膜下注射；ia.动脉注射；iv.静脉注射；TUNEL.转移酶介导的dUTP缺口末端标记；PCNA.增值细胞核抗原；EMT.上皮–间质转化；BW.体重；mALB.微量白蛋白；β_2 mG.巨球蛋白；HIF-1A.低氧诱导因子-1A；p.峰值。

表 14.3 在糖尿病肾病和输尿管梗阻动物模型中应用人脐带间充质干细胞治疗的实例

品系，STZ 剂量和给药方式	MSCs 剂量，给药方式，体积	MSCs 治疗后时间	研究参数和结果与未经处理的动物模型的比较	参考文献
Sprague Dawley D0：60 mg/kg STZ，ip	Wk6：0.5 mL PBS中有hUC 2×10^6，iv	2周	·（↓）BW；尿液：↓（↑）蛋白质，↓（↑）蛋白质/Cr比率 ·血液：↓（↑）BUN，↓Cr，↓Cr清除率；↓IL-1β，↓IL-6，↓TNF-α ·肾脏：↓组织学评分；↓IL-1β，↓IL-6，↓TNF-α↓，TGF-β，↓F4/80，↓$CD3^+$，↓胶原iv，↓αSMA	[36]
Sprague Dawley D0：60 mg/kg STZ，ip	P5 hUC 2×10^6在0.5 mL PBS中静滴1次/周，持续2周	2周	·≈（↓）BW；尿液：↓（↑）蛋白质，↓（↑）蛋白质/Cr比值 ·血液：≈（↑）葡萄糖，↓（↑）BUN，↓（↑）Cr ·肾脏：↓（↑）组织学评分（PAS），↓（↑）Masson，↓（↑）TUNEL，↓（↑）HMGB1，≈（↑）Bax，↑（↑）Bcl-xl，↓（↑）TXNIP，↑（≈）TRX1，↓（≈）p-ASK1/ASK1，↓（↑）p-P38	[37]
Sprague Dawley D0：50 mg/kg STZ葡萄糖，iv	D2：hUC 5×10^5，iv	4周	·≈（↓）BW，≈（↑）肾脏重量 ·血液：≈（↑）葡萄糖，≈Cr，↓（≈）尿蛋白 ·肾脏：≈αSMA，↓（≈）TGF-β，↑（≈）E-钙黏蛋白↑，（≈）BMP-7，↓（≈）Hsp47，胶原蛋白（Masson）	[40]
Sprague Dawley D0：50 mg/kg　STZ葡萄糖，iv	4周：hUC 1×10^6，iv	4周	·≈BW，↓（≈）肾脏重量 ·血液：≈（↑）葡萄糖，↓（≈）Cr，↓（≈）尿蛋白 ·肾脏：蛋白质：≈纤连蛋白，↓（≈）αSMA，↑（↑）E-钙黏蛋白mRNA：↓（≈）纤连蛋白↓，（≈）αSMA，≈E-钙黏蛋白	[39]
NOD适应性喂养D0：糖尿病发作	hUC *vs.*hUC+白藜芦醇D3：0.3 mL PBS中1×10^6，iv	8周	·↑（↓）体重（但低于对照组） ·血液：↓（接近）葡萄糖，↓（↑）BUN，↓（↑）Cr；尿液：↓（↑）白蛋白排泄率 ·肾脏：↑（↓）足细胞数，↑（↓）nephrin，↑（↓）WT1（足细胞蛋白），↓（↑）RAGE，↓（↑）MCP-1，↓（↑）NF-κB；一些动物死亡	[41]

续表

品系，STZ 剂量和给药方式	MSCs 剂量，给药方式，体积	MSCs 治疗后时间	研究参数和结果与未经处理的动物模型的比较	参考文献
Sprague Dawley D0：左输尿管结扎术	D6，D9，D12：hUC-Ex 200 μg	D14	·血液：↓（↑）Cr，↓（↓）BUN ·肾脏：↓胶原蛋白I，↓FAP，↓α-SMA，↓TGF-β1，↑（↓）CK1 δ，↑（↓）βTRCP，↓（≈）YAP	[29]
Sprague Dawley D0：左输尿管结扎术	D0：0.5 mL CM来自5×10^6 MSCs，ia	D14	·肾脏：↑（↓）组织学评分，↑（↓）Masson，↑（↑）PCNA，↑（↓）TUNEL，↑（↓）GSH，↑（↓）MDA，↑（↓）ROS，↑（↓）胶原蛋白I，↑（↓）α-SMA，↑（↓）TGF-β1，↑（↓）TNF-α，↑（↓）E-钙黏蛋白	[30]
Sprague Dawley D0：左输尿管结扎术	D0：0.1 mL CM，ia	D14	·血液：↓（↑）BUN，↓（↑）Cr，↓（↑）TNF-α，↓（↑）IL-6，↓（↑）IL-1β ·肾脏：↓（↑）组织学评分，↓（↑）TNF-α，↓（↑）IL-6，↓（↑）IL-1β，↓（↑）MCP-1，↓（↑）胶原蛋白I，↓（↑）αSMA，↓（↑）TLR4，↓（↑）NF-κB，↓（↑）$CD3^+$，↓（↑）$CD68^+$，↑（↓）E-cadherin	[31]
Sepsis CLP C57BL/6 H0：CLP	H3：100 μL PBS中有120 μg hUC-Ex	24小时	·血液：↓（↑）Cr，BUN ·肾脏：↓组织学评分，↓TUNEL，↓胱天蛋白酶-3，↓（↑）IL-1β，≈（↑）TNF-α，↑miR146，↓IRAK1 ·↑生存（72小时）：28% vs.45%（hUC-Ex）	[32]

注：h.小时；D.天；UC.脐带血；CM.培养基；sc.皮下注射；rsc.被膜下注射；ia.动脉注射；iv.静脉注射；TUNEL.转移酶介导的dUTP缺口末端标记；PCNA.增值细胞核抗原；EMT.上皮–间质转化；BW.体重；RAGE.晚期糖基化终末产物；MCP-1.单核细胞趋化蛋白-1；NF-κB.核因子κB；NOD mice.非肥胖糖尿病小鼠；WT1.肾母细胞瘤基因1；STZ.链脲佐菌素；α-SMA.α-平滑肌肌动蛋白；Hsp 47. 热休克蛋白47；BMP-7.骨髓形态发生蛋白-7。

3.人脐带间充质干细胞的肾保护作用优于其他来源的间充质干细胞

经对比研究，hUC-MSCs在肾脏保护效能上展现出显著优势。有报告称，与hBM-MSCs［BUN：（76 ± 8）mg/dL；9 ~ 14天存活率30%］相比，hUC-MSCs治疗在改善肾功能和提高存活率方面效果更好［BUN：（58 ± 7）mg/dL；9 ~ 14天存活率70%］。hUC-MSCs的效果也优于hAD-MSC。

hUC-MSCs可保护肾组织中Klotho蛋白的表达和一些与衰老相关的miR（主要是miR-29a和miR-34a）的表达，而hAd-MSC治疗则无此作用。当将hUC-MSCs治疗的肾保护作用与同种异体MSCs（小鼠骨髓源性）的作用进行比较时，未观察到显著差异。

4.间充质干细胞治疗的时机影响治疗效果

在几乎所有实验性急性肾损伤的病例中，间充质干细胞治疗都是在肾损伤的诱导阶段（即未观察到肾功能不全的临床症状和体征时）单次给药。因此，间充质干细胞主要被评估为在急性肾损伤发展的最早阶段应用的预防性治疗策略。只有一项研究评估了在肾功能障碍已经建立时给予间充质干细胞治疗的效果，发现治疗无效，这表明间充质干细胞治疗的时机是影响治疗结果的一个非常重要的因素。由于缺乏研究调查间充质干细胞的长期效果，因此不清楚在短期研究（评估单次给予间充质干细胞后1 ~ 7天的效果）中观察到的有益效果是否代表一种治疗效果，或者只是暂时改善了参数的支持效果。

5.给药方式、细胞剂量和注射细胞的命运

几乎所有研究都报告了剂量和给药途径，并发现无论剂量或给药途径如何，人脐带间充质干细胞的效果都是相似的。最常用的给药方式是全身给药，如静脉注射和动脉注射，较少采用局部给药，如腹腔内或肾内（肾被膜下）给药。全身注射的细胞数量通常在之前报告的小鼠（$5 \times 10^5 \sim 1 \times 10^6$）和大鼠（$1 \times 10^6 \sim 2 \times 10^6$）的范围内（可以在表14.1、表14.2和表14.3中看到示例）。重要的是，一些研究中缺少注射悬液的体积，尽管众所周知，对于肾损伤患者，补液（即液体扩容）是预防和（或）改善肾损伤的主要方法，因此可能会显著影响实验性肾毒性的结果和严重程度。

没有任何研究调查了与给药途径或细胞剂量相关的可能并发症。需要说明的是，不同给药途径的干细胞产品到达肾组织的细胞数量大相径庭。肾脏首次暴露的动脉内注射，表明间充质干细胞产品（干细胞和培养基）以相对原始未稀释的形式到达肾动脉，如注射入左心室、肾上腔主动脉或肾动脉。相比之下，静脉注射或动脉内注射（肾脏次级暴露）表明间充质干细胞产品在经过稀释（或滞留）于肺循环或外周循环后发生代谢和形态变化，才到达肾血管，如注射入右心室、肺动脉、颈动脉、锁骨下动脉、肾下腔动脉或静脉。

基于此，预计给药方式和细胞剂量不仅与治疗效果有关，而且由于人间充质干细胞在悬浮时体积较大（16 ~ 53 μm），也与并发症有关，如静脉注射的间充质干细胞会滞留在肺部并导致栓塞，而动脉内注射也可能由于细胞滞留在小型外周动脉血管中而引起血管阻塞。

最近已经认识到，我们仍然缺乏一种系统且可靠的测试方法来确定到达靶组织的间充质干细胞数量，也无法确定它们的有效性。目前已有多种方法用于检测和确认注射细胞在肾脏和（或）其他器官中的存在，如放射性成像、人类DNA聚合酶链式反应（PCR）、人间充质干细胞体内分布的原位杂交分析、PKH26、GFP和DIO等标记染料等。需要注意的是，目前还没有单一的测定方法或方式能够帮助在有机体的混合细胞群中鉴定间充质干细胞。所有这些方法只能确认染料或特定DNA序列的存在，但无法确认携带这些材料的细胞是注射的间充质干细胞，也无法确认细胞是否存活。在大多数情况下，细胞都用脂质PKH26或RNA染料（CM-Dil）标记，众所周知，这些都是不太可靠的细胞追踪方法。

三、解读动物研究结果时应考虑的因素

从目前报告的结果来看，我们可以得出结论，单次将人脐带间充质干细胞给予异种生物体不会导致不良反应，至少在短期内不会。然而，长期效果或多次治疗后的效果尚不清楚。

尽管大多数研究显示人脐带间充质干细胞具有肾脏保护作用，但在得出人脐带间充质干细胞的疗效结论之前，还有许多因素需要考虑。

1.hUC-MSC的质量、培养和最低标准

众所周知，间充质干细胞是一种异质性细胞群体，不同实验室之间可能存在差异。为了避免实验室间的异质性，已提出了间充质干细胞表型和功能表征的最低标准。人间充质干细胞必须能贴壁生长，具有分化为成骨细胞、脂肪细胞、软骨细胞的能力，不表达CD11b、CD14、CD19、CD79a、CD34、CD45、HLA-DR表面抗原，但在95%以上的间充质干细胞群体中必须表达CD105、CD90和CD73表面抗原（表14.4）。

表 14.4　用于临床前研究的人间充质干细胞的最低标准

1.在标准培养条件下对塑料的黏附性		
2.表型	阳性（95%） CD105 CD90 CD73	阴性（2%） CD45 CD34 CD14或CD11b CD79α或CD19 HLA-DR
3.体外分化：成骨细胞、脂肪细胞、成软骨细胞（通过体外细胞培养物染色证明）		

越来越多的研究报告表明，培养时间（传代次数）、培养条件（血清、生长因子、氧浓度、细胞因子的组合），以及冷冻保存（培养基、试剂、冷冻温度）也会影响间充质干细胞的分化潜能、形态学和表型特征，进而影响体内研究的结果（功效、归巢、免疫反应、凝血并发症）。

重要的是，人体试验中发生的血栓栓塞和随后的健康问题甚至死亡促使人们开始探究注射间充质干细胞后引发凝血的机制。研究发现，体外培养的间充质干细胞可表达凝血因子，如组织因子、胶原蛋白1A和纤连蛋白1，这些因子可在注射间充质干细胞后引发血液循环中的凝血级联反应。并发症与间充质干细胞传代次数增加有关，与间充质干细胞的种属或来源无关。间充质干细胞经过5次传代培养后就可能发生凝血并发症。传代次数越多，凝血并发症的风险就越高（P5～P12），间充质干细胞的功效和移植效率也会降低。

其他不良反应，如输血样反应，在人体移植干细胞产品后已经观察到，这可能是由于污染淋巴细胞引起的。确认干细胞移植物身份的测验可以确保细胞组分确实主要基于MSCs。根据ISCT标准，在一定范围内允许混入供体白细胞（最多占MSC产品的2%）。鉴于2/3的临床试验使用非冷冻保存的MSCs，这种产品可能含有大量活淋巴细胞。有趣的是，据报告相对较少量的活淋巴细胞可导致人类发生与输血有关的移植物抗宿主病（GVHD），也可能与我们小组描述的小鼠在应用hUC-MSCs后出现的晚期GVHD样反应相关。据推测，这一病理过程由干细胞或血液制品中存在的有活力T细胞的反式融合引发。在免疫力正常的受体中，这些淋巴细胞通常会在血液循环中停留数天，直到受体的免疫系统最终将其清除。如果受体的免疫系统受到抑制，淋巴细胞会植入并增殖。目前还不清楚在血栓性微血管病例中是否会发生此类机制，而血栓性微血管病在非UC-MSCs移植后已有描述。

本研究综述显示，研究人员没有提供关于MSCs生产方法、培养条件、传代次数、MSCs培养基成分、安全性测试，以及批次释放标准等准确一致的信息。此外，在个别罕见的报告了数据的研究中，很明显细胞产品通常无法满足ISCT制定的最低释放标准。

为确保干细胞研究的质量和可重复性，有计划的体系是必不可少的，以确保干细胞产品符合研究和转化应用所需的标准。准备在临床应用这种疗法时，需要考虑与MSCs产品相关的安全性、有效性和质量问题。在实验环境中也应遵循这些标准，以便成功解释实验结果并将其转化为人体应用。安全性测试至关重要，包括潜在的微生物、真菌、内毒素、支原体和病毒污染测试、染色体核型测试和体外功能测试，这些测试应为临床疗效提供指导。如果没有对干细胞产品进行充分的质量控制，就无法保证干细胞产品符合预期。如果我们考虑到前面提到的异质性和动物模型固有的局限性，细胞产品内容的额外偏差会完全阻碍关键性结论和知识从临床前成功转移到临床使用。

2.动物模型的特点和挑战以及结果解读

肾病研究涉及从最简单到最复杂的各种实验模型。例如，在急性肾损伤的情况下，使用了3种基本类型的动物模型：缺血/再灌注、毒性和脓毒症模型。这种分类在某种程度上是人为的，因为人类和动物模型通常包含混合类型的急性肾损伤，涉及所有3种机制的组成部分。重要的是要注意到，每种动物模型都有自己的病理生理过程和潜在的分子机制，为该疾病提供了独特的视角，并可作为潜在的治疗靶点进行研究和评估。此外，每种模型都有其自身的特点、挑战和因素，这些都会影响疾病的范围和严重程度，进而影响研究结果。

根据各种动物模型的具体方案，肾损伤可能是可逆的或不可逆的，最初可能是在肾脏局部诱导或全身性诱导，如在技术要求较高的缺血/再灌注模型中，损伤主要是在肾脏内诱导的（通过一段相当长时间的肾动脉夹闭）。然而，损伤的程度和可逆性取决于许多因素（如外科医生技能、手术时间、物种、品系、性别、微生物状态、手术期间体温、水合状态、缺血时间）。此外，脓毒症模型影响整个机体，通常是不可逆的。即使这些模型也可能有很大差异，因为它们可以通过各种方案诱导，如腹膜内注射粪便溶液、全身注射LPS或细菌给药，或涉及手术治疗（如盲肠结扎和穿刺）的方案，因此每种模型都有其自身的特点和挑战。另外，像顺铂模型这样的毒性模型是剂量依赖型的，顺铂相关损伤可能从最初局限于肾脏的潜在可逆损伤，到不可逆的全身性损伤伴多器官衰竭和死亡。

值得强调的是，在实验性肾毒性的背景下，通常通过测定血清肌酐（Cr）和血尿素氮（BUN）来监测肾功能。这些生物标志物敏感性和特异性都不高，尤其是BUN，因为它与非肾小球滤过相关的决定因素（主要是尿素生成和肾小管重吸收）存在较大变化。然而，由于其测定方法简单实用，BUN和Cr也是临床上评估肾功能最常用的指标。简单地说，当肾功能恶化时，BUN和Cr的数值会成倍增加。当肾功能恢复时，其数值会恢复到基线水平。

在仔细审查了所有已确定的研究后，我们发现每种动物模型的方案都不尽相同，这可能会显著影响分子机制，也可能影响对MSCs疗法效果的解释。例如，在大多数研究中，MSCs治疗会显著降低BUN和（或）Cr值。这是否意味着肾功能确实得到恢复?如果答案是肯定的，那么至少从临床医生的角度来看，答案往往过于简单化，需要对其进行批判性思考。在这一点上，重要的是要记住，在动物和人类身上，不同类型和严重程度的损伤可能同时存在，尤其是在多器官损伤的情况下。例如，在大多数情况下，缺血/再灌注模型是一种局限于肾脏的可逆模型，手术后2 ~ 3天BUN和Cr水平达到峰值，此后会逐渐降低，动物能够自行恢复。此外，如果使用致命剂量的顺铂来诱导肾毒性，肾损伤就纯属毒性损害。在这种情况下，由于平均动脉血压降低（由同时存在的厌食、饥饿和脱水导致），会出现肾前机制与毒性作用相互影响，加剧组织损伤，导致情况不可逆，出现严重的急性肾小管或皮质坏死。因此，疾病严重程度很可能是影响治疗结果的最重要因素之一。

一项使用两种顺铂方案的研究清楚地表明了这一点，其中一种方案是可逆的；另一种方案是致命的。当使用肾毒性、非致死剂量的顺铂时（通过BUN、Cr的测量可降低疾病的严重程度），给予间充质干细胞治疗可导致BUN和Cr水平下降，并恢复到基线水平，这表明肾功能确实已经恢复。当使用致死的顺铂剂量（22 mg/kg；s/c）时，与未使用顺铂治疗组相比，使用人脐带间充质干细胞也能显著降低BUN水平（即50 ~ 70 mg/dL *vs.* 70 ~ 90 mg/dL）。但值得注意的是，在第二种情况下，BUN值仍与正常值相差甚远（BUN值超过30 mg/dL即被视为异常），这表明在研究时（第3天）肾功能尚未恢复。此外，在实验环境中观察到的这种肾小球滤过率的恢复（被认为是“显著改善”），如果推断到人体，并不会导致脱离透析，而且如果不进行肾脏替代治疗，将是致命的。

方案的异质性有助于更好地了解潜在的机制，但前提是必须提供所有细节。否则，特定疾病发病机制中的相关因素的作用可能会被曲解。

有些研究不仅没有报道动物模型方案，也没有报道间充质干细胞培养的条件和特征。因此，报道必须包括动物模型、实验设计和细胞制造过程的所有必要细节。

3.免疫微环境可能影响注射的间充质干细胞

文献回顾显示，到目前为止大多数研究都是在未使用免疫抑制剂且免疫功能正常的动物上进行的。通常认为人间充质干细胞在未刺激状态下不表达参与免疫识别过程的抗原［即MHCⅡ类和共刺激分子CD80（B7-1）、CD86（B7-2）、CD40或CD40L］，但在免疫功能正常受体中进行的动物研究明确表明，可能会对异种间充质干细胞产生细胞和体液免疫反应。同种异体间充质干细胞也观察到免疫反应。

受损组织或机体微环境的严重程度和毒性对于间充质干细胞的有效性和治疗结果非常重要。我们和其他人已经证明，间充质干细胞可以根据受体的免疫和生理微环境增强或抑制免疫反应。已知间充质干细胞会迁移至受损肾脏，并且有证据表明间充质干细胞会极化为一种能够释放促炎细胞因子的促炎表型。在这方面，间充质干细胞的作用可能会受到患者尿毒症环境（非常典型的晚期肾衰竭）和免疫抑制药物（如钙神经蛋白抑制剂或类固醇）的更大影响，这些药物是肾病患者的常用药，可能会影响间充质干细胞介导的免疫反应。

对间充质干细胞有害的微环境不仅会影响间充质干细胞的存活，还会影响间充质干细胞的蛋白含量和分泌的细胞外囊泡（EVs）的功能特性。间充质干细胞分泌的EVs（外泌体和微小囊泡）的内容包括细胞因子、生长因子、信号脂质、mRNA、miR等，即参与体内细胞信号或细胞间长距离通讯的分子。

体外研究清楚地表明，间充质干细胞的微环境会影响细胞外囊泡（EVs）的蛋白组成。即当人脐带间充质干细胞在IFN-γ存在下培养24小时时，间充质干细胞会产生和分泌含有HLA-A（MHCI）分子和参与抗原呈递和激活T细胞（识别外源物质和排斥反应）所需的蛋白酶复合体α和β亚基的EVs。当人脐血间充质干细胞用IFN-γ刺激48小时时，EVs中也含有HLA-Ⅱ蛋白。因此，当间充质干细胞暴露于有害微环境中，如存在大量细胞毒性因子导致炎症细胞因子风暴（如与多器官功能衰竭相关的全身性炎症反应）的环境中时，间充质干细胞的分化潜能和功能特性可能会发生改变，从而影响间充质干细胞的蛋白组成，使其产生含有补体因子和HLA-Ⅱ蛋白的EVs。

四、总结

总之，人脐带间充质干细胞的治疗潜能已在包括肾功能不可逆衰竭在内的多种肾损伤动物模型中进行了研究。虽然迄今为止的研究侧重于间充质干细胞治疗的多种积极效应，但很少有研究报道此类疗法可能产生的副作用或不良后果。除个别例外，肾脏研究中间充质干细胞的积极效应一直被解释为肾损伤替代生物标志物的改善，如血清尿素氮或肌酐，而这些标志物会受到患病动物新陈代谢中肾小球滤过功能以外的许多其他参数的影响。动物模型固有的特异性和细胞产品质量控制及间充质干细胞分支成分报道的不一致性加剧了混乱，阻碍了对临床前研究结果的批判性评估，以及将其成功应用于临床。在临床前干细胞研究领域，至少要遵守现有标准，并引入更严格的监管，这样才能取得科学进步，而不会造成混乱、难以解释，甚至毫无意义的结果，最终导致不合理地使用动物。

参考文献

1. Ronco C, Bellomo R, Kellum JA (2019) Acute kidney injury. Lancet 394:1949–1964. https:// doi.org/10.1016/S0140-6736(19)32563-2
2. Webster AC, Nagler EV, Morton RL, Masson P (2017) Chronic kidney disease. Lancet 389:1238–1252. https://doi.org/10.1016/S0140-6736(16)32064-5
3. Friedenstein AJ (1976) Precursor cells of mechanocytes. Int Rev Cytol 47:327–359. https:// doi.org/10.1016/s0074-7696(08)60092-3
4. Ullah I, Subbarao RB, Rho GJ (2015) Human mesenchymal stem cells—current trends and future prospective. Biosci Rep 35:e00191. https://doi.org/10.1042/BSR20150025
5. Vieira Paladino F, de Moraes RJ, da Silva A, Goldberg AC (2019) The immunomodulatory potential of Wharton's jelly mesenchymal stem/stromal cells. Stem Cells Int 2019:3548917
6. Wang Y, He J, Pei X, Zhao W (2013) Systematic review and meta-analysis of mesenchymal stem/stromal cells therapy for impaired renal function in small animal models. Nephrology (Carlton) 18:201–208. https://doi.org/10.1111/nep.12018
7. Lukomska B, Stanaszek L, Zuba-Surma E, Legosz P, Sarzynska S, Drela K (2019) Challenges and controversies in human mesenchymal stem cell therapy. Stem Cells Int 2019:9628536. https://doi.org/10.1155/2019/9628536
8. Marcheque J, Bussolati B, Csete M, Perin L (2019) Concise reviews: stem cells and kidney regeneration: an update. Stem Cells Transl Med 8:82–92. https://doi.org/10.1002/sctm.18-0115
9. Squillaro T, Peluso G, Galderisi U (2016) Clinical trials with mesenchymal stem cells: an update. Cell Transplant 25:829–848. https://doi.org/10.3727/096368915X689622
10. Bochon B, Kozubska M, Surygała G, Witkowska A, Kuz´niewicz R, Grzeszczak W et al (2019) Mesenchymal stem cells-potential applications in kidney diseases. Int J Mol Sci 20:2462. https://doi.org/10.3390/ijms20102462
11. Večerić-Haler Ž, Cerar A, Perše M (2017) (Mesenchymal) Stem cell-based therapy in cisplatin- induced acute kidney injury animal model: risk of immunogenicity and tumorigenicity. Stem Cells Int 2017:7304643. https://doi.org/10.1155/2017/7304643
12. Perico L, Morigi M, Rota C, Breno M, Mele C, Noris M et al (2017) Human mesenchymal stromal cells transplanted into mice stimulate renal tubular cells and enhance mitochondrial function. Nat Commun 8:983. https://doi.org/10.1038/s41467-017-00937-2
13. Park JH, Jang HR, Kim DH, Kwon GY, Lee JE, Huh W et al (2017) Early, but not late treatment with human umbilical cord blood-derived mesenchymal stem cells attenuates cisplatin nephro- toxicity through immunomodulation. Am J Physiol Renal Physiol 313:F984–F996. https://doi. org/10.1152/ajprenal.00097.2016
14. Wang B, Jia H, Zhang B, Wang J, Ji C, Zhu X et al (2017) Pre-incubation with hucMSC- exosomes prevents cisplatin-induced nephrotoxicity by activating autophagy. Stem Cell Res Ther 8:75. https://doi.org/10.1186/s13287-016-0463-4
15. Večerić-Haler Ž, Erman A, Cerar A, Motaln H, Kološa K, Lah Turnšek T et al (2016) Improved protective effect of umbilical cord stem cell transplantation on cisplatin-induced kidney injury in mice pretreated with antithymocyte globulin. Stem Cells Int 2016:3585362. https://doi.org/ 10.1155/2016/3585362
16. Peng X, Xu H, Zhou Y, Wang B, Yan Y, Zhang X et al (2013) Human umbilical cord mesenchymal stem cells attenuate cisplatin-induced acute and chronic renal injury. Exp Biol Med (Maywood) 238:960–970. https://doi.org/10.1177/1535370213497176

17. Zhou Y, Xu H, Xu W, Wang B, Wu H, Tao Y et al (2013) Exosomes released by human umbilical cord mesenchymal stem cells protect against cisplatin-induced renal oxidative stress and apoptosis in vivo and in vitro. Stem Cell Res Ther 4:34. https://doi.org/10.1186/scrt194
18. Chang JW, Hung SP, Wu HH, Wu WM, Yang AH, Tsai HL et al (2011) Therapeutic effects of umbilical cord blood-derived mesenchymal stem cell transplantation in experimental lupus nephritis. Cell Transplant 20:245–257. https://doi.org/10.3727/096368910X520056
19. Morigi M, Rota C, Montemurro T, Montelatici E, Lo Cicero V, Imberti B et al (2010) Life- sparing effect of human cord blood-mesenchymal stem cells in experimental acute kidney injury. Stem Cells 28:513–522. https://doi.org/10.1002/stem.293
20. Gheisari Y, Ahmadbeigi N, Naderi M, Nassiri SM, Nadri S, Soleimani M (2011) Stem cell- conditioned medium does not protect against kidney failure. Cell Biol Int 35:209–213. https:// doi.org/10.1042/CBI20100183
21. Fahmy SR, Soliman AM, El Ansary M, Elhamid SA, Mohsen H (2017) Therapeutic efficacy of human umbilical cord mesenchymal stem cells transplantation against renal ischemia/reperfusion injury in rats. Tissue Cell 49:369–375. https://doi.org/10.1016/j.tice. 2017.04.006
22. Rodrigues CE, Capcha JM, de Bragança AC, Sanches TR, Gouveia PQ, de Oliveira PA et al (2017) Human umbilical cord-derived mesenchymal stromal cells protect against premature renal senescence resulting from oxidative stress in rats with acute kidney injury. Stem Cell Res Ther 8:19. https://doi.org/10.1186/s13287-017-0475-8
23. Ju GQ, Cheng J, Zhong L, Wu S, Zou XY, Zhang GY et al (2015) Microvesicles derived from human umbilical cord mesenchymal stem cells facilitate tubular epithelial cell dedifferentiation and growth via hepatocyte growth factor induction. PLoS ONE 10:e0121534. https://doi.org/ 10.1371/journal.pone.0121534
24. Burger D, Viñas JL, Akbari S, Dehak H, Knoll W, Gutsol A et al (2015) Human endothe- lial colony-forming cells protect against acute kidney injury: role of exosomes. Am J Pathol 185:2309–2323. https://doi.org/10.1016/j.ajpath.2015.04.010
25. Liang CJ, Shen WC, Chang FB, Wu VC, Wang SH, Young GH et al (2015) Endothelial progenitor cells derived from Wharton's Jelly of human umbilical cord attenuate ischemic acute kidney injury by increasing vascularization and decreasing apoptosis, inflammation, and fibrosis. Cell Transplant 24:1363–1377. https://doi.org/10.3727/096368914X681720
26. Jang HR, Park JH, Kwon GY, Lee JE, Huh W, Jin HJ et al (2014) Effect of preemptive treatment with human umbilical cord blood-derived mesenchymal stem cells on the development of renal ischemia-reperfusion injury in mice. Am J Physiol Renal Physiol 307:F1149–F1161. https:// doi.org/10.1152/ajprenal.00555.2013
27. Chen Y, Qian H, Zhu W, Zhang X, Yan Y, Ye S et al (2011) Hepatocyte growth factor modifi- cation promotes the amelioration effects of human umbilical cord mesenchymal stem cells on rat acute kidney injury. Stem Cells Dev 20:103–113. https://doi.org/10.1089/scd.2009.0495
28. Cao H, Qian H, Xu W, Zhu W, Zhang X, Chen Y et al (2010) Mesenchymal stem cells derived from human umbilical cord ameliorate ischemia/reperfusion-induced acute renal failure in rats. Biotechnol Lett 32:725–732. https://doi.org/10.1007/s10529-010-0207-y
29. Ji C, Zhang J, Zhu Y, Shi H, Yin S, Sun F et al (2020) Exosomes derived from hucMSC attenuate renal fibrosis through CK1δ/β-TRCP-mediated YAP degradation. Cell Death Dis 11:327. https://doi.org/10.1038/s41419-020-2510-4
30. Liu B, Ding F, Hu D, Zhou Y, Long C, Shen L et al (2018) Human umbilical cord mesenchymal stem cell conditioned medium attenuates renal fibrosis by reducing inflammation and epithelial- to-mesenchymal transition via the TLR4/NF-κB signaling pathway in vivo and in vitro. Stem Cell Res Ther 9:7. https://doi.org/10.1186/s13287-017-0760-6
31. Liu B, Ding FX, Liu Y, Xiong G, Lin T, He DW et al (2018) Human umbilical cord-derived mesenchymal stem cells conditioned medium attenuate interstitial fibrosis and stimulate the repair of tubular epithelial cells in an irreversible model of unilateral ureteral obstruction. Nephrology (Carlton) 23:728–736. https://doi.org/10.1111/nep.13099

32. Zhang R, Zhu Y, Li Y, Liu W, Yin L, Yin S et al (2020) Human umbilical cord mesenchymal stem cell exosomes alleviate sepsis-associated acute kidney injury via regulating microRNA-146b expression. Biotechnol Lett 42:669–679. https://doi.org/10.1007/s10529-020-02831-2
33. Lee FY, Chen KH, Wallace CG, Sung PH, Sheu JJ, Chung SY et al (2017) Xenogeneic human umbilical cord-derived mesenchymal stem cells reduce mortality in rats with acute respira- tory distress syndrome complicated by sepsis. Oncotarget 8:45626–45642. https://doi.org/10. 18632/oncotarget.17320
34. Huang S, Wang D, Gu F, Zhang Z, Deng W, Chen W et al (2016) No significant effects of Poly(I:C) on human umbilical cord-derived mesenchymal stem cells in the treatment of B6.MRL-Fas(lpr) mice. Curr Res Transl Med 64:55–60. https://doi.org/10.1016/j.retram.2016. 03.002
35. Gu Z, Akiyama K, Ma X, Zhang H, Feng X, Yao G et al (2010) Transplantation of umbilical cord mesenchymal stem cells alleviates lupus nephritis in MRL/lpr mice. Lupus 19:1502–1514. https://doi.org/10.1177/0961203310373782
36. Xiang E, Han B, Zhang Q, Rao W, Wang Z, Chang C et al (2020) Human umbilical cord- derived mesenchymal stem cells prevent the progression of early diabetic nephropathy through inhibiting inflammation and fibrosis. Stem Cell Res Ther 11:336. https://doi.org/10.1186/s13 287-020-01852-y
37. Chen L, Xiang E, Li C, Han B, Zhang Q, Rao W et al (2020) Umbilical cord-derived mesenchymal stem cells ameliorate nephrocyte injury and proteinuria in a diabetic nephropathy rat model. J Diabetes Res 2020:8035853. https://doi.org/10.1155/2020/8035853
38. Maldonado M, Huang T, Yang L, Xu L, Ma L (2017) Human umbilical cord Wharton jelly cells promote extra-pancreatic insulin formation and repair of renal damage in STZ-induced diabetic mice. Cell Commun Signal 15:43. https://doi.org/10.1186/s12964-017-0199-5
39. Park JH, Park J, Hwang SH, Han H, Ha H (2012) Delayed treatment with human umbilical cord blood-derived stem cells attenuates diabetic renal injury. Transplant Proc 44:1123–1126. https://doi.org/10.1016/j.transproceed.2012.03.044
40. Park JH, Hwang I, Hwang SH, Han H, Ha H (2012) Human umbilical cord blood-derived mesenchymal stem cells prevent diabetic renal injury through paracrine action. Diabetes Res Clin Pract 98:465–473. https://doi.org/10.1016/j.diabres.2012.09.034
41. Xian Y, Lin Y, Cao C, Li L, Wang J, Niu J et al (2019) Protective effect of umbilical cord mesenchymal stem cells combined with resveratrol against renal podocyte damage in NOD mice. Diabetes Res Clin Pract 156:107755. https://doi.org/10.1016/j.diabres.2019.05.034
42. Fang TC, Pang CY, Chiu SC, Ding DC, Tsai RK (2012) Renoprotective effect of human umbilical cord-derived mesenchymal stem cells in immunodeficient mice suffering from acute kidney injury. PLoS ONE 7:e46504. https://doi.org/10.1371/journal.pone.0046504
43. Li W, Wang L, Chu X, Cui H, Bian Y (2017) Icariin combined with human umbilical cord mesenchymal stem cells significantly improve the impaired kidney function in chronic renal failure. Mol Cell Biochem 428(1–2):203–212. https://doi.org/10.1007/s11010-016-2930-8
44. Koc Y, Sokmen M, Unsal A, Cigerli S, Ozagari A, Basturk T et al (2012) Effects of human umbilical cord stem cells and granulocyte colony-stimulating factor (G-CSF) on carbon tetrachloride-induced nephrotoxicity. Nephrourol Mon 4:545–550. https://doi.org/10.5812/ numonthly.2979
45. Perše M, Večerić-Haler Ž (2018) Cisplatin-induced rodent model of kidney injury: char- acteristics and challenges. Biomed Res Int 2018:1462802. https://doi.org/10.1155/2018/146 2802
46. Bi B, Schmitt R, Israilova M, Nishio H, Cantley LG (2007) Stromal cells protect against acute tubular injury via an endocrine effect. J Am Soc Nephrol 18:2486–2496. https://doi.org/10. 1681/ASN.2007020140
47. Guo Q, Wang J (2018) Effect of combination of vitamin E and umbilical cord-derived mesenchymal stem cells on inflammation in mice with acute kidney injury. Immunopharmacol Immunotoxicol 40:168–172. https://doi.org/10.1080/08923973.2018.1424898
48. Fischer UM, Harting MT, Jimenez F, Monzon-Posadas WO, Xue H, Savitz SI et al (2009) Pulmonary passage is

a major obstacle for intravenous stem cell delivery: the pulmonary first-pass effect. Stem Cells Dev 18:683–692. https://doi.org/10.1089/scd.2008.0253

49. Harting MT, Jimenez F, Xue H, Fischer UM, Baumgartner J, Dash PK et al (2009) Intravenous mesenchymal stem cell therapy for traumatic brain injury. J Neurosurg 110:1189–1197. https:// doi.org/10.3171/2008.9.JNS08158
50. Furlani D, Ugurlucan M, Ong L, Bieback K, Pittermann E, Westien I et al (2009) Is the intravascular administration of mesenchymal stem cells safe? Mesenchymal stem cells and intravital microscopy. Microvasc Res 77:370–376. https://doi.org/10.1016/j.mvr.2009.02.001
51. Morales-Kastresana A, Telford B, Musich TA, McKinnon K, Clayborne C, Braig Z et al (2017) Labeling extracellular vesicles for nanoscale flow cytometry. Sci Rep 7:1878. https://doi.org/ 10.1038/s41598-017-01731-2
52. Dominici M, Le Blanc K, Mueller I, Slaper-Cortenbach I, Marini F, Krause D et al (2006) Minimal criteria for defining multipotent mesenchymal stromal cells. The International Society for Cellular Therapy position statement. Cytotherapy 8:315–317. https://doi.org/10.1080/146 53240600855905
53. Jung JW, Kwon M, Choi JC, Shin JW, Park IW, Choi BW et al (2013) Familial occurrence of pulmonary embolism after intravenous, adipose tissue-derived stem cell therapy. Yonsei Med J 54:1293–1296. https://doi.org/10.3349/ymj.2013.54.5.1293
54. Cyranoski D (2010) Korean deaths spark inquiry. Nature 468:485. https://doi.org/10.1038/468 485a
55. Tatsumi K, Ohashi K, Matsubara Y, Kohori A, Ohno T, Kakidachi H et al (2013) Tissue factor triggers procoagulation in transplanted mesenchymal stem cells leading to thromboembolism. Biochem Biophys Res Commun 431:203–209. https://doi.org/10.1016/j.bbrc.2012.12.134
56. Liao L, Shi B, Chang H, Su X, Zhang L, Bi C et al (2017) Heparin improves BMSC cell therapy: anticoagulant treatment by heparin improves the safety and therapeutic effect of bone marrow-derived mesenchymal stem cell cytotherapy. Theranostics 7:106–116. https://doi.org/ 10.7150/thno.16911
57. Moll G, Rasmusson-Duprez I, von Bahr L, Connolly-Andersen AM, Elgue G, Funke L et al (2012) Are therapeutic human mesenchymal stromal cells compatible with human blood? Stem Cells 30:1565–1574. https://doi.org/10.1002/stem.1111
58. Kopolovic I, Ostro J, Tsubota H, Lin Y, Cserti-Gazdewich CM, Messner HA et al (2015) A systematic review of transfusion-associated graft-versus-host disease. Blood 126:406–414. https://doi.org/10.1182/blood-2015-01-620872
59. Moosavi MM, Duncan A, Stowell SR, Roback JD, Sullivan HC (2020) Passenger lymphocyte syndrome; a review of the diagnosis, treatment, and proposed detection protocol. Transfus Med Rev 34:178–187. https://doi.org/10.1016/j.tmrv.2020.06.004
60. Koch M, Lehnhardt A, Hu X, Brunswig-Spickenheier B, Stolk M, Bröcker V et al (2013) Isogeneic MSC application in a rat model of acute renal allograft rejection modulates immune response but does not prolong allograft survival. Transpl Immunol 29:43–50. https://doi.org/ 10.1016/j.trim.2013.08.004
61. Wei Q, Dong Z (2012) Mouse model of ischemic acute kidney injury: technical notes and tricks. Am J Physiol Renal Physiol 303:F1487–F1494. https://doi.org/10.1152/ajprenal.00352.2012
62. Korneev KV (2019) Mouse models of sepsis and septic shock. Mol Biol (Mosk) 53:799–814. https://doi.org/10.1134/S0026898419050100
63. Le Blanc K, Tammik C, Rosendahl K, Zetterberg E, Ringdén O (2003) HLA expression and immunologic properties of differentiated and undifferentiated mesenchymal stem cells. Exp Hematol 31:890–896. https://doi.org/10.1016/s0301-472x(03)00110-3
64. Caplan H, Olson SD, Kumar A, George M, Prabhakara KS, Wenzel P et al (2019) Mesenchymal stromal cell therapeutic delivery: translational challenges to clinical application. Front Immunol 10:1645. https://doi.org/10.3389/fimmu.2019.01645
65. Griffin MD, Ryan AE, Alagesan S, Lohan P, Treacy O, Ritter T (2013) Anti-donor immune responses elicited by allogeneic mesenchymal stem cells: what have we learned so far? Immunol Cell Biol 91:40–51. https://doi.org/10.1038/icb.2012.67

66. Lohan P, Treacy O, Griffin MD, Ritter T, Ryan AE (2017) Anti-donor immune responses elicited by allogeneic mesenchymal stem cells and their extracellular vesicles: are we still learning? Front Immunol 8:1626. https://doi.org/10.3389/fimmu.2017.01626
67. Lohan P, Coleman CM, Murphy JM, Griffin MD, Ritter T, Ryan AE (2014) Changes in immunological profile of allogeneic mesenchymal stem cells after differentiation: should we be concerned? Stem Cell Res Ther 5:99. https://doi.org/10.1186/scrt488
68. Wise AF, Ricardo SD (2012) Mesenchymal stem cells in kidney inflammation and repair. Nephrology (Carlton) 17:1–10. https://doi.org/10.1111/j.1440-1797.2011.01501.x
69. Raicevic G, Rouas R, Najar M, Stordeur P, Boufker HI, Bron D et al (2010) Inflammation modifies the pattern and the function of Toll-like receptors expressed by human mesenchymal stromal cells. Hum Immunol 71:235–244. https://doi.org/10.1016/j.humimm.2009.12.005
70. Kilpinen L, Impola U, Sankkila L, Ritamo I, Aatonen M, Kilpinen S et al (2013) Extracellular membrane vesicles from umbilical cord blood-derived MSC protect against ischemic acute kidney injury, a feature that is lost after inflammatory conditioning. J Extracell Vesicles 2013:2. https://doi.org/10.3402/jev.v2i0.21927

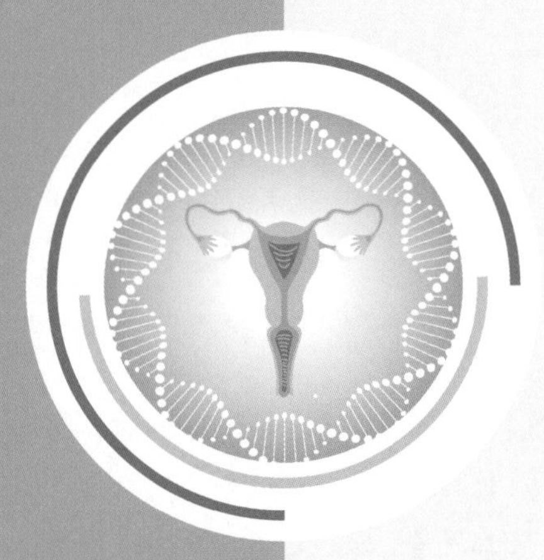

第15章

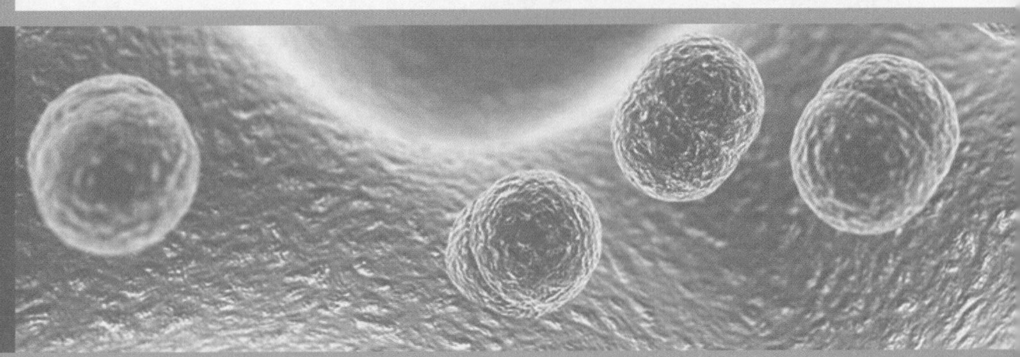

人类母乳和新生儿中的干细胞

Jure Bedenk

摘要

导言：母乳是所有新生儿必不可少的食物，因为它含有多种营养成分和细胞，有助于婴儿的健康发育。在更细微的层面上，母乳远不止于此——它被认为是含有干细胞的人体液体之一。本章将讨论关于干细胞、母乳和母乳干细胞（BmSCs）的研究进展，以及BmSCs在不久的将来的潜在应用。

方法：本章的撰写基于对PubMed和Web of Science数据库中相关文献的全面回顾，使用的关键词包括“母乳”和“干细胞”，同时还参考了专门讨论母乳及其成分的网站。

结果：我们发现关于母乳中干细胞的所有研究结果都是令人惊叹的，但这一研究领域仍然存在不足，特别是在确定母乳中BmSCs的确切类型和数量，以及其在医学治疗和生物工程中的可用性方面。

结论：目前对BmSCs的研究尚处于起步阶段。自发现以来，尽管有迹象表明它们在医学领域具有潜力，特别是对早产儿来说，母乳本身被视为一种干细胞疗法，但相关研究仍然有限。

关键词：干细胞、母乳、再生医学、婴儿

专业术语中英文对照

英文缩写	英文全称	中　文
BmSCs	Breast milk stem cells	母乳干细胞
CD33	Cluster of differentiation 33	分化群33
CD34	Cluster of differentiation 34	分化群34
CD44	Cluster of differentiation 44	分化群44
CD45	Cluster of differentiation 45	分化群45
CD73	Cluster of differentiation 73	分化群73
CD90	Cluster of differentiation 90	分化群90
CD117	Cluster of differentiation 117	分化群117
CD133	Cluster of differentiation 133	分化群133
CD146	Cluster of differentiation 146	分化群146
CD271	Cluster of differentiation 271	分化群271
CK14	Cytokeratin 14	细胞角蛋白14
EPCAM	Epithelial cell adhesion molecule	上皮细胞黏附分子
ESC	Embryonic stem cell	胚胎干细胞
hBmSCs	Human breast milk stem cells	人母乳干细胞
HGF	Hepatocyte growth factor	肝细胞生长因子
HLA-DR	Human leukocyte antigen-DR isotype	人白细胞抗原-DR同工型
iPSC	Induced pluripotent stem cells	诱导多能干细胞
OCT4	Octamer-binding transcription factor 4	八聚体结合转录因子4
PCR	Polymerase chain reaction	聚合酶链式反应
qPCR	Quantitative real-time polymerase chain reaction	定量实时聚合酶链式反应
SCA-1	Stem cells antigen-1	干细胞抗原-1
SCID	Severely compromised immuno-deficient	严重联合免疫缺陷
SMA	Smooth muscle actin	平滑肌肌动蛋白
SOX2	SRY-box transcription factor 2 SRY-box	SRY-盒转录因子2
VEGF	Vascular endothelial growth factor	血管内皮生长因子

一、干细胞

多细胞生物体内存在一种特殊的细胞类型，能够分化成多种不同的细胞，这些细胞被称为干细胞。它们还具有“永生”的特性，这就意味着它们可以不断增殖成相同的干细胞，从而能够在分化成目标细胞类型前进行长时间的培养。干细胞存在于胚胎和成年生物体中，但这两类干细胞并不相同，且具有不同的特性。干细胞的发现颇具偶然性，加拿大多伦多大学的研究人员对接受辐射的小鼠进行实验，向它们注射骨髓细胞，经过一段时间后，他们观察到小鼠脾脏中出现了小块状结构，这些结构被称为脾脏集落。研究人员推测，这些集落是由注射的骨髓细胞甚至单个骨髓细胞形成的。在后续的研究中，同一团队证实这些集落确实是由单个细胞形成的，从而首次发现了干细胞。后来，这些细胞的自我更新能力得到了证实，因此在生物学史上确立了重要地位。

干细胞有两个主要特性：一是能够经历无数次细胞增殖而不分化；二是能够分化成不同的特定细胞类型。这种“无限”增殖是通过端粒酶实现的，端粒酶能够修复细胞DNA链末端的端粒，从而延长这些细胞的分裂寿命。干细胞分化成各种细胞类型的能力称为分化潜能。根据其分化成不同细胞类型的潜力，干细胞可以分为多种类型。目前，我们已知的类型包括：全能干细胞（能够分化成胚胎细胞和胚胎外细胞）、多能干细胞（能够分化成3个胚层的细胞）、多潜能干细胞（能够分化成相关家族的不同细胞类型）、寡能干细胞（能分化为少数几种不同类型的细胞），以及单能干细胞（只能分化成一种细胞类型）。

干细胞根据其来源可分为3类：胚胎干细胞（ESCs）、成体干细胞和诱导多能干细胞（iPSCs）。

1.胚胎干细胞

胚胎干细胞来源于囊胚植入子宫之前的内细胞团。这些细胞是多能性的，可以分化为3个胚层——外胚层、内胚层和中胚层细胞。大多数研究是使用小鼠或人类的胚胎干细胞进行的，并且需要非常优化的培养基，否则它们会迅速分化成其他类型的细胞。ESCs表达一些自身特有的标志物，如NANOG、OCT4、SOX2等。由于干细胞具有多能性潜力，可以分化为人体所有可能的细胞，因此在再生医学中具有巨大的应用潜力。然而，胚胎干细胞的使用面临一个重大障碍——目前从未出生的胎儿中获取的细胞或组织是违反伦理的，许多国家对胚胎干细胞的研究设置了限制甚至禁令。此外，胚胎干细胞在植入小鼠体内时具有较高的致瘤风险。

2.成体干细胞

成体干细胞是从成年个体中获取的细胞，用于维持和修复其来源组织的功能。最为人熟知和广泛使用的是骨髓干细胞、脂肪组织干细胞和血细胞（造血）干细胞。通常，此类细胞来源于患者自身，因此在回输治疗时免疫排斥风险显著降低，可最大限度避免同种异体移植引发的免疫反应。这些干细胞大多是多能干细胞（如脐带血干细胞），但更多情况下是多潜能干细胞（如间充质干细胞、脂肪来源干细胞、内皮干细胞等）。与ESCs不同的是，成体干细胞的使用存在一定的局限性，因为随着年龄的增长，这些细胞中存在越来越多的遗传问题。成体干细胞常用于治疗白血病及某些血液和骨髓癌症，通常通过骨髓移植进行，但一般需要近亲捐赠者。尽管成体干细胞在研究和治疗中的应用不存在伦理争议，但获取这些细胞较为困难，通常需要采用侵入性技术进行提取。正因为如此，越来越多的研究致力于寻找存在于体液中易于获取和提取的干细胞。

3.诱导多能干细胞

2006年，iPSCs在日本被发现，它实际上是通过某些转录因子将体细胞重编程为具有多能分化能力的细胞。它们与ESCs具有一定的相似性，如多能性和分化潜能，然而，它们的染色质甲基化程度更高，基因表达也不同。因此，关于体细胞重新编程是否完全的问题仍然存在争议。尽管如此，iPSCs在医学领域的实验中已成功应用，并显示出一些治疗优势，其中最大的优势是能够对需要治疗的自体细胞进行重编程，从而规避自身免疫。目前，对iPSCs的了解仍然有限，尚无法广泛应用于临床治疗。

干细胞在再生医学领域具有重要地位，被视为推动未来医学发展的核心要素。其核心价值在于具备分化为多种细胞类型的多向分化潜能。尽管干细胞疗法整体仍处于探索阶段，但部分应用（如骨髓移植治疗白血病）已通过临床验证并长期服务于患者。随着研究的深入，尤其是针对神经退行性疾病等难治性病症，基于干细胞的新型治疗策略有望取得突破性进展。然而，每一种技术都有其局限性。从成年个体中获取干细胞非常困难（如骨髓、脂肪组织、肌腱、毛囊等），即使获取到的通常也只是多潜能的细胞，这就限制了它们的应用范围。另外，胚胎中有许多全能和多能干细胞，但使用这些细胞严重违背伦理道德。如前所述，科学家们一直在努力寻找方法，要么将多能干细胞的潜能逆转成多能甚至全能干细胞（如iPSCs），要么在人体不同部位和体液中寻找想要的干细胞。最近，科学家们在母乳中发现了干细胞，这种液体中的干细胞被称为人母乳干细胞（hBmSCs，文献中有时也称为BSCs或hBSCs）。

二、母乳及其成分

哺乳动物与其他动物类群的一个显著区别——雌性会分泌乳汁，这是新生儿的主要食物。乳汁由乳房内的乳腺分泌。实质上，乳腺中主要有两种细胞——腺泡细胞和肌上皮细胞。由于激素的变化，腺泡细胞在怀孕期间扩大，并在哺乳期间转化为泌乳细胞。在此期间，乳腺泡细胞占据了乳房细胞的主要部分。这些细胞的主要产物是乳汁。不同哺乳动物的乳汁成分各不相同，并且只适合其自身物种的后代。此外，研究表明，不同女性的母乳成分存在差异，而且每对母子之间的乳汁成分也会有所不同，甚至随着婴儿年龄的增长而变化。母乳对新生儿非常重要，因为它具有独特的生物化学成分和细胞组成。这种成分能够为婴儿提供最佳的养育、保护和发育支持。尽管如此，一些女性仍然因为各种不合理的理由选择不进行母乳喂养，其中一个原因是母乳替代品的普及，这些替代品被认为比母乳喂养更“高端”。然而，这可能导致儿童的生存率、健康状况和发育水平下降。世界卫生组织（WHO）、联合国（UN）和医院都在努力推广母乳喂养，将其作为所有婴儿的自然且推荐的喂养方式。联合国公约甚至将母乳喂养视为每个儿童的合法权利。

尽管母乳已被广泛研究，但人们对其中细胞类型和数量的了解仍然有限。最早发现的是白细胞或免疫细胞，它们在初乳中占主导地位，但在成熟母乳中含量很低。健康女性母乳中的大多数细胞是管腔细胞和肌上皮细胞。然而，最引人注目的是已被证实存在于母乳中的干细胞，这些细胞由Cregan等人于2007年首次发现。

1.母乳的生化成分

母乳分为3个阶段：初乳（存在于婴儿出生后的头3～5天）、过渡乳（持续到婴儿出生后的2～3周）和成熟乳（存在于婴儿出生后的2～3周以后）。每个阶段的母乳都有不同的成分。初乳的成分不仅可为新生儿提供更强的免疫保护、营养及发育支持，还含有细胞增殖诱导因子，研究认为这些因子对新生儿胃肠道发育、造血功能的刺激，以及免疫系统的成熟至关重要。母乳中的营养成分有 3 个来源：①泌乳细胞的合成；②膳食；③母体储存。

母乳中的生物化学成分可分为宏量营养素和微量营养素。母乳中的宏量营养素包括蛋白质、脂肪和糖类，其中蛋白质可分为乳清蛋白复合物和酪蛋白复合物，每种复合物都由多种肽和蛋白质组成。含量最丰富的蛋白质包括酪蛋白、α-乳清蛋白、乳铁蛋白、分泌型免疫球蛋白IgA、溶菌酶和人血白蛋白。脂肪是母乳中变化最大的宏量营养素，但通常含有较高浓度的棕榈酸和油酸，甚至在同一次喂养中，前奶和后奶的脂肪含量也有所不同。乳糖是母乳中的基本双糖，其浓度在宏量营养素中变化最小。母乳中其他常见的碳水化合物是低聚糖。

与宏量营养素相比，母乳中的微量营养素因母亲的饮食和体内储备的不同而变化。通常，母乳中含有维生素A、维生素B_1、维生素B_2、维生素B_6、维生素B_{12}和维生素D及碘。母乳中维生素K和维生素D的含量非常低，因此哺乳期女性需要额外补充这些营养素。

2.母乳的生物活性成分

母乳中的生物活性成分可分为生长因子、免疫因子和细胞成分。生长因子和免疫因子会对生物过程产生影响，进而影响个体身体功能和健康。通常，这些成分由乳腺上皮细胞、母乳中的细胞，甚至母体血清释放。值得注意的是，母乳不仅具有营养价值，还是一种含有多种药用因子的液体，能够支持婴儿的正常生存及健康。因此，尽可能让每个婴儿获得母乳至关重要。

母乳中含有多种细胞，包括上皮细胞、白细胞、干细胞，甚至细菌。Li等人发现母乳中平均每毫升有5.3×10^5个活细胞。然而，初乳（13×10^5个细胞/mL）、过渡乳（4.7×10^5个细胞/mL）和成熟乳（3×10^5个细胞/mL）之间的细胞数量存在差异。其中，研究最多的是白细胞，因为它们能够为婴儿提供免疫力并渗透到组织中。尽管如此，白细胞并不是母乳中含量最多的细胞。事实上，与其他细胞类型相比，白细胞只占少数。上皮细胞是母乳中含量最多的细胞类型，但其功能和潜力尚未完全被揭示。上皮细胞分为管腔上皮细胞和肌上皮细胞。前者表达上皮细胞黏附分子（EPCAM），后者表达平滑肌肌动蛋白（SMA）和细胞角蛋白14（CK14）。此外，Cregan等人还在母乳中发现了表达Nestin标志物的干细胞样细胞，其他研究者也进一步证实了它们的存在。这些细胞通常被称为母乳干细胞，能够分化为3个胚层细胞。研究发现母乳干细胞可以整合到新生儿的组织中，并对其带来广泛的益处。此外，由于母乳干细胞不具有致癌性，因此它们是干细胞治疗的理想候选者。由于母乳并非无菌的，婴儿平均每天在800 mL母乳中摄入10^7 ~ 10^8个细菌。这种摄入量非常重要，因为母乳中的细菌早期定植于肠道可能对预防疾病，甚至对婴儿后期的健康至关重要。研究表明细菌可能通过肠-乳腺途径从母亲的胃肠道微生物群转移到母乳中。

三、母乳干细胞

McGregor和Rogo首次预测了母乳中存在干细胞。一年后，Cregan等人在早产儿和足月儿母亲的乳汁中发现了hBmSCs。这些细胞巢蛋白阳性，巢蛋白是神经、骨髓、胰腺和上皮干细胞的已知标志物。这些细胞还表达了存在于ESCs上的标志物。研究认为，这些被发现的细胞具有多能性，能够像人类胚胎干细胞一样分化为3个胚层细胞。这一点很重要，因为婴儿出生后，体内仅存的成体干细胞只能分化为其来源的细胞和组织。因此，母乳干细胞为再生医学提供了一种可行的替代方案，可以替代胚胎干细胞。据预测，母乳干细胞在乳腺再生中也具有功能，特别是在为泌乳做准备的过程中，其通过建立微嵌合状态帮助婴儿获得对母体细胞抗原的耐受性。由于乳腺细胞与神经系统细胞同源，BmSCs具有高度分化为神经细胞的潜力，并能够分化为三种神经谱系细胞，这一特性提示其在脑部疾病的细胞替代治疗中具有潜在应用价值。BmSCs还表达间充质干细胞标志物。据推测，干细胞的祖细胞以休眠状态存在于乳腺的微环境中，等待信号启动不对称分裂，以在怀孕和哺乳期间形成腺泡或导管细胞。此外，研究发现，从母乳中培养出的细胞亚群表达干细胞标志物并具有多能性。在培养中，它们还能分化成两种上皮细胞：$CK18^+$管腔细胞或$CK14^+$肌上皮细胞。母乳干细胞确实表现出多能性，因为它们可以在体外分化为成骨细胞样细胞、软骨细胞、脂肪细胞、心肌细胞、胰腺β样细胞、肝细胞样细胞、胶质细胞样细胞、神经元样细胞、泌乳细胞和肌上皮细胞。尽管BmSCs与ESCs具有可比性，但目前除了研究问题外，其应用潜力仍存在其他问题。此外，母乳中干细胞的数量、表型，以及多能性标志物的表达在不同母乳供体之间存在显著差异。同时，母乳干细胞的起源尚未完全明确。有观点认为，由于母乳中存在其他血液来源的细胞，BmSCs与造血干细胞具有相同的起源。研究表明，hBmSCs负责乳腺的重塑以支持泌乳器官的功能，甚至参与婴儿组织的增殖、发育和表观遗传调控。

1.母乳中的干细胞在婴儿器官和组织中的分布

据推测，母乳干细胞（BmSCs）通过婴儿的体循环分布，与其他母乳细胞一样，首先通过胃肠道进入婴儿体内。随后，它们进入血液循环，分布到不同的组织和器官中，并随时准备协助组织修复和生长。这对于早产儿尤为重要，因为早产儿的大部分组织和器官尚未发育完全。后来，研究成功证实，早产儿母亲的母乳中也含有干细胞。此外，早产和足月母乳之间在干细胞特异性标志物的表达，以及表达这些标志物的细胞比例上存在差异。这意味着母乳的细胞成分会根据婴儿的年龄进行调整，这对早产儿来说非常重要。由于BmSCs能够迁移并定居在新生儿的组织中，研究者认为在这些组织中会形成一种特殊的微嵌合状态——母亲的干细胞迁移到婴儿的不同组织和器官中并定居下来，从而对婴儿的器官产生影响。在某些情况下，母乳喂养甚至被认为是一种干细胞疗法。在小鼠实验中，已证明来自转基因小鼠母乳的BmSCs能够迁移到正常小鼠的脑、胸腺、胰腺、肝脏、脾脏和肾脏中。这进一步支持了BmSCs在婴儿组织中具有再生潜力的假设，甚至可能对婴儿免疫细胞的再生产生影响。

2.测定母乳中干细胞的方法

目前，用于证明母乳中存在BmSCs最常用的方法是实时定量聚合酶链式反应（qPRC）、免疫荧光和流式细胞术。qPCR用于检测细胞中的基因表达，免疫荧光用于定位细胞上的特定标志物，而流式细胞术则使用抗体来识别特定的细胞群体。

qPCR是一种非常通用、准确且常见的分子生物学方法，用于检测包括DNA、RNA和蛋白质在内的多种分析物。它利用聚合酶链式反应（PCR）实时扩增目标分子，该方法可以使用非特异性荧光染料嵌入双链DNA，也可以使用带有荧光标记的序列特异性DNA探针。通过这种方法，可以分析多能性和多潜能相关的重要基因，特别是随着单细胞qPCR的应用，能够对单细胞中的目标基因进行定量分析。

免疫荧光技术允许可视化存在于任何组织或细胞中的成分。为了实现这一点，需要使用带有荧光标记的特异性抗体组合。这种方法非常特异，因为抗体只与特定目标结合，随后在荧光显微镜下发出荧光。由于可以测量荧光强度，它还可用于基本的定量分析。在BmSCs的研究中，这种方法可用于靶向细胞上的特定标志物，从而识别出干细胞。

流式细胞术是一种快速分析单细胞和颗粒的方法，当它们在缓冲溶液中通过单个或多个激光进行分析。每个通过激光的单细胞或颗粒都会被分析可见光散射和荧光参数。散射在两个不同的方向进行测量，从而确定细胞的相对大小及细胞内部的复杂性或颗粒度。荧光测量与其他荧光方法类似，需要借助荧光蛋白、染料或抗体进行。当需要同时表征来自体液，甚至固体组织的混合细胞群时，这种方法非常有用。这就是为什么在母乳中寻找BmSCs时首选这种方法。母乳中含有大量细胞和化学成分，因此很难从母乳中纯化出高质量的细胞，尤其是检测具有多能性标志物的细胞。最近开发了一种新方法，能够更可靠地识别和定量母乳中的细胞，并更准确地识别母乳中存在的某些干细胞亚群。

3.母乳中干细胞的特性

母乳中并非只含有一种类型的干细胞，因此对其进行特征分析非常重要。最初的研究将干细胞分化为脂肪生成、软骨生成和骨生成谱系，这使研究人员认为母乳中的干细胞是多能间充质干细胞。这意味着它们具有分化潜力，并因此可用于再生医学。此外，一些科学家发现母乳干细胞还表达胚胎细胞标志物，并且它们能够分化为所有三种神经谱系（少突胶质细胞、星形胶质细胞和神经元）。在澳大利亚，一个研究团队成功将BmSCs诱导分化成3个胚层，这表明BmSCs具有多能性。然而，他们未能在严重免疫缺陷（SCID）小鼠体内诱导BmSCs形成畸胎瘤，而这是检验多能性的标准。这可能意味着胚胎中的多能细胞与成体中的多能细胞存在本质区别。相反，这可能意味着畸胎瘤试验并不适合评估非致瘤性细胞的多能性。

目前，关于母乳干细胞特征分析的研究进展有限——它们被视为一种独立的实体，但它们可能只是现有成体干细胞群的一种新类型。

4.母乳中的干细胞标志物

有多种标志物可用于识别母乳中的干细胞。这些标志物是针对造血干细胞、间充质干细胞、神经上皮干细胞甚至多能干细胞。最常用的多能性标记有OCT4、NANOG、SOX2和TRA60-1，但其他标志物也经常被检测——包括造血干细胞标志物（CD33、CD34、CD45、CD117）、间充质干细胞标志物（CD44、CD73、CD90、SCA-1）、神经干细胞标志物（Nestin、CD133）和胚胎干细胞标志物（SOX2、OCT4、NANOG、HLA-DR）。这些标志物存在于初乳和成熟母乳中，尽管比例不同。由此推断，干细胞标志物表达的差异取决于母亲的某些特征，如早产或足月分娩、母亲的体重指数、婴儿的营养需求，甚至母亲胸围的变化。大多数标志物在初乳中表达更高，这意味着初乳中的干细胞最为丰富。其他研究也显示了类似的结果，Indumathi等人的研究表明，母乳中仅存在少量间充质干细胞和造血干细胞。由此推断，随着哺乳期的延长，所有类型的干细胞数量都会逐渐减少。尽管如此，Li等人发现，母乳中的间充质干细胞和多能干细胞的数量不受孕周的影响。为什么不同研究在总细胞数量和干细胞标志物表达方面存在如此大的差异？目前尚不清楚，但这可能是由于采集母乳样本时，母亲处于不同的哺乳期，储存时间不同，甚至使用的检测方法不同所致。大多数胚胎干细胞标志物也通过免疫细胞化学和免疫组织化学染色得到证实。

5.母乳干细胞的培养

干细胞可以在烧瓶中培养，并能附着在瓶壁上形成细胞群。需要注意的是，能够培养的干细胞主要来自初乳。成熟母乳中的干细胞不会黏附在烧瓶上，也无法在任何实验的培养基中形成细胞群。其原因可能是在泌乳7天后，干细胞数量骤减，导致它们无法形成集落。培养细胞后进行流式细胞术，再次证实了干细胞的存在，但造血干细胞除外，因为它们无法形成集落。大多数标志物在培养后表达更为显著。这意味着来自初乳的BmSCs可以被培养，并在将来成为治疗糖尿病、白血病、神经损伤和神经退行性疾病等疾病的潜在细胞治疗来源。

四、母乳干细胞在医学中的潜在应用

干细胞在再生医学中的应用备受重视。尽管对母乳干细胞的研究仍处于起步阶段，但从其他现有干细胞的研究中，我们可以看到其应用的潜力。这包括细胞替代疗法、细胞更新，以及许多正在进行的疾病预防和治疗研究。母乳干细胞的另一种应用可能是生物工程。目前，关于将母乳干细胞分化为各种细胞谱系的技术仍缺乏标准化方案，但某些用于祖细胞分化的方法已成功应用。这些细胞在分化后表达了某些间充质干细胞标志物（CD44、CD90、CD271和CD146）及胚胎干细胞标志物（OCT4、SOX2、TRA60-1和NANOG），尽管这些标志物仅在一小部分细胞亚群中表达。一些研究者甚至发现BmSCs表达未分化的多能人类干细胞标志物。人们认为，BmSCs可作为一种新型的干细胞来源用于移植治疗，特别是它们表现出高可塑性、极低的致瘤潜力，以及极低的畸胎瘤形成风险。这也是与诱导多能干细胞（iPSCs）相比的主要优势，因为iPSCs不稳定，注射到小鼠体内会形成畸胎瘤。另一个优势是从母乳中获取干细胞的相对便捷性，因为母乳采样是非侵入性的，所以，它是各种自体移植有前景的细胞来源。目前，应用BmSCs治疗脑卒中是最具吸引力的领域之一，因为BmSCs被认为是可用于治疗卒中相关病理的潜在干细胞来源。此外，BmSCs在体外能分化为神经元和胶质细胞。由于肝脏对血糖水平的调节、蛋白质和脂质的代谢及尿素的解毒起重要作用，研究人员测试了BmSCs是否能够分化为肝细胞。Sani等人也成功实现了这种分化。由于母乳干细胞相对容易获取，这些细胞还可以与乳腺癌细胞进行比较，以研究基因表达的平衡或肿瘤发生中增殖响应细胞群的作用。Hassiotou等人也将BmSCs与乳腺癌细胞进行了比较，发现与非哺乳期乳腺相比，两者中多能性基因的表达均上调。有趣的是，这在孕妇的表达量最高。此外，研究人员认为，女性开始泌乳的差异可能与乳腺发育有关，而母乳干细胞可能在其中起重要作用。对于乳腺发育不良的女性，可以通过更有针对性的监测来提高其泌乳能力。母乳干细胞的应用在早产儿治疗中尤其显示出潜力，因为早产儿的许多器官尚未完全发育。BmSCs的应用还能解决早产儿母乳短缺的问题，在某些国家，由于没有母乳库或母乳储存条件不足，母乳难以获得。通过这种方式，可以避免大量早产儿死亡。

目前，在治疗脑卒中的临床应用中还存在一些局限性：对干细胞在体内的行为缺乏了解，特别是其修复效果、治疗效率和应用安全性。为了进一步利用BmSCs，需要对无婴儿的女性通过诱导泌乳产生母乳以进行研究。因此，在实现任何治疗应用之前，对动物进行母乳干细胞相关研究仍然具有很高的需求。这些研究将显示它们在治疗婴儿和成人不同器官疾病方面的应用潜能。BmSCs也从牛乳中分离出来，预计其在兽医领域可用于恢复产奶量、调控泌乳产量及再生医学。

BmSCs的研究非常重要，但奇怪的是，该领域的研究仍然不足。2007年发现母乳干细胞以来，并没有太多新的突破。截至本文撰写之时，在Web of Science上使用关键词“母乳”和“干细胞”仅找到21篇原创文章（表15.1）。该表中简要列出了当前母乳干细胞研究的主要发现。关于母乳中BmSCs的存在，仍有许多需要探索的地方。然而，目前对于每一个新发现，研究者提出的问题往往比答案更多。最重要的是，需要对BmSCs的功能性进行更多研究，如BmSCs如何参与婴儿的发育、如何靶向某些器官、如何影响现有干细胞的活力等。由于ESCs在医学应用中存在很大争议，BmSCs是一个潜在的亮点，可能会改变我们对干细胞治疗的看法，特别是解决干细胞获取困难的问题。在iPSCs领域也发现了有希望的结果，研究者首次将母乳上皮细胞转化为功能性iPSCs，并能够分化为3个胚层。

表 15.1 关于 BmSCs 的原创文章——作者、发表年份、使用的方法和结论

研究人员和发表年份	使用方法	结 论
Cregan et al.	免疫荧光法RT-PCR	在人母乳中发现Nestine阳性的干细胞
Patki et al.	免疫细胞化学和流式细胞术	证实了BmSCs的间充质特性
Fan et al.	RT-PCR和流式细胞术	证明母乳中存在干细胞，但无法培养出干细胞
Hassiotou et al.	流式细胞术、qPCR、蛋白质印迹法、体外分化、免疫化学、畸胎瘤形成试验	来自母乳的干细胞在体外表达与ESCs相同的转录因子，并且能够分化为乳腺、中胚层和内胚层细胞
Indumathi et al.	流式细胞术	母乳含有少量的间充质干细胞和造血干细胞
Hosseini et al.	免疫细胞化学、分化和成球试验	证实BmSCs表达间充质和胚胎干细胞的标志物，并将BmSCs分化为神经细胞系
Sani et al.	流式细胞术、免疫细胞化学、PCR、成骨和脂肪分化	表达间充质干细胞标记，以及某些胚胎干细胞标记，细胞分化为脂肪细胞和成骨细胞
Twigger et al.	qPCR、免疫化学、流式细胞术	干细胞基因的表达量因胎龄、母亲的身体质量指数和胸围大小而异
Kaingade et al.	流式细胞术	在BmSCs中检测到VEGF和HGF的表达，成功培养了BmSCs
Pichiri et al.	免疫组织化学	母乳中存在干细胞的证据
Sharp et al.	逆转录聚合酶链式反应	某些干细胞标志物在初乳和复归乳中的表达高于成熟乳
Briere et al.	qPCR、流式细胞术	早产儿母乳中干细胞数量比足月婴儿高
Kaingade et al.	流式细胞术	与Sharp等人相比，干细胞标志物在成熟乳中的表达高于初乳
Sani et al.	免疫细胞化学、RT-PCR	将BmSCs分化为肝细胞样细胞
Aydın et al.	流式细胞术、免疫细胞化学、RT-PCR	在小鼠实验中证实，喂养幼崽的母乳中BmSCs能到达它们的大脑并分化成神经元和神经胶质细胞
Nosrati Tirkani et al.	细胞培养	从早产婴儿母亲的母乳中获得干细胞集落多于足月婴儿
Li et al.	流式细胞术和qPCR	证实母乳中存在干细胞，并发现早产、产妇产次、体重指数和分娩方式会影响母乳中某些细胞的数量
Keller et al.	免疫细胞化学和流式细胞术	改进了人母乳中活细胞的检测方法，特别是对假定的干细胞检测
Khamis et al.	qPCR和免疫化学	在小鼠实验中证实，如果早期应用BmSCs，可以预防糖尿病性睾丸功能障碍，进而预防不育
Goudarzi et al.	流式细胞术	发现哺乳期可以影响干细胞的数量，从而影响干细胞的培养。他们建议将初乳用于未来的治疗用途，因为它有大量异质干细胞
Borhani-Haghighi et al.	免疫吸附试验	经大鼠实验证实，BmSCc可用于脊髓损伤部位并具有治疗作用

尽管相关研究数量有限，但BmSCs发展势头强劲，未来可能会带来非凡的成果，并发挥重要作用。

参考文献

1. McCulloch EA, Till JE (1960) The radiation sensitivity of normal mouse bone marrow cells, determined by quantitative marrow transplantation into irradiated mice. Radiat Res 13:115–125. https://doi.org/10.2307/3570877
2. Becker AJ, McCulloch EA, Till JE (1963) Cytological demonstration of the clonal nature of spleen colonies derived from transplanted mouse marrow cells. Nature 197:452–454. https:// doi.org/10.1038/197452a0
3. Siminovitch L, Mcculloch E, Till J (1963) The distribution of colony-forming cells among spleen colonies. J Cell Comp Physiol. https://doi.org/10.1002/JCP.1030620313
4. Shay JW, Bacchetti S (1997) A survey of telomerase activity in human cancer. Eur J Cancer 33:787–791. https://doi.org/10.1016/S0959-8049(97)00062-2
5. Wright WE, Piatyszek MA, Rainey WE, Byrd W, Shay JW (1996) Telomerase activity in human germline and embryonic tissues and cells. Dev Genet 18:173–179. https://doi.org/10. 1002/(SICI)1520-6408(1996)18:2%3c173::AID-DVG10%3e3.0.CO;2-3
6. Thomson JA, Itskovitz-Eldor J, Shapiro SS, Waknitz MA, Swiergiel JJ, Marshall VS, Jones JM (1998) Embryonic stem cell lines derived from human blastocysts. Science 282:1145–1147. https://doi.org/10.1126/science.282.5391.1145
7. Zhao W, Ji X, Zhang F, Li L, Ma L (2012) Embryonic stem cell markers. Molecules 17:6196– 6246. https://doi.org/10.3390/molecules17066196
8. Gardner R (2002) Stem cells: potency, plasticity and public perception. J Anat 200:277–282. https://doi.org/10.1046/j.1469-7580.2002.00029.x
9. Takahashi K, Yamanaka S (2006) Induction of pluripotent stem cells from mouse embryonic and adult fibroblast cultures by defined factors. Cell 126:663–676. https://doi.org/10.1016/j. cell.2006.07.024
10. Robinton DA, Daley GQ (2012) The promise of induced pluripotent stem cells in research and therapy. Nature 481:295–305. https://doi.org/10.1038/nature10761
11. Inman JL, Robertson C, Mott JD, Bissell MJ (2015) Mammary gland development: cell fate specification, stem cells and the microenvironment. Development 142:1028–1042. https://doi. org/10.1242/dev.087643
12. Hassiotou F, Geddes D (2013) Anatomy of the human mammary gland: current status of knowledge. Clin Anat 26:29–48. https://doi.org/10.1002/ca.22165
13. Hassiotou F, Geddes DT, Hartmann PE (2013) Cells in human milk: state of the science. J Hum Lact 29:171–182. https://doi.org/10.1177/0890334413477242
14. Section on Breastfeeding (2012) Breastfeeding and the use of human milk. Pediatrics 129:e827– e841. https://doi.org/10.1542/peds.2011-3552
15. Rollins NC, Bhandari N, Hajeebhoy N, Horton S, Lutter CK, Martines JC, Piwoz EG, Richter LM, Victora CG (2016) Why invest, and what it will take to improve breastfeeding practices? Lancet 387:491–504. https://doi.org/10.1016/S0140-6736(15)01044-2
16. Office of the United Nations High Commissioner for Human Rights (1989) Convention on the Rights of the Child. https://www.ohchr.org/EN/ProfessionalInterest/Pages/CRC.aspx. Accessed 1 Oct 2020
17. Allah SHA, Shalaby SM, El-Shal AS, Nabtety SME, Khamis T, Rhman SAAE, Ghareb MA, Kelani HM (2016) Breast milk MSCs: an explanation of tissue growth and maturation of offspring. IUBMB Life 68:935–942. https://doi.org/10.1002/iub.1573

18. Hassiotou F, Hepworth AR, Metzger P, Tat Lai C, Trengove N, Hartmann PE, Filgueira L (2013) Maternal and infant infections stimulate a rapid leukocyte response in breastmilk. Clin Transl Immunol 2:e3. https://doi.org/10.1038/cti.2013.1
19. Qian J, Chen T, Lu W, Wu S, Zhu J (2010) Breast milk macro- and micronutrient composition in lactating mothers from suburban and urban Shanghai. J Paediatr Child Health 46:115–120. https://doi.org/10.1111/j.1440-1754.2009.01648.x
20. Cregan MD, Fan Y, Appelbee A, Brown ML, Klopcic B, Koppen J, Mitoulas LR, Piper KME, Choolani MA, Chong Y-S, Hartmann PE (2007) Identification of nestin-positive putative mammary stem cells in human breastmilk. Cell Tissue Res 329:129–136. https://doi.org/10. 1007/s00441-007-0390-x
21. Ballard O, Morrow AL (2013) Human milk composition: nutrients and bioactive factors. Pediatr Clin North Am 60:49–74. https://doi.org/10.1016/j.pcl.2012.10.002
22. Liao Y, Alvarado R, Phinney B, Lönnerdal B (2011) Proteomic characterization of human milk whey proteins during a twelve-month lactation period. J Proteome Res 10:1746–1754. https:// doi.org/10.1021/pr101028k
23. Witkowska-Zimny M, Kaminska-El-Hassan E (2017) Cells of human breast milk. Cell Mol Biol Lett 22. https://doi.org/10.1186/s11658-017-0042-4
24. Li S, Zhang L, Zhou Q, Jiang S, Yang Y, Cao Y (2019) Characterization of stem cells and immune cells in preterm and term mother's milk. J Hum Lact 35:528–534. https://doi.org/10. 1177/0890334419838986
25. Twigger A-J, Hepworth AR, Tat Lai C, Chetwynd E, Stuebe AM, Blancafort P, Hartmann PE, Geddes DT, Kakulas F (2015) Gene expression in breastmilk cells is associated with maternal and infant characteristics. Sci Rep 5. https://doi.org/10.1038/srep12933
26. Briere C-E, Jensen T, McGrath JM, Young EE, Finck C (2017) Stem-like cell characteristics from breast milk of mothers with preterm infants as compared to mothers with term infants. Breastfeed Med 12:174–179. https://doi.org/10.1089/bfm.2017.0002
27. Cacho NT, Lawrence RM (2017) Innate immunity and breast milk. Front Immunol 8. https://doi.org/10.3389/fimmu.2017.00584
28. Goudarzi N, Shabani R, Ebrahimi M, Baghestani A, Dehdashtian E, Vahabzadeh G, Soleimani M, Moradi F, Katebi M (2020) Comparative phenotypic characterization of human colostrum and breast milk-derived stem cells. Hum Cell 33:308–317. https://doi.org/10.1007/s13577- 019-00320-x
29. Hassiotou F, Hartmann PE (2014) At the dawn of a new discovery: the potential of breast milk stem cells1234. Adv Nutr 5:770–778. https://doi.org/10.3945/an.114.006924
30. Hosseini SM, Talaei-khozani T, Sani M, Owrangi B (2014) Differentiation of human breast- milk stem cells to neural stem cells and neurons. Neurol Res Int 2014. https://doi.org/10.1155/ 2014/807896
31. Kaingade P, Somasundaram I, Sharma A, Patel D, Marappagounder D (2017) Cellular compo-nents, including stem-like cells, of preterm mother's mature milk as compared with those in her colostrum: a pilot study. Breastfeed Med 12:446–449. https://doi.org/10.1089/bfm.2017. 0063
32. Keller T, Wengenroth L, Smorra D, Probst K, Kurian L, Kribs A, Brachvogel B (2019) Novel DRAQ5TM/SYTOX® blue based flow cytometric strategy to identify and characterize stem cells in human breast milk. Cytometry B Clin Cytom 96:480–489. https://doi.org/10.1002/cyto.b.21748
33. Patki S, Kadam S, Chandra V, Bhonde R (2010) Human breast milk is a rich source of multipo- tent mesenchymal stem cells. Hum Cell 23:35–40. https://doi.org/10.1111/j.1749-0774.2010. 00083.x
34. Ninkina N, Kukharsky MS, Hewitt MV, Lysikova EA, Skuratovska LN, Deykin AV, Buchman VL (2019) Stem cells in human breast milk. Hum Cell 32:223–230. https://doi.org/10.1007/ s13577-019-00251-7
35. Sani M, Hosseini SM, Salmannejad M, Aleahmad F, Ebrahimi S, Jahanshahi S, Talaei-Khozani T (2015) Origins of the breast milk-derived cells; an endeavor to find the cell sources. Cell Biol Int 39:611–618. https://doi.org/10.1002/cbin.10432
36. Rescigno M, Urbano M, Valzasina B, Francolini M, Rotta G, Bonasio R, Granucci F, Krae-henbuhl J-P, Ricciardi-Castagnoli P (2001) Dendritic cells express tight junction proteins and penetrate gut epithelial monolayers to

sample bacteria. Nat Immunol 2:361–367. https://doi. org/10.1038/86373

37. McGregor JA, Rogo LJ (2016) Breast milk: an unappreciated source of stem cells. J Hum Lact 22:270–271. https://doi.org/10.1177/0890334406290222
38. Briere C-E, McGrath JM, Jensen T, Matson A, Finck C (2016) Breast milk stem cells: current science and implications for preterm infants. Adv Neonatal Care 16:410–419. https://doi.org/ 10.1097/ANC.0000000000000338
39. Hassiotou F, Beltran A, Chetwynd E, Stuebe AM, Twigger A-J, Metzger P, Trengove N, Lai CT, Filgueira L, Blancafort P, Hartmann PE (2012) Breastmilk is a novel source of stem cells with multilineage differentiation potential. Stem Cells Dayt Ohio 30:2164–2174. https://doi. org/10.1002/stem.1188
40. Kaingade PM, Somasundaram I, Nikam AB, Sarang SA, Patel JS (2016) Assessment of growth factors secreted by human breastmilk mesenchymal stem cells. Breastfeed Med 11:26–31. https://doi.org/10.1089/bfm.2015.0124
41. Thomas E, Zeps N, Cregan M, Hartmann P, Martin T (2011) 14–3-3σ (sigma) regulates prolif- eration and differentiation of multipotent p63-positive cells isolated from human breastmilk. Cell Cycle 10:278–284. https://doi.org/10.4161/cc.10.2.14470
42. Thomas E, Lee-Pullen T, Rigby P, Hartmann P, Xu J, Zeps N (2012) Receptor activator of NF-κB ligand promotes proliferation of a putative mammary stem cell unique to the lactating epithelium. Stem Cells Dayt Ohio 30:1255–1264. https://doi.org/10.1002/stem.1092
43. Indumathi S, Dhanasekaran M, Rajkumar JS, Sudarsanam D (2013) Exploring the stem cell and non-stem cell constituents of human breast milk. Cytotechnology 65:385–393. https://doi. org/10.1007/s10616-012-9492-8
44. Hassiotou F, Heath B, Ocal O, Filgueira L, Geddes D, Hartmann P, Wilkie T (2014) Breastmilk stem cell transfer from mother to neonatal organs (216.4). FASEB J 28:216.4. https://doi.org/ 10.1096/fasebj.28.1_supplement.216.4
45. Ståhlberg A, Kubista M (2018) Technical aspects and recommendations for single-cell qPCR. Mol Aspects Med 59:28–35. https://doi.org/10.1016/j.mam.2017.07.004
46. Im K, Mareninov S, Diaz MFP, Yong WH (2019) An introduction to performing immunoflu- orescence staining. Methods Mol Biol Clifton NJ 1897:299–311. https://doi.org/10.1007/978- 1-4939-8935-5_26
47. McKinnon KM (2018) Flow cytometry: an overview. Curr Protoc Immunol 120:5. 1.1–5.1.11. https://doi.org/10.1002/cpim.40
48. Fan Y, Chong YS, Choolani MA, Cregan MD, Chan JKY (2010) Unravelling the mystery of stem/progenitor cells in human breast milk. PLoS ONE 5. https://doi.org/10.1371/journal. pone.0014421
49. Carpenter MK, Frey-Vasconcells J, Rao MS (2009) Developing safe therapies from human pluripotent stem cells. Nat Biotechnol 27:606–613. https://doi.org/10.1038/nbt0709-606
50. Stonesifer C, Corey S, Ghanekar S, Diamandis Z, Acosta SA, Borlongan CV (2017) Stem cell therapy for abrogating stroke-induced neuroinflammation and relevant secondary cell death mechanisms. Prog Neurobiol 158:94–131. https://doi.org/10.1016/j.pneurobio.2017.07.004
51. Sani M, Ebrahimi S, Aleahmad F, Salmannejad M, Hosseini SM, Mazarei G, Talaei-Khozani T (2017) Differentiation potential of breast milk-derived mesenchymal stem cells into hepatocyte- like cells. Tissue Eng Regen Med 14:587–593. https://doi.org/10.1007/s13770-017-0066-x
52. Hassiotou F, Hepworth AR, Beltran AS, Mathews MM, Stuebe AM, Hartmann PE, Filgueira L, Blancafort P (2013) Expression of the pluripotency transcription factor OCT4 in the normal and aberrant mammary gland. Front Oncol 3. https://doi.org/10.3389/fonc.2013.00079
53. Pipino C, Mandatori D, Buccella F, Lanuti P, Preziuso A, Castellani F, Grotta L, Di Tomo P, Marchetti S, Di Pietro N, Cichelli A, Pandolfi A, Martino G (2018) Identification and charac- terization of a stem cell-like population in bovine milk: a potential new source for regenerative medicine in veterinary. Stem Cells Dev 27:1587–1597. https://doi.org/10.1089/scd.2018.0114
54. Tang C, Lu C, Ji X, Ma L, Zhou Q, Xiong M, Zhou W (2019) Generation of two induced pluripotent stem cell (iPSC) lines from human breast milk using episomal reprogramming system. Stem Cell Res 39:101511. https://doi.org/10.1016/j.scr.2019.101511
55. Pichiri G, Lanzano D, Piras M, Dessì A, Reali A, Puddu M, Noto A, Fanos V, Coni C, Faa G, Coni P (2016) Human

breast milk stem cells: a new challenge for perinatologists. J Pediatr Neonatal Individ Med JPNIM 5:e050120–e050120. https://doi.org/10.7363/050120

56. Sharp JA, Lefèvre C, Watt A, Nicholas KR (2016) Analysis of human breast milk cells: gene expression profiles during pregnancy, lactation, involution, and mastitic infection. Funct Integr Genomics 16:297–321. https://doi.org/10.1007/s10142-016-0485-0
57. Aydın MS¸ , Yigˇit EN, Vatandas¸lar E, Erdogˇan E, Öztürk G (2018) Transfer and integration of breast milk stem cells to the brain of suckling pups. Sci Rep 8:14289. https://doi.org/10.1038/ s41598-018-32715-5
58. Nosrati Tirkani A, Arjmand MH, Jalili-Nik M, Hamidi Alamdari D, Shah Farhat A (2019) Comparison of colony-forming efficiency between breast milk stem/progenitor cells of mothers with preterm and full-term delivery. Iran J Neonatol IJN 10:38–44. https://doi.org/10.22038/ ijn.2019.32358.1452
59. Khamis T, Abdelalim AF, Abdallah SH, Saeed AA, Edress NM, Arisha AH (2020) Early intervention with breast milk mesenchymal stem cells attenuates the development of diabetic- induced testicular dysfunction via hypothalamic Kisspeptin/Kiss1r-GnRH/GnIH system in male rats. Biochim Biophys Acta BBA—Mol Basis Dis 1866:165577. https://doi.org/10.1016/ j.bbadis.2019.165577
60. Borhani-Haghighi M, Navid S, Mohamadi Y (2020) The therapeutic potential of conditioned medium from human breast milk stem cells in treating spinal cord injury. Asian Spine J 14:131–138. https://doi.org/10.31616/asj.2019.0026